植物生理生化

◆ 郭丽红 ◎ 主编

·成都·

图书在版编目（CIP）数据

植物生理生化 / 郭丽红主编. -- 成都：电子科技大学出版社，2020.12
ISBN 978-7-5647-8509-3

Ⅰ.①植… Ⅱ.①郭… Ⅲ.①植物生理学－高等学校－教材②植物学－生物化学－高等学校－教材 Ⅳ.①Q94

中国版本图书馆CIP数据核字（2020）第226242号

植物生理生化

郭丽红　主编

策划编辑　罗　雅
责任编辑　卢　莉

出版发行	电子科技大学出版社
	成都市一环路东一段159号电子信息产业大厦九楼　邮编 610051
主　页	www.uestcp.com.cn
服务电话	028-83203399
邮购电话	028-83201495
印　刷	成都市火炬印务有限公司
成品尺寸	185 mm×260 mm
印　张	18.25
字　数	490千字
版　次	2020年12月第一版
印　次	2020年12月第一次印刷
书　号	ISBN 978-7-5647-8509-3
定　价	58.00元

版权所有，侵权必究

前　言

纵观地球生物圈这样复杂的生态系统，植物是主要的生产者，而动物是主要的消费者，微生物是主要的分解者。植物体是一个开放系统，不断地与外界环境进行着物质、能量和信息的交流。绿色植物可以依靠无机物和太阳能，合成它赖以生存的各种有机物，不需要利用现成的有机物而自给自足地建成其机体，这些自养生物成为整个生物圈运转的关键。因而，对植物生命现象化学本质及其活动规律的认识就显得尤为重要。

植物生理是研究植物生命活动规律及其与环境之间关系的一门科学。植物生理学从诞生之日起就与农业生产结下了不解之缘。著名的俄国植物生理学家季米里亚捷夫早在20世纪30年代就提出了"植物生理学是合理农业的基础"；而生物化学是运用化学的原理和方法，研究生物体的物质组成和遵循化学规律所发生的一系列化学变化，进而揭示生命现象本质的一门学科。植物生理和生物化学都属于生物学的分支，植物生理生化属于新产生的一门从生化的角度分析研究生理代谢过程的综合学科。

本书是农学种植类专业一门重要的专业基础课程，通过该课程的学习，学生能够掌握植物的化学组成、新陈代谢的规律和生长发育的机理，为学生学习后续专业生产实践课程，如作物生产技术、蔬菜生产技术、果树生产技术、作物育种技术等奠定坚实的植物生理生化基础理论知识，为从事农业领域的相关产业应用奠定良好的理论基础。长期以来，人们对传统农业的偏见，导致当代农业类专业大学生农业情怀缺失，专业认同感不强，在农业领域就业的热情不高，这些将影响学生的专业学习，必然也会影响到对学生思想品德的塑造和职业素养的培养。"植物生理生化"作为农学种植类低年级基础课程，自然承担着重要的专业引导作用，既要注重知识传授、强化专业技能，又要注重价值引导、突出思想引领，使专业学习和思政教育有机结合。不仅要进行专业知识和技能的传授，而且要对学生进行人文精神、科学精神、创新意识、科学素养、职业道德素养的培养。本书旨在培养热爱农业生产，能利用所学专业知识灵活解决遇到的各种问题并在生产中善于发现问题、勇于创新的高素质综合人才。

本书编写遵循认知规律，将基础生物化学与植物生理学有机融为一体，按照"植物的生物大分子—植物代谢的生理生化—植物信息分子的表达与信号传导"的框架编排，内容主要分为四个部分：第一部分是静态生物化学基础及细胞生理生化，从微观水平为后续内容的学习铺平道路、打下基础；第二部分是关于物质转化及功能的生理生化，可以说是剖析植物生命活动的一个横断面，就是植物几乎每天都在发生的一些基本生理生化事件；第三部分主要阐述植物信息分子的表达与信号转导，可以说是从信息角度解析植物生命活动的本质特点；第四部分是探索追踪植物生命活动的一个纵剖面，从中了解植物从胚胎发生、种子幼苗发育到开花结果生命周期中的代谢规律，及从宏观视野将植物生命活动与外界环境条件，特别是逆境下自然界的运动变化联系到一起，从而在大背景下更深刻地认识植物的新陈代谢特点和适应能力。贯穿全书的主线是植物生命现象的本质及运动规律，围绕植物体的化学组成、植物细胞的代谢、植物生命活动规律及其与环境的相互影响等从不同角度、不同水平、不同层次、纵横交错地探索植物生命活动的各个方面。植物生命活动中的物质代谢、能量转换、信息传递及由此表现出的形态建成方面的有机联系是本教材专业知识的亮点。

　　与此同时，在本书的编写过程中，笔者在课程内容和知识体系中有效地融入了思政模式，这是本书的一大特点。由于该课程内容的属性是自然科学，因此不仅要进行科学精神和创新意识教育，还要突出职业素养、工匠精神、敬业精神以及责任意识培养；由于该课程的内容与植物生命活动及对人类的影响密切相关，故要积极开展关爱植物生长发育、珍爱植物资源、有效利用植物资源和倡导生态保护及环境保护意识教育，引导学生深入思考身边问题。本书通过介绍研究植物生理生化进展及在我国农业生产中发挥作用的学科知识和成果，激发学生的学习积极性和专业自豪感；同时，介绍老一辈科学家在此领域所取得的成就及对学科发展所做出的努力和贡献，让学生了解科学家们的勤奋、坚持与进取精神，以培养学生的科学精神及人格品质，增强学生利用专业知识服务社会的期望。针对该课程知识体系背后的"故事"的产生和发展过程，努力将知识体系中所蕴含的德育主题发掘出来，例如哲学观点、文化价值观、正确的认识论和方法论等，通过选材、加工和重组融入课程内容。首先，树立辩证唯物主义观点，启发科学思维。马克思辩证唯物主义是德育教学中的重要内容，作为自然科学，"植物生理生化"为辩证唯物主义观点提供了丰富的论证素材，例如，水、肥的缺乏与过量，温度的过高与过低、光照过强与过弱等，都会导致植物生长不良，从而引出"物极必反"的哲学道理，告诉学生需要保持适度原则；又如，叶子发黄的原因很多，光照不足、氮肥缺乏、温度过低、病害、衰老等都会导致叶子发黄，只有经过分析抓住主要矛盾，才能有效防止，引出主次矛盾的辩证关系。根据不同植物在同一环境中表现不一、同一植物在不同环境中表现也不一，引出内因与外因的辩证关系，让学生了解内因是变化的根据，外因是变化的条件，有意识地引导学生运用辩证唯物主义观点分析理解教学中的相关内容，使学生在学习专业知识的同时潜移默化地树立辩证唯物科学思维理念，这样，学生在面对现实社会问题时就学会了用辩证唯物的观点分析和解决问题。其次，培养责任和担当意识，让学生知道，通过认真学习掌握的知识点，是可以很好地应用在植物生产上的，例如，学习水分生理后，掌握植物水分吸收的特点和规律，就能进行合理灌溉，而合理灌溉对于节水农业有非常重要的意义；又如学习矿质营养后，知道了各元素的生理功能和缺乏会导致什么后果，就能在园艺生产上指导农民施肥。通过这些知识点的学习让学生感悟到科学最终也是以"为人类服务"为落脚点，引导学生树立正确的科学观念，崇尚科学、积极创新，培养其科学精神和创新精神，进而培养学生"为民服务"责任和担当意识。再次，培养生态和环境保护意识。例如：在讲授植物光合作用时，要强调光合作用是地球上所有生命存在、繁荣和发展的根本源泉，具体表现在把无机物转变为有机物、把光能转变为化学能、维持大气 O_2 与 CO_2 的相对平衡。也就是说离开植物，地球上的生命将不存在，我们要保护植物，同时要保护植物生存的环境。本书试图通过构建专业课程与思政教育协同育人的模式，推进农学类专业课程思政建设，充分体现应用型本科院校农业类人才发展独有的特色。

本书是昆明学院植物生理生化与分子生物学教学团队的成果，多年来该团队立足于昆明学院服务地方经济应用型本科院校的定位，围绕都市农业的发展特点，积极开展相关的教学和科研工作。团队负责人郭丽红是本书的主编，团队成员戴利利、黄丽、宁眺、牛燕芬、佟荟全、王定康、张永福、张瑜瑜、钟宇等负责资料的搜集和整理工作，云南中医药大学第二附属医院郭浙红负责相关信息的检索和本书的校对工作。

由于作者水平有限，而且植物生理学、生物化学和分子生物学研究技术涉及面很广，书中错误和不足之处在所难免，敬请同行与读者予以批评指正。

编　者

2020年10月

目　　录

绪论 ··001

第一篇　植物代谢的物质基础 ···006

第1章　植物的生物大分子 ··006
1.1　糖类 ···006
1.2　脂类 ···010
1.3　蛋白质 ··011
1.4　核酸 ···021

第2章　生命的催化剂——酶 ··028
2.1　酶的概述 ···028
2.2　酶的组成与结构 ··030
2.3　酶的作用特点 ···035
2.4　酶的作用机理 ···036
2.5　酶促反应的动力学 ···038

第二篇　植物代谢的生理生化 ···043

第3章　植物水分代谢 ···043
3.1　水分在植物生命活动中的重要性 ··043
3.2　植物细胞对水分的吸收 ···044
3.3　植物根系对水分的吸收 ···046
3.4　植物的蒸腾作用 ··050
3.5　植物体内水分的运输 ··051
3.6　合理灌溉的生理基础 ··053

第4章　植物的矿质营养 ··056
4.1　植物体内的必需矿质元素 ··056
4.2　植物必需元素的生理功能及缺素症 ··059
4.3　植物细胞对矿质元素的吸收 ···063
4.4　植物根系对矿质元素的吸收 ···065
4.5　矿质元素在植物体内的运输和利用 ··069
4.6　合理施肥的生理基础 ··070

第5章 光合作用 ·· 072
- 5.1 光合作用概述 ·· 072
- 5.2 叶绿体及光合色素 ·· 073
- 5.3 光合作用的机理 ··· 076
- 5.4 光呼吸 ··· 079
- 5.5 影响光合作用的因素 ··· 081
- 5.6 植物对光能的利用 ·· 085

第6章 呼吸作用 ·· 089
- 6.1 呼吸作用的概念及生理意义 ·· 089
- 6.2 电子传递与氧化磷酸化 ·· 090
- 6.3 糖的分解代谢途径 ·· 094
- 6.4 影响呼吸作用的因素 ··· 101
- 6.5 植物呼吸作用与农业 ··· 105

第7章 有机物的转化、运输与分配 ·· 108
- 7.1 植物体内有机物的代谢 ·· 108
- 7.2 有机物运输的途径与机理 ··· 130
- 7.3 有机物的分配与调节 ··· 138

第三篇 植物发育的信息分子表达与信号转导 ·· 141

第8章 植物遗传信息分子的表达 ·· 141
- 8.1 脱氧核糖核酸的复制 ··· 142
- 8.2 核糖核酸的转录 ··· 146
- 8.3 蛋白质的合成 ·· 155

第9章 植物的信号转导 ·· 160
- 9.1 植物细胞信号转导概述 ·· 160
- 9.2 信号感受与跨膜信号转换 ··· 162
- 9.3 细胞内信号转导 ··· 165

第10章 植物生长物质 ··· 169
- 10.1 植物激素和生长调节剂的概念 ··· 169
- 10.2 生长素类 ··· 170
- 10.3 赤霉素类 ··· 177
- 10.4 细胞分裂素类 ··· 182
- 10.5 脱落酸 ·· 186
- 10.6 乙烯 ··· 189
- 10.7 其他植物生长物质及其应用 ·· 192

第11章 植物的光形态建成 ··· 198
- 11.1 光形态建成的概念与特点 ·· 198
- 11.2 光敏素 ·· 198

  11.3 蓝光受体 ·············· 202
  11.4 其他光受体 ·············· 205

第四篇 植物发育的生理生化 ·············· 207

第12章 植物的生长和运动 ·············· 207
  12.1 植物的生长、分化和发育 ·············· 207
  12.2 生长分析与运动 ·············· 209
  12.3 种子萌发与幼苗生长 ·············· 212
  12.4 植物生长的相关性 ·············· 221

第13章 植物的生殖生理 ·············· 226
  13.1 从营养生长到生殖生长的转变 ·············· 226
  13.2 春化作用 ·············· 226
  13.3 光周期现象 ·············· 228
  13.4 花芽分化与性别分化 ·············· 233
  13.5 受精生理 ·············· 236

第14章 植物的成熟和衰老 ·············· 239
  14.1 种子成熟时的生理生化变化 ·············· 239
  14.2 种子及延存器官的休眠 ·············· 242
  14.3 果实的生长和成熟 ·············· 245
  14.4 植物的衰老 ·············· 249
  14.5 器官脱落 ·············· 253

第15章 植物逆境生理 ·············· 258
  15.1 植物的逆境和抗逆性 ·············· 258
  15.2 植物抗逆性的生理生化基础 ·············· 260
  15.3 植物的非生物胁迫 ·············· 267
  15.4 植物的生物胁迫 ·············· 278

参考文献 ·············· 280

绪 论

1. 植物生理生化的概念及内容

植物生理学（Plant Physiology）是研究植物生命活动规律的科学，生物化学（Biochemistry）则是研究生命现象的化学本质的科学，二者有着紧密的联系。地球上的生物（包括动物、植物和微生物）种类繁多，目前已知的物种已达200万种之多，但是构成这些生物的化学物质却基本相同。生命现象大致遵循和符合化学与物理的基本规律，然而，生命现象却复杂得多。

植物生命现象的重要特点之一是能够进行新陈代谢。植物体不断地从外界环境中摄取其生存所必需的营养物，诸如植物需要从土壤中吸收水分和矿质营养，要进行光合作用吸收空气中的二氧化碳，进行呼吸作用吸收氧气等。植物在适宜的条件下，有条不紊地进行种子萌发、营养器官的生长和运动、开花和受精、再形成新种子等生长与发育过程。植物从环境中吸取的营养物质，在体内进一步加工，并转化为本身的组分，这个过程称为同化作用，同时，也将体内的物质进行氧化分解，并将分解产物排出体外，这个过程称为异化作用。随着植物的生长发育进程，植物体内不断地发生同化作用与异化作用，统称之为新陈代谢过程。代谢变化均是在体内特有的生物催化剂——酶的催化下进行的生物化学反应。

植物还有一个突出的特征是它可以利用叶绿体中的色素选择吸收太阳的辐射能并将其转换为化学能，与此同时将二氧化碳和水合成为有机物，就是光合作用。光合作用是地球上一切生物的有机物和化学能的根本来源。

植物与其生存的环境条件有着不可分割的联系。植物生命活动受环境的调节与控制，它对环境的反应也正像一个自动调节器，例如，植物进行的多种生命活动必须利用植物自身将光能转换为化学能来完成，需要经常从土壤中吸取水分和有选择地摄取矿物质并在代谢过程中"加工"，等等。植物的这种错综复杂的自身调节功能蕴藏着非常灵巧的机理，科学家们正在努力探索其中的奥秘。

植物和其他生物一样，还有一个特征是能进行自身复制，即进行繁殖以产生与该物种相同的后代，因此还具备传递遗传信息的机制。现已查明，核酸起着携带和传递信息的作用。核酸与蛋白质代谢正是本课程的重点内容之一。

植物对地表、水域和大气的化学成分产生着深刻的影响。占大气体积21%的氧气就是植物光合作用中释放出来的，植物的残留躯体参与了土壤的形成过程，豆科植物通过固氮微生物的活动大大丰富了生物圈中流动和累积的总氮量，植物根部吸收矿质元素对岩石和水源中某些无机元素也起到了聚集作用，等等。

在国民经济中，植物更是不可缺少的生活和生产的物质资源。在农林业生产中，人们获得的产品，如粮食、棉、麻、油料、糖类、茶、果蔬、药材、牧草以及各种木材等都是绿色植物光合作用的产物；植物合成的次生代谢产物，如植物碱、橡胶和鞣质等都是工业原料或药物有效成分；植物还为畜牧业和水产业提供了有机物质基础；水土保持和环境净化也与植物生长有密切关系。认识了植物的生理生化过程及其本质，就可以合理地利用光、气、水和土等资源，发展农林业生产，更好地开发植物资源，保护和改造自然环境，积极践行生态文明的发展理念，为建设社会主义现代化国家做贡献。

2. 植物生理生化的发展

植物生理生化是在生产和生活实践中逐渐形成和发展起来的。河南新郑裴李岗和浙江余姚河姆渡等新石器时代遗址的发掘证明，我们的祖先早在7000多年前就已在黄河流域和长江流域种植粟和水稻等农作物，以农耕为主要生产活动，因此，与生产实践密切相关的植物生理生化知识不断得到孕育和总结，内容十分丰富。

距今3000多年前，甲骨文卜辞拓片上已有"贞禾有及雨？三月"（释意是贞问庄稼有没有及时的雨水？三月卜问的）和"雨弗足年"（释意是雨水不够庄稼用吗？）的记载，说明当时人们对水分和植物生长的关系有了一些认识。公元前3世纪战国荀况所撰的《荀子·富国篇》中有"多粪肥田"的记载，韩非所撰的《韩非子》中有"积力于田畴，必且粪灌"的记载，说明战国时期古人已十分重视施肥和灌溉，而且把二者密切联系起来。

公元前1世纪西汉《氾胜之书》涉及多种作物的选种、播种以及"溲种法"等进行种子处理的方法。如提出种子安全贮藏的基本原则："种，伤湿、郁，热则生虫也。"强调种子要"曝使极燥"，降低种子含水量。3世纪晋代郭义恭所撰《广志》记载："苕草色青黄，紫华，十二月稻下种之，蔓延殷盛，可以美田，叶可食。"开创了人类历史上率先使用豆科绿肥的记录。

6世纪北魏贾思勰所著《齐民要术》中，有大量涉及水分、肥料、种子处理、繁殖和贮藏等方面的知识。如"美田之法，绿豆为上"就是最早的关于豆科植物和禾本科植物轮作制度的认识；又如窖麦法必须"日曝令干，及热埋之"，这种"热进仓"的窖麦法民间一直流传至今。该法的实质是用较高温度杀灭部分病虫害，促进种子成熟，降低呼吸速率，提高种子活力。该书种榆白杨篇载："初生三年，不用采叶，尤忌捋心，捋心则科茹不长。"强调保护顶芽，使其保持顶端优势，成栋梁之材。该书还对酿酒、做酱、制醋等有详细的记载。

2000多年前的春秋战国时期，庄周在《庄子》一书中就有关于瘿病的论述，古人早就知道甲状腺肿大（瘿病）是由于缺碘所致，可用海藻粉防治；夜盲症可用富含维生素A的猪肝治疗；脚气病是一种食米区的病，用含维生素B_1丰富的大豆、杏仁、车前子等治疗。李时珍在《本草纲目》一书中详细记载了不少人体的代谢物、分泌物、排泄物的性质。我们的祖先很早就发明了酿酒、做酱、制醋、制饴等，这实际上是利用了酶作用的原理。如周代的《周礼》一书中已有造酱的记载。

西欧古时的罗马人使用的肥料，除动物的排泄物外，还包括某些矿物质（如灰分、石膏和石灰等），他们也已知绿肥的作用。古希腊也有关于旱害和涝害的记载。

上述资料说明生产与生活实践是植物生理生化产生的基础。

最早用试验来解答植物生命现象中的疑难，把结论建立在数据基础上的是荷兰人凡海蒙（1577—1644）。他连续5年用柳树枝条做试验，探索植物长大的物质来源。英国的普里斯特来（1733—1804）证实绿色植物是高等动物的"生命之友"，老鼠在密封钟罩内不久即死，老鼠与绿色植物一块置于钟罩内则可存活。这是对绿色植物光合作用认识的启蒙阶段。随后荷兰的因根浩兹（1730—1799）进一步发现植物的绿色部分只有在光照下才放出氧气，在黑暗中却放出二氧化碳，后一结论已意味着植物也有呼吸作用。

法国的巴斯德在发酵理论方面做出了重要贡献。法国的布森高（1802—1879）建立砂培试验法，并开始以植物为对象进行研究。德国的李比希（1803—1873）提出施矿质肥料以补充土壤营养的消耗，成为利用化学肥料理论的创始人。Hans Buchner和Eduard Buchner（1897）发现酵母汁可以把蔗糖变成酒精，证明了发酵能在活细胞以外进行，从而打开了现代生物化学发展的大门，使新陈代谢成为可以认识的化学过程。

进入20世纪后，植物生理生化得到飞速发展。随着物理学和化学的成熟以及研究仪器与方法的改进，分析结果更加精细和准确。在这个时期，植物生理生化的各个方面都有突破性进展。

美国化学家萨姆纳获得脲酶结晶，证明了酶的本质是蛋白质。埃伯登、迈耶夫和克雷布斯等系统地阐明了糖酵解和三羧酸循环。米切尔等建立了米氏公式，开创了酶动力学的研究。我国生物化学家吴宪提出了蛋白质变性学说。

1953年，沃森和克里克提出DNA双螺旋模型，为DNA分子的复制和DNA传递生物的遗传信息提供了合理的说明，这项工作对现代分子生物学的发展起到了关键性的奠基作用。我国科学家在20世纪60年代初用化学方法首次成功地合成了具有生物活性的蛋白质——结晶牛胰岛素；80年代又采用有机合成和酶促合成相结合的方法，完成了酵母丙氨酸转移核糖核酸的人工合成。人类基因组计划、水稻基因组计划等的相继实施，标志着植物生理生化正以崭新的步态进入21世纪。

我国植物生理学的研究起步较晚，发展又缓慢。钱崇澍（1883—1965）1917年在国际刊物上公开发表论文《钡、锶及铈对水绵的特殊作用》，又在各大学讲授植物生理学，他是我国植物生理学的启业人。20世纪30年代初是我国植物生理学教学和研究的起始期。李继侗（1892—1961）、罗宗洛（1899—1978）和汤佩松（1903—2001）等先后回国，在大学任教，建立实验室，进行科学研究，为我国植物生理学的发展奠定了基础，他们三人是我国植物生理学学科的奠基人。新中国成立之前，由于从事植物生理学研究的队伍小，设备差，加上颠沛流离，这一学科发展极慢。新中国成立后，尽管有一些曲折，但植物生理学还是有较大的发展，具体表现在研究和教学机构剧增、队伍迅速扩大、研究成果众多，其中比较突出的有：殷宏章等的作物群体生理研究，沈允钢等证明光合磷酸化中高能态存在的研究，汤佩松等首先提出呼吸的多条途径的论证，娄成后等深入研究细胞原生质的胞间运转等。这些研究在国际上都是较早发现或提出的。

20世纪70—80年代，我国科学家在花药和花粉培养、单倍体育种方面做了大量工作，使700余种植物能够通过茎尖或原生质体获得再生，一些成果被应用到生产上，植物激素在组织培养中的应用得到重视，研究成果不少。改革开放后，特别是从20世纪90年代中后期开始，随着国家973计划、863计划、国家自然科学基金的大力投入和中国科学院知识创新体系的推行，海外留学归来的学者日益增多，我国植物生理学研究队伍的素质与研究水平迅速提高。邓兴旺等（2006）应邀在植物生理学重要国际期刊 The Plant Cell 发表了关于中国植物科学研究发展的评述，在 The Plant Cell、The Plant Journal、Plant Physiology、Plant MolecularBiology、Nature 等国际权威刊物上，国内学者近几年来发表的论文数目呈剧增趋势。近年来，我国植物生物学研究在国际上有影响力的工作主要表现在：①水稻基因组测序、功能基因组研究和转基因方面取得突破性进展；②以拟南芥为材料，在研究激素信号转导、光形态建成、胁迫反应、染色质和microRNA调节发育、生殖发育、代谢调控等植物生理的各个方面取得重要进展。这些成果在国际植物生物学研究领域产生了重大影响。现今，植物生理学工作者辛勤钻研，奋发图强，必将加速我国植物生理学研究的发展，为我国农业现代化和植物生理学学科的发展做出贡献。

总之，植物生理生化的研究从分子、细胞、器官、整体到群体水平都有伟大的成就。如果说21世纪是生物学世纪，那么研究植物生命活动的植物生理生化将有特别重要的位置，因为植物为其他生物，包括人类的生产和生活提供了赖以生存和发展的物质和能量基础。

植物生理生化的发展正面临着前所未有的机遇和挑战，主要表现在如下几个方面。

①研究内容的扩展及与其他学科的交叉渗透，当代科学发展的特点是综合与交叉。除植物生理学与生物化学二者之间的交叉结合外，还有分子生物学、分子遗传学、微生物学、生态学与植物生理生化的交叉渗透。计算机、互联网、生物物理、生物技术迅速发展对植物生理生化有着深刻影响。许多界限已经被打破，往往一个研究课题需要多学科人才的综合组织才能完成。物理学、化学、工程与材料科学、激光与微电子技术的迅速发展，为植物生理生化提供了一系列现代化研究技术，如同位素技术、电子显微镜技术、X射线衍射技术、超离心技术、色层分析技术、电泳技术以及计算机图像处理技术、激光共聚焦显微镜技术、膜片钳技术等，成为探索植物生命奥秘的强大武器。

②机理研究的深入和新概念的不断涌现，如植物的各种生长物质、交叉适应、电波与化学信息传递的交错进行、逆境蛋白、植物生理的数学模型等。分子生物学手段的引入，使光合作用、生物固氮、植物激素和矿质营养分子机理等方面的研究成为热点。人类对植物天然产物的关注和开发正在推动植物次生代谢的调控、植物次生代谢的分子生物学和分子遗传学等方面的研究。

③从分子到群体不同层次的全面发展，如水稻基因组计划，包括遗传图的构建、物理图的构建和DNA全序列测定、叶绿体基因的结构和表达。人与生物圈计划中植物生理生化的研究，对太空中的植物生命活动规律的探索，使人们对生命现象的整体性认识有了深入了解。多种模式植物突变库的建立，为人们在物理图谱、遗传图谱和基因组全序列的基础上开展功能基因组学（funcational genomices）、蛋白质组学（proteomics）、代谢组学（meta-bonomics）等整体性研究奠定了良好的基础。

④植物生理生化应用范围的扩展早已不再局限于指导合理灌溉、施肥和密植等，而是扩展到调节作物生长发育、控制同化物运输分配、改善产品质量、保鲜贮藏、良种繁育、除草抗病等方面，与农林、园艺、环境保护、资源开发、能源、航天、医药、食品工业、轻工业和商业等的关系日益密切。

3. 植物生理生化与农业生产实践

植物生理学和生物化学作为基础学科，其主要任务是探索生命活动的化学本质及代谢的基本规律。植物生理生化从诞生起至今之所以受到人们的重视，就在于它能指导生产实践，为栽培植物、改良和培育植物提供理论依据，并不断提出控制植物生长的有效方法。如植物激素的发现使植物生长调节剂和除草剂得以普遍应用。"绿色革命"使稻麦产量获得了新的突破。植物细胞全能性理论的确立，使组织培养技术迅猛发展，指导优良作物和林木品种的快速繁殖，为植物基因工程的开展和新种质的创造提供了条件。植物营养生理的知识被广泛应用于多种蔬菜和经济作物的工厂化无土栽培。光合作用知识有利于改进作物的间作和轮作制度以及推广合理密植，以提高作物的光能利用率，从而增加复种指数和产量；在作物育种上还可以指导理想株型育种和高光效育种。

世界面临着人口、食物、能源、环境和资源问题的挑战。据资料显示，全球人口以每天

27万人、每年9000万人到1亿人的水平增长,而平均每人拥有可耕地从1950年的0.45 hm^{2}降至1968年的0.33 hm^2,再降至2000年的0.23 hm^2,预计到2055年将降至0.15 hm^2。我国的形势较严峻,人口总数为世界之最,人均耕地则很少。面对21世纪的挑战,必须培养更高产和稳产的作物品种,对土壤、水分和病虫害的控制需更精细有效,通过传统方法和生物技术相结合发展可持续农业生产,植物生理生化在其中起着极其重要的作用。

植物可利用太阳光能,吸收二氧化碳和放出氧气,合成有机物,在粮食增收、增加资源和改善环境等方面有不可替代的作用。通过对植物生理生化的学习和研究,有助于认识与掌握植物生命活动的基本规律,更好地运用栽培技术,调控植物生长,改变环境条件,使之符合各类植物在不同生长阶段的需要,创建一个高产、优质、低耗的生产系统;有助于将植物的基本生理规律与遗传规律结合起来,更好地选育良种;有助于更好地开发植物资源;有助于解决植物的土壤营养、抗旱抗寒、防治病虫害等方面的实际问题,使农业生产上一个新台阶。已知全球有约50万种植物,其中只有数千种被人们栽种或培养,大规模利用的种类更少,只有百余种,仅其中3种作物(水稻、小麦、玉米)的胚乳就提供了全球人口所需粮食的1/2以上。植物浑身都是宝,都有可供综合利用的特殊有机物。

有人预测了21世纪农业增产潜力与科技成果的关系,认为通过植物育种、灌溉和作物保水、遗传工程、生长调节剂、增加二氧化碳浓度、生物固氮、提高光合效率、复种多熟、温度适应、保护栽培等,可使农业增产1.4倍。而上述科学技术几乎都直接或间接地与植物生理生化的发展有关。

植物生理生化一方面不断地吸收各种先进的科学理论与技术,从"分子→亚细胞→细胞→组织→器官→个体→群体",从微观到宏观全方位地发展自己的基础理论,探索植物生命活动的本质;另一方面大力开展应用基础研究和应用研究,使科学技术迅速地转化为生产力。周嘉槐先生等提出的应用植物生理学的下列研究课题,可以说是植物生理生化与农业现代化关系的一个缩影,比如:作物的光能利用和产量形成;作物高产优质的生理学基础;作物群体动态合理结构与看苗诊断;提高光合作用效率与光呼吸的问题;间作套种和合理密植;合理用水和经济用水;合理施肥和经济施肥;植物的化学调控;种子培育和壮苗生理;植物器官的相关性及其调控;植物的性别分化;提高作物的抗旱、涝、热、寒和抗盐性;蔬菜、果品和花卉的保鲜……

植物生理生化在基础理论上的深入突破及在应用研究上的全面发展,将会使其在21世纪里显示出更加蓬勃的活力与生机。

思考题

1. 什么是植物生理生化?它研究的内容是什么?
2. 举例说明植物生理生化与生产实践的关系。
3. 植物生理生化有哪些主要的研究领域?取得了什么进展?
4. 谈谈植物生理生化的发展给你的启示。

第一篇 植物代谢的物质基础

第1章 植物的生物大分子

1.1 糖类

1.1.1 糖的概念与分类

1. 糖的概念

糖类化合物也称"碳水化合物",是由C、H、O元素组成的多羟基醛类或多羟基酮类。糖类化合物是自然界分布最广、数量最多的有机化合物,存在于所有的动物、植物和微生物中。糖是生物体重要的能源和有机物碳架来源,在植物体内也是重要的结构物质。

2. 糖的分类

按照是否能够水解以及水解产物的多少可以把糖类分为以下三类:(1)单糖:不能水解生成更简单的单糖单元的糖类,例如葡萄糖、果糖等,单糖是糖类中最简单的一类糖;(2)寡糖:能水解生成两分子更简单的单糖单元的糖类,如蔗糖、麦芽糖等,二糖又称低聚糖;(3)多糖:能水解生成多分子更简单的单糖单元的糖类,例如淀粉、纤维素等,多糖又称"高聚糖"。

1.1.2 糖类的性质及结构

1. 单糖

单糖是最简单的糖,不能再被水解成更小的糖单位。按其所含碳原子数目分为丙糖、丁糖、戊糖和己糖等;根据其结构特点分为醛糖和酮糖(如图1-1)。任何单糖的构型都是由甘油醛及二羟丙酮派生的。生物体内常见的重要单糖见表1-1。天然产物的单糖大多只存在一种构型,如葡萄糖、果糖、核糖等都是D-型的。

图1-1 D-甘油醛(醛糖)和二羟(基)丙酮(酮糖)

表1-1　常见的重要单糖

糖名	存在
L-阿拉伯糖	多以结合态存在于半纤维素、树胶、果胶、细菌多糖中
D-核糖	普遍存在于细胞中，为RNA的组成成分，也是一些维生素、辅酶的组成成分
D-木糖	多以结合态存在于半纤维素、树胶、植物黏质中
D-脱氧核糖	普遍存在于细胞中，为DNA的组成成分
D-半乳糖	乳糖、蜜糖、棉籽糖、琼胶、黏质、半纤维素的组成成分
D-葡萄糖	广泛分布于生物界，游离存在于水草与植物汁液、蜂蜜、血液、淋巴液、尿等中，同时也是许多糖苷、寡糖、多糖的组成成分
D-甘露糖	以结合糖形式存在于多糖或糖蛋白中
D-果糖	游离存在于吡喃型，是糖类中最甜的糖，结合态为呋喃型，是蔗糖、果聚糖的组成成分
L-山梨糖	维生素C合成的中间产物，在槐树浆果中存在
L-岩藻糖	海藻细胞壁和一些树胶的组成成分，也是动物多糖的普遍成分
L-鼠李糖	常为糖苷的组分，也为多种多糖的组分；在常春藤花叶中游离存在

自然界的戊糖、己糖都有两种不同的结构，一种是多羟基醛的开链形式，另一种是分子内反应而形成半缩醛环状形式。以葡萄糖为例，天然葡萄糖多以六元环即吡喃型葡萄糖形式存在。具有羰基和羟基的 D-(+)-葡萄糖能在分子内的 C_1 和 C_5 之间作用，使分子封闭成环，产生一个六元环的半缩醛。结果 C_1 变成了一个新的手性碳原子，新形成的手性碳原子上的羟基（半缩醛羟基）与决定单糖构型的 C_5 上的羟基位于同一侧，则为α-型葡萄糖；不在同一侧的为β-型葡萄糖（如图1-2）。单糖的结构式还常用透视式来表示，它更能清楚地反映出糖分子空间构型的实际情况，如葡萄糖的透视式（如图1-3）。

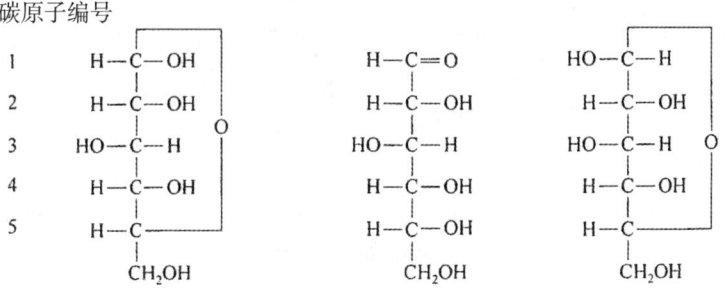

图1-2　葡萄糖的两种不同结构（开链形式与半缩醛环状形式）

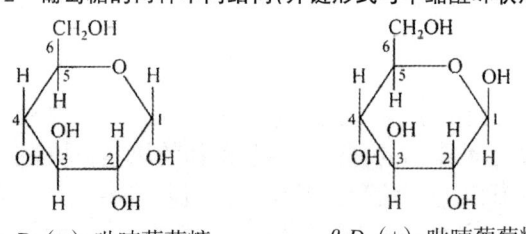

图1-3　葡萄糖的透视式

2. 寡糖

寡糖是由2~10个单糖分子组成的聚合体，亦称低聚糖。自然界中常见的寡糖见表1-2。重要的二糖有蔗糖、麦芽糖、乳糖等。蔗糖和乳糖的结构如图1-4所示。

表1-2　常见寡糖的结构和来源

名称	结构	来源
蔗糖	α-葡萄糖（1→2）β-果糖	植物
麦芽糖	α-葡萄糖（1→4）葡萄糖	淀粉水解产物
异麦芽糖	α-葡萄糖（1→6）葡萄糖	淀粉水解产物
纤维二糖	β-葡萄糖（1→4）葡萄糖	纤维素的酶水解产物
龙胆二糖	β-葡萄糖（1→6）葡萄糖	龙胆根
海藻二糖	α-葡萄糖（1→1）α-葡萄糖	海藻及真菌
乳糖	β-半乳糖（1→4）葡萄糖	哺乳动物乳汁
蜜二糖	α-半乳糖（1→6）葡萄糖	棉籽糖
软骨素二糖	β-葡萄糖醛酸（1→3）半乳糖胺	软骨素组分
透明质二糖	β-葡萄糖醛酸（1→3）葡萄糖胺	透明质酸
菊粉二糖	β-果糖（2→1）果糖	菊粉组成
龙胆糖	β-葡萄糖（1→6）葡萄糖α-(1→2)β-果糖	龙胆根
棉籽糖	α-半乳糖（1→6）葡萄糖α-(1→2)β-果糖	甜菜、糖蜜、棉籽粉

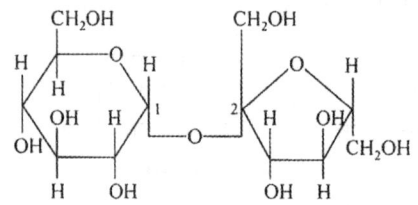

蔗糖[α-D-葡萄糖-(1→2)β-D-果糖苷]　　乳糖[α-D-半乳糖-(1→4)β-D-葡萄糖苷]

图1-4　蔗糖和乳糖的结构

3. 多糖

多糖是一类天然高分子化合物，是由多个单糖分子缩合而成的高聚体。多糖中由相同单糖基组成的称为同多糖，不相同的单糖基组成的称为杂多糖。常见的多糖有淀粉、果胶、纤维素、菊粉等。

（1）淀粉

淀粉是绿色植物能量的主要贮存形式。它在植物叶、茎、根和其他器官中的含量各不相同，含量最高的器官为禾谷类作物的籽粒和某些植物的块茎、块根。淀粉分直链淀粉和支链淀粉，前者系α-(1,4)-糖苷键的葡萄糖多聚糖，后者除含α-(1,4)-糖苷键外，在分支处为α-(1,6)-糖苷键（见图1-5）。直链淀粉遇碘呈蓝色，支链淀粉遇碘呈紫色或红紫色。

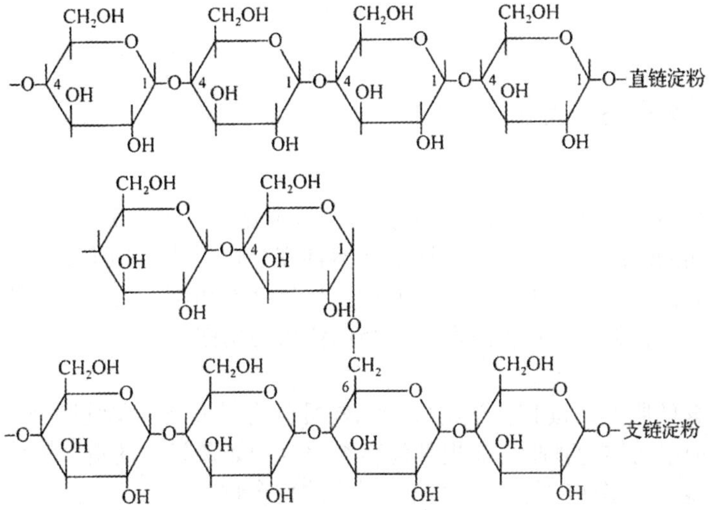

图1-5 直链淀粉和支链淀粉的结构

(2) 糖原

糖原主要存在于动物肝、肌肉中,是动物中的主要多糖,也称为动物淀粉。与支链淀粉有类似结构,但分支更多。遇碘呈红紫色反应。

(3) 纤维素

纤维素是自然界最丰富的有机物,约占植物界碳含量的50%。它是植物的结构和骨架物质,为葡萄糖以β-(1,4)-糖苷键连接的多聚物(见图1-6)。

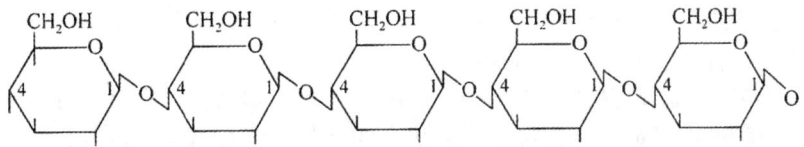

图1-6 纤维素的结构

(4) 果胶物质

果胶物质主要存在于细胞中胶层及初生壁中,是半乳糖醛酸以α-(1,4)-糖苷键结合的长链,通常部分半乳糖醛酸以甲脂化状态存在。在果实成熟过程中,果胶水解使果实变软。

1.1.3 糖的生物学功能

糖类化合物在生物体内的主要功能如下。

①为植物生命活动提供所需能量。呼吸作用的底物为糖类物质,糖类分解可为生命提供大量的ATP。

②是合成其他生命必需物质的原料。蛋白质、核酸和脂类物质的合成,需要糖类提供碳架。

③充当结构物质。纤维素、半纤维素、果胶物质等都是多糖物质,它们参与植物细胞壁的构成。

1.2 脂类

1.2.1 脂的概念与分类

1. 脂的概念

脂类是生物体内一大类重要的有机化合物，这类化合物虽在分子结构上有很大的差异，但它们有一个共同的性质——脂溶性。所谓脂溶性就是这类化合物不溶于水，而能溶于非极性有机溶剂（如氯仿、乙醚、丙酮、苯等）中。用这些有机溶剂可将脂类物质从细胞和组织中萃取出来。因此，脂类是具有脂溶性的一类化合物的总称。

2. 脂的分类

生物体内所含的脂类，按其化学组成和结构可分为三大类：单纯脂质、复合脂质和非皂化脂质。习惯上把脂肪称为真脂，而把其他脂类化合物如磷脂、糖脂、蜡等统称为类脂。

(1) 单纯脂定义：脂肪酸与醇脱水缩合形成的化合物。

蜡：高级脂肪酸与高级一元醇，一般为幼植物体表覆盖物，叶面、动物体表覆盖物，同时也是蜂蜡的主要成分。

甘油脂：高级脂肪酸与甘油，是含量最多的脂类。

(2) 复合脂定义：单纯脂加上磷酸等基团产生的衍生物。

磷脂：甘油磷脂（卵磷脂、脑磷脂）、鞘磷脂（神经细胞中含量丰富）。

(3) 脂的前体及衍生物。

萜（音 tiē）类和甾（音 zāi）类及其衍生物：不含脂肪酸，都是异戊二烯的衍生物。

衍生酯：上述脂类的水解产物，包括脂肪酸及其衍生物、甘油、鞘氨醇等。

高级脂肪酸、甘油、固醇、前列腺素。

(4) 结合脂定义：脂与其他生物分子形成的复合物，如糖脂、脂蛋白等。

糖脂：糖与脂类通过糖苷键连接起来的化合物（共价键），如霍乱毒素。

脂蛋白：脂类与蛋白质在肝脏内通过非共价结合形成的产物，如血液中的几种脂蛋白，VLDL、LDL、HDL、VHDL 是脂类的运输方式。

1.2.2 脂类的结构与性质

磷脂：由甘油的两个羟基与脂肪酸形成脂肪酰二脂，第三个羟基与磷酸结合形成磷脂酸，磷脂酸上的磷酸再与其他含羟基的化合物结合形成各种磷脂，其结构通式如下：

$$\begin{array}{c} \quad\quad\quad\quad\quad O \\ \quad\quad\quad\quad\quad \| \\ \quad\quad\quad CH_2-O-C-R_1 \\ O \quad\quad | \\ \| \quad\quad | \\ R_2-C-O-CH \quad\quad O \\ \quad\quad\quad | \quad\quad \| \\ \quad\quad\quad CH_2-O-P-O-X \\ \quad\quad\quad\quad\quad | \\ \quad\quad\quad\quad\quad O^- \end{array}$$

磷脂结构通式中，X 代表与磷酸结合的含羟基化合物。

组成生物膜的磷脂主要是磷脂酰胆碱，又称"卵磷脂"，其结构式如下：

此外还有磷脂酰丝氨酸、磷脂酰甘油、磷脂酰肌醇、磷脂酰乙醇氨等。

糖脂：是含有碳水化合物的脂类，在甘油脂肪酰二脂的第三个羟基上与糖形成糖苷，如半乳糖基二酰甘油，甘油结合的糖可以是单糖，也可以是寡糖（双糖）或三糖。

这些脂类化合物，不论是磷脂还是糖脂都具有一个共同的特点，就是分子的一端含有两条非极性的脂肪酸长链，多数为十八碳的脂肪酸，通过甘油与另一端的一个磷酸化的醇基（如磷脂）或没有磷酸化的醇基（如糖脂）相连。非极性的脂肪酸链是疏水的，构成分子的疏水尾，而磷酸基团或糖基是亲水的，构成分子的亲水头，所以不论是磷脂还是糖脂都是双亲媒性分子，在同一分子上，两种性质不同的基团，在空间上总是对立分开或者是定向排列的。因此，它在参与生物膜的构成时就很容易形成一个整齐的界面或者隔离层。所以细胞质膜以及细胞内膜系统的界面都是由磷脂成分形成的。

1.2.3 脂类的生物学功能

脂类广泛分布于植物细胞和组织中，具有重要的生物学功能，其主要功能如下。

1. 作为能源物质

贮藏性的脂类是重要的能源物质，且能量高度集中，所占体积小。每克脂肪完全氧化时产生 389 kJ 能量，而糖仅为 172 kJ，即每克脂肪氧化所放出的能量为糖的 2 倍多。所以自然界中油料种子多，是一种适应性表现。油料作物种子的贮藏物以脂肪为主，当种子发芽时，脂肪氧化产生能量并转化为其他物质。

2. 组成生物膜的重要成分

磷脂、糖脂、固醇是构成生物膜的重要物质。生物膜系统不仅构成了维持细胞内环境相对稳定的、有高度选择性的半透性屏障，而且直接参与物质转运、能量转换、信息传递、细胞识别等重要生命活动。

3. 作为植物体表面的保护层

参与这一作用的主要是蜡类。它们可以在植物体表面或种子、果实表面形成一层稳定、不透水但透气的保护层，起到降低蒸腾作用、防止机械损伤、保持温度等作用。

4. 作为生理活性物质如激素、维生素的前体物质

这类脂类主要是指一些萜类和甾醇类物质。此外，脂类还能促进人和动物对食物中脂溶性维生素及必需脂肪酸的吸收。

1.3 蛋白质

1.3.1 蛋白质的组成

蛋白质是由 C（碳）、H（氢）、O（氧）、N（氮）组成，一般蛋白质可能还会含有 P（磷）、S（硫）、Fe（铁）、Zn（锌）、Cu（铜）、B（硼）、Mn（锰）、I（碘）、Mo（钼）等。

这些元素在蛋白质中的组成百分比约为碳50%、氢7%、氧23%、氮16%、硫0～3%其他微量。

（1）一切蛋白质都含氮元素，且各种蛋白质的含氮量很接近，平均为16%。

（2）蛋白质系数：任何生物样品中每1g氮的存在，就表示大约有100/16＝6.25g蛋白质的存在，6.25常称为蛋白质常数。

1.3.2 蛋白质的结构

蛋白质的结构直接关系着蛋白质的性质与生物功能，因此一直受到科学家们的关注。1952年，丹麦生物化学家Lindorstrom-Laug提出了蛋白质的一级结构、二级结构和三级结构的三个层次的概念，1958年Bernal又提出了蛋白质的四级结构概念，此后，有关蛋白质结构的研究进入了科学而迅速的发展阶段。目前，数百种蛋白质结构的研究成果，大大地丰富了人们对蛋白质结构的认识。

1. 蛋白质的一级结构

依据"理论与应用化学国际协会"（简称UPAC）的建议，蛋白质的一级结构（或称初级结构）是专指多肽键中的氨基酸排列顺序（见图1-7），不同的氨基酸以不同的排列顺序即可形成性质各异的多肽或蛋白质。每种蛋白质都有其特有的一级结构，这是由基因所决定的。蛋白质的一级结构包含着蛋白质分子形成更高层次构象的全部信息。维系一级结构的是肽键。

木瓜蛋白酶的氨基酸顺序（一级结构）

```
                5                  10                 15
  1  Ile Pro Glu Tyr Val Asp Trp Arg Gln Sys Gly Ala Val Thr Pro
 16  Val Lys Asn Gln Gly Ser Cys Gly Ser Cys Trp Ala Phe Ser Ala
 31  Val Val Thr Ile Glu Gly Ile Ile Lys Ile Arg Thr Gly Asn Leu
 46  Asn Gln Tyr Ser Glu Gln Glu Leu Leu Asp Cys Asp Arg Arg Ser
 61  Tyr Gly Cys Asn Gly Gly Tyr Pro Trp Ser Ala Leu Gln Leu Val
 76  Ala Gln Tyr Gly Ile His Tyr Arg Asn Thr Tyr Pro Tyr Glu Gly
 91  Val Gln Arg Tyr Cys Arg Ser Arg Glu Lys Gly Pro Tyr Ala Ala
106  Lys Thr Asp Gly Val Arg Gln Val Gln Pro Tyr Asn Gln Gly Ala
121  Leu Leu Tyr Ser Ile Ala Asn Gln Pro Val Ser Val Val Leu Gln
136  Ala Ala Gly Lys Asp Phe Gln Leu Tyr Arg Gly Gly Ile Phe Val
151  Gly Pro Cys Gly Asn Lys Val Asp His Ala Val Ala Ala Val Gly
166  Tyr Asn Pro Gly Tyr Ile Leu Ile Lys Asn Ser Trp Gly Thr Gly
181  Trp Gly Glu Asn Gly Tyr Ile Arg Ile Lys Arg Gly Thr Gly Asn
196  Ser Tyr Gly Val Cys Gly Leu Tyr Thr Ser Ser Phe Thr Pro Val
211  Lys Asn
```

成　分

```
14 Ala A    13 Glu Q    11 Leu L    13 Ser S
12 Arg R     7 Glu E    10 Lys K     8 Thr T
13 Asn N    28 Gly G     0 Met M     5 Trp W
 6 Asp D     2 His H     4 Phe F    19 Tyr Y
 7 Cys C    12 Ile I    10 Pro P    18 Val V
```

分子量 = 23 426　　残基总数 = 212

图1-7　木瓜蛋白酶的一级结构

2. 蛋白质的二级结构

多肽并不是以直线形式存在于细胞中。所谓二级结构按线性顺序来说涉及互相接近的氨基酸残基的空间关系。这些空间关系中有的是很有规则的，产生了周期性结构。α-螺旋、β-折叠、β-转角和γ-转角等都是二级结构的实例。二级结构不涉及多肽链上的R侧链构象。

（1）α-螺旋。Pauling和Corey（1951）开创了氨基酸和肽类的精确结构的X射线晶体学研究，取得了这些构造单元的标准键长与键角，再应用这些信息来推测蛋白质的构象，首次提出α-螺旋模型。α-螺旋是一个棒状结构。紧密卷曲的多肽主链形成棒的内部，而侧链以螺旋式的排布向外伸展。所有主链上的—CO和—NH都结成氢键而趋于稳定。每个残基相对于另一邻接的残基正好按螺旋轴平移0.15 nm和旋转100°。螺旋的每一周含有3.6个残基。α-螺旋的螺距为0.54 nm，即平移量（0.15 nm）与每周残基数（3.6）的乘积。螺旋构象可用三个英文字母表示：S、M和R（或L）。S代表螺旋每转一圈所含的氨基酸残基数，M代表由氢键连接形成的环内所含的原子数，R或L表示右旋或左旋。在天然蛋白质中，最普遍的是α-螺旋（见图1-8）。

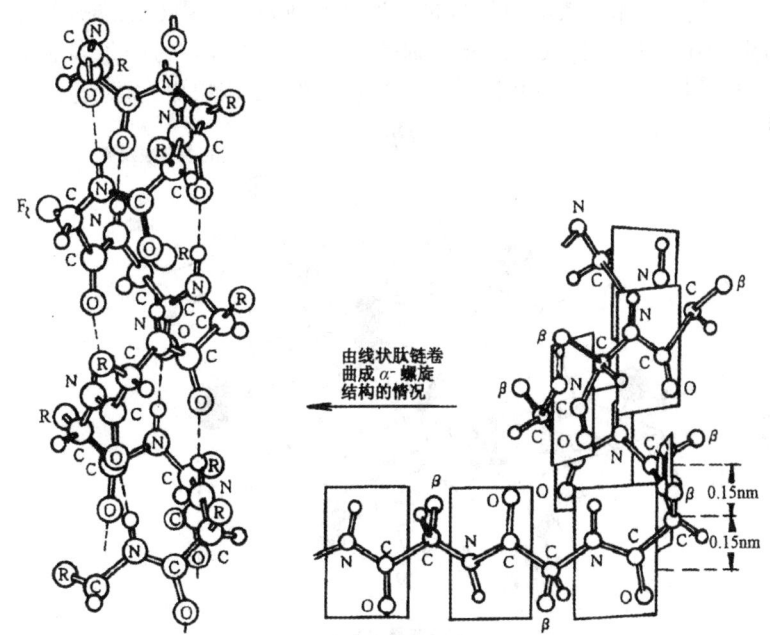

图1-8　由一条充分展开的肽链卷曲折叠成一个右手α-螺旋的情况

（在α-螺旋结构里，分子内的所有肽键之间都处于氢键联系之中）

大多数氨基酸可参与α-螺旋构象的形成，但脯氨酸例外，因为它具有一个环状结构。另外还有个别氨基酸，如缬氨酸、异亮氨酸等，由于其侧链基团占空间的位置过大，从而影响α-螺旋的形成，故一般α-螺旋构象中，不含这些氨基酸。

（2）β-折叠片。发现α-螺旋模型的同年，Pauling和Corey发现了另一个周期性结构的重复单元，命名为β折叠片（意指继α-螺旋以后阐明的第二个结构，故冠以β）。β-折叠片与α-螺旋的明显区别是β-折叠片是一个片状物而非一棒状物，在β-折叠片中多肽链几乎是完全伸展的，并不像在α-螺旋中那样卷曲得很紧凑，相邻两个氨基酸的轴向距离为0.35 nm，而在α-螺旋中为0.15 nm；另外，β折叠片是被同多肽链中—NH和—CO形成的链间氢键所稳定的，而在α-螺旋中氢键形成于一个多肽链中的—NH和—CO。在β-折叠片中，相邻的两条链既可以是走向相同的（平行式），也可以是相反的（反平行式）（见图1-9）。

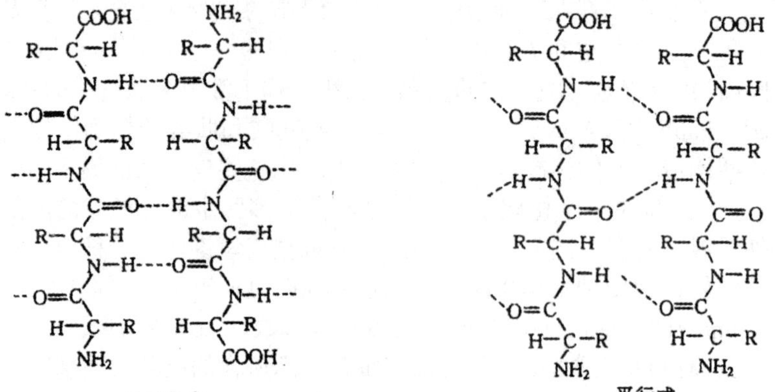

图1-9　β-折叠构象的链间氢键交联形式

平行式β-折叠片的全部多肽链都是从N末端开始或是全部由C末端开始相互平行排列的褶板构象（见图1-10）；反平行式β-折叠片则是由一条多肽链与另一条多肽链之间以相反的方向排列而成的褶板构象。从能量角度看，反平行式β折叠构象更为稳定。

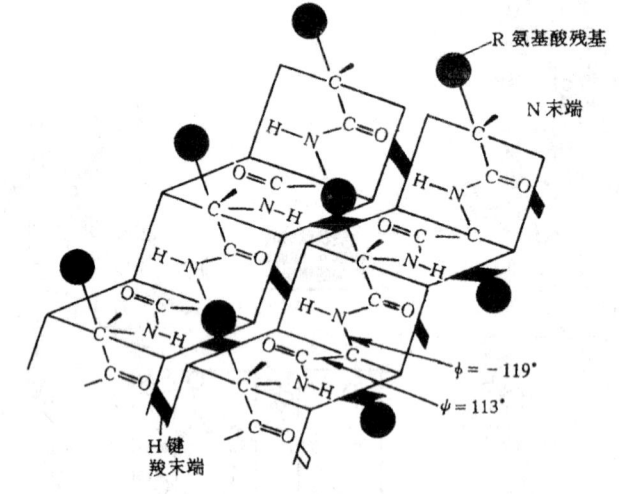

图1-10　β-构象或褶板式结构的图解

（多肽链的排布方式有利于形成分子间的氢键，并使氢键的数目有可能达到最多，所以肽链的褶叠是必然的。侧链的位置则远离多肽链的主干，并交替地排布在褶板的上方或下方）

（3）回折结构。蛋白质分子中还有一些转弯的结构，可以将不同的二级结构连接起来，组装成更高层次的构象。这些使肽链构象的走向发生改变的结构称为回折结构。在球蛋白分子中，回折结构很多，有利于多肽链反复折叠，组成结构较紧密的球状蛋白。在球蛋白分子中，常见的有两种回折结构，即β-转角与γ-转角。

β-转角是由四个氨基酸残基所组成。第一个残基上的羰基氧与第四个残基上的亚氨基氢形成氢键，以维持转角的构象。β-转角有两种类型：Ⅰ型为反式构象，Ⅱ型为顺式构象。Ⅰ型的β-转角较稳定（见图1-11）。

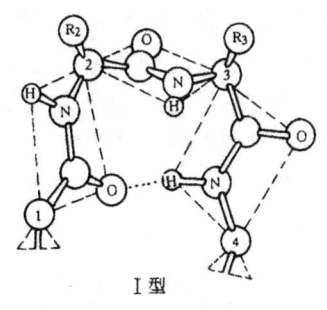
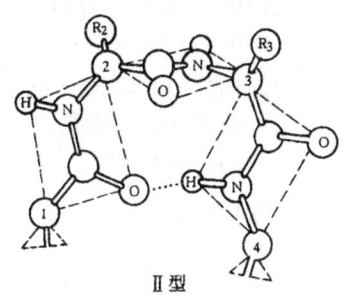

Ⅰ型　　　　　　　　　　　Ⅱ型

图1-11　β-转角的构象

γ-转角与β-转角的不同点是多肽链回折的方向在第三个残基上，而非第四个残基上。因此，它只需三个氨基酸残基，靠两个氢键即可形成γ-转角构象。甘氨酸与脯氨酸常出现于回折结构中。

（4）超二级结构

超二级结构是指若干相邻的二级结构组合在一起形成有规则的、稳定的、在空间上能辨认的二级结构组合体，常见的形式包括αα、βαβ、ββ和β曲折几种类型（见图1-12）。超二级结构在结构层次上高于二级结构，但没有聚集成具有功能的结构域。

αα　　　　　　ββ　　　　　　βαβ

图1-12　超二级结构示意图

（5）结构域

结构域是球状蛋白质的折叠单位，多肽链在超二级结构的基础上进一步盘绕折叠成紧密的近似球状的结构。它是在空间上彼此分隔，各自具有部分生物功能的结构。

球状蛋白质按照结构域组成种类及组合方式可分为四种：全α结构（蚯蚓血红蛋白），α、β结构（如丙糖磷酸异构酶、乳酸脱氢酶、磷酸甘油酸激酶），全β结构（如免疫球蛋白、GSH还原酶）和小蛋白结构（如铁氧还原蛋白、胰岛素）。如丙糖磷酸异构酶中的β-折叠构象具有轻微的右手扭转倾向，构成作为蛋白质结构骨架的右手扭转β-折叠，在超二级结构组装过程中有的形成β-圆桶。

结构域通常是蛋白质分子中能独立存在的功能结构，有时也可称为功能域。结构域的存在更有利于蛋白质折叠形成空间结构，并且酶的活性中心多位于多个结构域之间，通过结构域构建稳定的三级结构（卵溶菌酶的三级结构中有两个结构域）。结构域和结构域之间发生相对运动，有利于酶活性中心和底物的结合，以及酶活性的调节。对那些较小的蛋白质分子来说，结构域和三级结构往往是一个意思，也就是说，这些蛋白质是单结构域的。一般来说，大的蛋白质分子可以由两个或更多个结构域组成。

3. 蛋白质的三级结构

在球蛋白质分子中，α-螺旋、β-折叠片与回折结构等能彼此串联，组成一些不同的、但有规则的折叠单元，Rossman（1973）称之为超二级结构。再进一步形成稳定的构象，即这些折叠单元往往再聚集成紧密的球状小区，称为结构域。在蛋白质分子中，可以含有两个或多个结构域，它们的构象有相似的，也有不相似的，有的以β-折叠片构象为主，有的则以α-螺旋构象为主，或兼而有之。结构域可以有其结构特征而区别于另一结构域。例如，木瓜蛋白酶的结构域Ⅰ和结构域Ⅱ很不相同，但弹性蛋白酶的两个结构域则十分相似，都是以β-折叠片构象为主（见图1-13）。

 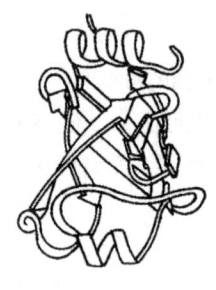 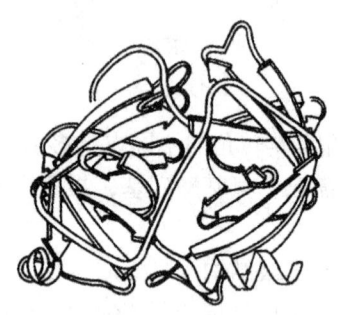

木瓜蛋白酶的结构域Ⅰ和结构域Ⅱ　　　　　　　　弹性蛋白酶的两个结构域

图1-13　结构域的构象

在一条多肽链内，两个结构域之间的分隔程度各不相同，在彼此独立的球状结构域之间有一条长短不同的肽链，有的结构域之间还有更广泛的联系。一般结构域之间的分隔度介于二者之间，但在两个结构域之间有一明显的空隙或凹口，它可灵活地发生弯曲。这种构象的存在，对体现多种生物功能起着积极的作用，如酶的变构效应。

结构域的大小相差甚大，可以含有40~400个氨基酸残基。常见的结构域含有100~200个残基。蛋白质分子中可以存在多个结构域。蛋白质的三级结构正是这些折叠单元或结构域的总汇集，也就是多肽链及其侧链上所有原子的空间排布构象。具有三级结构的蛋白质，通常就是一个完整的蛋白质分子。

4. 蛋白质的四级结构

尽管在细胞中许多具有三级结构的球状蛋白可作为功能单位，但在生命体系中还存在着许多复合蛋白。它们是由两条或两条以上、具有三级结构的球状多肽链，通过次级键彼此聚集而成。其中的每条多肽链被称为亚基或亚单位，但在个别亚基中并非只有一条多肽链。由若干个相同或不相同的亚基按照一定的构象聚合而成的蛋白质结构称蛋白质的四级结构。不同蛋白质的亚基数目、种类和亚基之间的聚集方式是不相同的。四级结构使蛋白质分子的结构更为复杂，可执行更复杂的生物功能。例如，二磷酸核酮糖羧化酶是由8个大亚基（相对分子质量为56 000）和8个小亚基（相对分子质量约为14 000）组成，它既参与光合作用中的CO_2固定过程，又可参与光呼吸（见第5章）。在四级结构中，各亚基之间大多是以次级键（如氢键、疏水键、盐键和范德华引力）联系，并非以共价键相结合。稳定蛋白质分子构象的作用力如图1-14所示：盐键和氢键结合发生于极性基团之间。疏水引力与范德华引力则存在于非极性基团之间。

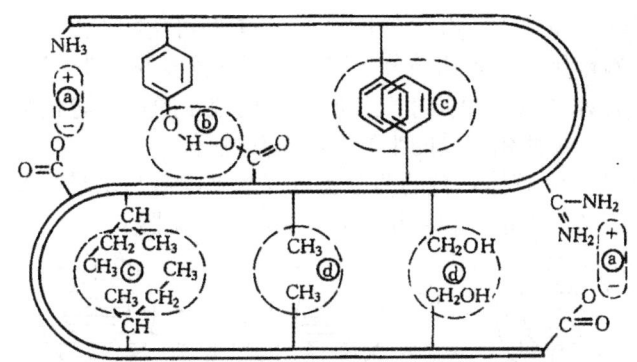

a.形成于离子基团之间的盐键；b.极性基团之间的氢键；c.非极性基团之间的疏水引力；
d.非极性基团之间的范德华引力

图1-14　维持蛋白质分子结构稳定性的几种侧链相互作用

虽然侧链之间的非共价键结合都是一些微弱的相互作用，但参与这种相互作用的基团数目十分庞大，所以这些作用力仍是重要的稳定力量。

总之，由α氨基酸所组成的多肽链，既不是长直线状结构，也不是任意形式的线团结构，而是在三维空间上有特定走向与排布而形成不同层次的构象（见图1-15）。蛋白质分子的整体构象，是体现其生物功能的基础。

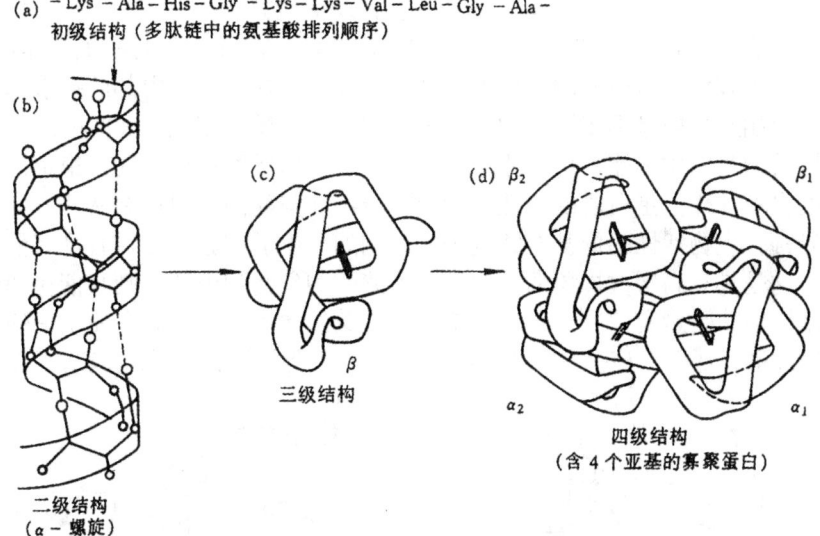

图1-15　不同层次的蛋白质分子构象

1.3.3　蛋白质的性质

蛋白质的结构决定着蛋白质的性质。如前所述，由于蛋白质分子中含有极性基团，使其带有电荷，所带电荷又随介质的pH值的变化而变化：在pH值较高的溶液中，带有负电荷；相反情况下则带有正电荷。不同的蛋白质所含的极性基团不同，带有的电荷也不同，使它在直流电场中具有不同的电泳速度，借助于蛋白质的该性质可将不同蛋白质进行分离与鉴定。近年来，利用聚丙烯酰胺凝胶电泳、等电聚焦电泳等技术可以将不同结构、不同分子量的蛋白质有效地分离开。

蛋白质的相对分子质量较大，有的在1万以上，有的可达数千万。分子直径为2～20 nm，其颗粒大小恰介于胶粒范围内。蛋白质分子结构表面有较多的极性基团，极易与水结合，在其分子表面形成了一层水化膜，呈亲水胶体状态。这层水膜可以防止蛋白质分子相互聚集，保证亲水胶体的稳定性，可使蛋白质的生物功能正常进行。

可见，蛋白质形成亲水胶体颗粒的两个稳定因素是电荷与水膜，如果改变介质pH值或中和电荷，促使水膜破坏，则蛋白颗粒相互凝聚而沉淀（见图1-16）。

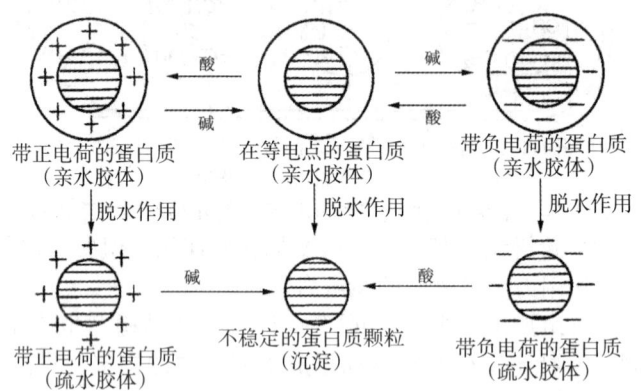

+及-分别代表正负电荷；颗粒外的空圈代表水化层
图1-16 蛋白质胶体颗粒的沉淀

一般认为，在发生沉淀的初始，蛋白质构象尚未深度破坏，此时的沉淀作用是可逆的。若构象较彻底地被破坏，蛋白质的结构由紧密状态变得疏松，分子内部的疏水基团转向分子表面，使分子间相互穿插呈不规则结构，该现象称为蛋白质的变性，此时的沉淀作用则是不可逆的。变性后的蛋白质不能再恢复原来状态。各种蛋白质的构象不同，稳定性各异，其变性的难易程度也不一样。蛋白质的变性一般伴随着沉淀与凝固，但也有例外。变性的蛋白质的结构发生异常，生物活性降低甚至完全丧失。例如，生活细胞中存在着具有催化功能的蛋白质——酶，这是具有高层次构象的蛋白质。若酶的构象受到破坏，则其催化功能丧失。图1-17表示核糖核酸酶受热变性后，很多维持原有构象的次级键被破坏，使紧密的二级结构与三级结构变得疏散，尽管双硫键（—S—S—）还存在，但该酶的催化功能基本丧失。

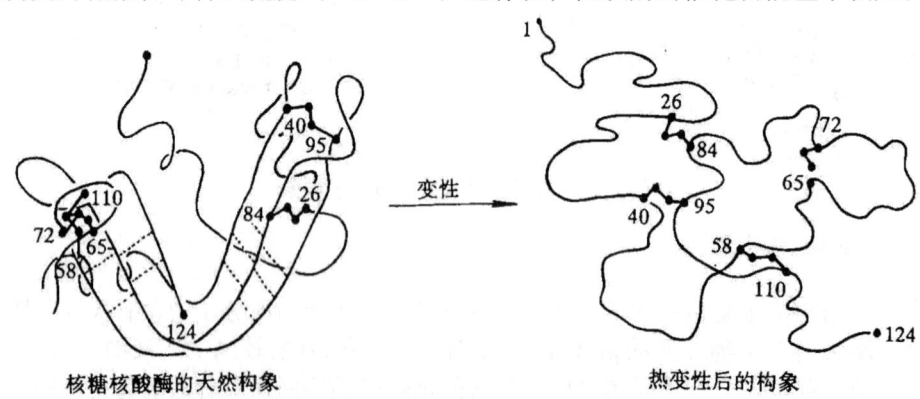

图1-17 核糖核酸酶分子的天然构象与变性后的构象

1.3.4 蛋白质的分类

1. 按来源分类

蛋白质按来源可以分为动物蛋白和植物蛋白，两者所含的氨基酸是不同的。动物性蛋白质主要为提取自牛奶的乳清蛋白，其所含必需氨基酸种类齐全，比例合理，但是含有胆固醇。植物性蛋白质主要来源于大豆的大豆蛋白，最大的优点就是不含胆固醇。

2. 按组成成分分类

按照化学组成分类，蛋白质通常可以分为简单蛋白质、结合蛋白质和衍生蛋白质。简单蛋白质经水解得氨基酸和氨基酸衍生物；结合蛋白质经水解得氨基酸、非蛋白的辅基和其他（结合蛋白质的非氨基酸部分称为辅基）；蛋白质经变性作用和改性修饰得到衍生蛋白质。

（1）简单蛋白质按溶解度不同可分为以下几种。

①清蛋白：溶于水及稀盐、稀酸或稀碱溶液，能被饱和硫酸铵所沉淀，加热可凝固。广泛存在于生物体内，如血清蛋白、乳清蛋白、蛋清蛋白等。

②球蛋白：不溶于水而溶于稀盐、稀酸和稀碱溶液，能被半饱和硫酸铵所沉淀。普遍存在于生物体内，如血清球蛋白、肌球蛋白和植物种子球蛋白等。

③谷蛋白：不溶于水、乙醇及中性盐溶液，但易溶于稀酸或稀碱。如米谷蛋白和麦谷蛋白等。

④醇溶谷蛋白：不溶于水及无水乙醇，但溶于70%~80%乙醇、稀酸和稀碱。分子中脯氨酸和酰胺较多，非极性侧链远较极性侧链多。这类蛋白质主要存在于谷物种子中，如玉米醇溶蛋白、麦醇溶蛋白等。

⑤组蛋白：溶于水及稀酸，但被稀氨水所沉淀。分子中组氨酸、赖氨酸较多，分子呈碱性，如小牛胸腺组蛋白等。

⑥精蛋白）：溶于水及稀酸，不溶于氨水。分子中碱性氨基酸（精氨酸和赖氨酸）特别多，因此呈碱性，如鲑精蛋白等。

⑦硬蛋白：不溶于水、盐、稀酸或稀碱。这类蛋白质是动物体内作为结缔组织及保护功能的蛋白质，如角蛋白、胶原、网硬蛋白和弹性蛋白等。

（2）根据辅基的不同，结合蛋白质可分为以下几种。

①核蛋白：辅基是核酸，如脱氧核糖核蛋白、核糖体、烟草花叶病毒等。

②脂蛋白：与脂质结合的蛋白质。脂质成分有磷脂、固醇和中性脂等，如血液中的$β_1$-脂蛋白、卵黄球蛋白等。

③糖蛋白和黏蛋白：辅基成分为半乳糖、甘露糖、己糖胺、己糖醛酸、唾液酸、硫酸或磷酸等中的一种或多种。糖蛋白可溶于碱性溶液中，如卵清蛋白、$γ$-球蛋白。

④磷蛋白：磷酸基通过酯键与蛋白质中的丝氨酸或苏氨酸残基侧链的羟基相连，如酪蛋白、胃蛋白酶等。

⑤血红素蛋白：辅基为血红素。含铁的如血红蛋白、细胞色素 c，含镁的有叶绿蛋白，含铜的有血蓝蛋白等。

⑥黄素蛋白：辅基为黄素腺嘌呤二核苷酸，如琥珀酸脱氢酶、D-氨基酸氧化酶等。

⑦金属蛋白：与金属直接结合的蛋白质，如铁蛋白含铁，乙醇脱氢酶含锌，黄嘌呤氧化酶含钼和铁等。

(3) 衍生蛋白质是天然蛋白质变性或者改性、修饰和分解产物。

①一级衍生蛋白：不溶于所有溶剂，如变性蛋白质。

②二级衍生蛋白质：溶于水，受热不凝固，如胨、肽。

③三级衍生蛋白质：功能改进，如磷酸化蛋白、乙酰化蛋白、琥珀酰胺蛋白。

3. 按分子形状分类

根据分子形状的不同，可将蛋白质分为球状蛋白质和纤维状蛋白质两大类。以长轴和短轴之比为标准，球状蛋白质小于5，纤维状蛋白质大于5。纤维状蛋白多为结构蛋白，是组织结构不可缺少的蛋白质，由长的氨基酸肽链连接成为纤维状或蜷曲成盘状结构，成为各种组织的支柱，如皮肤、肌腱、软骨及骨组织中的胶原蛋白；球状蛋白的形状近似于球形或椭圆形。许多具有生理活性的蛋白质，如酶、转运蛋白、蛋白类激素与免疫球蛋白、补体等均属于球蛋白。

4. 按结构分类

蛋白质按其结构可分为单体蛋白、寡聚蛋白、多聚蛋白。单体蛋白：蛋白质由一条肽链构成，最高结构为三级结构，包括由二硫键连接的几条肽链形成的蛋白质，其最高结构也是三级，多数水解酶为单体蛋白。寡聚蛋白：包含2个或2个以上三级结构的亚基，可以是相同亚基的聚合，也可以是不同亚基的聚合。多聚蛋白：由数十个亚基，甚至数百个亚基聚合而成的超级多聚体蛋白。

5. 按功能分类

蛋白质按其功能分为活性蛋白质和非活性蛋白质两大类。活性蛋白质有调节蛋白、收缩蛋白、抗体蛋白等。非活性蛋白质有结构蛋白等。

结构蛋白：构成人体组织的蛋白质，如韧带、毛发、指甲和皮肤等。

调节蛋白：具有调控功能的蛋白质，如胰岛素、甲状腺素等。

收缩蛋白：参与收缩过程的蛋白质，如肌球蛋白、肌动蛋白等。

抗体蛋白：构成机体抗体的蛋白质，如免疫球蛋白。

6. 按蛋白质的营养价值分类

食物蛋白质的营养价值取决于所含氨基酸的种类和数量，所以在营养上尚可根据食物蛋白质的氨基酸组成分为完全蛋白质、半完全蛋白质和不完全蛋白质三类。

(1) 完全蛋白：所含必需氨基酸种类齐全、数量充足、比例适当，不但能维持成人的健康，并能促进儿童生长发育，如乳类中的酪蛋白、乳白蛋白，蛋类中的卵白蛋白、卵磷蛋白，肉类中的白蛋白、肌蛋白，大豆中的大豆蛋白，小麦中的麦谷蛋白，玉米中的谷蛋白等。

(2) 半完全蛋白：所含必需氨基酸种类齐全，但有的氨基酸数量不足，比例不适当，可以维持生命，但不能促进生长发育，如小麦中的麦胶蛋白等。

(3) 不完全蛋白：所含必需氨基酸种类不全，既不能维持生命，也不能促进生长发育，如玉米中的玉米胶蛋白，动物结缔组织和肉皮中的胶质蛋白，豌豆中的豆球蛋白等。

1.3.5 蛋白质的生物学功能

1. 抑制蛋白酶的作用

创伤、感染等引起应激时，体内蛋白水解酶增多，过多的蛋白水解酶可引起组织的损害。AP蛋白中有蛋白酶抑制物，例如α_1-抗胰蛋白酶、α_1-抗糜蛋白酶、C_1酯酶抑制因子、α_2-抗纤溶酶等。应激时，这些酶的消耗增加，同时合成也增加，以保证蛋白酶抑制物能得到必要的补充。

2. 凝血和纤溶纤维蛋白原

在凝血酶作用下形成的纤维蛋白在炎症区组织间隙构成网状物或凝块，有利于阻止病原体及其毒性产物的扩散，继而纤溶系统的激活又可在晚些时候溶解这些凝块而使组织间隙恢复原状。然而，凝血和纤溶系统的过度激活却有可能导致DIC而给机体造成严重的后果。

3. 清除异物和坏死组织

某些AP蛋白具有迅速的非特异性的清除异物和坏死组织的作用。例如C-反应蛋白容易与细菌细胞壁结合，又可激活补体的经典途经，促进大、小吞噬细胞的功能，从而使得与C-反应蛋白结合的细菌迅速地被清除。

4. 清除自由基

如铜蓝蛋白能活化超氧化物歧化酶（SOD），故有清除氧自由基的作用。

5. 其他

如血清淀粉样物质A可能有促使损伤细胞修复的作用；纤维连接蛋白则能促进单核细胞、巨噬细胞和成纤维细胞趋化性，促进单核细胞膜上Fc受体和C3b受体的表达，并激活补体旁路，从而促进单核细胞的吞噬功能；等等。

1.4 核酸

核酸是细胞内唯一可通过复制传给子代的遗传物质，是一种线形或环形的多聚核苷酸，可以携带并传递全部的遗传信息。

1.4.1 核酸的类型与组成

核酸的基本构成单位是核苷酸。核苷酸可进一步分解为核苷和磷酸，核苷由戊糖和碱基缩合而成，碱基通常为嘌呤碱和嘧啶碱。所以，可以认为核酸由核苷酸组成，而核苷酸又由碱基、戊糖和磷酸组成（见图1-18）。

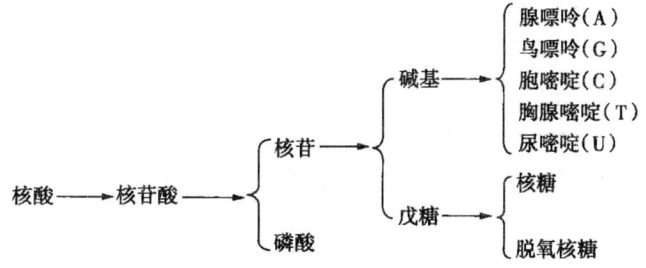

图1-18 核酸的组成

生物体中的核酸有两种：脱氧核糖核酸（DNA）和核糖核酸（RNA）。两类核酸所含的碱基都是4种（见图1-19）。其中，嘌呤碱完全相同，即腺嘌呤（A）和鸟嘌呤（G）；而嘧啶碱有差异，RNA中为胞嘧啶（C）、尿嘧啶（U），DNA中则为胞嘧啶（C）和胸腺嘧啶（T）；RNA和DNA所含戊糖也不同，RNA中为核糖，DNA中为脱氧核糖。

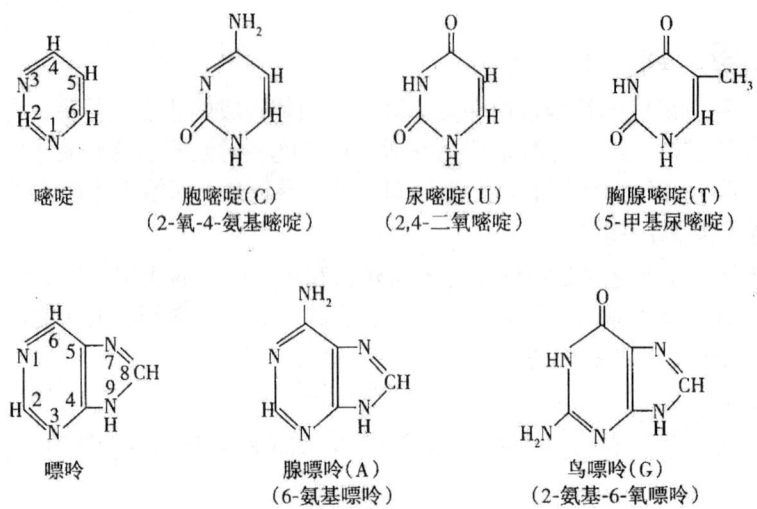

图 1-19　嘌呤碱与嘧啶碱的结构式
（嘌呤环和嘧啶环上各原子编号为国际统一规定顺序）

核苷是核糖或脱氧核糖与嘌呤碱或嘧啶碱生成的糖苷。在核苷分子中，糖上的原子编号为 1'、2'、3'、4'、5'……以区别于碱基上的原子编号 1、2、3、4、5……戊糖与碱基之间以 N—C 糖苷键相连，核酸分子中的糖苷键均为 β-糖苷键。核苷有核糖核苷和脱氧核糖核苷之分，其代号与相应的碱基相同，脱氧核糖核苷的代号在碱基前加"d"，如 dA、dG、dC、dT 等。核酸中的主要核苷见表 1-3，核苷的结构以腺苷与胞苷的结构为例，如图 1-20 所示。

表 1-3　核酸中的主要核苷及核苷酸

	核糖核酸（RNA）			脱氧核糖核酸（DNA）			
核苷全称	核苷代号	核苷酸	核苷酸代号	核苷全称	核苷代号	核苷酸	核苷酸代号
腺嘌呤核苷	A	腺嘌呤核苷酸	AMP	腺嘌呤脱氧核苷	A	腺嘌呤脱氧核苷酸	dAMP
鸟嘌呤核苷	G	鸟嘌呤核苷酸	GMP	鸟嘌呤脱氧核苷	G	鸟嘌呤脱氧核苷酸	dGMP
胞嘧啶核苷	C	胞嘧啶核苷酸	CMP	胞嘧啶脱氧核苷	C	胞嘧啶核苷酸	dCMP
尿嘧啶核苷	U	尿嘧啶核苷酸	UMP	胸腺嘧啶脱氧核苷	T	胸腺嘧啶核苷酸	dTMP

腺嘌呤核苷(A)

胞嘧啶脱氧核苷(dC)

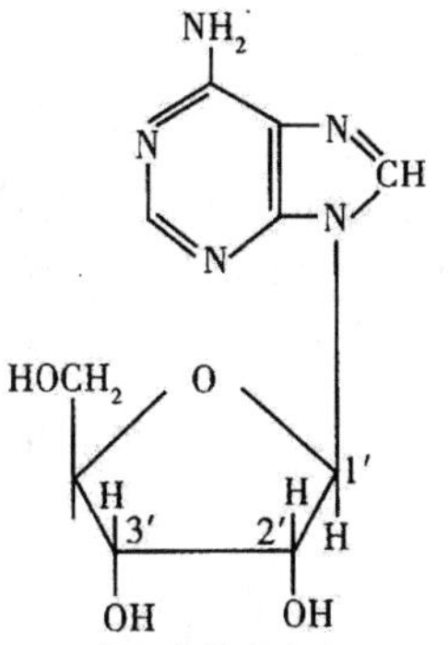

图1-20　腺嘌呤核苷(A)与胞嘧啶脱氧核苷(dC)的结构式

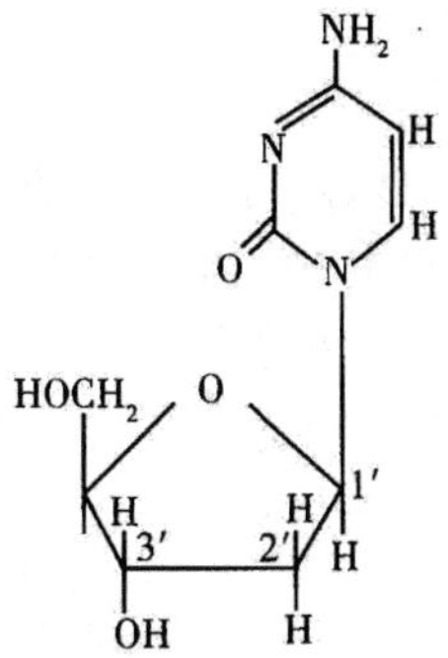

核苷酸是核苷的磷酸酯，它是由核苷中戊糖上羟基被磷酸酯化而成。生物体内存在的核苷酸均是5'-核苷酸，以鸟苷酸与脱氧胸苷酸为例，其结构式如图1-21所示。核苷酸根据与磷酸的结合个数常形成核苷单磷酸、核苷二磷酸和核苷三磷酸。如AMP、ADP和ATP，在能量转换中起十分重要的作用。

鸟苷酸(GMP)

脱氧胸苷酸(dTMP)

三磷酸腺苷酸
(ATP)

3′,5′-cAMP

3′,5′-环一磷酸腺苷酸

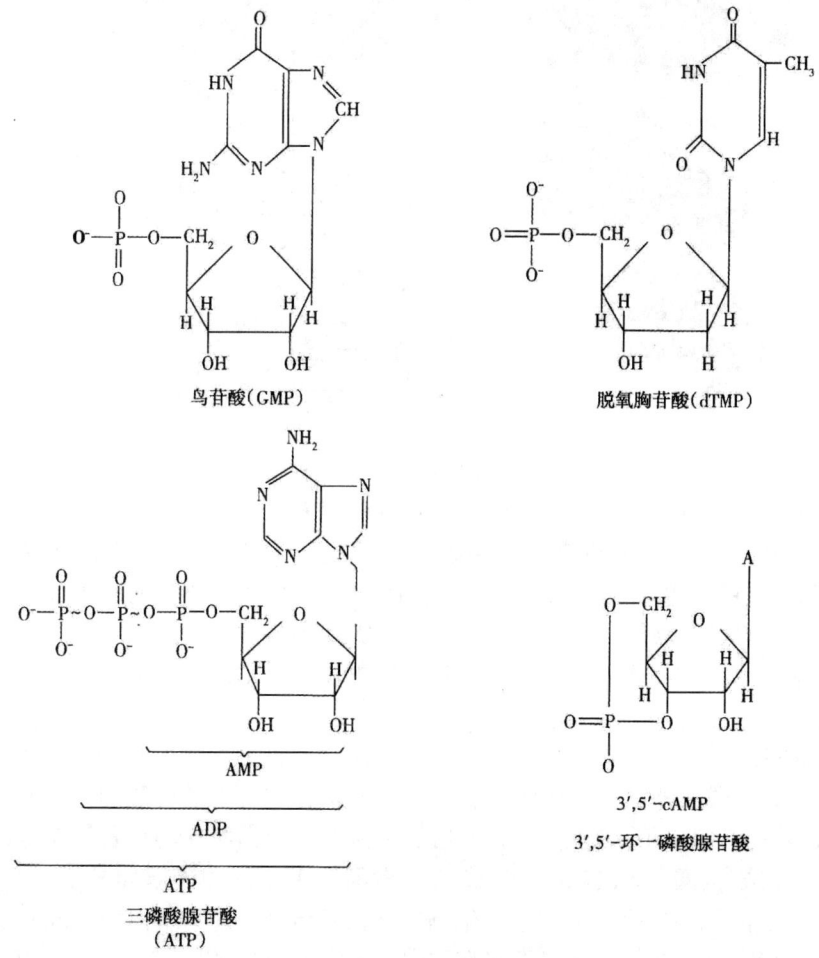

图1-21　几种核苷酸的结构式

1.4.2 核酸的结构

（1）脱氧核糖核酸（DNA）的分子结构。DNA是一类非常复杂的生物大分子，是由4种脱氧核苷酸（dAMP、dGMP、dCMP和dTMP）通过3′,5′-磷酸二酯键连接成的长链分子，每个DNA由几千至几千万个脱氧核苷酸组成，具有一至三级结构。DNA的一级结构是指DNA链中脱氧核苷酸的连接方式和排列顺序。二级结构是指DNA的双螺旋结构（见图1-22）。DNA双螺旋结构有以下特点：

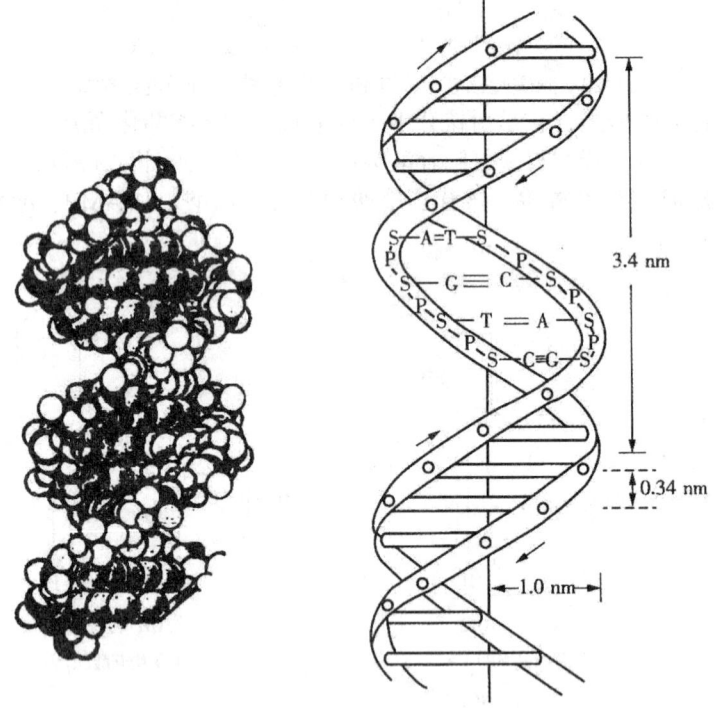

图1-22　DNA双螺旋结构模型

① DNA分子由两条反向平行的多核苷酸链构成双螺旋结构；

②碱基在螺旋内部，戊糖和磷酸在螺旋外部，碱基平面与轴垂直，糖环平面与轴平行；

③两条链上嘧啶和嘌呤碱基之间以氢键相连，并按碱基互补原则连接（A与T、G与C连接），碱基之间的堆积力和氢键使双螺旋结构十分稳定。

三级结构是指DNA双螺旋进一步扭曲形成的更高层次的空间结构，又称"超螺旋结构"。

（2）核糖核酸（RNA）的分子结构。RNA是由4种核苷酸（AMP、GMP、CMP和UMP）通过3′,5′-磷酸二酯键连接成的长链分子。多核苷酸链中核苷酸的排列顺序即为RNA的一级结构，其碱基组成不如DNA具有严格的规律性。根据所在的位置和功能，RNA分为三种，即信使核糖核酸（mRNA）、转移核糖核酸（tRNA）、核糖体核糖核酸（rRNA）。mRNA占RNA总量的5%，合成后便进入细胞质与核糖体结合成为蛋白质合成的模板。tRNA占RNA总量的15%，以游离态存在于细胞质中，在合成蛋白质时结合所需氨基酸并将其转运到核糖体上。一种tRNA只能携带一种氨基酸,20种氨基酸至少有20种tRNA。rRNA占RNA总量的80%,与蛋白质结合形成核蛋白,构成核糖体,核糖体是细胞质中合成蛋白质的细胞器。其中,tRNA的二级结构研究得较为透彻,整体为三叶草形(见图1-23)。

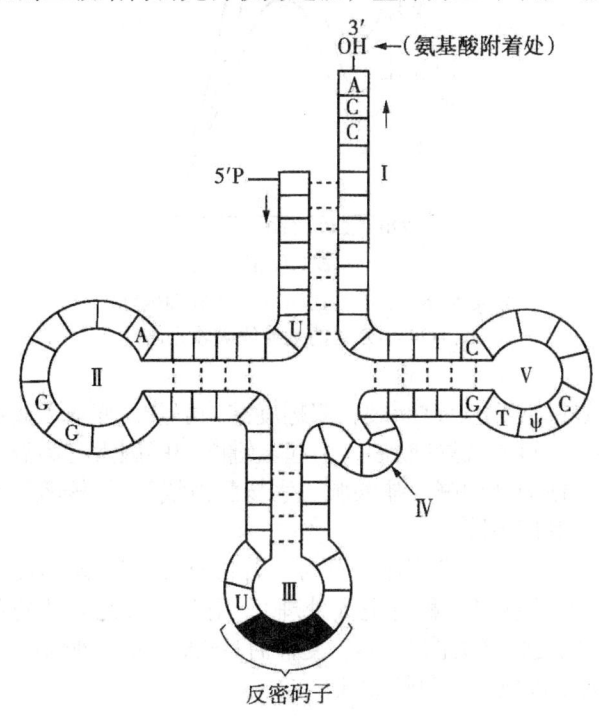

虚线为氢键;Ⅰ.氨基酸臂;Ⅱ.二氢尿嘧啶环;Ⅲ.反密码环;Ⅳ.可变环;Ⅴ.T&C环

图1-23　tRNA三叶草二级结构通式

1.4.3　核酸的性质

1. 理化性质

核酸既具有碱性基团,又具有酸性基团,所以为两性电解质,常因磷酸酸性强而表现出酸性。提纯的DNA为白色纤维状固体,RNA为白色粉末,均微溶于水,不溶于一般有机溶剂,故可通过乙醇沉淀溶液中的核酸进而达到分离纯化的效果。核酸的水溶液具有较高的黏度,而DNA的黏度强于RNA。核酸还具有明显的显色反应,如RNA与浓盐酸、$FeCl_3$和苔黑酚(甲基间苯二酚)共热产生绿色,而DNA与二苯胺共热产生蓝色,可利用这些不同的颜色反应区别RNA和DNA。

2. 紫外吸收性质

由于核酸分子中具有共轭双键,能强烈吸收紫外光,DNA在260 nm附近有最大吸收峰,230 nm处有吸收低谷(见图1-24)。RNA和DNA的吸收曲线大致相同,而蛋白质的最大吸收值在280 nm处。因此,可以利用紫外吸收特性定性和定量测定核酸或区别蛋白质,并能通过核酸紫外吸收值的变化,反映核酸双螺旋结构的破坏与恢复,从而作为核酸变性与复性的指标。

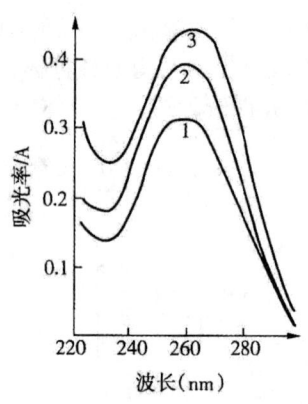

1. 天然DNA；2. 变性DNA；3. 核苷酸总吸收值

图1-24　DNA的紫外线吸收光谱

3. 变性与复性

核酸的变性是指核酸结构中氢键断裂，双螺旋结构解开，变成无规则线团的过程。变性并不涉及共价键的断裂，只是氢键的断裂，引起氢键断裂的因素有高温、强酸强碱、有机溶剂（乙醇、丙酮等）、变性剂（如脲、盐酸胍、水杨酸射线等）。核酸变性后，对紫外光的吸收（即 A_{260}）显著增强，黏度下降。

复性是指DNA热变性后，双螺旋链分开时，若将DNA溶液迅速冷却，两条单链则继续保持分开。但若缓慢冷却至室温（称为退火处理），则两条彼此分开的单链重新合成双螺旋结构，此过程称为核酸的复性（见图1-25）。复性后DNA的一系列性质得以恢复，DNA片段愈大，复性愈慢；DNA浓度愈大，复性愈快。

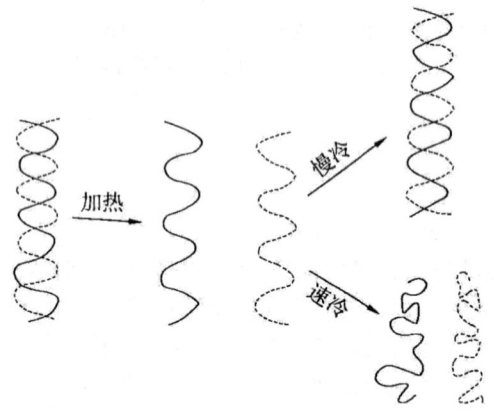

图1-25　DNA的变性和复性

1.4.4　核酸的生物学功能

1. DNA是遗传物质，是遗传信息的载体

核酸的研究已有逾百年历史。早在1868年，瑞士科学家米歇尔从外科绷带的脓细胞核中分离出一种含磷、氮量均很高的酸性有机物，称为核素，即今天所说的脱氧核糖核酸与蛋白质的复合物。1889年，阿尔特曼得到了纯核酸，但此后很长一段时间核酸的研究一直未引起人们重视，直到1944年，艾弗里等人通过细菌转化实验直接证实了DNA的遗传功能。经过多年研究,确定DNA是生物的主要遗传物质,是遗传信息的载体。任何一个生物体细胞都具有发育成完整有机体的全套遗传信息。基因(遗传的最小功能单位)就是DNA分子的一个片段。

2. RNA在蛋白质生物合成中起重要作用

基因功能的表达是以蛋白质的形式体现出来的。"一个基因一条多肽链"是现代遗传学中极重要的基本概念。3种RNA在蛋白质合成中起着重要作用,其中mRNA转录DNA上的遗传信息并指导蛋白质的生物合成,所以称mRNA为信使RNA。tRNA在蛋白质合成中起着运输氨基酸的作用,即将氨基酸按照mRNA链上的密码所决定的氨基酸顺序转移至蛋白质合成场所——核糖体。rRNA与蛋白质结合在一起形成核糖体,作为蛋白质的合成场所。此外,RNA还有多方面的功能,有些参与基因表达的调控,有些具有生物催化作用,而在RNA病毒中,RNA本身就是遗传物质。

思考题

1. 简要说明蔗糖的生物学功能。
2. 脂类包括哪些物质?
3. 核酸有哪两大类?它们有哪些特点?
4. RNA有哪些主要类型?它们的功能是什么?
5. DNA双螺旋结构模型有哪些基本特点?
6. 为什么说蛋白质是生命活动中最重要的物质基础?
7. 蛋白质的一级结构指的是什么?蛋白质的二级结构有哪些类型?

第2章 生命的催化剂——酶

2.1 酶的概述

2.1.1 酶的概念及化学本质

酶是具有催化活性的蛋白质、核酸或其复合体,是提高生化反应速度的生物催化剂。

早在19世纪初就有关于酶的研究,但直至1878年才由德国生理学家威廉·屈内首先提出酶的概念,1926年美国科学家萨姆纳首次从刀豆中分离出脲酶结晶。此后,酶学迅速发展,在酶的性质、组成与结构、作用机理等方面都有了深入的研究。

酶能够加快生化反应的速度,但并不参与生化反应过程中反应物或生成物的形成。绝大多数酶的化学本质是具有特殊生物活性的蛋白质。1982年托马斯·罗伯特·切赫等科学家发现了RNA的催化作用,拓宽了以往认为酶的本质就是蛋白质的认识,开辟了酶学研究新领域,认为酶不仅是蛋白质,还可以是具有催化活性的核糖核酸分子(核酶、核糖酶、类酶RNA)和脱氧核糖核酸分子(脱氧核酶)。

凡是由酶催化进行的化学反应,称为酶促反应。在酶促反应中,受酶催化发生变化的物质为底物,由底物转变成的新物质称为产物。

酶存在于一切有生命的动植物细胞内,其含量虽甚微,但具有催化效率高、专一性强、作用条件温和等重要特点。若没有酶,生化反应将无法进行,如植物体内碳水化合物、脂类、蛋白质、核酸、维生素等的合成、降解及转化都将停止,生命也会终止。

生产、科研中使用的酶大多是从原料中纯化而来。

2.1.2 酶的命名

1961年以前,大多数酶都是根据催化底物、催化性质或酶的来源命名,即习惯命名法,如水解淀粉、蛋白质、脂肪的酶分别称为淀粉酶、蛋白酶、脂肪酶,催化脱氢反应的称为脱氢酶,胰蛋白酶来自胰脏,胃蛋白酶来自胃,还有木瓜酶、β-淀粉酶等。这种命名法简单易行,被广泛使用,但缺乏系统性,会出现一酶多名或一名多酶的现象。

为了克服以上弊端,国际生化学会酶学委员会于1961年提出了系统命名法和酶的分类原则。酶学委提出:每一种酶都有一个系统名称和习惯名称,如β-淀粉酶的系统名称为α-1,4-多聚葡萄糖麦芽糖水解酶,以表明从α-多聚葡萄糖上水解1,4-糖苷键,并产生麦芽糖的反应。但因系统命名法名称太长,故习惯命名法也经常使用。若酶促反应中有两种底物,则两种底物之间用":"分开,如乙醇脱氢酶用系统名称时应写成"乙醇:NAD^+氧化还原酶",若底物之一为水时可将水略去不写。

2.1.3 酶的分类

按照系统分类,酶被分为六大类,分别以1、2、3、4、5、6表示。根据底物中被作用的基团或键的特点,将每一大类又分为若干个亚类,按顺序编成1、2、3等数字。为了更精确地表示底物的性质,每一个亚类再分为若干亚亚类,仍用1、2、3等编号。最后是该酶在此亚亚类中的顺序号,也按数字1、2、3……表示。因此,每一个酶的分类编号由4个数字组成,数字间用"."隔开,编号之前加"EC",表示酶学委员会(Enzyme Comision)。例如:EC1.1.1.1是醇脱氢酶,1.表示氧化还原酶大类,1.1表示作用于CHOH为给体的亚类,1.1.1表示以NAD^+或$NADP^+$为受体的亚亚类,其系统命名为"醇:NAD^+氧化还原酶"。

1. 氧化还原酶类

氧化还原酶催化氧化还原反应,分为脱氢酶、氧化酶和过氧化物酶和加氧酶等亚类。脱氢酶使底物脱氢氧化,脱去的氢为辅酶所接受;氧化酶将底物上脱下的氢转移给氧分子,生成过氧化氢或水;过氧化物酶将底物中脱下的氢与过氧化氢等过氧化物反应,使过氧化物中的氧还原生成水;加氧酶是将氧加到底物中,使底物氧化。用公式表示为

$$AH_2+B \leftrightarrow A+BH_2$$

2. 转移酶类

转移酶是将底物上的某一集团转移给另一化合物,催化功能基团在分子间的转移,包括转甲基酶、转氨酶等。其中,许多转移酶需要辅酶,通常底物分子的一部分与酶或辅酶结合,这类酶包括激酶。用公式表示为

$$A-R+B \leftrightarrow A+B-R$$

3. 水解酶类

水解酶是一类特殊的转移酶,水作为转移基团的受体,它主要催化复杂有机物加水分解为较简单的化合物的反应。这类酶包括酯酶、肽酶、糖苷酶等,其中酯酶催化酯键水解,肽酶催化肽键水解,糖苷酶催化糖苷键水解,如蛋白酶、氨肽酶等。用公式表示为

$$AB+H_2O \leftrightarrow AOH+BH$$

4. 裂合酶类

裂合酶又称裂解酶,催化底物裂解并形成双键,或其逆反应。其中,催化细胞内的加成反应的裂合酶常命名为合成酶,常包括醛缩酶、水化酶、脱氨酶等。用公式表示为

$$AB \leftrightarrow A+B$$

5. 异构酶类

异构酶催化各种同分异构体的相互转变,包括顺反异构酶、消旋酶、变位酶等。反应过程只有一个底物或一个产物,因此为最简单的酶促反应。用公式表示为

$$A \leftrightarrow B$$

6. 合成酶类

合成酶又称连接酶,催化两个底物的连接或交联反应,在ATP的参与下,利用其高能键水解时释放的能量催化有机物的合成。因此,这类反应通常需要消ATP中的能量,包括羧化酶、酪氨酸合成酶、谷氨酰胺合成酶等。用公式表示为

$$A+B+ATP \leftrightarrow AB+ADP$$

2.2 酶的组成与结构

2.2.1 酶的化学组成

绝大多数酶的化学本质是蛋白质。根据水解产物的不同，蛋白质分为简单蛋白质和结合蛋白质两大类。简单蛋白质的酶，又称单成分酶，水解产物只有氨基酸，酶活性仅取决于它们的蛋白质空间结构，如脲酶、核糖核酸酶、胰凝乳蛋白酶等。结合蛋白质的酶，又称双成分酶，整个酶分子称全酶，除含酶蛋白外，还有非蛋白成分的辅助因子，即全酶=酶蛋白+辅助因子。辅助因子是酶表现催化活性所必需的，在催化反应中起传递电子、原子和某些化学基团的作用，而酶蛋白决定酶反应的专一性，只有全酶才能充分表现出酶的活性，缺一不可。辅助因子主要有金属离子（Fe^{2+}或Fe^{3+}、Zn^{2+}、Mg^{2+}、Cu^+或Cu^{2+}、Mn^{2+}等），金属有机化合物（如铁卟啉）和有机小分子化合物（如维生素B族衍生物等）。与酶蛋白松弛结合的辅助因子称为辅酶，可通过透析除去；以共价键与酶蛋白牢固结合的辅助因子称为辅基，不能用透析方法除去。

2.2.2 酶的结构

1. 单体酶、寡聚酶和多酶复合体

根据酶蛋白分子结构上的特点，可把酶分为三类。

（1）单体酶

单体酶只有一条多肽链，其相对分子质量为13 000～35 000，属于这一类的酶很少，一般都是催化水解反应的酶。如溶菌酶、核糖核酸酶、木瓜蛋白酶、胰蛋白酶等。

（2）寡聚酶

寡聚酶由几个或多个亚基组成，亚基牢固地联结在一起，单个亚基没有催化活性。亚基之间以非共价键结合。相对分子质量从35 000到几百万，例如，α-磷酸化酶和3-磷酸甘油醛脱氢酶等。

（3）多酶复合体

多酶复合体是由几个酶镶嵌而成的复合物。这些酶的相对分子质量很高，一般都在几百万以上。这些酶催化将底物转化为产物的一系列顺序反应。例如，在脂肪酸合成中的脂肪酸合成酶复合体及丙酮酸脱氢酶系等。

2. 活性中心和必需基团

酶分子一般都很大，但酶分子中真正起催化作用的部位只是其中某一部位。在酶分子中直接和底物结合，并和酶催化作用有关的基团的部位称为酶活性部位或活性中心。因此，活性中心包括两个功能无识别结果底物结合的结合部位以及参与催化反应的催化部位。它们是酶催化作用的必需基团。

活性中心是一个三维空间结构，结合底物的特异性取决于活性中心中精确的原子排列，大多数底物都是通过相对弱的力与酶结合。这些基团若经化学修饰使其改变，则酶的活性丧失。此外，一些在酶活性中心以外维持酶空间构象所必要的基团，也是酶催化作用的必需基团。

活性中心常位于酶蛋白的两个结构域或亚基之间的裂隙中，或位于蛋白质表面的凹槽内。酶活性中心除了含有疏水性氨基酸残基外，还含有少量的极性氨基酸残基。极性氨基酸残基常常参与酶的催化反应。酶活性中心的可离子化和可反应的氨基酸残基形成酶的催化中心。

3. 变构酶与同工酶

变构酶（alosterie enzyme）是一类重要的调节酶。在代谢反应中催化第一步反应或分支处反应的酶多为变构酶。变构酶均受代谢终产物的反馈抑制。

变构酶多为寡聚酶，含有两个或多个亚基。其分子中包括两个中心：一个是与底物结合、催化底物反应的活性中心，另一个是与调节物结合、调节反应速度的变构中心。变构酶通过酶分子本身构象变化来改变酶的活性。变构酶的反应初速度与底物浓度的关系不服从米氏方程，而是呈现"S"形曲线，在某一狭窄的底物浓度范围内，酶反应速度对底物浓度的变化特别敏感，有利于代谢调控。因此，变构酶在代谢的调节中起着非常重要的作用，往往是代谢过程中的关键酶。

同工酶（isozyme）是存在于同一种属生物或同一个体中能催化相同化学反应，但酶蛋白分子的结构、理化性质及生物学功能有明显差异的一组酶。它们是由不同位点的基因或等位基因编码的多肽链组成的。

同工酶广泛存在于生物界，具有多种多样的生物学功能。如同工酶的组织特异性和发育阶段特异性可满足某些组织或某一发育阶段代谢转换的特殊需求。同工酶作为遗传标记，已广泛应用于遗传分析。

2.2.3 维生素与辅酶或辅基

维生素是维持机体正常生命活动不可缺少的一类小分子有机化合物，它们不能在人类和动物体内合成，即使个别能够合成，其量也不能满足机体的需要，因而必须通过食物摄取，否则就会产生维生素缺乏症，影响生长发育。维生素作为某些酶类的辅酶或辅基，在新陈代谢过程中起着非常重要的调节作用。维生素的种类很多，化学结构及生理功能差异很大，通常按其溶解性分为水溶性维生素和脂溶性维生素两大类。

1. 水溶性维生素

水溶性维生素包括B族维生素和维生素C等。除氰钴胺素（B_{12}）外，水溶性维生素均可在植物中合成，并且不易在动物和人体内贮存，必须随时摄入。水溶性维生素在体内通过磷酸化、核苷酸化形成辅基或辅酶，参与酶的组成而发挥其生物功能。

（1）硫胺素和羧化辅酶

硫胺素又称维生素B_1，谷物种子的外皮中含量丰富，酵母中含量最高。维生素B_1的化学结构含有嘧啶环和噻唑环，在体内经硫胺素激酶催化，可与ATP作用转变成硫胺素焦磷酸（TPP）（见图2-1）。TPP是α-酮酸脱羧酶、转酮酶、磷酸酮糖酶等酶类的辅酶。由于在催化丙酮酸和α-酮戊二酸氧化脱羧过程中起辅酶作用，因此称TPP为羧化辅酶。

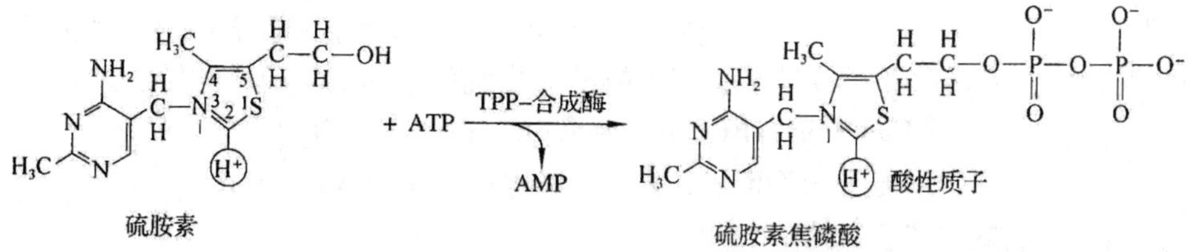

图2-1 维生素B_1的分子结构及主要存在形式

反应简式：硫胺素+ATP→TPP+AMP

当缺乏硫胺素时，动物与人易患脚气病、消化功能障碍等。维生素B_1在碱性条件下加热易破坏，在酸性条件下相当稳定。

（2）核黄素与黄素辅酶

核黄素，又称为维生素B_2，生物界分布很广，酵母、黄豆、奶酪、肝脏、蔬菜中含量丰富，是一种含有核糖醇基的黄色物质。其化学本质为核糖醇与6,7-二甲基异咯嗪的缩合物。在生物体内，核黄素主要以黄素单核苷酸（FMN）和黄素腺嘌呤二核苷酸（FAD）的形式存在（见图2-2），它们是多种氧化还原酶类的辅基，通常与蛋白质结合紧密，不易分开。在生物氧化过程中，FMN与FAD通过分子中异咯嗪环上N^1和N^{10}上的加氢与脱氢，把氢从底物传递给受体而参与氧化还原反应。

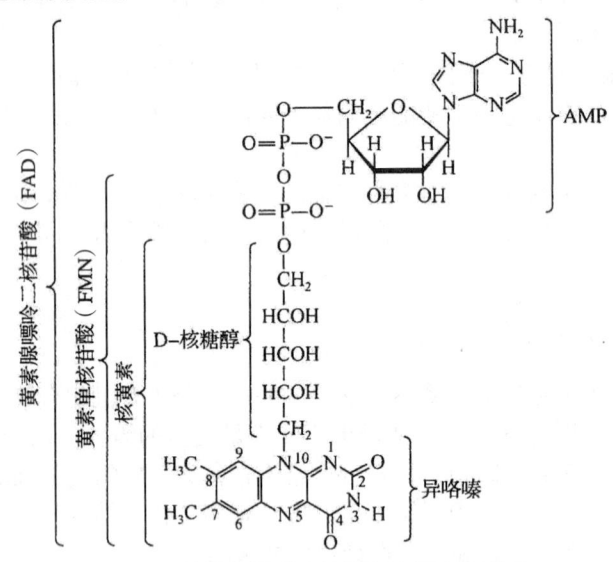

图2-2 核黄素的分子结构及主要存在形式

反应简式：

$$FMN \underset{-2H}{\overset{+2H}{\rightleftharpoons}} FMNH_2 \qquad FAD \underset{-2H}{\overset{+2H}{\rightleftharpoons}} FADH_2$$

缺乏核黄素时，动物和人易患唇炎、舌炎、口角炎、眼角膜炎等。维生素B_2耐热性强，干燥时较稳定，在碱性溶液中受光照射极易破坏。

（3）泛酸与辅酶A

泛酸又称为维生素B_3，也称遍多酸。广泛存在于动植物组织中。泛酸是由α,γ-二羟-β,β-二甲基丁酸与β-丙氨酸通过肽键缩合而成的酸性物质。作为一种组分，泛酸参与辅酶A（CoA或CoA-SH）的组成。CoA在生物体内代谢过程中的作用主要是通过巯基（—SH）完成的，即CoA中的巯基可与酰基形成硫酯，在代谢过程中这种硫酯起着酰基载体的作用。所以，CoA是许多酰基转移酶类的辅酶，如丙酮酸氧化脱羧中的二氢硫辛酸转乙酰基酶。

$$CoA—SH + RCOOH \rightleftharpoons CoA—S—COR + H_2O$$
$$CoA—S—COR + 底物 \longrightarrow 底物—COR + CoA-SH$$

（4）烟酸、烟酰胺与脱氢辅酶

烟酸也称尼克酸，烟酰胺又称尼克酰胺，统称为维生素PP或维生素B_5。在生物体内，主要以烟酰胺形式存在，烟酸是烟酰胺的前体。肉类、谷物、花生及酵母中含量丰富，人体肝脏能将色氨酸转化为烟酰胺，但转化率极低。在体内以烟酰胺腺嘌呤二核苷酸（NAD）和烟酰胺腺嘌呤二核苷酸磷酸（NADP）的形式作为多种脱氢酶类的辅酶。在氧化还原反应中，烟酰胺吡啶环参与脱氢（电子）或加氢（电子）反应（见图2-3）。它们与酶蛋白结合松弛，易脱离酶蛋白而单独存在。

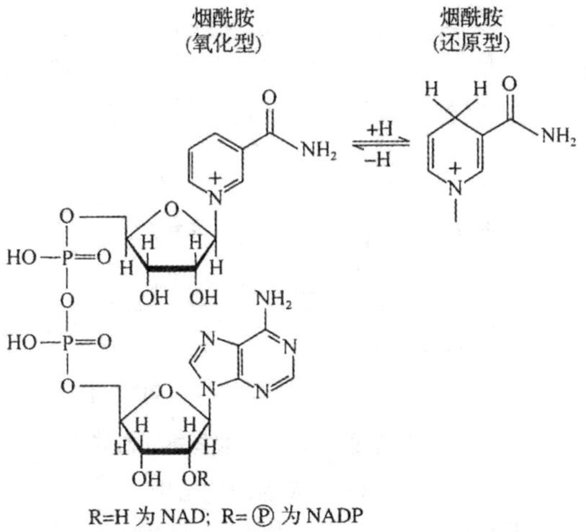

图2-3 NAD^+，$NADP^+$的结构及其氧化-还原态

反应简式：

$$NAD^+ \underset{-2H}{\overset{+2H}{\rightleftharpoons}} NADH + H^+ \qquad NADP^+ \underset{-2H}{\overset{+2H}{\rightleftharpoons}} NADPH + H^+$$

动物和人类缺乏维生素B_5时易患癞皮病，主要表现为皮炎、腹泻及痴呆。由于玉米中缺少色氨酸和烟酸，故长期只食用玉米，有可能出现缺乏症。维生素B_5极稳定，受光、氧、热等作用不易破坏。

（5）其他B族维生素

B族维生素还有多种。如维生素B_6包括吡哆醇、吡哆醛和吡哆胺三种物质，分布很广。维生素B_6的不同形式在体内经磷酸化作用能转变为相应的磷酸酯，并可相互转化。参与物质代谢过程的主要是磷酸吡哆醛（PLP）和磷酸吡哆胺（PMP），它们在氨基酸代谢中起着重要作用，是氨基酸的转氨酶、脱羧酶和消旋酶的辅酶。

生物素又称为维生素H或维生素B_7，广泛存在于动植物中，是许多羧化酶的辅酶。生物素通过戊酸羧基与羧化酶蛋白上赖氨酸残基的ε-氨基结合形成酰胺键，即与专一性的酶蛋白结合。通过N原子携带羧基，参与催化体内CO_2的固定以及羧化反应。

叶酸又称为维生素B_{11}，因绿叶中含量丰富而得名。叶酸作为辅酶的形式是四氢叶酸（THFA或FH）。THFA的主要作用是作为一碳单位酶类的辅酶。一碳单位包括甲基、亚甲基、次甲基、羟甲基、甲酰基、亚氨甲基等，它们在丝氨酸、甘氨酸、嘌呤、嘧啶等的生物合成中具有重要作用。

维生素B_{12}是一种含金属元素钴（Co）的维生素，其化学名称是氰钴胺素，含有类似卟啉环的钴啉环。其中5'-脱氧腺苷钴胺素是维生素B_{12}在生物体内的主要存在形式，又称为B_{12}辅酶，是某些变位酶、甲基转移酶的辅酶常与叶酸的作用相互关联。

（6）维生素C

维生素C因能防治坏血病，又称为抗坏血酸，广泛存在于果蔬中。它是一种己糖酸内酯，有L-型与D-型，但只有 *L*-型具有生理作用。由于维生素C分子中的C_2位与C_3位的两个烯醇式羟基极易解离，释放出H^+，而被氧化成为脱氢抗坏血酸。所以维生素C既有酸性又有很强的还原性。在生物体内维生素C能自成氧化还原体系（见图2-4）。维生素C在体内主要以还原态形式发挥生物功能：参与体内氧化还原反应，保护巯基，使巯基酶的—SH处于还原态以保证其行使催化作用；使生物体内的Fe^{3+}还原为Fe^{2+}，利于铁的贮存与动员；参与体内多种羟化作用，是脯氨酸羟化酶的辅酶，促进胶原蛋白的合成。

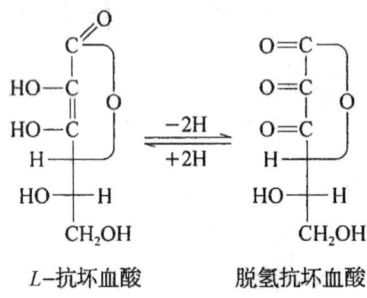

图2-4 抗坏血酸的结构

维生素C缺乏时，产生坏血病，其症状为伤口不易愈合，皮下、黏膜等出血，骨骼和牙齿易折断或脱落。服用过量易发生结石，故应合理摄入。维生素C水溶液不稳定，热、碱、氧化剂等均能使其破坏。

2. 脂溶性维生素

维生素A、D、E、K等不溶于水，而溶于脂肪及脂肪剂，如苯、乙醚及氯仿等，故称为脂溶性维生素。在食物中，它们常和脂质共同存在，因此在肠道吸收时也与脂质的吸收密切相关。当脂质吸收不良时，脂溶性维生素的吸收大为减少，甚至会引起缺乏症。吸收后的脂溶性维生素可以在体内，尤其是在肝内贮存。

维生素A主要来自动物性食品，以肝脏、乳制品及蛋黄中含量最多，维生素A是构成视觉内感光物质的成分。当维生素A缺乏时，视紫红质合成受阻，使视网膜不能很好地感受弱光，在暗处不能辨别物体，暗适应能力降低，严重时可出现夜盲症。

维生素D为类甾醇衍生物，具有抗佝偻病作用，故称为抗佝偻病维生素。维生素D主要存在于肝、奶及蛋黄中，而以鱼肝油中含量最丰富。维生素D的主要生理功能是促进小肠黏膜细胞对钙和磷的吸收，也能促进磷的吸收。维生素D可防治佝偻病、软骨病和手足抽搐症等，但在使用维生素D时应先补充钙。

维生素E与动物生育有关，故又称生育酚。主要存在于植物油中，尤以麦胚油、大豆油、玉米油和葵花籽油中含量最丰富，豆类及蔬菜中含量也较多。维生素E极易氧化而保护其他物质不被氧化，是动物和人体中最为有效的抗氧化剂。它能对抗生物膜磷脂中不饱和脂肪酸的过氧化反应，因而避免脂质中过氧化物产生，保护生物膜的结构和功能。维生素E一般不易缺乏。

维生素K因具有促进凝血的功能，故又称凝血维生素。维生素K的主要功能是促进肝脏合成凝血酶原，并调节另外三种凝血因子Ⅷ、Ⅸ及Ⅹ的合成。缺乏维生素K时，血液中这几种凝血因子均减少，因而凝血时间延长，常发生肌肉及胃肠道出血。

2.3 酶的作用特点

2.3.1 酶催化反应的条件

影响酶催化反应的条件如下。

（1）温度：酶促反应在一定温度范围内反应速度随温度的升高而加快；但当温度升高到一定限度时，酶促反应速度不仅不再加快，反而随着温度的升高而下降。在一定条件下，每一种酶在某一定温度时活力最大，这个温度称为这种酶的最适温度。

（2）酸碱度：每一种酶只能在一定限度的pH值范围内才表现活性，超过这个范围酶就会失去活性。

（3）酶浓度：在底物足够，其他条件固定的条件下，反应系统中不含有抑制酶活性的物质及其他不利于酶发挥作用的因素时，酶促反应的速度与酶浓度成正比。

（4）底物浓度：在底物浓度较低时，反应速度随底物浓度增加而加快，反应速度与底物浓度近乎成正比；在底物浓度较高时，底物浓度增加，反应速度也随之加快，但不显著；当底物浓度很大且达到一定限度时，反应速度就达到一个最大值，此时即使再增加底物浓度，反应也几乎不再改变。

（5）抑制剂：能特异性地抑制酶活性，从而抑制酶促反应的物质称为抑制剂。

（6）激活剂：能使酶从无活性到有活性或使酶活性提高的物质称为酶的激活剂。

2.3.2 酶催化的特点

酶作为生物催化剂，与一般催化剂有许多相同处：只能催化热力学上允许进行的化学反应（OG<0）；可降低反应活化能；不改变化学反应平衡点，加速化学反应的进程，缩短达到平衡所需时间；催化剂本身在反应前后不发生质和量的改变。但与一般催化剂相比，酶的催化作用又表现出若干明显的特性，具体如下。

（1）酶促反应条件温和

绝大多数的酶是活细胞产生的蛋白质，催化反应的条件温和，都是常温、常压和近中性的pH值。酶对环境条件极为敏感，凡能使蛋白质变性的因素，如高温、强酸、强碱、重金属等都能使酶丧失活性。同时，酶也常因温度、pH值等轻微的改变或抑制剂的存在使其活性发生变化。

（2）酶催化的效率高

酶催化的反应（或称酶促反应）要比相应的没有催化剂的反应快10^8~10^{20}倍。比一般催化剂催化的反应快10^7~10^{13}倍。例如，在0 ℃时，1 mol过氧化氢酶能使$5×10^6$ mol H_2O_2分解为H_2O和O_2，而在同样条件下，1 g铁离子只能使$6×10^{-4}$ mol H_2O_2分解，可见，酶的催化作用比铁离子催化快了10^{10}倍。

（3）酶催化的专一性

酶的专一性又称特异性。酶通常对其作用的底物即反应物具有严格的选择性，一种酶往往只作用于一种或一类底物，如葡萄糖激酶只能催化葡萄糖磷酸化生成6-磷酸葡萄糖，而不能催化果糖的磷酸化反应。酶的特异性又可分为绝对特异性、相对特异性和立体异构特异性。绝对特异性是指酶只能催化一种或两种结构极相似的化合物进行反应。相对特异性是指酶可以作用于一类化合物或一种化学键。这类酶对底物要求不太严格。立体异构特异性指的是酶作用的底物应具有特定的立体结构才能被催化。这种异构性包括光学异构性和几何异构性。光学异构性是指一种酶只能催化一对镜像异构体中的一种，而对另一种不起作用。几何异构性是指立体异构中的顺式和反式、α-构型和β-构型。

（4）酶活性可调节控制

酶的催化活性在细胞内受到严格的调节控制，其调控方式很多，如结构调节、抑制剂调节、激活剂调节、共价修饰调节、反馈调节、激素调节等，使酶催化反应在细胞内能有条不紊地进行。

2.4 酶的作用机理

2.4.1 酶的中间物学说

中间产物学说认为当酶催化某一化学反应时，由于酶分子活性部位与底物分子结构呈互补性，造成酶分子与底物分子有很强的亲和性，酶（E）首先与底物（S）结合形成短暂的酶-底物复合物（ES），然后生成产物（P）并释放酶。

$$E+S \rightleftharpoons ES \rightarrow P+E$$

酶-底物复合物的形成大大降低了反应所需的活化能，这样，只需很少的能量就能使底物进入"过渡态"。所以非酶促反应与非催化反应相比，酶参与的催化反应在较低能量水平就可进行化学反应，从而加快了反应速度（见图2-5）。如H_2O_2分解反应，当没有催化剂时，需活化能71.1 kJ·mol^{-1}，用HBr作催化剂时，只需活化能50.2 kJ·mol^{-1}，而当有过氧化氢酶催化时，活化能下降到8.4 kJ·mol^{-1}。

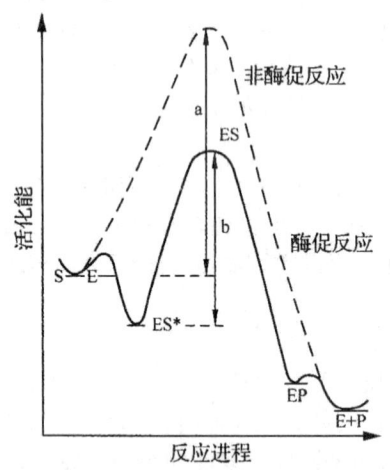

E.游离酶；S.底物；ES.酶-底物中间物；ES*.活化底物-酶中间物；EP.酶-产物中间物；P.产物。
a.非酶反应所需活化能；b.酶反应所需活化能

图2-5 酶反应与非酶反应活化能的比较

酶和底物形成中间复合物已得到许多实验证明，如乙酰化胰凝乳蛋白酶的获得，大肠杆菌色氨酸合成酶反应前后的光谱变化等实验都直接证明有中间复合物存在。

2.4.2 酶与底物结合的学说

1890年,Fischer提出"锁钥学说"来解释酶作用的专一性。他认为底物分子或底物分子的一部分能专一地插入酶的活性部位,使底物分子的反应部位与酶分子上起催化功能的必需基团之间在结构上紧密互补,就像钥匙与锁的关系(见图2-6)。"锁钥学说"认为酶作用过程中酶分子的构象具有一定的刚性,正是这种刚性结构容易导致底物分子敏感键的扭曲、张拉,而使底物进入过渡态。酶分子构象若发生微小变化就破坏了酶与底物的锁钥关系。

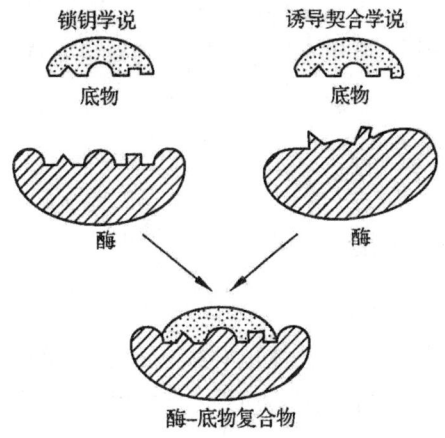

图2-6 "钥匙学说"与"诱导契合学说"

1948年,Ogston在研究柠檬酸在三羧酸循环中的转化时发现,柠檬酸只能形成两个可能的手性产物中的一个,因而提出酶的活性部位是不对称的,它含有一个最小的三位点,柠檬酸分子必须以一种特殊方式与之结合。酶和底物分子接触时至少需要3个位点,柠檬酸分子中的原手性碳原子的两个相同基团在空间上才能被固定,占据不相同的位置,使一个基团发生反应,另一个基团不发生反应(见图2-7)。原手性碳原子是指这个碳原子上具有两个完全相同的取代基和两个不同的取代基,两个相同取代基团具有不相等的反应潜力。这种酶与底物相互作用的立体特异性需要用"多位点亲和理论"解释。

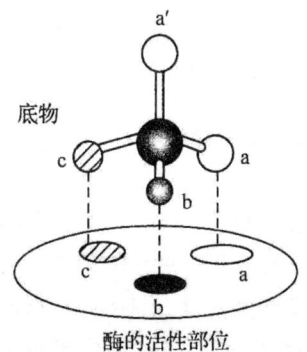

图2-7 "多位点亲和理论"

无论是"锁钥学说"还是"多位点亲和理论",它们在解释酶作用专一性方面都有一定的局限性,特别是对许多酶具有相对专一性的现象无法说明。对酶构象的X射线晶体衍射分析、光谱分析等研究发现,酶在呈游离状态和与底物结合状态时的空间构象不完全一样。1958年,Koshland提出了"诱导契合学说",他认为酶活性部位的空间构象不是刚性结构,当酶分子与底物分子接近时,两者并不契合,酶分子受底物分子诱导,其构象发生有利于与底物结合的变化,使酶的活性部位形成或暴露出来,酶与底物在此基础上互补契合形成复合物,进入过渡态以催化反应进行(见图2-6)。酶分子活性部位的一些基团也可以使底物分子的敏感键变形,处于反应活性高的状态。"诱导契合学说"比较广泛地解释了酶作用专一性现象以及酶活性可调节的某些机制,同时也有许多试验结果支持,因此得到了普遍承认。

2.5 酶促反应的动力学

2.5.1 酶促反应的衡量指标

(1) 酶促反应速度

酶促反应速度可用单位时间内、单位体积中参与酶促反应的底物减少量或产物生成量来表示。反应速度越快,表明在单位时间内酶活性越强,催化相应化学反应的能力(即酶活力)越强。

(2) 酶活力单位

用酶活力单位U表示酶活力的大小,国际生化学会规定:在最适条件下(25 ℃),每分钟内催化1 μmol底物转化为产物所需的酶量定为一个活力单位,1 IU=1 μmol/min,因此酶的含量可用每克酶制剂含有多少酶活力单位来表示(IU·g)。随后,国际酶学委员会提出新的酶活力国际单位Katal(简称Kat),规定为:在最适条件下,每秒能催化1 mol底物转化为产物所需的酶量,定为一个Kat单位(1 Kat=1 mol/s),1 Kat=6×10^7 IU。

(3) 酶的比活力

酶的比活力指每毫克酶蛋白所具有的酶活力单位,用来表示酶的纯度。比活力越高,说明酶纯度越高,反之亦然。

2.5.2 影响酶促反应速度的因素

酶促反应通常受底物浓度、酶浓度、介质pH值、温度、抑制剂、激活剂等因素的影响。

(1) 底物浓度

几乎所有的酶促反应,在环境条件保持恒定、酶浓度不变的情况下,其反应速度取决于底物浓度。当底物浓度较低时,反应速度与底物浓度的关系成正比,表现为一级反应;随着底物浓度的增加,反应速度不再按比例升高,表现为混合级反应;如果再继续加大底物浓度,反应速度趋于极限,表现为零级反应,即底物浓度的变化对酶促反应速度的影响呈双曲线关系(见图2-8)。Michaelis和Mente研究底物浓度与反应速度之间的关系,提出米氏方程，即 $v = \dfrac{V_{\max}[S]}{K_m + [S]}$ 其中，v为反应速度；$[S]$为底物浓度；K_m为米氏常数，是指酶促反应速度达到最大值的一半时的底物浓度。不同的酶在恒定条件下具有不同的K_m值。K_m值只与酶的性质有关，而与酶浓度无关。

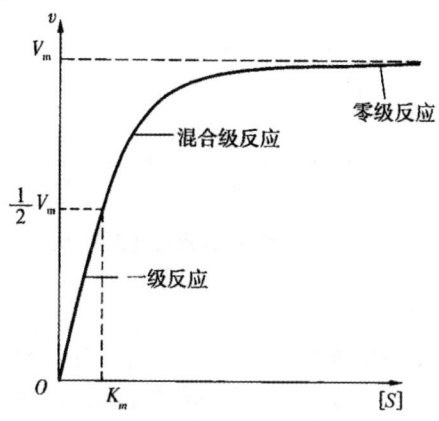

图2-8 底物浓度与酶促反应

米氏方程揭示了在其他条件不变的前提下，底物浓度与反应速度之间的定量关系：对大多数酶而言，米氏常数可表示酶与底物的相对亲和力，数值越小，表明达到最大反应速度一半时所需的底物浓度越小，酶与底物的亲和力就越大。

（2）酶浓度

在酶促反应中，若底物浓度远远大于酶浓度，此时反应速度与酶浓度呈线性关系，随着酶浓度的增加，反应速度也随之加快（见图2-9）。

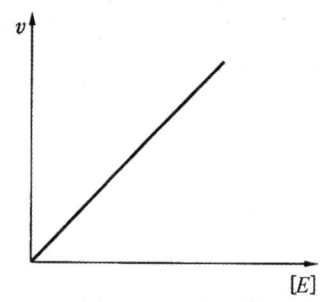

图2-9 酶浓度与酶促反应速度的关系

（3）温度

随着温度升高，酶促反应的速度加快，但在温度升高的同时，酶稳定性下降。因为随着温度的升高，酶分子热变性加剧，反应速度减慢。一般情况下，能使酶促反应速度达到最大值时的温度称为酶的最适温度。在最适温度下，在保证反应速度相对最快的前提下，温度升高对酶活性的影响最小，表现出钟罩形曲线（见图2-10）。大多数酶的热稳定温度为30～40℃，有少数酶耐高温，如α-淀粉酶能耐70 ℃高温。随着反应时间的延长，酶分子的最适温度降低。

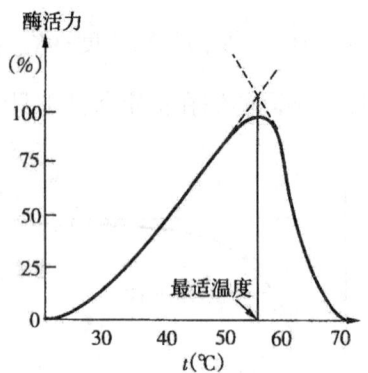

图2-10 温度对酶促反应速度的影响

（4）pH值

pH值影响酶的活性，在保证酶活性的pH值前提下，反应速度与pH值之间存在曲线关系（见图2-11）。pH值影响反应速度的原因主要是由于其对酶分子结构的稳定性、解离状态、底物分子的解离状态，以及酶与底物复合物的电离状况都有明显的影响。使酶促反应速度最快的溶液pH值称为该酶的最适pH值。一般酶的最适pH值为4～8。酶种类不同，最适pH值有差异。其中，植物和微生物的酶最适pH值范围为4.5～6.5；而动物的最适pH值范围为6.5～8.0。酶最适pH值与K_m不同，常受到酶的浓度、底物、缓冲液的种类等因素的影响，因此，不是特征常数。

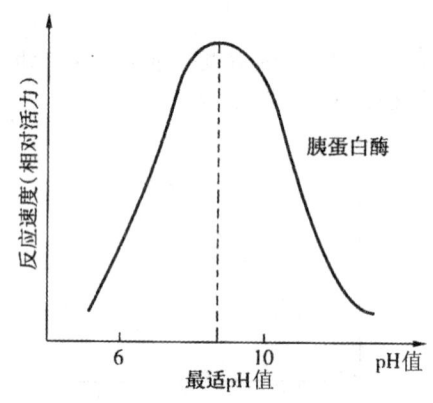

图2-11 pH值对酶促反应速度的影响

（5）抑制剂

抑制剂是指能使酶的必需基团或酶活性部位中的基团的化学性质改变，而降低酶活力甚至使其失活的物质。抑制剂对酶活性存在抑制作用。根据抑制剂与底物之间的抑制作用，可以将其分为竞争性抑制剂、反竞争性抑制剂、非竞争性抑制剂和不可逆抑制剂。

竞争性抑制剂是最常见的形式，它与游离的酶结合，从而抑制了酶与底物的结合（见图2-12）。因为抑制剂（I）与底物（S）结构类似，共同竞争酶的活性中心。当S和I都同时存在于溶液中时，酶能够形成ES的比例取决于S和I的相对浓度和酶对它们的亲和性。因此，可通过增加S的浓度而抑制EI的形成。当S的浓度足够大时，仍旧可以将E饱和，反应速度与没有I存在时一样。

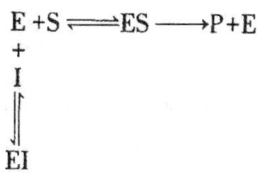

图2-12 竞争性抑制

反竞争性抑制剂只与ES结合，而不作用于游离的酶，从而使酶分子形成非活性形式ESI（见图2-13）。这种情况下，底物的浓度大小不会改变反应速度的下降趋势，这种抑制现象多存在于底物的反应中。

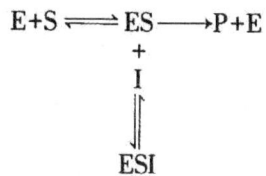

图2-13 反竞争性抑制

非竞争性抑制剂既可与E结合，也可以与ES结合，形成的EI和ESI都是失活形式的复合物（见图2-14）。由于抑制剂结合在底物结合部位以外的地方，可能是将酶的构象改变为一种仍可结合底物，但不能催化任何反应的另一种构象，所以，这种抑制现象不能通过增加底物浓度来减小或消除。

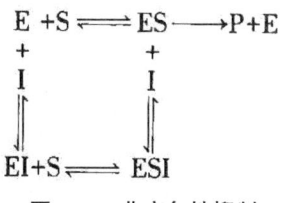

图2-14 非竞争性抑制

不可逆抑制剂直接作用于酶的活性部位，与酶分子形成稳定的共价键，从而达到使酶失活的效果。它常取代酶活性部位的氨基酸残基的侧链以致改变酶的构象或阻止整个底物分子进入活性部位。有机磷化合物、有机汞、有机砷化合物、氧化物等都是酶的不可逆抑制剂，可使酶失去活性，导致昆虫病原微生物等由于代谢受阻而中毒死亡。

（6）激活剂

激活剂是指能提高酶活性并能提高酶促反应速度的物质，包括一些无机离子，如K^+、Na^+、Mg^{2+}、Zn^{2+}、Fe^{2+}、Cu^{2+}等金属阳离子和Cl^-、Br^-等阴离子，以及部分简单有机化合物，如作为巯基酶还原剂的还原型谷胱甘肽半胱氨酸、抗坏血酸等，作为金属螯合剂的乙二胺四乙酸（EDTA），能解除重金属离子对酶的抑制作用，从而保持或恢复酶活性。激活剂对酶的激活作用具有一定的选择性，即同一种激活剂对某一种酶起激活作用，而可能对另一种酶起抑制作用；并且激活剂之间也存在颉颃现象。

思考题

1. 什么是酶的最适合pH值？pH值如何影响酶的活力？
2. 什么是酶的激活剂？重要的激活剂有哪些？
3. 当酶促反应的速度为最大反应速度的80%时，K_m与$[S]$之间的关系如何？
4. 有哪些因素可以影响酶促反应速度？
5. 维生素与辅酶有何关系？

第二篇　植物代谢的生理生化

第3章　植物水分代谢

3.1　水分在植物生命活动中的重要性

3.1.1　植物的含水量及水分存在状态

1. 植物的含水量

水是植物体的重要组成成分之一，是植物细胞中含量最多的物质，占植物组织鲜重的70%～90%。植物的含水量与植物种类、器官组织的特性、生育期以及植物所处的环境条件等有关。一般草本植物含水量大于木本植物，水生植物含水量大于陆生植物；幼嫩的、生长旺盛的器官、组织的含水量高于成熟的、代谢较弱的器官、组织的含水量，如一棵树中，幼根、嫩梢、绿叶的含水量为80%～90%，树干代谢较弱，含水量为40%～50%，休眠芽为40%，风干种子为10%～14%，其代谢非常弱，不能表现出明显的代谢活动；生长在遮荫潮湿环境里的植物的含水量高于生长在向阳干燥环境下的植物的含水量；一般幼年植株的含水量高于老年植株。从某种意义上讲，水分含量是控制生命活动强弱的决定因素，是对器官组织代谢水平的反映。

2. 水在植物体内的存在状态

水在植物生命活动中的作用不仅与其含量有关，而且与其存在状态有关。水分子中的氢原能够与亲水基团中电负性强的原子靠静电引力形成非共价键，而氧原子能够与亲水基团中电正性强的原子靠静电引力形成非共价键，即氢键。因此亲水性物质可通过氢键吸附大量水分子，这种现象称为水合作用。

植物细胞的原生质和细胞壁含有大量蛋白质、核酸、纤维素等大分子，原生质胶体的主要成分是蛋白质，占干重的60%以上，这些大分子表面有许多亲水性基团，如—COOH、—NH$_2$、—OH等，能与水发生水合作用。在细胞中被蛋白质等亲水大分子组成的胶体颗粒吸附不易自由移动的水分称为束缚水，束缚水在温度升高时不易蒸发，温度降低时不易结冰，难以参与细胞内的代谢反应，其含量相对稳定。距胶体颗粒较远，不被吸附或受到的吸附力很小，能自由移动的水分子称为自由水。自由水含量变化较大，其主要作用是供给蒸腾作用、参与代谢反应、作为物质运输的溶剂等。事实上，两种状态的水的划分是相对的，两者之间没有明显的界线。

自由水与束缚水对植物的生理作用有显著的差异。自由水直接参与植物的生理生化反应，参与各种代谢活动，其数量的多少直接影响植物代谢强度，自由水含量越高，代谢越旺盛。束缚水不参与代谢活动，其作用在于维持原生质胶体稳定，并与植物的抗逆性有关，植物要求以低微的代谢活动去渡过不良的环境。所以，自由水/束缚水的比值可以作为为衡量植物代谢强弱和抗逆性大小的指标。自由水/束缚水比值高时，细胞原生质胶体呈溶胶状态，代谢旺盛，生长快，但抗逆性弱；自由水/束缚水比值低时，原生质胶体呈凝胶状态，代谢弱，生长慢，但抗逆性强。如越冬植物的组织内自由水与束缚水的比值降低，束缚水相对含量提高，作物生长极慢，但抗寒性很强；再如休眠种子里所含的水基本上是束缚水，以至不表现出明显的生理代谢活动，其抗逆性也很强。

3.1.2　水分在植物生命活动中的作用

1. 水是细胞原生质的主要成分

细胞质的含水量一般为70%～90%，使细胞质呈溶胶状态，保证旺盛代谢活动的正常进行，如根尖、茎尖。若含水量减少，细胞质变成凝胶状态，生命活动就大大减弱，如休眠种子。

2. 水是某些代谢过程的反应物质

水是光合作用的原料，在呼吸作用、有机物质合成和分解过程中都有水的参与。

3. 水是各种生理生化反应和物质运输的介质

因水分子具有极性，是自然界中溶解物质最多的良好溶剂。植物体内的各种生理生化过程如矿质元素的吸收和运输，气体交换，光合产物的合成、转化和运输以及信号物质的传导等都要以水为介质来进行。

4. 水能保持植物的固有姿态

由于水具有体积不可压缩性，这使细胞吸水后产生的净水压能维持细胞的紧张度，使植物枝叶挺立、花朵开放、根系得以伸展，有利于植物接受光照，交换气体，传粉受精以及对水肥的吸收。

5. 水分对于植物体的生态意义

水具有比热容大、汽化热高等理化特性，可调节植物周围的环境。如通过蒸腾散热来调节植物体温度，以减轻日灼的伤害；由于水温变幅小，在水稻育秧遇到寒潮时，可以灌水护秧；高温干旱时，灌水来调节植物周围的温度、湿度，改善田间小气候；还可以通过灌水来促进植物对肥料的吸收和利用。

3.2　植物细胞对水分的吸收

3.2.1　细胞的吸水方式

1. 渗透吸水

渗透吸水是指由于低的渗透势而引起的细胞吸水。有液泡的细胞，如根系吸水、气孔开闭时保卫细胞的吸水方式主要为渗透吸水。

将植物细胞置于纯水或稀溶液中，由于外界溶液水势高于细胞水势，水分向细胞内渗透，细胞吸水，体积变大，此外界溶液称为低渗溶液；若外界溶液水势等于细胞水势，水分进出平衡，细胞体积不变，此外界溶液称为等渗溶液，如生理盐水（0.85%～0.90%），分离细胞器用的等渗溶液等；将植物置于浓溶液中，外界溶液水势低于细胞水势，水从细胞内向外渗透，细胞失水，体积变小，此外界溶液称为高渗溶液，如腌菜、腌肉等。

植物的成熟细胞外有质膜，内有液泡膜，还有多种生物膜对物质的通过具有选择性，它们允许水分和某些小分子物质通过，而其他物质则不能或不通过。因此，可以把细胞原生质层看作是一个半透膜，或称分别透性膜。液泡中含有糖、无机盐等多种物质，具有一定的水势。把植物细胞放置于清水或溶液中，由于胞液与外液之间存在水势差（$\Delta\psi_w$），就会发生渗透作用。当胞液的水势高于细胞外溶液的水势时，液泡就会失水，细胞收缩，体积变小。但由于细胞壁的伸缩性有限，而原生质体的伸缩性较大，当细胞继续失水时，细胞壁停止收缩，原生质体继续收缩下去，这样，原生质体便开始和细胞壁慢慢分离开来，这种现象称为质壁分离。这一现象说明植物细胞及其环境构成了一个渗透系统。如果把发生了质壁分离现象的细胞浸在水势较高的稀溶液或清水中，外面水分又会进入细胞，液泡变大，整个原生质体慢慢恢复原来的状态，与细胞壁相连接，这种现象称为质壁分离复原。如果把发生了质壁分离的细胞较长时间放在浓溶液中，外液中的溶质会慢慢进入液泡，使细胞液水势降低，当外界溶液水势高于细胞液水势时，外界水分进入细胞，最后也会发生质壁分离复原现象（见图3-1）。可以利用细胞质壁分离和质壁分离复原的现象说明原生质层具有半透膜的性质；判断细胞死活；利用初始质壁分离测定细胞的渗透势，进行农作物品种抗旱性鉴定；也可作为作物灌溉的生理指标；利用质壁分离复原测定原生质的黏性大小、物质能否进入细胞以及进入细胞的速度等。

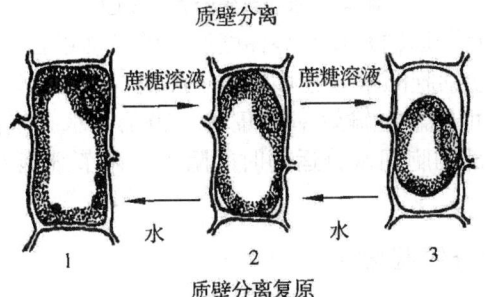

图3-1 质壁分离和质壁分离复原

2. 吸胀吸水

未形成液泡的细胞，如干燥种子细胞，没有液泡存在，不发生渗透作用，这些细胞是通过亲水胶体吸胀作用吸水。在干燥种子中，原生质、细胞壁的组成成分、细胞内的贮藏物质如蛋白质、淀粉等均处于凝胶状态，对水分有很大的吸引力，即吸胀力，在吸胀力的作用下水分子会迅速扩散到这些亲水胶体中，使之膨胀，即由于吸胀力的存在降低了细胞的水势，这种由于吸胀力的存在而降低的水势即衬质势。依赖于低的衬质势而引起的吸水称为吸胀吸水。吸胀吸水是未形成液泡的植物细胞吸水的主要方式。风干种子萌发时第一阶段的吸水、果实种子形成过程的吸水、分生细胞生长的吸水等，都属于吸胀吸水。一般干燥种子衬质势常低于-100 MPa，远低于外界溶液（或水）的水势，吸胀吸水很容易发生。

3.2.2 水分的跨膜运输

水分在相邻两个植物细胞间或细胞的不同区域间移动时，主要通过两种方式越过膜系统：一种是以扩散的方式越过膜脂双层，另一种是通过膜上水孔蛋白（AQP）形成的水通道越过膜（见图3-2）。水孔蛋白于1988年首先在人体红细胞中发现，目前发现水孔蛋白普遍存在于植物、动物及微生物细胞中，分子质量为25～30 kDa，是一类具有选择性、高效运转水分的跨膜通道蛋白。该蛋白质是中间狭窄的四聚体，呈"滴漏"模型，分子内部形成狭窄的水分子通道，半径大于水分子（0.15 nm），小于最小溶质分子（0.2 nm），所以水孔蛋白只允许水分子通过，不允许溶质（离子和分子）通过。

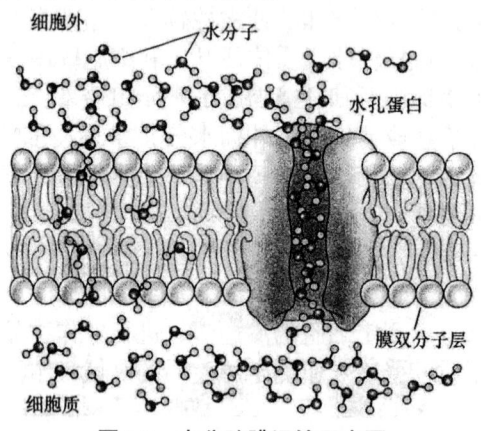

图3-2 水分跨膜运输示意图

通过水孔蛋白进行的水分运输是顺水势梯度进行的被动过程。水通道蛋白的作用是通过减小水越膜运动的阻力而使细胞间水分迁移的速率加快，这在快速与大量调节膜水运输能力方面比其他途径更有效，可使水运输效率提高10～20倍。水孔蛋白的主要作用有控制植物体内的水分运输，降低根部细胞间水分运输时的阻力，调节细胞的渗透势，参与气孔调节，渗透胁迫等。

3.3 植物根系对水分的吸收

3.3.1 根系吸水的部位和途径

1. 根系吸水的部位

植物吸收水分的主要部位是根尖的根毛区，原因主要有二：其一，根毛区根毛多，吸收面积大；其二，根毛区有了输导组织，吸收的水分可很快输送到地上部去。由于根毛区在根的先端，因此，移栽植物时要尽量减少对根系的损伤。

2. 根系吸水的途径

植物根吸收的水分主要通过根毛、皮层、内皮层，再经中柱薄壁细胞进入导管，水分在根部径向运输到导管的途径有质外体途径、共质体途径和跨膜途径（见图3-3）。

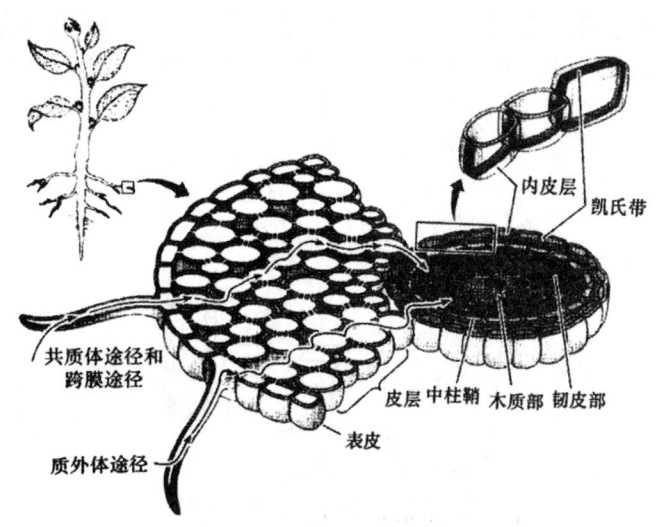

图3-3 植物根吸水途经示意

质外体途径指水分通过细胞壁、细胞间隙和木质部导管等没有细胞质的部分移动。由于根内皮层细胞壁有凯氏带,把根部质外体分成内皮层以内和内皮层以外两部分。内皮层以外的外部质外体,包括根毛、表皮、皮层的细胞壁和细胞间隙;内皮层以内的内部质外体,包括成熟的导管和中柱各部分的细胞壁、细胞间隙。根尖附近没有木栓化的内皮层,很容易通过水分和矿物质;已经木栓化的内皮层区域,水分只能通过共质体途径进入木质部,也可经凯氏带破裂的地方进入中柱。

共质体途径指水分从一个细胞的细胞质经过胞间连丝,移动到另外一个细胞的细胞质,最后经中柱活细胞进入导管的移动途径。在共质体途径中,水分要通过细胞的原生质,阻力大,移动速度慢。因此,共质体途径可能不是根系吸水的主要途径。

跨膜途径是指水分透过细胞膜的途径。水分从细胞的一侧跨膜渗透进入细胞,从细胞的另一侧跨膜运出细胞,并可依次跨膜进出下一个细胞,最后进入植物体内部。

总之,水分在根中经质外体、共质体和跨膜途径,可从根毛、皮层并通过内皮层到达中柱,再经薄壁细胞进入导管。

3.3.2 根系吸水的机理

植物根系吸水的根本原因是根系和土壤之间存在水势差,且根系水势须低于土壤水势,根系才能吸到水。下面分析水势差产生的原因。

1. 根的代谢活动产生水势差

根毛区是植物吸收水分和矿盐的主要部位,属初生构造区,其内皮层由于有凯氏带或马蹄形细胞,相当于半透膜,使内皮层以外的部分(包括土壤)和以内的导管形成渗透系统。根毛细胞消耗其呼吸能量不断从土壤中主动吸收植物生长所需的矿盐,矿盐通过主动运输经内皮层选择进入内皮层以里,经中柱鞘细胞进入根导管中,使导管体系内溶液浓度升高,水势下降,与土壤溶液间形成水势差,从而使土壤中的水分通过内皮层(相当于半透膜)扩散进入根导管,即根系吸水。这种吸水方式是由根系自身的代谢活动引起的,为主动吸水方式。由于根际土壤溶液中水的自由能大于导管内水的自由能,便形成一种向上的推力,可把根导管内液体压入地上部导管，因此，把这种由根的代谢活动所产生的能使根部液体沿导管向升的力量称为根压。根压可用压力计来测量，大多数植物的根压为 0.05～0.5 MPa（见图 3-4）。

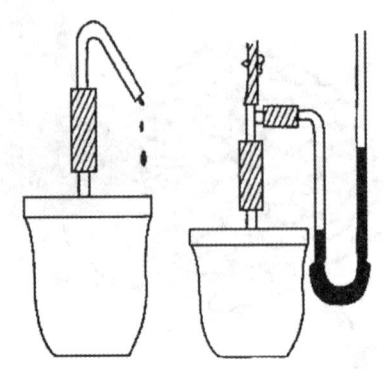

（左：伤流液从茎的切口流出；右：用压力计测根压）
图 3-4　根压引起的伤流

将植物茎基部切断，不久伤口会流出液体的现象称伤流。伤流证明根压的存在，伤流液的成分和量可反映根系吸收物质状况及代谢强弱。有些植物伤流现象较重，如葡萄、瓜类、核桃等，修剪时要避开伤流严重时期，如核桃在休眠期而葡萄在生长期。

在温度温和的清晨或傍晚，根系代谢活跃，吸收的水大于蒸发的水，体内水分过饱和，水便从叶缘上的水孔泌出，称为吐水（见图 3-5）。水孔类似于气孔，但不能关闭。吐水也由根压引起，夏季清晨，植物叶缘挂的水珠有露水，也有水孔吐的水；热带雨林树冠下的阔叶植物吐水现象比较重，如有一种芭蕉，因吐水严重，当地人形象地称其为"雨蕉"。

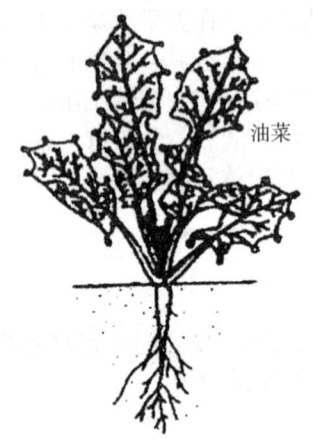

图 3-5　油菜叶尖吐水

2. 植物的蒸腾作用产生水势差

当植物体进行蒸腾作用时，表面细胞首先失水，细胞液浓度升高，水势降低，表面细胞和内部相邻细胞间产生水势差，相邻细胞的水便进入表面细胞，以此类推，依次形成从叶肉细胞、叶脉导管、茎导管、根导管、土壤一个自上而下水势逐渐升高的水势梯度，最终使根系从土壤中吸水。这种吸水方式是由植物的蒸腾作用引起，是一个被动的物理过程，因此称为被动吸水方式。蒸腾作用使植物体上部导管内溶液的水势低于下部，产生的自由能差把下部的水拉上上部，因此，把由于叶片的蒸腾作用而产生的使根系吸水并拉向上部的力量称为蒸腾拉力。如带有叶的离体枝条插在盛水的瓶中，虽无根吸水，但枝叶并没在短期内枯萎，因为通过蒸腾作用获得了水分，扦插繁殖也证明蒸腾拉力的存在。

蒸腾拉力比根压大得多，烈日下可达十几个大气压。1个大气压如不考虑导管阻力的话可使水分升高10 m左右，故蒸腾拉力可把水拉上几十米甚至上百米高的树冠顶端。生长代谢时，蒸腾拉力是根系吸水和水分上升的主要动力，即被动吸水是植物吸水的主要方式。而根压一般仅为1~2个大气压，高大的树木仅靠根压显然是不够的。在早春树木未吐芽和蒸腾很弱时，根压才成为根系吸水的主要动力，其他时间只起补充吸水作用。

导管内的水由于水分子之间的内聚力和管壁对水的吸附力，可克服重力，使水柱连续上升。水在长而通畅的导管内运输速度很快，每小时可达20~40 m；裸子植物只有管胞，水在管胞中的运输速率每小时仅0.6 m左右。导管中的水可通过纹孔，横向运输到周围薄壁细胞中去，但运输速度很慢。

3.3.3 影响根系吸水的环境因素

1. 土壤含水量

土壤中的水分可分为吸湿水、膜状水、毛管水和重力水几种，其中能够被植物吸收利用的水为有效水，主要为毛管水。多施有机肥可使土壤形成团粒结构，增加毛管数量，提高有效水的含量。一般土壤含水量为田间最大持水量的60%~80%，适宜植物生长。

2. 土壤温度

土壤温度能够影响根系的生长速率、呼吸速率、水分和原生质的存在状态和流动速率等，从而影响植物根系对水分的吸收。通常，在一定温度范围内，随着土壤温度的升高，根系生长快吸收面积大、呼吸速率高产生的根压大、水分和原生质流动快这些因素都促进根系吸水，反之则吸水减慢。过高或过低的温度影响植物正常的代谢功能，均不利于根系的吸水。此外，剧烈的降温比逐渐降温对根系的吸水影响更大，如夏季中午不宜用井水浇灌，因井水凉，与高温的地面间温差大，根系突然受凉后，吸水急剧降低，而此时蒸腾旺盛，导致植物体由于水分亏缺，出现叶片萎蔫、花果脱落现象，所以应于清晨或傍晚灌溉，或在地上流经一段距离后再流入大田。

3. 土壤通气状况

通气状况好的土壤氧气充足，根呼吸通畅，代谢旺盛，有利于根压的产生，促进根系吸水。相反，土壤板结、涝害等引起土壤通气不良时，根际氧气进不去使CO_2积聚，呼吸困难，吸水能力必然下降，严重时会由于无氧呼吸及产生的毒素导致根系腐烂死亡。因此，生产上应及时改良土壤结构，为作物生长提供一个土层肥厚、疏松的土壤环境。

4. 土壤溶液浓度

土壤溶液的浓度高，水势过低，根系吸水困难。一次施肥过多，会发生质壁分离现象，导致植株局部或整株失水死亡，即出现"烧苗"现象，但施肥太少又满足不了植株生长需要，因此施肥要少施、勤施，干旱了要及时灌溉，要保证土壤溶液的水势高于根细胞水势。土壤有水，但由于含盐、碱等太多，水势低，根系吸收不到其中的水或根中水流向土壤而发生的干旱，称为生理干旱。

3.4 植物的蒸腾作用

3.4.1 蒸腾作用的意义

蒸腾作用是一个失水过程，会消耗掉植物一生吸收水量的95%以上，干旱山区土壤水分不足时，经常由于蒸腾过度，使作物颗粒无收。但对于植物的正常生命活动，它又是必不可少的，其重要意义主要表现在以下几个方面：其一，促进植物对水分和矿质元素的吸收、运输和分配。蒸腾拉力是植物吸水的主要动力，同时可把水和溶解在水中的矿质元素运输、分配到地上部各个器官中去。其二，蒸腾作用可带走植物吸收的大量热能，使植物不至于灼伤、枯焦、死亡。如果把一株植物从土壤中拔出放在烈日下，很快便会成为毫无生命的枯草。其三，蒸腾作用可使气孔张开，在进行蒸腾作用的同时，促进CO_2和O_2通过气孔进出叶片，有利于植物光合作用和呼吸作用的进行。

3.4.2 蒸腾作用的部位及指标

1. 蒸腾作用的部位

除根和地下器官外，植物幼小时叶、茎各器官表面都可通过表皮细胞和气孔发生蒸腾作用。随着植株的成长，老茎、根表面有木栓层阻止水分散出，木栓层上的皮孔也能发生少量蒸腾，称皮孔蒸腾，仅占总蒸腾量的0.1%左右。长大的植物，蒸腾部位主要为叶片，叶片表面由气孔和角质化的表皮细胞外壁组成。通过角质层的蒸腾，叫作角质蒸腾，占蒸腾作用的5%~10%。幼嫩叶子的角质蒸腾可达总蒸腾量的1/3~1/2。一般植物成熟叶片的角质蒸腾，仅占总蒸腾量的3%~5%，其他都通过气孔蒸腾。

2. 蒸腾作用的指标

（1）蒸腾速率

蒸腾速率也可称为蒸腾强度，指植物在单位时间内，单位叶面积通过蒸腾作用所散失水分的量。一般用$g \cdot m^{-2} \cdot h^{-1}$或$mg \cdot dm^{-2} \cdot h^{-1}$表示，现在国际上通用$mmol \cdot m^{-2} \cdot s^{-1}$。多数植物白天蒸腾速率是15~250 $g \cdot m^{-2} \cdot h^{-1}$，夜间是1~15 $g \cdot m^{-2} \cdot h^{-1}$。

（2）蒸腾效率

蒸腾效率或称蒸腾比率，指植物蒸腾1 kg水形成的干物质的克数，常用$g \cdot kg^{-1}$表示。一般植物的蒸腾效率为1~8 $g \cdot kg^{-1}$。

（3）蒸腾系数

蒸腾系数指植物每制造1 g干物质所消耗水的克数，是蒸腾效率的倒数，又称需水量。蒸腾系数越大，植物利用水的效率就越低，所以蒸腾系数是植物经济用水的指标。一般木本植物的蒸腾系数较草本植物小；草本植物中，C_4植物又较C_3植物小。另外，植物在不同生育期蒸腾作用也是不同的。

3.4.3 蒸腾的方式

植物幼小的时候，整个地上部分都可以进行蒸腾作用，植物长成以后，茎和枝的表面沉积了木质和栓质，水分不易通过，但有些植物茎和枝的表面有皮孔，水分可以通过皮孔进行蒸腾，这种通过皮孔的蒸腾称为皮孔蒸腾，但皮孔蒸腾量非常微小，约占全部蒸腾的0.1%。

植物的蒸腾作用绝大部分是在叶片上进行的。叶片的蒸腾作用有两种方式：一种是通过角质层的蒸腾，称为角质蒸腾，角质本身不易使水通过，但角质层中间杂有吸水能力强的果胶质，同时，角质层也有裂隙，可使水分通过；另一种是通过气孔的蒸腾，称为气孔蒸腾。

角质蒸腾和气孔蒸腾在叶片蒸腾中所占的比重与许多因素有关，生长在潮湿地方的植物的角质蒸腾往往超过气孔蒸腾，遮阴叶子的角质蒸腾可达总蒸腾量的1/3，幼嫩叶子角质蒸腾占总蒸腾量的1/3～1/2，一般植物成熟叶片的角质蒸腾仅占总蒸腾量的5%～10%，所以气孔蒸腾是中生和旱生植物成熟叶片蒸腾作用的最主要形式。

3.5 植物体内水分的运输

3.5.1 水分运输的途径和速度

植物体内水分运输的途径是：土壤→根毛→皮层→中柱→根部导管（或管胞）→茎的导管（或管胞）→叶的导管（或管胞）→叶肉细胞→叶细胞间隙→气孔腔→气孔→大气中。

如图3-6所示，水分在植物体内运输通路有两种情况：一种是通过维管束的导管或管胞。成熟的导管或管胞的胞壁大多木质化，原生质已消失，横向壁消失或具孔道，它们组成相互连通的管道的死细胞群，水分在其中运输所受阻力甚小，这正适合于长距离运输；另一种情况是活细胞间的水分输送，主要是指从根毛到根部导管间的皮层薄壁细胞以及从叶脉导管到气孔附近的叶肉细胞。这些细胞都具有生活的原生质体，水分在其间运输就会受到较大阻力，所以这种形式的运输仅适合于短距离运输水分。

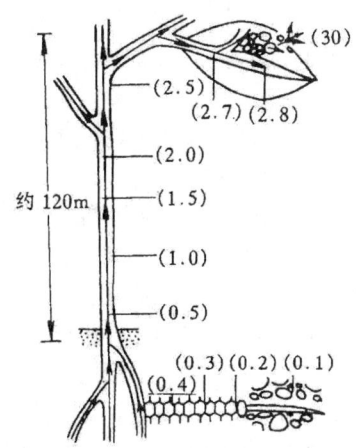

图示120m的高大植株，图中数字表示不同部位的水势（单位为Pa，负值）。空气的相对湿度为80%

图3-6　植物体内水分流动的通路

水分在根部的运输所受到的阻力比在叶片运输所受的阻力大，原因有三：一是根部内皮层具有木栓加厚的凯氏带，增加对水的阻力，叶片内无此种细胞；二是叶片内的输导组织多，且其末端邻近气孔下腔，水分容易散失；三是水分在根部通过的活细胞较在叶片中多。往往由于植物地上部散失水分快，根系来不及供应时，就易发生萎蔫现象。

植物体内的水流速率，随植物种类、细胞形态、生理状况以及环境条件而有很大差异。水在木质部中运输速率很快，具环孔材的树木，导管长而大，水流速率每小时可达20～40 m，具散孔材的树木，由于导管短，水流速率每小时为1～6 m，而裸子植物没有导管，只有管胞，每小时不及0.6 m；烟草等草本茎中的流速为每小时1.3~4.6 m。由于水分在活细胞所受阻力较大，据测每小时水流经过共质体的距离仅为10~3 cm。

水分在植物体内除自下而上的运输外，还可沿维管束射线呈辐射横向运输，当然，这种运输速率很慢且不占重要地位。

3.5.2 水分运输的机制

决定水分出或入细胞的是细胞的水势。水通过两种机制穿过膜：第一种是通过脂双层的扩散。因为脂双层虽是疏水的，其中并非没有空间，水分子可以通过氢键在其中形成类似冰的结构，从而穿过膜。第二种是通过专一的水通道——水孔蛋白。

水孔蛋白是一类膜蛋白，相对分子质量不大。植物细胞的质膜和液泡膜中各有不同的水孔蛋白。根据对来自动物的水孔蛋白的研究，这类蛋白质可能是四聚体，每个亚基上各有一个小孔，水分子可以从中穿过。

水通道蛋白是一个非同寻常的发现，因为水通道是水进出细胞的关键，许多生理过程涉及体液的流动，例如出汗、排尿、发炎红肿以及流泪等。水通道蛋白的功能使我们在炎热的夏天浓缩尿液而不致发生脱水，也能让我们在饥饿时把储存在脂肪组织的水释放出来。2003年12月，诺贝尔奖化学委员会主席本特·诺登这样评价：阿格雷的发现与生命有密不可分的关系，水通道蛋白是一个决定性的发现，它为人类打开一个新的领域，去研究细菌、哺乳动物和植物水通道的生物学、生理学和遗传学。

目前发现了10多个水通道蛋白，它们存在于血液、肾脏、大脑。

相关内容1：水通道

长期以来，普遍认为细胞内外的水分子是以简单扩散的方式透过脂双层膜。后来发现某些细胞在低渗溶液中对水的通透性很高，很难以简单扩散来解释。如将红细胞移入低渗溶液后，很快吸水膨胀而溶血，而水生动物的卵母细胞在低渗溶液不膨胀。因此，人们推测水的跨膜转运除了简单扩散外，还存在某种特殊的机制，并提出了水通道的概念。

1988年，Agre在分离纯化红细胞膜上的Rh血型抗原时，发现了一个28 KD的疏水性跨膜蛋白，称为CHIP28，1991年得到了CHIP28的cDNA序列，Agre将CHIP28的mRNA注入非洲爪蟾的卵母细胞中，在低渗溶液中，卵母细胞迅速膨胀，并于5分钟内破裂，将纯化的CHIP28置入脂质体，也会得到同样的结果。细胞的这种吸水膨胀现象会被Hg^{2+}抑制，而这是已知的抑制水通透的处理措施。这一发现揭示了细胞膜上确实存在水通道，Agre因此而与离子通道的研究者Roderick MacKinnon共享了2003年的诺贝尔化学奖。

目前，在人类细胞中已发现的此类蛋白至少有11种，被命名为水通道蛋白（AQP），均具有选择性地让水分子通过的特性。在实验植物拟南芥中已发现35个这类水通道。

水通道的活性调节可能具有以下途径：通过磷酸化使AQP的活性增强；通过膜跑运输改变膜上AQP的含量，如血管加压素（抗利尿激素）对肾脏远曲小管和集合小管上皮细胞水通透性调节；通过调节基因表达，促进AQP的合成。

相关内容2：水通道蛋白

细胞就好像一个交通繁忙的城市，进出城的城门就是细胞膜上的离子通道。那么，细胞是如何调控它与外界的交通运输的呢？新的研究发现一个甘油分子直径上的"一埃"（长度单位，一埃等于1~7 mm）的差异都可能使它变成一个封锁道路的信号；除非是一部滑溜溜的具有水分子尺寸的"先进"跑车，才可能勉强通过。

这些车道就在水通道蛋白中。水通道蛋白是一类形成所有生命形式的细胞屏障中膜转移通道的蛋白质，它们容许水在细胞和它的周围环境间运动。水通道蛋白的一个亚家族还可容许稍微大点的分子如甘油通过。在人类中，已经确定出了11种水通道蛋白，其中的大部分存在于肾脏、大脑和眼睛中。这种蛋白功能的损伤与多种疾病有关。

美国伊利诺伊州大学贝克曼高等科技研究所理论和计算机生物物理学研究组的研究人员对这种水通道蛋白进行了深入的研究。通过利用"拉伸分子动力学"（生物通注），贝克曼的研究人员解开了数年来蛋白结晶法无法破解的谜团。这项研究的结果公布在8月的 Structure 上。

研究人员证明，使得一个水通道蛋白成为一个甘油通道的主要结构差异在于它比一个普通的水通道加宽仅仅一埃。即使甘油分子也像水分子通过水通道那样排列起来，但它微微"肥胖"的体形也会使它难以幸免。除了入口点即一个"选择性过滤器"非常窄外，还存在其他阻止这个路径的严密的屏障。

膜蛋白很难结晶，因此到目前为止许多膜蛋白的结构还没有确定出来。近年来，这个研究组已经确定出了四种水通道蛋白的结构。在最新的研究中，他们集中调查了其中的两种蛋白。这两种蛋白都来自线虫。两种蛋白中，一种是水通道，另一种是甘油通道。由于它们结构很相似，所以研究人员试图通过突变位于通道孔的氨基酸来将水通道转化成一个甘油通道或其他通道，但以失败告终。研究的线虫蛋白是水通道 AqpZ 和甘油通道 GlpF。通过对计算机产生的图像进行平行比较，研究人员发现这些通道在本质上似乎是相同的。贝克曼研究组推动甘油通过通道，并计算动能、寻找阻止这个过程的障碍物。

在过去，尽管在结晶这些蛋白后发现通道尺寸有轻微的差别，但是研究人员认为能够通过诱导周围氨基酸创造出甘油通道所需的疏水或半疏水层来操纵这些通道。如果这种操作能够成功将会为相关疾病治疗药物创造出新的靶标。

但是，新的研究表明两种通道周围的氨基酸根本就是相同的。因此，目前这个研究组正在寻找除氨基酸层以外的使通道尺寸改变的力量。

3.6 合理灌溉的生理基础

3.6.1 作物的需水规律

1. 作物的需水量

（1）不同作物需水量不同

通常用作物的生物产量乘以蒸腾系数所得到数值作为作物本身大概理论最低需水总量（脱落的器官没计算在内）。作物不同，需水量不同，小麦为513 g水/1 g干物质，水稻是310，水稻对水的利用率就高，抗旱能力也比小麦强；C_3植物的需水量大于C_4植物，如C_4植物玉米为368，C_3植物水稻为716。在选择栽培作物时，应根据作物的需水量和当地的水浇条件及雨水情况进行合理选择。在实际生产中，灌溉量一般比理论值要大很多，因土壤中的水、土壤漏水、土壤蒸发和流失的水量都包括在灌溉水和降雨中，而降雨量是一个不确定时间和量的因素，还应根据雨水情况适当增减灌溉量。

(2) 同一作物不同生育期需水量不同

一般作物幼苗期植株小、叶少，需水量少；植株长到最大、叶面积总和最大时，蒸腾、生长代谢耗水最多，此时一般是营养生长和生殖生长并进的时期，需水量最大，称为作物需水最大期；到成熟期以后，叶片枯衰脱落，逐渐失去功能，水分消耗逐渐减少，需水量也相应减少。

有时可通过控制灌水量调控作物各器官生长发育进程。如春季大多数作物通过充足的水肥促进其营养生长快速进行；当作物苗期地上部生长过旺而根系弱时，为抑制地上部生长，促进根系生长，这一段时间要少浇水，生产上称为"蹲苗"；小麦拔节水若浇早了，营养生长过旺，会影响小麦孕穗，所以拔节水要适当晚几天浇。因此，生产上应根据不同生育期和具体情况，进行合理有效的灌溉。

2. 作物需水临界期

作物一生中有几个对缺水最敏感最易受害的关键时期，称作物需水临界期，一般是生殖器官形成和发育时期，即花粉粒和胚囊形成、受精及受精后幼果膨大时期。此时细胞内原生质的黏度和弹性较小，代谢活跃，作物忍受和抵抗干旱的能力相对减弱，这期间如果缺水，生殖器官形成会受阻，叶中制造的养分难以输送到幼果中去，会造成花果大量脱落、果小、粒粒，对产量影响较大。禾本科作物小麦、玉米、水稻等需水临界期一般在孕穗开花期及灌浆期，其他农作物也大都在开花期前后和幼果快速膨大时期。因此，栽培作物时，应充分熟悉所栽培作物的生长发育规律，了解需水临界期的时间段，缺水时及时进行灌溉。

3.6.2 合理灌溉指标

作物维持正常生长发育是否已经缺水，是否达到了需要灌溉的时间，一般要从三个方面的指标进行正确判断：土壤指标、作物形态指标和作物生理指标。

1. 土壤指标

作物根系的分布范围一般在 0~90 cm 厚的土层中。这一土层厚度中，据测定，土壤含水量为田间最大持水量的 60%~80% 时适于作物生长的各个时期。含有机质较多、有较好团粒结构的沙壤土，其田间最大持水量约为 20%，则适于作物生长的这种土壤含水量应为 12%~16%，如果低于此含水量时，应及时进行灌溉。

2. 形态指标

形态指标是根据作物外部形态发生的变化来确定是否进行灌溉。我国农民自古以来就有看苗灌水的经验。首先，作物出现萎蔫是缺水最直观的外部表现，但炎夏烈日下，有时地里并不缺水，作物也呈现萎蔫现象，这是由于蒸腾失水高于根系吸水造成的，称为暂时萎蔫，当傍晚蒸腾低时，萎蔫就消失了，这种情况不需要灌溉。如果中午和傍晚都呈现萎蔫，则是土壤缺水的表现，这种萎蔫称为永久萎蔫，需要对土壤进行灌溉。其次，观察茎、叶的颜色，如果缺水，细胞生长得慢，但并不影响叶绿素的合成，故作物长得矮，叶片小，呈又浓又暗的绿色。有时茎、叶颜色发红，这是由于干旱时淀粉等碳水化合物的分解大于合成，细胞中积累较多的可溶性糖，形成了较多花色素糖苷在酸性细胞液条件下呈红色的缘故，出现这两种情况时就应灌溉了。再次，是折一下叶柄或枝梢，如果易折断，表明弹性、脆性大，不缺水，如果不易折断表明组织软缺水。根据作物形态变化判断作物是否缺水并不精准，因为当形态上出现上述缺水症状时，内部生理代谢缺水早已存在，生长发育已经受到一定程度的伤害了。

形态指标的掌握，应不断进行大田生产观察，向有经验的人学习请教，经反复实践，日积月累，才能正确把握。

3. 生理指标

生理指标能及时、准确地反映植物体内水分含量状况，其量化数值也更科学一些。常用的灌溉生理指标有叶片细胞的水势、渗透势、细胞液的浓度和气孔开度等。一般以长成的功能叶作为测定对象。叶片是水分缺乏最敏感的器官，当土壤水分不足时，叶片含水量首先降低，细胞液浓度随之升高，水势及渗透势（溶质势）随之下降，气孔开度随之减小或关闭。在实际应用中，将测定的数值与相应的临界值进行比较，即可确定灌溉的时间和数量。

思考题

1. 植物细胞水势由哪几部分组成？
2. 植物细胞和根系吸水的方式分别是什么？
3. 水分在植物体内如何运输？
4. 蒸腾作用有何意义？
5. 温度、土壤通气状况、土壤溶液浓度对根系吸水有何影响？

第4章 植物的矿质营养

4.1 植物体内的必需矿质元素

4.1.1 植物体内的元素组成

把新鲜植物材料在 105 ℃下烘 10～30 min（以使酶迅速失活，防止生化反应继续进行），然后在 80 ℃下烘至恒重，可以测到水分占植物组织的 10%～95%，而干物质占 5%～90%。干物质中包括有机物和无机物。将干物质在 600 ℃灼烧时，有机物中的 C、H、O、N 以 CO_2、H_2O、N_2、NH_3 和 NO_x 形式挥发掉，小部分硫以 H_2S 和 SO_2 的形式散失到空气中，其总质量占干物质的 90%～95%；余下一些不能挥发的白色残渣称为灰分，其总质量占干物质的 5%～10%。灰分中的物质为各种矿质的氧化物及少量硫酸盐、磷酸盐、硅酸盐等，构成灰分的元素称为灰分元素，由于它们直接或间接来自土壤，故又称为矿质元素。氮在燃烧过程中转变为各种气体物质散失，不存在于灰分中，且氮本身不是土壤的矿质成分，所以一般认为氮不是矿质元素。除了能依赖共生固氮菌自大气中直接获取氮素的植物种类外，其他大部分植物体内的氮素和灰分元素一样，都是从土壤中吸收的。

植物体内矿质元素的含量与植物的种类、不同器官组织、植物的年龄及植物所处的环境条件等有关。一般水生植物矿质含量只有干重的 1%左右，中生植物占干重的 5%～10%，盐生植物矿质含量很高，有时达 45%以上；同一植物的不同器官组织的矿质含量差异也很大，如一般木质部灰分含量约为 1%，种子为 3%，草本植物的根和茎为 4%～5%，叶为 10%～15%；老年植株和细胞的灰分含量大于幼嫩的植株和细胞；气候干燥、土壤通气良好、土壤含盐量多等有利于植物吸收矿质的条件都能使植物的含灰量增加。

4.1.2 植物必需元素及其研究方法

1. 植物体内的必需元素

虽然在植物体内已发现有 70 种以上的元素，但这些元素并不都是植物正常生长发育所必需的。所谓必需元素是指植物正常生长发育必不可少的元素。国际植物营养学会规定植物必需元素必须符合以下 3 条标准：①该元素缺乏时，植物生长发育受阻，不能完成其生活史，即不可缺少性；②缺少该元素，植物表现为专一缺素症，该症状只能通过加入该元素来预防或恢复，即不可替代性；③该元素对植物生长发育表现为直接效应，而不是由于该元素通过影响土壤的物理化学性质、微生物条件等原因产生的间接效果，即直接功能性。

根据上述标准，现已确定植物的必需元素有 17 种。根据植物对它们的需求量，将其分为大量元素和微量元素两类。大量元素包括碳（C）、氢（H）、氧（O）、氮（N）、磷（P）、钾（K）、钙（Ca）、镁（Mg）、硫（S），此类元素占植物体干重的0.01%～10%。微量元素包括铁（Fe）、铜（Cu）、硼（B）、锌（Zn）、锰（Mn）、钼（Mo）、氯（Cl）、镍（Ni），此类元素需用量很少，占植物体干重$1×10^{-5}$%～$1×10^{-2}$%，缺乏时植物不能正常生长，过量反而有害，甚至导致植物死亡。除C、H、O、N 4种元素外，其他13种元素是必需矿质元素。

有些元素尚未证明是植物的必需元素，但这些元素对植物的生长发育有积极的影响，被称为植物的有益元素，如钠、硅、钴、硒、钒等。

需要指出的是，国际植物生理学界对植物必需元素种类的确定尚有一些分歧。有的学者认为钠（Na）、硅（Si）也是必需元素。这样的话，植物的必需元素就有19种。

2. 确定植物必需元素的研究方法

植物体内的元素并不都是植物必需的，因此，分析植物灰分的元素组成不能确定某种元素是否为植物的必需元素。土壤成分复杂，其中的元素成分很难人为控制，所以，无法通过土培实验来确定植物的必需元素。19世纪60年代，植物生理学家萨克斯和克诺普创立了溶液培养法，为植物必需元素的研究提供了有效的方法。

溶液培养法又称水培法，是指在含有全部或部分营养元素的溶液中栽培植物的方法。把洗净的石英砂或玻璃球等加到营养液中以固定植株，这种培养方法称作砂基培养法或砂培法，与溶液培养法无实质性不同。

使植物正常生长发育需用完全培养液。完全培养液含有植物生长发育所必需的各种矿质元素，且各元素为植物可利用的形态，各元素间有适当的比例，培养液具有一定的浓度和pH值。在进行溶液培养时，营养液的浓度不能太高，否则会造成"烧苗"，溶液的pH值一般应在5.5～6。由于植物对离子的选择吸收和对水分的蒸腾，会导致溶液的浓度、溶液中离子之间的比例及溶液pH值发生改变，所以要经常调节溶液的pH值和补充营养成分，或定期更换溶液；由于水溶液的通气性差，因此要注意给溶液通气；还要防止光线对根系的直接照射等。表4-1是几种常用的营养液配方，其中以Hoagland营养液最为常用。

表4-1 几种常用营养液配方

$(g·L^{-1})$

成分	Sach营养液	Knop营养液	Hoagland营养液
$Ca(NO_3)_2·4H_2O$	—	0.8	1.18
NaCl	0.25	—	—
KNO_3	1.0	0.2	0.51
$Ca_3(PO_4)_2$	0.5	—	—
$CaSO_4$	0.5	—	—
K_2HPO_4	—	0.2	0.14
$MgSO_4·7H_2O$	0.5	0.2	0.49
$FePO_4$	微量	—	—
$FeSO_4$	—	微量	—
$FeC_4H_4O_6$	—	—	0.005

续表

成分	Sach营养液	Knop营养液	Hoagland营养液
H_3BO_3	—	—	0.0029
$MnCl_2 \cdot 4H_2O$	—	—	0.0018
$ZnSO_4$	—	—	0.00022
$CuSO_4 \cdot 5H_2O$	—	—	0.00008
H_2MoO_4	—	—	0.00002

利用溶液培养，通过严格控制化学试剂纯度和营养液的元素组成，有目的地提供或缺少某一种元素，以观察对植物生长发育的影响，可确定某元素是否为植物所必需。

溶液培养目前已被广泛应用到农业生产中，即植物的无土栽培。无土栽培具有不受土地条件限制，节省水、肥，便于工厂化生产，能改善作物品质等优点。图4-1是几种植物无土栽培装置示意。

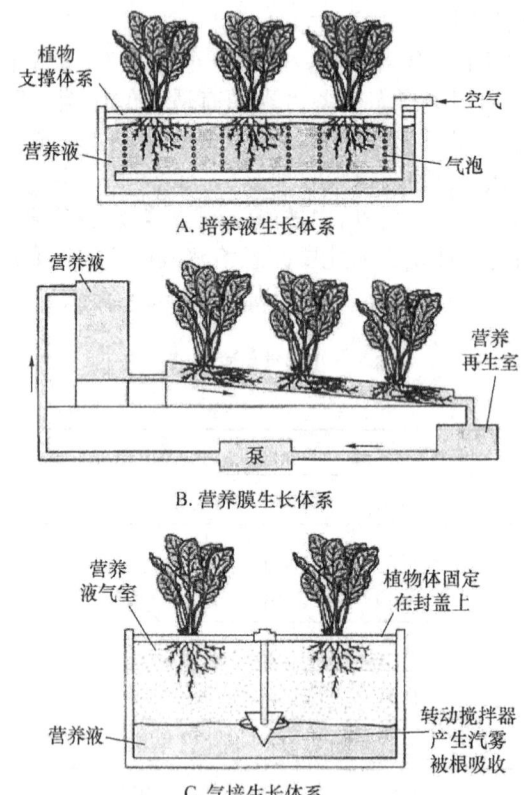

A. 水培装置，将植物根系直接浸入营养液，利用气泵向营养液通气补充氧气；B. 营养膜培养体系，将植物培养于一浅槽中，浅槽有一定倾斜度，利用水泵将营养液循环利用，被循环利用的培养液的pH值和营养成分可通过自动控制装置不断予以调节和补充；C. 气培生长体系，即有氧溶液培养装置，植物根系置于营养液上方，利用浸入营养液的电动旋转装置在培养槽中产生气雾被植物吸收

图4-1 植物无土栽培装置示意图

4.2 植物必需元素的生理功能及缺素症

4.2.1 大量元素的生理功能及缺素症

1. 氮

植物吸收的氮素主要是铵态氮和硝态氮,也可吸收利用有机态氮,如尿素等。氮在植物体内的含量为干物质的1%~3%。

氮是蛋白质、核酸、磷脂的主要成分,而这三者又是原生质、细胞核和生物膜的重要组成成分,在细胞生命活动中具有特殊作用,因此氮元素被称为植物的生命元素。氮是许多辅酶和辅基如NAD^+、$NADP^+$、FAD等的组成成分,是某些植物激素(如生长素和细胞分裂素)、维生素(如B_1、B_2、B_6等)、生物碱等的成分。此外,还是叶绿素的重要组成成分,与光合作用关系密切。由于氮的上述功能,所以氮素的供应状况对细胞的分裂和生长影响很大。当氮肥供应充分时,植物生长旺盛,叶大而鲜绿,叶片功能期长,分枝、分蘖多,营养体健壮,花多,产量高。

氮过多时,营养体徒长,叶片大而深绿,植株柔软披散,茎秆中机械组织不发达,开花和种子成熟期延迟,易造成倒伏,被病虫害侵袭等。然而对叶菜类作物多施一些氮肥,还是有好处的。

缺氮时,蛋白质、核酸、磷脂等物质合成受阻,植物生长矮小,分枝、分蘖少,叶片小而薄,花果易脱落。缺氮影响叶绿素合成,使枝叶变黄,由于植物体内氮的移动性大,老叶中的含氮物质分解后可运到幼嫩组织中被重复利用,所以缺氮时老叶先发黄,并逐渐向上发展,这是缺氮的典型症状。缺氮时碳水化合物较少用于蛋白质等含氮化合物合成,这可使茎木质化,另外较多的碳水化合物被用于花色素苷的合成,因而使某些植物(如番茄、玉米的一些品种等)的茎、叶柄、叶基部呈紫红色。

2. 磷

磷主要以HPO_4^{2-}或$H_2PO_4^-$形式被植物吸收,植物吸收HPO_4^{2-}和$H_2PO_4^-$的比例取决于土壤的pH值。当土壤偏酸性(pH<7)时,植物吸收$H_2PO_4^-$较多;当土壤偏碱性(pH>7)时,植物吸收HPO_4^{2-}较多。HPO_4^{2-}或$H_2PO_4^-$被植物根系吸收后,大部分用于合成有机物如磷脂、核苷酸等,一部分则以无机磷形式存在。

磷是核酸、核蛋白、磷脂的重要组成成分;磷是许多辅酶如NAD^+、$NADP^+$等的成分,它们广泛参与了光合、呼吸过程。磷广泛地参与能量代谢,如与能量代谢有关的ATP、ADP、AMP等都含有磷。磷还参与碳水化合物的代谢和运输,如光合作用、呼吸作用中,糖的合成、转化和降解大多是在磷酸化后才起作用。由于磷参与碳水化合物的合成、转化和运输,对种子、块根、块茎生长有利,故马铃薯、甘薯和禾谷类作物施磷后有明显的增产效果;磷对氮代谢也有重要作用,如硝酸盐还原有NAD^+和FAD的参与,而磷酸吡哆醛和磷酸吡哆胺则参与氨基酸的转化;磷与脂肪转化也有关系,脂肪代谢需要NADPH、ATP、CoA和NAD^+参与。另外,许多功能蛋白的活性调节是通过磷酸化和去磷酸化而实现的。

施磷能促进各种代谢正常进行,植株生长发育良好,同时提高作物的抗寒性及抗旱性,提早成熟。由于磷与糖类、蛋白质和脂类的代谢以及三者相互转变都有关系,所以不论栽培粮食、豆类作物或油料作物都需要磷肥。

缺磷时，蛋白质合成受阻，新的细胞质和细胞核形成较少，影响细胞分裂和生长；植株的幼芽和根部生长缓慢，分蘖、分枝减少，花果脱落，成熟延迟；蛋白质合成下降，糖的运输受阻，从而使营养器官中糖的含量相对提高，有利于花青素的形成，故缺磷时，叶子呈不正常的暗绿色或紫红色。由于磷非常活跃地参与各种物质的合成和降解，在植物体内极易移动和被重复利用，故缺磷症状首先在下部老叶出现，并逐渐向上发展。

3. 钾

钾以K^+的形式被根吸收。钾在植物体内几乎都呈离子状态，部分在细胞中处于吸附状态。钾在植物体内主要集中在生命活动最活跃的部位，如生长点、幼叶、形成层等。

钾是细胞内60多种酶的活化剂，如丙酮酸激酶、果糖激酶、苹果酸脱氢酶、琥珀酸脱氢酶、淀粉合成酶等，在碳水化合物代谢、呼吸作用及蛋白质的代谢中起重要作用。钾与糖类合成与转运密切相关，大麦和豌豆幼苗缺钾时，淀粉和蔗糖合成缓慢，从而导致单糖大量积累；而钾肥充足时，蔗糖、淀粉、纤维素和木质素含量较高，葡萄糖积累较少。钾也能促进糖类物质被运输到贮藏器官中，所以富含糖类的贮藏器官（如马铃薯块茎、甜菜根和淀粉种子）中钾含量较多。钾是大多数植物细胞中含量最多的无机离子，因此也是调节植物细胞渗透势的最重要组分。钾对气孔开放有直接作用。由于钾能促进碳水化合物的合成和运输，提高原生质体的水合程度，对细胞吸水和保水有很大作用，因而，可以提高植物的抗旱和抗寒能力。

钾营养不足时，植物机械组织不发达，茎秆柔弱，易倒伏，同时蛋白质合成受阻，叶内积累氨，引起叶片等组织中毒而产生黄绿斑点，叶尖、叶缘呈烧焦状态，甚至干枯、死亡。由于钾也是易移动可以被重复利用的元素，所以缺素症首先出现在下部老叶。

N、P、K是植物需要量大且土壤易缺乏的元素，因此农业生产中往往需要给作物补充这3种元素，故称它们为"肥料三要素"。农业上施肥主要为了满足植物对三要素的需要。

4. 钙

钙元素以钙离子（Ca^{2+}）的形式被植物吸收。钙离子进入植物体后，一部分仍以离子状态存在，一部分形成难溶的有机盐类（如草酸钙等），还有一部分与有机物（如植酸、果胶酸、蛋白质）相结合。

钙是植物细胞壁胞间层中果胶钙的重要成分，因此缺钙时，细胞分裂不能进行或不能完成而形成多核细胞。钙离子能作为磷脂中的磷酸与蛋白质的羧基间联结的桥梁，具有稳定膜结构的作用。钙可以与植物体内草酸形成草酸钙结晶，消除过量草酸对植物（特别是一些含酸量高的肉质植物，如景天科植物）的毒害。钙也是一些酶的活化剂，如ATP水解酶、磷脂水解酶等。钙离子是植物细胞信号转导过程中的重要第二信使。

钙对植物抵御病原菌的侵染有一定作用，许多作物缺钙时容易产生病害。苹果果实的疮痂病会使果皮受到伤害，但如果钙供应充足，则易形成愈伤组织以防止果肉受到进一步伤害。缺钙初期，顶芽、幼叶呈淡绿色，继而叶尖呈现典型的钩状，随后坏死；因其难移动，不能被重复利用，故缺素症状首先表现在上部幼茎、幼叶，如大白菜缺钙时心叶呈褐色。西红柿蒂腐病、莴苣顶枯病、芹菜裂茎病、菠菜黑心病等都是缺钙引起的。

5. 硫

硫元素主要以SO_4^{2-}的形式被植物吸收。SO_4^{2-}进入植物体后，一部分保持不变，大部分被还原并进一步同化为含硫氨基酸（半胱氨酸、胱氨酸和蛋氨酸）。这些含硫氨基酸是蛋白质的重要组成成分，特别是这些含硫氨基酸残基往往是功能蛋白的活性中心所在。一些功能蛋白的活性调控也往往是通过这些含硫氨基酸残基的二硫键（—S—S—）与巯基（—SH）之间的氧化还原转换完成的。辅酶A和硫胺素、生物素等维生素也含有硫，且辅酶A中的硫氢基（—SH）具有固定能量的作用。硫还是硫氧还蛋白、铁硫蛋白与固氮酶的组分，因而硫在光合、固氮等反应中起重要作用。

硫在植物体内不易移动，缺硫时一般在幼叶首先表现缺绿症状，新叶均衡失绿，呈黄白色并易脱落。缺硫情况在生产中很少遇到，土壤中有足够的硫供植物吸收利用。

6. 镁

镁以离子状态被植物吸收。镁在植物体内一部分形成有机物，一部分以离子状态存在，主要存于幼嫩器官和组织中，种子成熟时则集中于种子中。

镁是叶绿素的组成成分，植物体内约20%的镁存于叶绿素中。镁又是RuBP羧化酶、5-磷酸核酮糖激酶等的活化剂，对光合作用有重要作用。镁也是葡萄糖激酶、果糖激酶、丙酮酸激酶、乙酰CoA合成酶、异柠檬酸脱氢酶、α-酮戊二酸脱氢酶、苹果酸合成酶、谷氨酸半胱氨酸合成酶、琥珀酰辅酶A合成酶等的活化剂，与碳水化合物的转化和降解以及氮代谢有关。镁还是核糖核酸聚合酶的活化剂，DNA、RNA的合成以及蛋白质合成中氨基酸的活化过程都需要镁参与。镁能够稳定核糖体的结构，因而在蛋白质代谢中具有重要作用。

缺镁叶绿素不能合成，叶片缺绿，其特点是从下部叶片开始，叶肉变黄而叶脉仍保持绿色，这是与缺氮病症的主要区别。缺镁时，茎叶有时呈紫红色。若缺镁严重，则形成褐斑坏死。土壤中一般不缺镁。

4.2.2 微量元素的生理功能及缺素症

1. 铁

铁主要以Fe^{2+}的螯合物被吸收。铁进入植物体内后就处于被固定状态而不易移动。铁在植物体内以二价（Fe^{2+}）和三价（Fe^{3+}）两种形式存在，二者之间的转换构成了活细胞内最重要的氧化还原系统，因此Fe^{2+}/Fe^{3+}是许多与氧化还原相关的酶的辅基，如细胞色素、细胞色素氧化酶、过氧化物酶和过氧化氢酶、豆科植物根瘤菌中的血红蛋白等；Fe^{2+}/Fe^{3+}也是光合和呼吸电子传递链中的重要电子载体，如光合和呼吸电子传递链中的细胞色素、光合电子传递链中的铁硫蛋白、铁氧还蛋白等都是含铁蛋白。

铁是叶绿素合成所必需的，催化叶绿素合成的酶中有几个酶的活性表达需要Fe^{2+}。近年来研究发现，铁对叶绿体结构的影响比对叶绿素合成的影响更大，如眼虫缺铁时，在叶绿素分解的同时叶绿体也解体。

铁是不易移动的元素，因而缺铁最明显的症状是幼叶和幼芽缺绿发黄，甚至变为黄白色，而下部叶片仍为绿色。一般情况下，土壤中的含铁量能够满足植物生长发育的需要，但在碱性或石灰质土壤中，铁易形成不溶性化合物而使植物表现出缺铁症状。华北果树的"黄叶病"就是植株缺铁所致。

2. 锰

锰主要以Mn^{2+}的形式被植物吸收。锰是叶绿体中光合放氧复合体的主要成分，缺锰时光合放氧受到抑制。锰也是形成叶绿素和维持叶绿体结构的必需元素。此外，锰是许多酶的活化剂，如一些转磷酸的酶和三羧酸循环中的柠檬酸脱氢酶、草酰琥珀酸脱氢酶、α-酮戊二酸脱氢酶、苹果酸脱氢酶、柠檬酸合成酶等。锰还是硝酸还原酶的辅助因素，缺锰时硝酸被还原成氨的过程受到抑制。总之，锰与光合作用、呼吸作用、叶绿素和蛋白质的合成等重要代谢过程密切相关。

缺锰时叶绿素不能合成，叶脉间缺绿，但叶脉仍保持绿色，此为缺锰与缺铁的主要区别。

3. 硼

硼以硼酸（H_3BO_3）的形式被植物吸收。高等植物体内硼的含量较少，为$2\sim95$ mg·L^{-1}。植物各器官间硼的含量以花器官中含量最高，花中又以柱头和子房为高。

硼参与碳水化合物的运输，因为硼能与多羟基化合物形成复合物，这种复合体易于通过细胞膜。硼有激活尿苷二磷酸葡萄糖焦磷酸化酶的作用，故能促进蔗糖的合成。硼还能促进根系发育，特别对豆科植物根瘤的形成影响较大，因为硼能影响碳水化合物的运输，从而影响根对根瘤菌碳水化合物的供应。硼与甘露醇、甘露聚糖、多聚甘露糖醛酸和其他细胞壁成分组成复合体，参与细胞生长、核酸代谢等。硼对植物生殖过程有重要影响，与花粉形成、花粉管萌发和受精关系密切，缺硼时，花药和花丝萎缩，绒毡层组织破坏，花粉发育不良，受精不良，籽粒减少。小麦的"花而不实"、棉花的"蕾而不花"均为植株缺硼之故。硼具有抑制有毒酚类化合物形成的作用，所以缺硼时，植株中酚类化合物（如咖啡酸、绿原酸）含量过高，侧芽和顶芽坏死，丧失顶端优势，分枝多，形成簇生状。甜菜的干腐病、花椰菜的褐腐病、马铃薯的卷叶病和苹果的缩果病等均为缺硼所致。

4. 铜

在通气良好的土壤中，铜多以二价离子（Cu^{2+}）的形式被吸收，而在潮湿缺氧的土壤中，则多以一价离子（Cu^+）的形式被吸收。在光合作用中，铜是光合电子传递体质蓝素（PC）的组成成分，叶绿素的形成过程需要铜，铜还能增强叶绿蛋白的稳定性。在呼吸作用中，铜是细胞色素氧化酶、抗坏血酸氧化酶和多酚氧化酶的成分，参与氧化还原过程。铜有提高马铃薯抗晚疫病的能力，所以喷施硫酸铜对防治该病有良好效果。

缺铜时叶片生长缓慢呈现蓝绿色，幼叶缺绿，然后出现枯斑，最后死亡脱落。因植物所需铜很少，所以一般不存在缺铜问题。

5. 锌

锌是以Zn^{2+}的形式被植物吸收的。锌是许多酶的组成成分，如乙醇脱氢酶、乳酸脱氢酶、谷氨酸脱氢酶、碳酸酐酶、超氧化物歧化酶、某些多肽酶等。

锌能促进生长素的合成。因生长素合成的前体——色氨酸是由吲哚和丝氨酸经色氨酸合成酶催化生成的，而锌是色氨酸合成酶的组成成分，缺锌植物失去合成色氨酸的能力，植物体内生长素含量低，生长受阻，叶片扩展受到抑制，表现为小叶簇生，称为"小叶病"，北方果园易出现此病。

6. 钼

钼是以钼酸盐（MoO_4^{2-}）的形式被植物吸收的。钼是硝酸还原酶的金属成分，植物吸收NO_3^-后，首先要被硝酸还原酶还原为亚硝酸盐（NO_2^-）后才能进一步被利用。因此以NO_3^-为主要氮源时，缺钼常表现出缺氮的症状。钼又是固氮酶中钼铁蛋白、黄嘌呤脱氢酶及脱落酸合成中的一个氧化酶的必需成分。钼对花生、大豆等豆科植物的增产作用显著。

缺钼时首先老叶叶脉间缺绿，进而向幼叶发展，并可出现坏死，在某些植物（如花生、椰菜）中，不表现出缺绿，而是幼叶严重扭曲，最终死亡。缺钼也可抑制花的形成，或使果实在成熟前脱落。

7. 氯

氯以Cl⁻的形式被植物吸收，进入植物体内后绝大部分仍然以Cl⁻的形式存在，只有极少量的氯被结合进有机物，其中4-氯吲哚乙酸是一种天然的生长素类植物激素。大多数植物对氯的需要量较少，少于 $10\ mg·L^{-1}$，而盐生植物含氯相对较高，为 $70\sim100\ mg·L^{-1}$。

Cl⁻在光合作用水裂解过程中起着活化剂的作用，促进氧的释放。根和叶的细胞分裂需要氯。Cl⁻作为细胞内含量最高的无机阴离子，作为K⁺等阳离子的平衡电荷，与钾离子等一起参与渗透势的调节，与钾和苹果酸一起调节气孔的开放。

缺氯时，叶片萎蔫，失绿坏死，最后变为褐色；根生长慢，根尖粗，呈棒状。

8. 镍

镍在1988年才被确定为植物的必需元素，植物体内镍含量几乎是最低的。

镍是脲酶的金属成分，脲酶的作用是催化尿素水解成 CO_2 和 NH_3。无镍时，脲酶失活，尿素在植物体内积累，最终对植物造成毒害。镍也是氢化酶的成分之一，在生物固氮氢的产生中起作用。镍还能提高过氧化物酶、多酚氧化酶活性。低浓度的镍可以增强萌芽种子对氧气的吸收，加速呼吸，促进幼苗生长。

缺镍时，叶尖积累较多的脲，出现坏死现象。

4.3 植物细胞对矿质元素的吸收

植物细胞对矿质元素的吸收是指矿质元素从细胞膜以外的环境进入膜内的过程。植物细胞对矿质元素的吸收有三种方式：主动吸收、被动吸收和胞饮作用，主动吸收是植物细胞吸收矿质元素的主要方式。

1. 主动吸收

主动吸收是指矿盐逆电化学势梯度进入细胞内的过程，需消耗细胞代谢能量。电化学势梯度指电势梯度和化学势梯度。化学势是浓度的函数，可用浓度梯度代表化学势梯度。离子扩散方向由离子浓度引起的化学势梯度和所带电荷引起的电势梯度两者所决定；不带电分子的扩散方向主要由质膜内外该分子浓度差引起的化学势梯度所决定。一般离子和分子的浓度起决定作用。植物体内的矿盐离子浓度通常高于土壤溶液中离子浓度，因此主动吸收是植物吸收矿盐离子的主要方式。

离子或分子如何能够逆着电化学势梯度从细胞外跨膜转移到细胞内的问题，至今尚未完全解决。目前比较公认的是载体蛋白假说（见图4-2），这种假说认为组成质膜的蛋白质中有一种专门运输物质的活性跨膜蛋白，称为载体蛋白，又称为运输酶或透过酶。这种载体蛋白能够识别质膜外细胞和植物生长所需要的物质，并与之结合形成复合体。在能量的推动下，复合体旋转180°，将物质释放到细胞内，然后载体蛋白与物质亲和力变弱，将物质释放到细胞内。如此循环，可不断吸收矿盐离子和尿素等小分子物质。载体蛋白具有专一性，只能和一种或一类物质结合并将其转移到质膜内侧，因此主动吸收具有选择性。载体蛋白在质膜上有许多种类，所以不同的离子得以进入质膜。

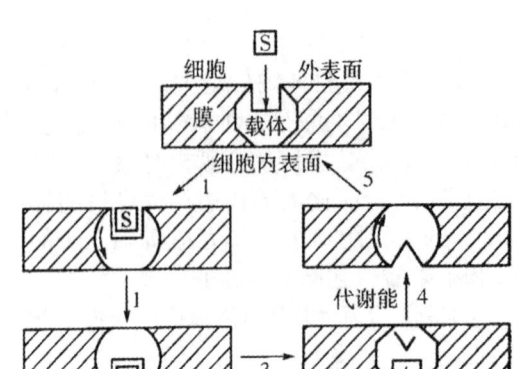

1. 载体分子与S结合；2. 由于变构作用发生旋转；3. S被释放进入细胞，载体分子回到不能运动的状态；
4. 载体分子获得能量，能够转动；5. 载体恢复原状

图4-2　载体假说示意图

2. 被动吸收

被动吸收是指矿盐顺电化学梯度通过扩散作用进入植物细胞内的过程，不需要消耗代谢能量。扩散方式有两种：自由扩散和协助扩散（见图4-3）。自由扩散为矿盐离子或小分子通过膜磷脂双分子层扩散进入细胞的过程；协助扩散是小分子物质通过浓度梯度激活膜上的转运蛋白，由转运蛋白协助进入细胞。如果细胞所处外液中某离子或分子的浓度大于细胞内该离子浓度，外液中的离子通过两种方式顺着浓度梯度便向细胞内不断扩散，直至平衡。被动吸收矿盐和其他物质，对植物往往是有害的，如盐碱地中，盐碱离子进入根系细胞，使根系细胞水势降低吸收不到水分，植物会由于生理干旱而难以生存。

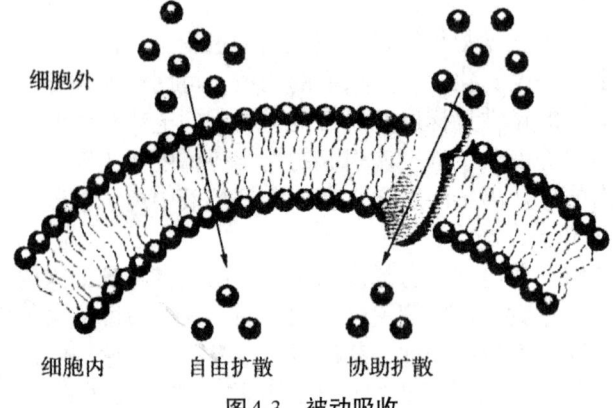

图4-3　被动吸收

3. 胞饮作用

胞饮作用是指吸附在质膜上的物质，通过膜的内折而转移到细胞质或液泡内的过程。当物质吸附在膜上时，膜内陷，物质便进入内陷区，然后逐渐将物质吞入膜内折形成的小囊泡内，小囊泡脱离质膜移入细胞质内，泡膜溶解释放物质于细胞质内。小囊泡也可将物质吐出于液泡内（见图4-4）。胞饮作用是植物细胞吸收矿盐离子、液体及较大分子的方式之一，为非选择性吸收，甚至可以将病原微生物带进来。

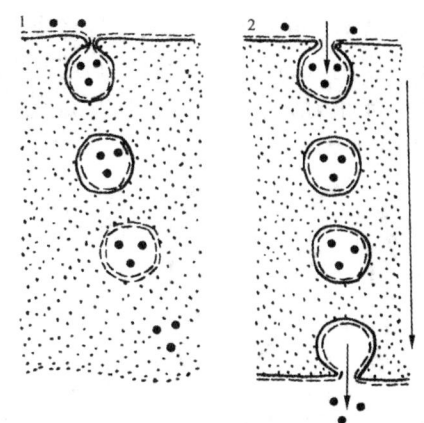

(左:进入细胞质;右:进入液泡)
图4-4 细胞胞饮作用示意图

4.4 植物根系对矿质元素的吸收

1. 根系吸收矿盐的部位

根系是植物吸收矿盐离子的主要器官。根系吸收矿盐的主要部位与吸水一样,在根尖的根毛区。伸长区虽然也能吸收矿盐,但吸收面积小,离导管又远,所以不是主要部位。有了周皮的老根已失去吸收能力,因此植物根尖集中分布区域应在树冠冠缘垂直投影内外。较大的树,侧根分开角度大,应在冠缘和主枝枝缘垂直投影内外,施肥时应注意施用部位要靠近这些区域,大树尽量用放射状施肥。

2. 根系吸收矿盐的特点

(1) 根系吸收矿盐和吸收水的量不成比例

矿盐离子需溶解在水中才能被植物吸收,又要随水流才能被输送到地上部各处去。但植物吸收水和吸收矿盐量却不成比例。这主要是由于两者吸收机理不同,水分吸收主要以蒸腾引起的被动吸水为主,而矿盐吸收则是以消耗代谢能的主动吸收为主。

(2) 根系对矿盐离子的吸收具有选择性

植物根系对离子吸收的选择性表现在两个方面。

一方面,对同一溶液中的不同矿盐离子吸收具有选择性,选择性与植物生长所需有关。如禾本科植物较多选择土壤中硅的吸收,而茄番茄等茄科植物较多选择土壤中钙、镁离子吸收。多数植物生长前期,较多选择氮离子吸收,而中后期则较多选择磷、钾离子吸收。对有些元素虽溶液中含量较高却极少吸收。

另一方面,对溶液中组成同一矿盐的不同阴阳离子间的吸收具有选择性,也与植物生长所需有关。如土壤追施$(NH_4)_2SO_4$肥时,根系选择吸收NH_4^+的量较多,土壤中SO_4^{2-}和H^+增多,导致pH值下降,土壤变酸,这类盐称为生理酸性盐;当施$NaNO_3$时,根系吸收NO_3^-量多,土壤中Na^+和OH^-增多,pH值升高,土壤变碱,这类盐称为生理碱性盐;而施NH_4NO_3时,根系对NH_4^+和NO_3^-的吸收量相当,土壤pH值基本不变,这类盐称生理中性盐。生产上要注意不要长期施用单一肥料,以免引起土壤偏酸或偏碱,影响作物的生长。

(3) 单盐毒害和离子拮抗作用

将植物培养在单一盐溶液中,会受到毒害,出现生长不良直至死亡的现象称为单盐毒害。如果在单盐溶液中加入其他盐类，单盐毒害现象会减轻或消失，这种不同离子间相互消除单盐毒害的现象称为离子拮抗作用。通常不同价离子间拮抗作用较显著，而同价离子间拮抗作用不明显。如用Ca^{2+}或Ba^{2+}能很好地拮抗K^+或Na^+引起的单盐毒害，而Na^+和K^+之间、Ca^{2+}或Ba^{2+}之间则基本无拮抗作用（见图4-5）。

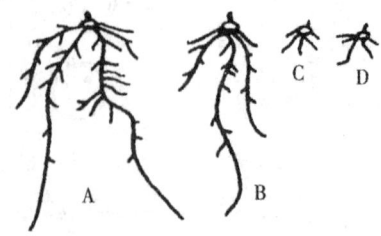

A. $NaCl+KCl+CaCl_2$；B. $NaCl+CaCl_2$；C. $CaCl_2$；D. $NaCl$
图4-5 小麦根在单盐和多盐溶液中生长状况

无单盐毒害现象，适宜于植物生长的多盐溶液，称为该植物的生理平衡溶液。在自然界中，植物长期进化环境中的溶液即为其生理平衡溶液，环境不同，生理平衡溶液不同。对陆生植物来讲，适宜其生长的土壤溶液即为生理平衡溶液；对于海生植物来讲，海水即为其生理平衡溶液。

3. 根系吸收矿质元素的过程

根系吸收矿质元素的过程分为以下三步。

（1）矿盐离子到达根吸收区域

土壤中的矿盐离子，首先要到达根尖吸收区域才能被吸收，其到达根尖部位主要有下种途径：

①根尖存在的部位直接和矿盐离子接触；

②矿盐离子随灌溉水和雨水等流动到根尖部位；

③土壤中的矿盐离子从浓度较高的地方扩散到浓度较低的根尖吸收区域。

（2）到达根吸收区域的矿盐离子通过离子交换，吸附到根细胞表面

根表层细胞呼吸放出的CO_2溶于水生成H_2CO_3，H_2CO_3可解离出H^+和HCO_3^-离子，这离子由于根细胞内原生质胶体具吸附作用被吸附在质膜的表面。土壤中的矿盐离子和膜表面吸附的H^+和HCO_3^-进行竞争性吸附，即发生离子交换吸附，又称为等荷同价交换，H^+和K^+之间、HCO_3^-和NO_3^-之间可交换吸附，而Ca^{2+}可交换下2个H^+。具体的交换方又有如下两种。

①根表层细胞与土壤溶液中的离子进行交换吸附细胞表面的离子进入土壤溶液，土溶液中的离子被吸附到根细胞表面（见图4-6）。

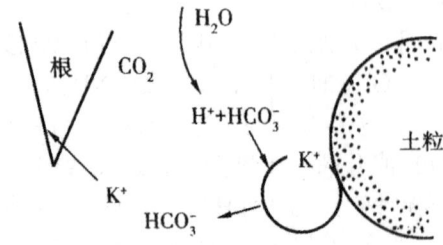

图4-6 根与土壤溶液中离子交换

②接触交换根表面吸附的离子和土壤胶粒吸附离子接触时,可直接发生离子间相互换吸附现象(图4-7)。

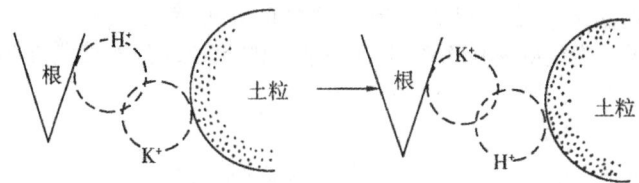

图4-7 根与土粒吸附离子的接触交换

(3) 吸附到根细胞表面的矿质离子进入根导管

吸附在根表层细胞表面的离子进入根导管有两段距离:一段是从根表层细胞到内皮层,是从内皮层到根导管。矿盐离子可通过主动和被动吸收跨膜直接进入根表层细胞内,然后通过细胞间相贯通的胞间连丝进入木质部薄壁细胞,最后再通过木质部薄壁细胞释放到导管中去;另一段是矿盐离子可直接通过外皮层和中皮层的细胞壁和细胞间隙占据的质外体自由空间到达内皮层,并吸附在内皮层细胞膜表面,由于内皮层细胞的细胞壁上有木栓化的凯氏带或马蹄形细胞封闭,在此矿盐再跨膜进入内皮层细胞内,经胞间连丝最后进入根导管。后一种方式由于通过共质体到达导管的距离短,受到的阻力小,更快速。

进入根导管中的离子在蒸腾拉力和根压的作用下,随水流运输到地上部各个器官。矿盐跨膜时,质膜对吸收的矿盐离子种类及数量进行选择控制。

4. 影响根系吸收矿质离子的因素

(1) 土壤温度

在一定温度范围内,根系吸收矿质元素随土温升高而加快,温度过高或过低,吸收速度都会下降。温度适当升高,促进呼吸作用和作物生长代谢,根主动吸收矿盐量增多。温度过高会使细胞膜受伤害,酶钝化,并使根老化,减小吸收面积。过低则降低酶的活性,原生质黏度增加,离子透过膜的阻力也会增大,从而降低矿质的吸收。如土温大于30 ℃时,小麦幼苗吸收钾离子的量大幅度下降(见图4-8)。

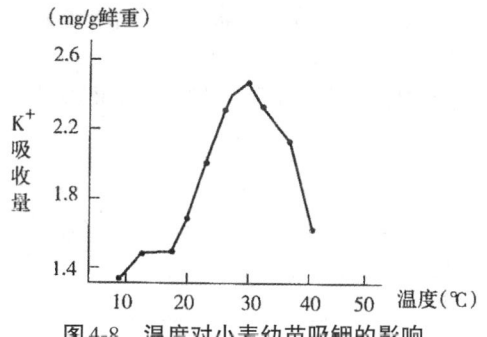

图4-8 温度对小麦幼苗吸钾的影响

(2) 土壤通气状况

土壤通气状况直接影响根呼吸作用,从而影响根对矿盐的主动吸收,因此,通气良时,根系吸收矿质元素快;土壤因有机质少而板结或含水量过多时,根际少氧高二氧化碳,根的呼吸和生长会被抑制,对矿质元素的吸收必然降低。

(3) 土壤溶液浓度

土壤溶液中某矿质元素浓度较低时,根吸收此矿质元素会随溶液中其浓度的升高而增加,但超过一定界限根系吸收速度不再增加,因植物生长所需此矿质元素已满足,某些研究认为膜上转运该矿质元素的载体蛋白数量有限,此时运载饱和。如果过度施用此矿素肥只会造成浪费,还会引起土壤溶液浓度过高,导致"烧苗"现象发生。生产上,应注意控制施肥量,根据生育期不同,确定好不同阶段土壤最缺乏的元素,分次按需要量施肥,如生长前期主要施肥,中后期施磷、钾肥,秋季施足基肥。

(4) 土壤酸碱度 (pH值)

pH值对根系吸收矿质有直接影响,也有间接影响。pH值直接影响原生质的带电性,从而影响根对离子的吸收。当pH偏酸时,根细胞原生质带正电荷,有利于根对阴离子的吸收;相反,当pH偏碱时,有利于对阳离子的吸收。即一般阳离子的吸收速率随pH值升而加快,而阴离子的吸收速率则随pH值增高而下降(见图4-9)。

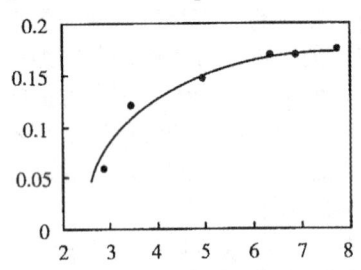
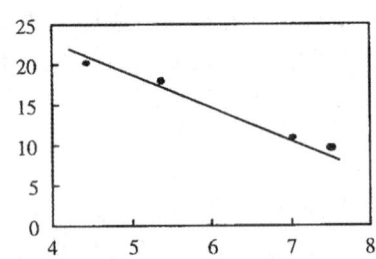

横坐标为pH值;纵坐标为吸收速率,左为K^+(mmol/h);为右NO_3^-(mol/h)

图4-9　pH值对燕麦吸收K^+(左)及小麦吸收NO_3^-速率的影响

pH值的间接影响在于通过影响矿盐的溶解度来影响根对矿质元素的吸收,偏酸时有利于释放土壤中被固定、吸附的矿盐离子,能满足植物对离子的需要,但由于土壤中矿质元素可溶性程度增加,易随水流失,土壤易贫瘠化。土壤酸性太大时,Al、Fe、Mn等矿质元素溶解度增大,可引起植物中毒;而在碱性环境下,Fe、Ca、Mg、Cu、Zn等元素易成不溶态,难被植物吸收利用,易患缺素症。

此外,pH值还通过影响土壤中微生物的活性而影响矿质的吸收。一般在pH值低时,根瘤菌易死亡,豆科植物失去固氮能力,易缺氮素;而在pH值较高时,反硝化细菌活跃,使硝态氮转化为氨态氮从土壤中放出,土壤氮素减少。

一般植物最适宜生长的pH值范围为6～7,可生长的pH值范围为4～8(见表4-2)。

表4-2　一些作物生育的最适pH值

作物名称	最适pH
马铃薯	4.8～5.4
胡萝卜	5.3～6.0
甘薯、烟草、花生、水稻、小麦、大麦、玉米	5.0～6.0
大豆、甘蓝、荔枝、番茄、西瓜	6.0～7.0
芹菜	6.0～6.5
柑橘	5.0～7.0
苹果、桃、梨、杏、紫葡萄、甘蔗、棉花	6.0～8.0
茶	5.0～5.5

影响土壤中矿质离子吸收的因素除以上主要因素外，还有其他一些因素。如有些离子之间存在着相互抑制和相互促进关系；土壤中一些有毒物质毒害根系，降低或停止根系对矿盐的吸收，如土壤施入未腐熟的有机质，分解时会产生抑制根呼吸的硫化氢、有机酸、Fe^+等还原性物质，抵制根的呼吸、生长，引起根的腐烂，从而降低根对矿质元素的吸收，生产上应加以注意。

4.5 矿质元素在植物体内的运输和利用

4.5.1 矿质元素运输的形式和途径

通常金属元素以离子的形式进行运输；非金属元素以离子或小分子有机物的形式运输；根吸收的NH_4^+的全部和NO_3^-的大部分在根内转化为小分子有机物（氨基酸和酰胺）后向上运输，少部分以NO_3^-的形式运输至叶绿体再还原为NH_4^+；磷酸盐主要以无机离子形式运输，少量在根内合成有机化合物向上运输，如磷酰胆碱和ATP、ADP、AMP、6-磷酸葡萄糖、6-磷酸果糖等；硫主要以SO_4^{2-}的形式、少量以含硫氨基酸的形式运输。

根系吸收的矿质元素向上运输主要是通过根、茎中的木质部。进入木质部导管后，随蒸腾流一起上升，也有一部分顺浓度差在植物体内扩散。矿质元素在木质部向上运输的同时，也可进行横向运输；叶片吸收的矿质营养，在叶内被利用后，剩余的部分主要通过韧皮部向下运输，也有一部分横向运输至木质部，再向上运输。

4.5.2 矿质元素的利用

矿质元素运输到植物体各部位后，大部分参与体内有机物合成，如氨基酸、蛋白质、核酸等。不参与形成有机物的矿质元素，仍以离子形式存在。

有些元素参与形成的化合物不稳定，可分解释放出离子转移到其他部位，再一次被利用；而以离子形式存在的元素可被植物不断重复利用。这两类元素都称为植物体内易移动、可再利用元素，如氮、磷钾、镁等；有些元素参与形成的化合物稳定，不能移动和分解，不能被再次利用，称为不易移动、不可再利用元素，如钙、硼、铁、锰、硫等。

可再利用元素优先供给植物生长代谢旺盛的部位，如生长点、幼叶、嫩梢、花、发育中的果实等。当这些部位缺乏这类元素时，会将老叶中的这些元素转移过去利用，故其缺素症首先出现在老叶上。而不可再利用元素被运输到地上部分利用后，即被固定起来不再移动，故这类元素的缺素症首先出现在幼叶上。植物成熟，叶片逐渐衰老时，会将所含的可移动矿质元素移动到种子、果实、根、茎中加以贮藏，因此作物应适当晚一点收割。接近成熟的玉米、白菜等，连根整株拔起，用土堆埋，由于叶、根中的易移动矿质元素和营养物质继续向果实、地上部运输，可使籽粒继续增重、大白菜进一步生长、卷心。果树冬季修剪最好在落叶后，也是这个道理。

矿质元素也可通过叶片或根系排出体外，如在雨、雪天气质被排出或淋洗到土壤中去，可重新吸收利用，对矿质循环有一定的意义。

4.6 合理施肥的生理基础

4.6.1 作物的需肥规律

首先，各种作物都需要一定的必需元素，但不同作物所需要的营养元素的绝对量和相对比例都不一样。例如叶菜类蔬菜、桑、茶等以收获茎叶为主的，对氮肥需要量较多，促进蛋白质合成，增加绿色幼嫩部分；对于收获块根、块茎的作物如马铃薯、甘薯、糖用甜菜，则应多施磷、钾肥，以促进碳水化合物的运输与积累；豆科作物由于与根瘤菌共生，能固定大气中的氮，除在生育早期适当施氮肥，促进其营养生长，在根瘤形成后可不再施氮肥，但对钙、磷、钾肥，特别对磷肥的需要比一般作物要多；禾谷类作物要求均衡的氮、磷、钾供应，适当多施磷肥，有利于籽粒饱满。对棉花、油菜除合理施用氮、磷、钾肥外，花期还应增施硼肥。

其次，应了解作物在不同生育期对养分的需要量不同，在种子萌发时期，因种子内储存有养料，不需要外界提供养分，随着幼苗长大，吸肥量逐渐增加，一般在开花结实时期，吸肥量达到高峰，以后随着生长势减弱，植株逐渐衰老，其吸肥量日趋减少，最后完全停止。因此，施肥应着重在生育前期及中期。

但应指出，一般作物在生长初期对矿质元素的需要量虽不大，但对养分缺乏都十分敏感，如在此时缺乏某些必需元素，就会显著影响后期生长，即使后期补施，亦难完全挽回。例如在水稻三叶期后期（俗称离乳期），胚乳中养分逐渐耗尽，如外界养分供应不足，则会影响分蘖、发根，即使以后追施肥料，也难完全补救，最终必然影响产量。作物对缺乏矿质元素敏感的时期，称为需肥临界期（或营养临界期）。例如，水稻、小麦在幼穗分化期，油菜、大豆在开花期，棉花在盛花期都是需肥临界期，此时应保证作物有充足的矿质营养，否则会明显影响产量。

作物在不同生育时期，各有明显的生长中心，所谓生长中心是指那些代谢旺盛、生长势较强的部位。例如水稻、小麦在分蘖时期的生长中心是腋芽；孕穗拔节时期的生长中心是幼穗的分化、发育和形成；抽穗结实时期的生长中心是开花和种子的形成。在不同生育时期矿质元素一般优先分配到生长中心。因此，不同生育期施肥，总是对当时的生育中心作用最大。生长中心常随作物个体发育时期发生转移，养料的分配重心也随之转移。在养料供应不足时，新形成的生长中心会夺取前一生长中心或次要部分的养料。如水稻幼穗分化期肥料供应不足，会减少有效分蘖，影响营养体的生长。在养料供应超过当时生长中心需要时，则延长此时生长中心持续时间，推迟下一个生长中心的到来，如水稻营养生长时期施肥过多，增加无效分蘖数，植株疯长，贪青迟熟。

4.6.2 合理施肥的指标

1. 形态指标

在农业生产中常将作物外观上的一些变化如叶色、长势和长相作为判断作物营养状况和施肥的形态指标。因为叶色和长相（指株型和叶片的形态）是反映作物内部营养状况，特别是氮素营养水平的最灵敏指标。

(1) 叶色

叶色变化是一个很好的追肥形态指标。据测定水稻或其他作物功能叶片（功能叶片是指在叶片充分长成以后，光合功能进入盛期的叶片）的叶绿素含量与其含氮量的变化基本是一致的。氮和叶绿素含量高，则叶色深，否则叶色浅。

(2) 长相

作物外部的长相和长势也是一个很好的施肥指标：氮肥多，植株生长快，叶色乌绿，叶片肥大披垂、缺少弹性。水稻分蘖、出叶快而多，株型松散；如氮肥不足，则植株生长慢，叶色黄绿，叶片和株型直立，水稻分蘖少、出叶慢，未老先衰。根据作物外部形态来确定作物内部营养状况，容易掌握。缺点是如果要等到出现缺素症状再施肥，实际上作物正常代谢活动已受到干扰。因此，除注意观察形态变化外，还应测定一些合理施肥的生理指标。

2. 生理指标

(1) 硝态氮含量测定

前中国农业科学院江苏分院认为：亩产皮棉 75~85 kg，棉花植株功能叶的叶柄（顶端向下数第 4 或第 5 叶）硝态氮含量应为：苗期 100~250 mg/kg，初蕾期 300~450 mg/kg，花期 150~250 mg/kg。低于这个幅度应及时施肥；高于这个幅度，植株可能徒长。赵微平观察冬小麦功能叶叶鞘内正常养分指标（指硝态氮含量）应为：冬前大于 500 mg/kg；返青期 500~200 mg/kg；起身拔节期 150~100 mg/kg；抽穗—扬花期 200~150 mg/kg，灌浆-成熟期 50~30 mg/kg。

(2) 氨基氮含量测定

南京土壤研究所以水稻心叶下第三叶叶鞘为测定部位，认为氨基氮含量 150~250 mg/kg 为正常，低于 150 mg/kg 为低量，100 mg/kg 为缺乏，超过 250 mg/kg 为过剩。

应当强调的是上述生理指标会因作物品种、地区环境、气候因素的变化而有所改变，因此，在实际应用中应因地制宜地进行研究。此外，叶片营养分析最好与土壤养分含量分析结合起来，这样在分析问题和认识问题会更科学和全面。

除上述生理指标以外，近年来还有人以顶叶天冬酰胺含量有无作为施用水稻穗肥的诊断指标，在未展开或半展开的顶叶内如含有天冬酰胺，则表示氮素营养充足；如没有，则表示氮素营养不足。另外，酶活性也可作为营养诊断指标，因某些营养元素是酶的组成成分，例如缺铜时，则多酚氧化酶活性下降；缺锌时，碳酸酐酶活性下降；缺钼时，则硝酸还原酶活性减弱。

思考题

1. 植物进行正常生命活动需要哪些矿质元素？
2. 试述矿质元素如何从膜外转运到膜内的。
3. 植物缺少哪些元素幼叶最先表现缺素症？缺少哪些元素老叶最先表现缺素症？为什么会有这种差异？
4. NO_3^- 可以通过几条途径进入植物体？硝酸盐的还原受哪些因素影响？根部吸收的 NO_3^- 通过哪些途径才能到达叶内？
5. 植物根系吸收矿质营养有哪些特点？
6. 白天和夜晚硝酸盐还原速度是否相同？为什么？

第5章 光合作用

5.1 光合作用概述

5.1.1 光合作用的概念

绿色植物的光合作用是指植物的绿色细胞吸收光能，将 CO_2 和 H_2O 同化成有机物，并放出氧气的过程。光合作用的反应式可表示为

$$6CO_2 + 6H_2O \xrightarrow[\text{叶绿体}]{\text{光}} C_6H_{12}O_6 + 6O_2$$

上式可简化为

$$CO_2 + H_2O \xrightarrow[\text{叶绿体}]{\text{光}} (CH_2O_6) + O_2$$

上式表明，光合作用的原料是水 H_2O 和 CO_2，生成物是（CH_2O）和 O_2，（CH_2O）代表合成的以碳水化合物为主的有机物质。

5.1.2 光合作用的意义

1. 合成有机物，蓄存太阳能

据估计，地球上每年通过光合作用约同化 2.0×10^{14} kg 碳，形成 5×10^{14} kg 有机物。其中，陆生植物占60%左右，水生植物占40%左右。植物与其他生命都是生物圈的成员，但植物是初级生产者，处于核心和基础地位。绿色植物合成的有机物，是生命生存的物质基础，人类的食物几乎全部直接或间接来源于光合作用。保证食物供应是人类面临的重大挑战，提高作物的光合作用、提高产量是解决这一难题的关键。

植物在合成有机物的同时，将光能转变为化学能贮藏在有机物中。据估算，植物通过光合作用每年所同化的太阳能为 3.2×10^{21} J。有机物所贮藏的化学能，是所有生命活动的根本动力源泉。目前，人类从事工农业生产，以及日常生活所需要的主要能源，如煤、石油、天然气及木材等，也都是古代或现代植物光合作用所贮存的能量。

2. 保持大气中氧气和二氧化碳含量的稳定

生物的呼吸和各种分解燃烧都吸收 O_2，释放 CO_2。地球上每秒钟要消耗大约 10^7 kg O_2，如果以这样的速率计算，大气中的 O_2 在2000～3000年的时间里就会消耗殆尽，大量 CO_2 的产生，也将导致全球性的空气污染和温室效应。然而大气中 O_2 和 CO_2 的量仍基本保持稳定，这有赖于绿色植物的光合作用，绿色植物可称为天然绿色的空气净化器。

因此，光合作用是生命和整个自然界生存和可持续发展的根本保证。

5.1.3 光合作用的指标

1. 光合强度

光合强度是光合作用强弱或速率的指标，指单位时间内一定叶面积在光下同化的 CO_2 或释放的 O_2 或合成的有机物量，单位是：CO_2 mg/dm² · h 或 O_2 mL/dm² · h，或干物质重 g/m² · h。

2. 光合生产率

光合生产率又称净光合生产率或净同化率，指生长的植株在一天内单位叶面积进行光合作用的积累减去呼吸消耗和其他消耗之后净积累的重，单位是：克/平方米·日。

3. 叶面积指数

叶面积指数又称叶面积系数，它是群体的绿叶总面积与其栽培的土地面积的比值。目前推广的早、晚稻品种，凡亩产 450 kg 以上，其叶面积指数的动态大致是：分蘖期为 3 左右，幼穗分化期至孕穗期前为 4～6，孕穗至抽穗达最大值为 5.5～7.5，齐穗后逐渐下降至 3 左右。如果最大叶面积指数低于 5，群体光合能力低，很难达亩产 450 kg 以上。水稻叶面积指数的测定方法，一般是把每张稻叶的面积测出来。做法是：在田间取样 10～15 株，剪下叶片，测量每张叶的长度和最大宽度，以厘米计，然后按下式计算：

$$单叶面积(cm^2)=叶长(cm)×最大叶宽(cm)×0.72$$

把每张叶面积相加，求出平均每株绿叶面积（以平方厘米为单位），按下式计算叶面积指数。

4. 光合势

光合势是反映作物光合功率的潜势的指标，指单位土地面积上作物全生育期或某一阶段生育期中有多少平方米叶面积在进行干物质生产。光合势是作物群体每日增长叶面积的累计数，其单位是：平方米·日/亩。

一般来说，光合势较大的品种或试验处理，群体的干物积累量较多。但光合势与光合强度之间不存在相关性。

5.2 叶绿体及光合色素

5.2.1 叶绿体的结构及化学组成

1. 叶绿体结构

叶绿体是一个由双层膜围成的细胞器，内膜具有较强的选择透过性，只有经过严格选择的物质才能进入叶绿体内，以保证其内复杂生化反应的顺利进行。

内膜围成的腔内充满着水溶性液体，称为基质（或称为间质），是 CO_2 同化的场所。基质含有与 CO_2 同化相关的酶类、DNA 纤丝、核糖体、淀粉粒、油滴等。

基质中悬浮着一个由生物膜构成的膜系统，是由单层膜围成的类似囊状、被称作类囊体的许多小体组成。类囊体内也充满水溶性液体，由于类囊体多呈扁平片状，故又称为片层。许多个类囊体片层重叠在一起，称为一个基粒，一个叶绿体内有十到几十个基粒，因其含较多的叶绿素，故呈深绿色；还有一种贯穿在两个或两个以上基粒之间、不垛叠的较大类囊体称为基质类囊体，含叶绿素较少，呈浅绿色。由于基粒间由基质类囊体相联结，故全部类囊体形成一个相互贯通的封闭系统。类囊体膜上附有叶绿体色素和光合链，是光能吸收、传递与转换的场所。由于光合作用的光反应阶段是在类囊体膜上进行的,因此类囊体膜亦称为光合膜。光合膜为光能转化过程中所发生的一系列复杂生化反应提供了广阔的场所。

2. 叶绿体的化学组成

据测定,叶绿体的化学组成中,水分为75%~80%,干物质为20%~25%。在干物质中,蛋白质占30%~50%,主要是膜蛋白和参加光合作用的各类酶蛋白;脂类占20%~40%,是构成膜的重要成分,主要构成类囊体膜;色素占叶绿体干重的8%~10%,比其他部位色素含量高;矿质元素占10%左右,起参与和调节光合作用的功能;淀粉、油滴等贮藏物质占10%~20%。

5.2.2 光合色素

在光合作用的光反应中吸收光能的色素称为光合色素,主要有三类,分别为叶绿素、类胡萝卜素和藻胆素。高等植物中含有前两类,藻胆素仅存在于藻类中(见图5-1)。

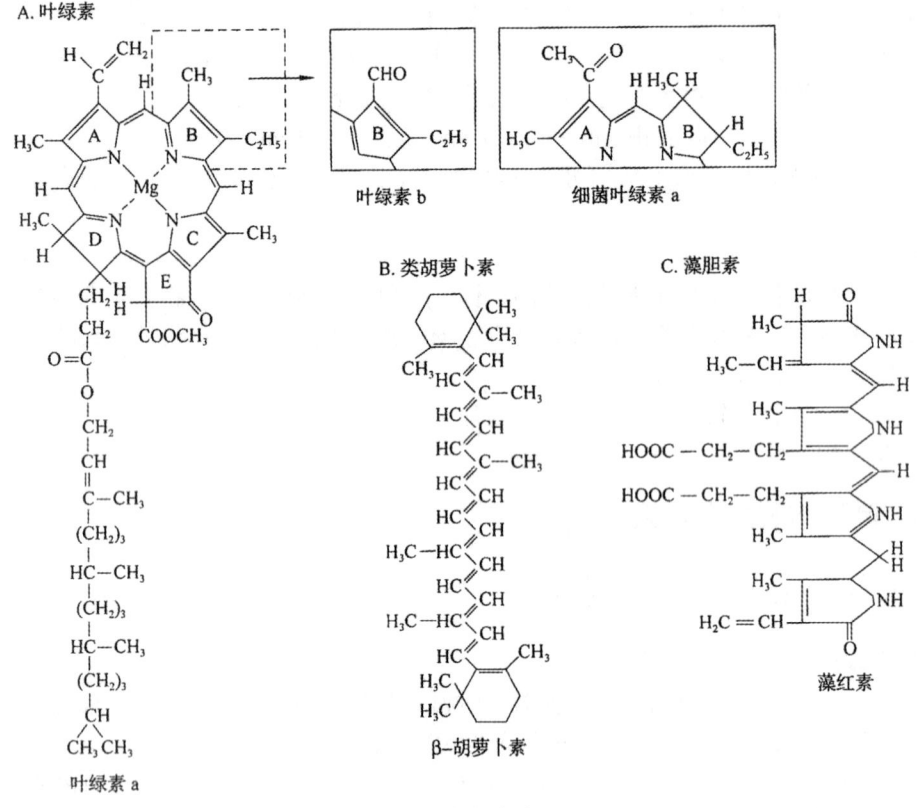

图5-1 一些光合色素的分子结构

1. 叶绿素

叶绿素是使植物呈现绿色的色素,约占绿叶干重的1%。植物的叶绿素包括叶绿素a、叶绿素b、叶绿素c和叶绿素d 4种。高等植物中含有叶绿素a、叶绿素b两种,叶绿素c、叶绿素d存在于藻类中,而光合细菌中则含有细菌叶绿素。叶绿素a和叶绿素b的分子结构很相似,当叶绿素a的第二个吡咯环上的一个甲基(—CH_3)被醛基(—CHO)所取代,即为叶绿素b。

叶绿素合成的起始物质是谷氨酸或α-酮戊二酸。可能先形成γ,δ-二氧戊酸或其他物质。然后合成δ-氨基酮戊酸（ALA），又称为5-氨基酮戊酸。后者经过一系列代谢，吸收光能，形成叶绿素a。叶绿素b是由叶绿素a演变形成的。

叶绿素a呈蓝绿色，叶绿素b呈黄绿色，相对分子质量分别为892和906，叶绿素是双羧酸的酯，其中一个羧基被甲醇所酯化，另一个被叶绿醇所酯化。叶绿素的水溶性较差，但溶于有机溶剂，如酒精、丙酮、石油醚等物质中。叶绿素的分子式为

$$\text{叶绿素 a} \quad C_{55}H_{72}O_5N_4Mg \text{ 或 } C_{32}H_{30}ON_4Mg \begin{cases} COOCH_3 \\ COOC_{20}H_{39} \end{cases}$$

$$\text{叶绿素 b} \quad C_{55}H_{70}O_6N_4Mg \text{ 或 } C_{32}H_{28}O_2N_4Mg \begin{cases} COOCH_3 \\ COOC_{20}H_{39} \end{cases}$$

从叶绿素的分子结构来看，叶绿素是由一个卟啉环的"头"部和一个叶绿醇（植醇，phytol）的"尾"部构成。卟啉环由4个吡咯环通过甲烯基（—CH=）连接而成。镁原子位于卟啉环的中央，带正电荷，而与之相连的氮原子则偏向于带负电荷，所以，卟啉环具有极性，表现为亲水性。在卟啉环上还连有一个含有羰基和羧基的副环（戊酮环），其羧基以酯键和甲醇结合。

由于叶绿素分子是由叶绿酸中的两个羧基分别与甲醇和叶绿醇酯化形成的，因此可发生皂化反应。叶绿素分子中卟啉环中的镁原子可被H^+、Cu^{2+}和Zn^{2+}等所置换。用酸处理叶片，H^+易进入叶绿体，置换镁原子形成去镁叶绿素，叶片呈褐色。去镁叶绿素再与铜离子结合，形成铜代叶绿素，呈鲜绿色，且颜色稳定持久。人们常用醋酸铜处理来保存绿色植物标本。

绝大部分叶绿素a和全部叶绿素b具有吸收和传递光能的作用，少数特殊状态的叶绿素a有将光能转换为电能的作用。

2. 类胡萝卜素

类胡萝卜素是含有40个碳原子、由8个异戊二烯形成的四萜，有一系列的共轭双键，分子的两端各有一个不饱和的取代的环己烯，即紫罗兰酮环。它们不溶于水，但溶于有机溶剂中。叶绿体中的类胡萝卜素有两种，即胡萝卜素和叶黄素。胡萝卜素呈橙黄色，叶黄素呈黄色。类胡萝卜素在光合作用过程中具有吸收和传递光能的作用，不参与光化学反应。同时，类胡萝卜素还可通过叶黄素循环，吸收并耗散多余的光能，防止强光对叶绿素的破坏作用。

胡萝卜素是不饱和碳氢化合物，分子式为$C_{40}H_{56}$，有α、β和γ3种同分异构体。高等植物叶片中常见的是β-胡萝卜素，胡萝卜素在人类和动物体内水解后即转变成维生素A。叶黄素是由胡萝卜素衍生的醇类，也称胡萝卜醇，分子式是$C_{40}H_{56}O_2$。通常叶片中叶黄素与胡萝卜素的含量之比约为2:1。

高等植物叶片中叶绿素与类胡萝卜素的比值为3:1，所以正常的叶片为绿色。但由于叶绿素对环境胁迫和矿质元素缺乏比胡萝卜素敏感，在早春或晚秋以及缺素条件下，叶绿素被破坏，叶片呈黄色。

3. 藻胆素

藻胆素是某些藻类的光合色素，在蓝藻和红藻等藻类中，常与蛋白质结合形成藻胆蛋白。根据颜色的不同，藻胆蛋白可分为红色的藻红蛋白和蓝色的藻蓝蛋白、别藻蓝蛋白3类。藻胆蛋白生色团的化学结构与叶绿素分子中的卟啉环有极相似的地方，将卟啉环打开伸

直并去掉镁原子,便形成了有4个吡咯环的直链共轭系统。藻蓝蛋白是藻红蛋白的氧化产物。藻胆素也有收集光能的功能。

由于类胡萝卜素和藻胆素吸收的光能可传递给叶绿素用于光合作用,因此它们被称为光合作用的辅助色素。

5.3 光合作用的机理

5.3.1 原初反应

这一过程主要由中心色素(P)和聚光色素组成的光系统完成。光能的吸收、传递由聚光色素完成,每个光系统大约有300个的聚光色素围绕一个中心色素组成,阳生植物的聚光色素一般由3/4的叶绿素和1/4的类胡萝卜素组成,300个左右的聚光色素分子把吸收到的光能以诱导共振的方式传递给中心色素,使中心色素分子处于激发态(P*),最终引起中心色素电子与电荷分离,这样光子的能量便转化为电子的能量,即光能转化为电能。电子离开中心色素要传递给其他电子受体,进行一系列的氧化还原反应,又称为光化学反应。失去电子的中心色素又从周围的物质中获取电子,中心色素与其最初的电子供体(D)和最初的电子受体(A)组成了光系统的反应中心,这一过程为光合作用的初始,故又称为原初反应。原初反应不受温度影响(见图5-2)。光电转换过程可用下式概括表示:

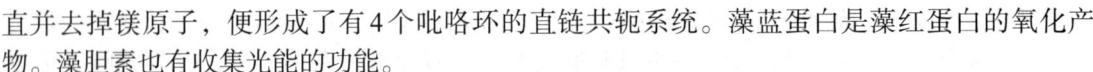

$$D \cdot P \cdot A \xrightarrow{h\nu} D \cdot P^* \cdot A \longrightarrow D \cdot P^* \cdot A \longrightarrow D^+ \cdot P \cdot A^-$$

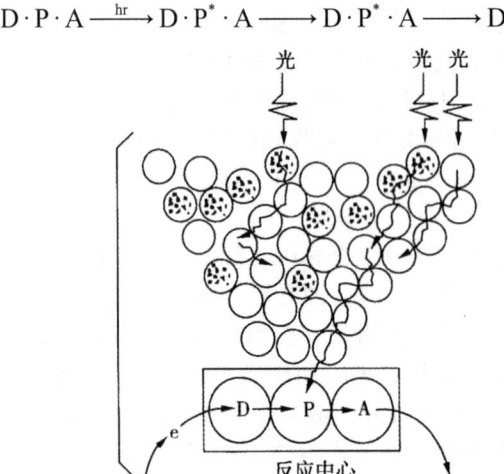

D为中心色素最初电子供体;A为中心色素最初电子受体
图5-2 光系统图解

5.3.2 电子传递与光合磷酸化

据至今科学研究的内容归纳,植物进行电子传递和光合磷酸化的类型主要有如下三种。

(1)非循环式电子传递和非循环式光合磷酸化。这种类型是高等绿色植物光能吸收转化的主(要方式(见图5-3)。方框代表3组色素蛋白复合体:光系统Ⅰ(PSⅠ)蛋白复合体、光系统Ⅱ(PSⅡ)蛋白复合体及细胞色素b6/f蛋白复合体,它们是串联在一起的。光系统Ⅰ(PSⅠ)与光系统Ⅱ(PSⅡ)各自有它们的反应中心和辅助色素。P_{680}和P_{700}分别是PSⅡ和PS

Ⅰ的中心色素，它们对光的吸收高峰分别为680 nm和700 nm。图5-3中，Z为PSⅡ的最初电子供体，成分不清；Pheo为一种去镁叶绿素，是PSⅡ的最初电子受体；Q_A、Q_B为两种质体醌，分别为单电子和双电子传递体；PQ为氢传递体；Fe-S（铁-硫蛋白）、Cytf、Cytb（细胞色素f和细胞色素b）、PC（质体蓝素）均为电子传递体。其中，PC含铜元素，为PSⅠ的最初电子供体；A_0为一种叶绿素，是PSⅠ的最初电子受体，A_1（叶绿醌）、Fx、FB、FA（铁-硫中心）、Fdx（铁氧蛋白）均为电子传递体。定位在光合膜上，由多个电子传递体组成的电子传递总轨道，称为光合电子传递链，简称光合链。这条开放的电子传递系统组成的光合链的形状像一个横写的英文字母"Z"，故也称Z链。

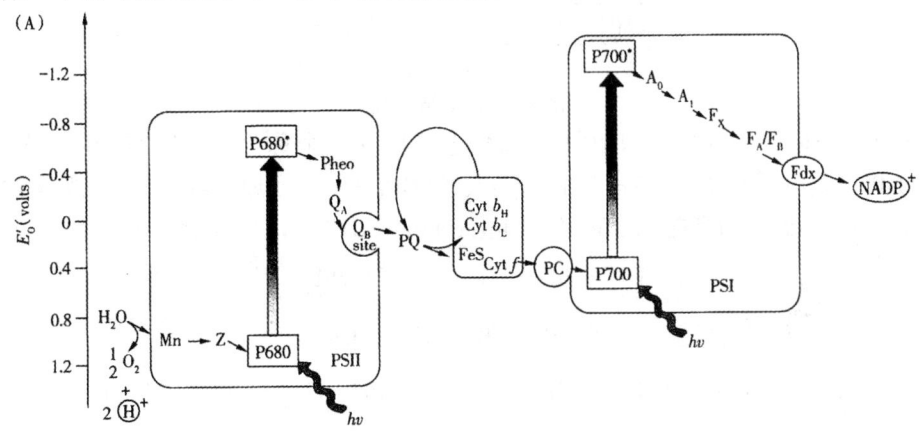

图5-3　非循环电子传递

非循环电子传递可概括为

$$H_2O \rightarrow PSⅡ \rightarrow PQ \rightarrow Cyt\ b/f \rightarrow PC \rightarrow PSⅠ \rightarrow Fd \rightarrow FNR \rightarrow NADP^+$$

水是最终的电子供体，PSⅡ的中心色素P_{680}失去电子后，成为具有夺取电子能力的氧化剂，其氧化还原电位达1.12 V，水的氧化还原电位为0.82 V，足以将水裂解，反应见下式：

$$H_2O \xrightarrow[\text{叶绿素}]{\text{光}} 2H^+ + 2e^- + \frac{1}{2}O_2$$

这一反应也称为水的光解。这里生成的氧气，即是光合作用中放出的氧气，说明光合作用放出的氧来自水。在电子沿光合链传递的过程中，PSⅠ、PSⅡ使电子能量升高，而在经其他电子传递体传递时，会逐步放出能量。利用光所激发的高能电子在传递过程中释放的能量，把腺苷二磷酸（ADP）磷酸化为腺苷三磷酸（ATP）的反应，称为光合磷酸化。反应可用下式表示：

$$\underset{\text{腺苷二磷酸}}{ADP} + \underset{\text{磷酸}}{Pi} \xrightarrow[\text{叶绿素}]{\text{光}} \underset{\text{腺苷三磷酸}}{ATP} + H_2O$$

由于电子传递是非循环式的，耦联着这种传递进行的磷酸化称为非循环式光合磷酸化。形成的腺苷三磷酸（ATP）是一种不稳定的高能化合物（在pH值为7、25 ℃、1 mol/L的生化标准条件下水解时，可释放出大于20.92 kJ自由能的化合物），由一分子腺嘌呤、一分子核糖和三分子磷酸组成，其结构式如图5-4所示。腺苷三磷酸第二、三个磷酸键在水解时能放出较多的能量（每摩尔放出30.5 kJ，而一般磷酸键为4~15 kJ），故称为高能磷酸键。高能键一般用"～"表示，ATP既是生物体内的贮能物质，也是供能物质，是植物和其他生物生命活动可直接利用的最主要的能量载体。目前，医药上可用离体叶绿体在照光条件下合成ATP，用于体弱的病患者。

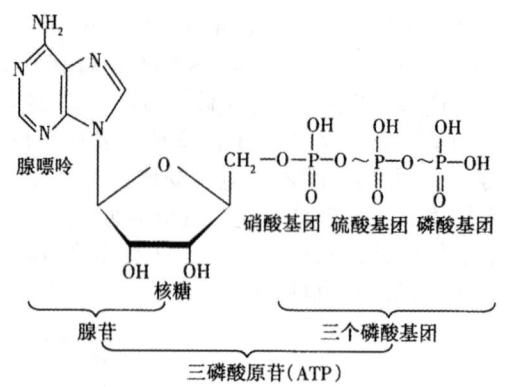

图 5-4　ATP 结构式

电子和质子最终的受体是 NADP⁺（氧化态辅酶Ⅱ，全称为烟酰胺腺嘌呤二核苷酸磷酸），NADP⁺ 接受电子和质子（2H⁺）后，形成 NADPH+H⁺（还原态辅酶Ⅱ），既是较强的还原剂，也是一种不稳定的高能化合物（每氧化 1 mol NADPH+H⁺ 可放能 220 kJ）：

$$\underset{\text{氧化态辅酶Ⅱ}}{NADP^+} + 2e^- + 2H^+ \longrightarrow \underset{\text{还原态辅酶Ⅱ}}{NADPH + H^+}$$

非循环式电子传递和非循环式光合磷酸化可用下式概括：

$$2NADP^+ + 2H_2O + 3ADP + 3Pi \xrightarrow[\text{叶绿素}]{\text{光}} 2(NADPH + H^+) + 3ATP + 3H_2O + O_2$$

（2）循环式电子传递和循环式光合磷酸化。通常指 PSⅠ中电子由 Fd 经 PQ、Cyt b6/f、PC 等传递体返回到 PSⅠ而构成的循环式电子传递途径，即

$$PSⅠ \rightarrow Fd \rightarrow PQ \rightarrow Cyt\ b/f \rightarrow PC \rightarrow PSⅠ$$

循环式电子传递只有 PSⅠ参加，不发生 H_2O 的氧化，无 O_2 产生，也不形成 NADPH 和 H⁺，只进行循环式光合磷酸化，形成 ATP。这条途径起补充 ATP 的作用。

（3）假非循环式电子传递和假非循环式光合磷酸化。这条途径类似于非循环式电子传递和非循环式光合磷酸化，伴有 H_2O 的光解，放出 O_2，也产生 ATP。但电子最终不是传递给 NADP⁺，而是传递给 O_2，形成活性氧，即

$$H_2O \rightarrow PSⅡ \rightarrow PQ \rightarrow Cyt\ b/f \rightarrow PC \rightarrow PSⅠ \rightarrow Fd \rightarrow FNR \rightarrow O_2$$

当光过强时，因 NADP⁺ 不足，会促进这一途径的发生，电子只能传递给 O_2。伴随着这条途径所进行的磷酸化，称为假非循环式光合磷酸化，形成的带电子的氧气称为活性氧，又称为超氧化物阴离子自由基，能破坏细胞结构，加速植物的衰老。植物体内通常会产生一些消除超阴离子的物质，如超氧化物歧化酶 SOD 等。

综上所述，光合作用的光反应阶段是光能转变为电能、电能又转化为活跃化学能的过程，在这一过程中产生的 ATP 和 NADPH、H⁺ 是暗反应中同化 CO_2 时能量和氢的来源，故又把这两种物质合称为"同化力"。

5.3.3　碳同化作用

1. 自动催化调节作用

CO_2 的同化速率，在很大程度上取决于 C_3 途径的运转状况和中间产物的数量水平。将暗

适应的叶片移至光下，最初阶段光合速率很低，需要经过一个"滞后期"（一般超过20 min，取决于暗适应时间的长短）才能达到光合速率的"稳态"阶段。其原因之一是暗中叶绿体基质中的光合中间产物（尤其是RuBP）的含量低。在C_3途径中存在一种自动调节RuBP水平的机制，即在RuBP含量低时，最初同化CO_2形成的磷酸丙糖不输出循环，而用于RuBP再生，以加快CO_2固定速率；当循环达到"稳态"后，磷酸丙糖才输出。这种调节RuBP等中间产物数量，使CO_2的同化速率处于某一"稳态"的机制，称为C_3途径的自动催化调节。

2. 光调节作用

碳同化亦称为暗反应。然而，光除了通过光反应提供同化力外，还调节着暗反应的一些酶活性。例如Rubisco、PGAK、FBPase、SBPase、Ru5PK属于光调节酶。在光反应中，H^+被从叶绿体基质中转移到类囊体腔中，同时交换出Mg^{2+}。这样基质中的pH值从7增加到8以上，Mg^{2+}的浓度也升高，而Rubisco在pH值为8时活性最高，对CO_2亲和力也高。其他的一些酶，如FBPase、Ru5PK等的活性在pH值为8时比pH值为7时高。在暗中，pH值≤7.2时，这些酶活性降低，甚至丧失。Rubisco活性部位中的一个赖氨酸的ε-NH_2基在pH值较高时不带电荷，可以与在光下由Rubisco活化酶（activase）催化，与CO_2形成带负电荷的氨基酸，后者再与Mg^{2+}结合，生成酶-CO_2-Mg^{2+}活性复合体（ECM），酶即被激活。光还通过还原态Fd产生效应物——硫氧还蛋白（Td）又使FBPase和Ru5PK的相邻半胱氨酸上的巯基处于还原状态，酶被激活；在暗中，巯基则氧化形成二硫键，酶失活。

3. 光合产物输出速率的调节

光合作用最初产物磷酸丙糖从叶绿体运到细胞质的数量，受细胞质中Pi水平的调节。磷酸丙糖通过叶绿体膜上的Pi运转器运出叶绿体，同时将细胞质中等量的Pi运入叶绿体。当磷酸丙糖在细胞质中合成为蔗糖时，就释放出Pi。如果蔗糖从细胞质的外运受阻，或利用减慢，则其合成速度降低，Pi的释放也随之减少，会使磷酸丙糖外运受阻。这样，磷酸丙糖在叶绿体中积累，从而影响C_3光合碳还原循环的正常运转。

5.4 光呼吸

5.4.1 光呼吸的生化历程

光呼吸也是生物氧化过程，其被氧化的底物是乙醇酸。乙醇酸来自RuBP的氧化，催化此反应的酶是RuBP加氧酶。现已知RuBP羧化酶和RuBP加氧酶是同一种酶。该酶具有双重催化功能，既能催化加氧反应，又能催化羧化反应，其全称为RuBP羧化酶/加氧酶，其催化的方向取决于CO_2和O_2的相对浓度。当O_2浓度低、CO_2浓度高时，催化羧化反应，生成2分子PCA，进入C_3途径；当O_2浓度高、CO_2浓度低时，催化加氧反应，生成1分子PGA和1分子的磷酸乙醇酸，后者在磷酸乙醇酸酶的作用下，脱去磷酸形成乙醇酸。

光呼吸的过程是由叶绿体、过氧化体和线粒体3种细胞器协同作用完成的，是一个循环过程。光呼吸代谢途径实际上是乙醇酸的循环氧化过程，又称为C_2光呼吸碳氧化循环（PCO循环），简称C_2循环（见图5-5）。

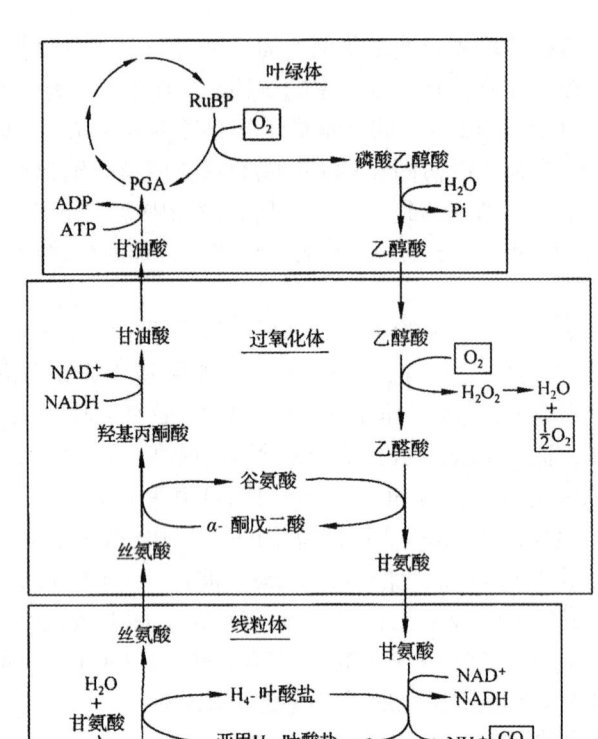

图 5-5 光呼吸代谢途经（整个途经在3种细胞器中合作进行）

在叶绿体中形成的乙醇酸转运到过氧化体中，由乙醇酸氧化酶催化，乙醇酸被氧化为乙醛酸，同时形成 H_2O_2，H_2O_2 在过氧化氢酶催化下形成 H_2O 和 O_2。乙醛酸经转氨作用形成甘氨酸，进入线粒体。在线粒体中2分子甘氨酸通过氧化脱羧和转甲基作用形成1分子丝氨酸，此反应产生 NADH 和 NH_3 并释放出 CO_2。丝氨酸转回到过氧化物体并与乙醛酸进行转氨基作用，形成羟基丙酮酸。羟基丙酮酸在甘油酸脱氢酶的作用下，消耗 NADH 还原为甘油酸。甘油酸从过氧化体转运回叶绿体，在甘油酸激酶的作用下，消耗1分子 ATP 形成 PGA，进入 C_3 途径。在光呼吸循环过程中，2分子的乙醇酸循环一次释放1分子的 CO_2。O_2 的吸收一是叶绿体中的 Rubisco 加氧反应，二是过氧化体中的乙醇酸氧化反应。脱羧反应（CO_2 的释放）则在线粒体中进行，2个甘氨酸形成1个丝氨酸时脱下1分子 CO_2。

从 RuBP 到 PGA 的反应总方程式为

$RuBP + 15O_2 + 11H_2O + 34ATP + 15NADPH + 10Fd_{red} \rightarrow 5CO_2 + 34ADP + 36Pi + 15NADP^+ + 10Fd_{ox} + 9H^+$

5.4.2 光呼吸的生理功能

从光呼吸的生化途径可以看出，光呼吸过程将光合固定的碳素转变为 CO_2 释放掉，同时也间接和直接地浪费了同化力 ATP 和 NADPH。据估计，在正常大气条件下，C_3 植物通过光呼吸要损失光合作用所固定碳素的20%～40%。但许多研究结果认为，光呼吸具有下述生理意义。

1. 防止强光对光合器官的破坏

在强光照条件下,光反应过程中形成的同化力超过了光合CO_2同化的需要,叶绿体内ATP和NADPH过剩,$NADP^+$不足,由光能激发的电子会传递给O_2,形成超氧阴离子自由基O_2^-,O_2^-对光合机构特别是光合膜系统有破坏作用。通过光呼吸作用消耗强光下产生的过多ATP和NADPH,从而对光合机构起保护作用。

2. 消除乙醇酸的毒害

由于Rubisco具有催化羧化和加氧的双重特性,乙醇酸的产生是不可避免的。乙醇酸的积累会对细胞产生伤害作用,通过光呼吸消耗掉乙醇酸使细胞免受伤害。

3. 维持C_3途径的运转

当气孔关闭或外界CO_2供应不足时,光呼吸放出的CO_2可供C_3途径利用,以维持C_3途径的低水平运转。

4. 参与氮代谢

光呼吸代谢中涉及甘氨酸、丝氨酸和谷氨酸等的形成和转化,由此推测它可能是绿色细胞氮代谢的一个部分,或是一种氨基酸合成的补充途径。

5.5 影响光合作用的因素

5.5.1 内部因素

1. 植物品种和砧木

在同样条件下,不同植物光合速率不一样,这是由其遗传特性决定的。一般情况下,树木光合速率低于农作物,针叶树低于阔叶树,常绿树低于落叶树,C_3植物低于C_4植物。

同种植物不同品种间光合速率也不同。如苹果短枝品种高于普通品种10%~20%,农作物杂交种,光合速率明显较高。

用不同砧木嫁接的植物光合速率也不同,短化砧木可提高光合速率。

生产上应培育、选用良种、良砧。

2. 叶片

新长出的嫩叶,光合速率很低。其主要原因有:①叶组织发育未健全,气孔尚未完全形成或开度小,细胞间隙小,叶肉细胞与外界气体交换速率低;②叶绿体小,片层结构不发达,光合色素含量低,捕光能力弱;③光合酶,尤其是Rubisco的含量与活性低;④幼叶的呼吸作用旺盛,因而使表观光合速率降低。一般情况下,光合速率随叶龄增长出现"低—高—低"的规律,呈单峰曲线变化。

叶片质量是决定叶片光合能力的重要因素。它包括叶绿素含量、叶片的厚度、栅栏组织与海绵组织的比例、比叶重(SLW)等,如果这几项数值相对较高,则光合速率较高。比叶重是指单位面积叶片的重量,在适当的范围内,一般与光合速率呈正相关关系。

3. 光合产物的输出

光合速率也受供需关系调节,需求量大时,则促进叶片光合速率。实验证明当去掉一部分花果时,其附近功能叶中由于光合产物的积累,对光合速率进行反馈抑制,叶片光合速率下降;反之,去掉部分叶片,剩余叶片光合产物输出增多,会提高叶片的光合速率。

5.5.2 外部因素

1. 光照

光合作用过程是贮存光能过程，所以光照是影响光合作用的关键因素。

光照强度为单位时间内辐射到单位面积上的光量子数，即光量子通量密度，单位为：$\mu mol/m^2 \cdot s$。生产上常用单位为勒克斯（lx），可用照度计直接测出。勒克斯与光量子通量密度之间能量换算比较复杂，如太阳光为 100 lx ≈1.9 $\mu mol/m^2 \cdot s$，而 400 瓦的高压汞灯为 158 lx ≈1.37 $\mu mol/m^2 \cdot s$。夏季太阳光最强时可达 10 万 lx，阴天时可达 1 万～2 万 lx。

①光的补偿点和饱和点。光的补偿点是指光合作用吸收二氧化碳量与呼吸作用释放的二氧化碳量相等时的光照强度。此时净光合速率为零。光强超过光补偿点后，随光照增强，光合速率逐渐升高，植物体内积累干物质。但达到一定值后，再增加光照强度，光合速率不再增加，此即光饱和现象。达到光饱和现象时的光照强度，称光饱和点（见图 5-6）。

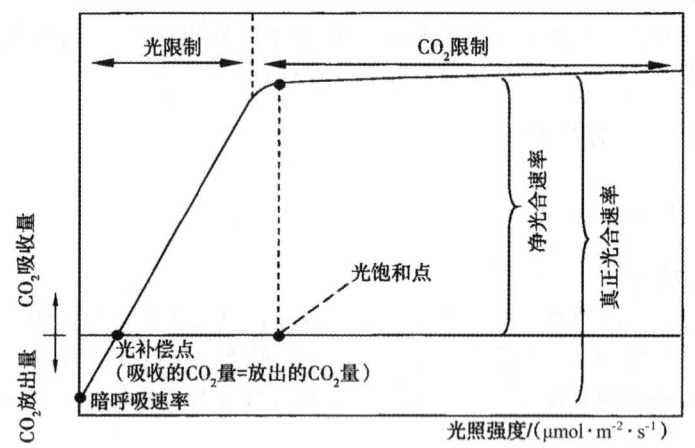

图 5-6　光的补偿点和饱和点

各类植物光饱和点不尽相同。水稻小麦等 C_3 植物，光饱和点为 3 万-8 万 lx。C_4 植物的光饱和点一般比 C_3 植物高，有的 C_4 植物在自然光强下甚至测不到光饱和点（如玉米）。作物群体的光饱和点较单叶为高，因为光照度增加时，群体的上层叶片虽已饱和，但下层叶片的光合速率仍随光照度的增加而提高，所以群体的总光合速率还在上升。

光饱和点在 2 万～5 万 lx 及以上的植物，属于阳生植物；光饱和点在 1 万～2 万 lx 及以下的植物，属于阴生植物。几种植物光的补偿点和饱和点见表 5-1。

表 5-1　部分植物的光补偿点和光饱和点

植物	光补偿点/lx	光饱和点/lx
苹果	800～1500	4.2 万～4.8 万
稻、麦	600～700	3 万～5 万
大豆	500	2.5 万
玉米、高粱	1400～8000	10 万
棉花	1000～4000	5 万～8 万

低光补偿点和高光饱和点有利于光合产物的积累,对植物生长有利。植物生长所需的光照强度,必须高于光补偿点。光照强度等于光补偿点时,由于非光合部位及夜晚呼吸消耗,植物体内有机物会亏损,时间一久,将会由于饥饿而腐败死亡,如连续阴雨天,造成大棚黄瓜的"化瓜"现象。生产上可通过降低棚内温度,或人工补充光照来减轻损失。

大田生产上,作物应合理密植,通过合理的群体结构来提高光饱和点;高秆作物如玉米高粱等,下部的老叶常处于光补偿点以下,应及时褪除。果树、蔬菜等应及时整形、修剪,提高叶片见光率。

②光饱和现象产生的原因。出现光饱和现象,主要有三方面的原因:一是环境中CO_2浓度低,原料不足;二是环境温度低,酶活性低,影响暗反应的速率;三是光抑制引起。当光合机构接受的光能超过它所能利用的量时,光的加强不但不能升高光合速率,反而会引起光合速率的降低,这个现象称为光合作用的光抑制。炎热中午很多C_3植物、阴生植物会出现较强的光抑制,光抑制产生的原因主要有两个方面:一是高光强引起的高温,使植物萎蔫,呼吸速率升高,净同化率降低;二是高温破坏叶绿体结构,并使叶绿体的酶钝化,甚至使酶活性即光合活性丧失。当强光、高温、干旱等其他环境胁迫同时存在时,光抑制现象尤为严重。大田作物由光抑制降低的产量可达15%以上。植物对光抑制产生的伤害具有一定的修复能力,但持续时间长便难以修复。

大田生产中,应保持作物前期良好的营养生长,增强抗逆性,这是减轻光抑制的前提;此外,加强水分供应,让阳生植物和阴生植物间作,采取设施栽培等措施,可避免或减轻强光下多种胁迫的同时发生。

2. CO_2

CO_2是植物光合作用的原料,环境中CO_2浓度的高低直接影响光合产量。

①CO_2的补偿点和饱和点。光合速率和呼吸速率相等时,即光合吸收的CO_2量和呼吸放出的CO_2相等时的CO_2浓度,称为CO_2补偿点。当环境中CO_2浓度高于CO_2补偿点时,光合速率随CO_2浓度增加而上升,达一定浓度后,光合速率不再增加,这时环境中的CO_2浓度称CO_2饱和点。

植物不同,CO_2补偿点不同。CO_2补偿点低的植物利用CO_2的能力强,C_4植物如玉米、高粱、甘蔗等CO_2补偿点为0~10 μL/L,称为低补偿点植物;C_3植物如小麦、大豆等为30~70 μL/L,为高补偿点植物;多数植物CO_2的饱和点在5万~10万 lx的光照条件下,在800~1800 μL/L 范围内,而大气中只有350 μL/L。所以在较强的光照条件下提高环境中CO_2含量是增产的一条重要途径。

②植物利用CO_2的特点。CO_2饱和现象主要由于CO_2超过饱和点后,导致原生质中毒所致。C_4植物因其本身有浓缩CO_2的C_4途径,在环境CO_2浓度不很高的情况下,可以把维管束中的CO_2浓缩到一个较高的水平,达到较高的光合速率。C_3植物光合速率的提高需要环境中较高的CO_2含量,所以提高CO_2浓度,C_3植物比C_4植物增产明显。

植物光合作用时吸收CO_2量很大,一般作物每天每平方米叶面积要吸收20~30 g的CO_2,即每天每亩40~60 $kgCO_2$。作物要高产,只靠空气中CO_2浓度或浓度差造成的扩散远远不够,应加大空气流动速率或增施CO_2,生产上要求田间通风良好,主要原因之一就是为加大空气流速,充分利用空气中的CO_2。

3. **温度**

CO_2同化过程中,一系列复杂的生化反应是有酶催化进行的,必然受到温度的影响,有最低温度、最适温度和最高温度,称为光合作用的温度三基点。在最高、最低温度时,植物不能进行光合作用,在最适温度时植物光合速率最高(见表5-2)。大多数温带C_3植物进行光合作用的温度范围为10~35 ℃,最低温度为0~2 ℃(热带植物为5~7 ℃),在35 ℃左右光合作用开始下降,40~50 ℃即停止;C_4植物温度三基点相应比C_3植物都高。

表5-2 在自然CO_2浓度和光饱和条件下,不同植物光合作用的温度三基点

植物类型		最低温度/℃	最适温度/℃	最高温度/℃
草本植物	热带C_4植物	5~7	35~45	50~60
	C_3植物	-2~0	20~30	40~50
	阳生植物(温带)	-2~0	20~30	40~50
	阴生植物	-2~0	10~20	约为40
	CAM植物(夜间固定CO_2)	-2~0	5~15	25~30
	春季开花植物和高山植物	-7~-2	10~20	30~40
木本植物	热带和亚热带常绿阔叶乔木	0~5	25~30	45~55
	干旱地区硬叶乔木和灌木	-5~-1	15~35	42~55
	温带冬季落叶乔木	-3~-1	15~25	40~45
	常绿针叶乔木	-5~-3	10~25	35~42

光强温度、CO_2浓度不同,对光合作用的影响是不同的。只有在光强、CO_2浓度较高时,提高温度才能促进光合速率,否则提高温度只增强了呼吸作用,对植物生长不利。因此,温室栽培植物,晴天光强时应保持最适温度,而阴天应适当降温。

4. 水分

水也是光合作用的原料。但光合作用所需的水只占植物吸水量的1%左右,水大部分用于植物的蒸腾作用。因此,水对植物光合作用的影响是间接的。缺水对植物光合作用的影响主要表现为:植物出现萎蔫现象,萎蔫使气孔变小甚至关闭,影响CO_2进入叶内,也减少了光合面积;使光合产物输出减慢,因产物要溶于水中才能运输,并且缺水会促进细胞中淀粉水解为可溶性糖,这些物质的积累,对光合作用产生反馈抑制。小麦在萎蔫状态下,光合作用只有正常植株的35%~40%。因此,生产上要注意合理灌溉,保证光合作用对水分的合理需求。

5. 矿质元素

矿质元素直接或间接地影响光合作用。N、Mg是叶绿素的组成成分,N、P、S是蛋白质和叶绿体膜的成分;Fe、Cu、Mn、Zn是叶绿素分子形成过程中酶的辅基或活化剂;Fe、S、Mn、Cl、Cu、P、N参与水的光解及构成光合链中电子传递体的核心成分;P参与形成的ATP和NADPH,是CO_2同化的能量;K、Cl可调节细胞的水势,对气孔开闭具有调节作用;B、K、P等能促进叶片光合产物的合成、转化和运输,缺乏这些矿质营养,都会对光合作用产生直接和间接的影响。因此在农业生产中要合理施肥,才能保证光合作用的顺利进行。

6. 光合作用的日变化

植物在一天中,随着光照温度等有规律的变化,光合强度也会发生有规律的变化。在春、秋季节无云的晴天,光合速率从清晨开始随光照强度的增强而逐渐升高,中午前后达到

高峰，下午以后逐渐降低，到日落停止，光合速率是一条单峰曲线；而在炎夏，光合速率是一条双峰曲线，一个高峰在上午，一个高峰在下午。光合速率在中午前后反而出现下降的现象，称为"午休"现象（见图5-7）。在天气阴晴多变时，由于光照强度不规则的变化，光合作用则相应地出现时高时低的现象。

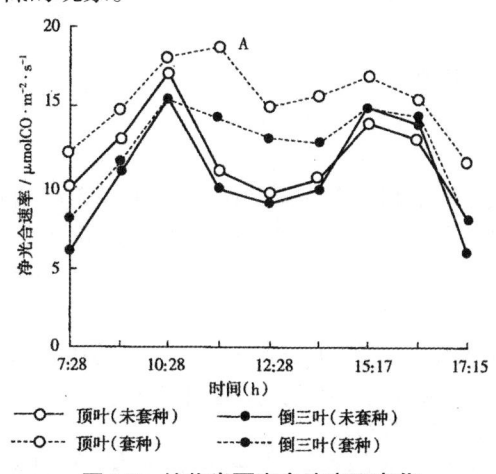

图5-7　植物炎夏光合速率日变化

（引自：郑炳松等《对美味猕猴桃光合日变化的初步研究》）

总之，生产上要注意科学分析，找出影响光合作用的限制因素，及时采取有效措施加以调控，保证光合作用顺利、高效地进行。

5.6　植物对光能的利用

5.6.1　作物光能利用率

作物产量的形成主要是通过光合作用。据估计，植物干物质有90%～95%是直接来自光合作用，只有5%～10%来自根系吸收的矿质。因此，如何使植物最大限度地利用太阳辐射能，制造更多的光合产物，是光合作用研究和农业生产的一个重大课题。

1. 光能利用率的概念

通常把单位地面上植物光合作用积累的有机物所含的能量占同一时间、同一地面上入射的日光能量的百分率称为光能利用率（Eu）。

每同化1 mol CO_2需8～12 mol 光量子，贮藏于糖类中的化学能量是478 kJ。不同波长的光，每个摩尔光量子所具的能量不同，波长400～700 nm光量子所持的能量平均为217 kJ·mol^{-1}。以同化1 mol CO_2需要10 mol量子计算，光量子的能量为2170 kJ。这样其光能利用率为22%。若考虑到在全日光中光合有效辐射约占45%，则最大光能利用率约为全日光的10%。如果再把呼吸作用消耗的同化产物除去，那么量子需要量还将增大，光能利用率更低，一般最高为5%。

但实际上，作物光能利用率很低，即便高产田也只有1%～2%，而一般低产田块的年光能利用率只有0.5%左右。现以年产量为15 t·hm^{-2}的吨粮田为例，计算其光能利用率。已知长江中下游地区年太阳辐射能为5.0×100 kJ·hm^{-2}，假定经济系数（经济产量与生物产量之比）为0.5，那么每公顷生物产量为30 t（3×10^7 g，忽略含水率），按碳水化合物含能量的平

均值17.2kJ·g⁻¹计算，光能利用率为

$$光能利用率(\%) = \frac{3 \times 10^7 \text{g} \times 17.2 \text{kg} \cdot \text{g}^{-1}}{5.0 \times 10^{10} \text{kJ}} \times 100\% \approx 1.03\%$$

按上述方法计算，光能利用率只有1%左右。在长江中下游地区，如果光能利用率达到4%，每公顷土地年产粮食可达58 t。

2. 光能利用率低的主要原因

目前生产上作物光能利用率低的主要原因如下。

（1）漏光损失

在作物生长初期，植株小，叶面积系数小，日光的大部分直射于地面而损失掉。据估计，水稻、小麦等作物漏光损失的光能可达50%以上，如果前茬作物收割后不能马上播种，漏光损失将更大。

（2）光饱和浪费

夏季太阳有效辐射可达1800～2000 μmol·m⁻²·s⁻¹，但大多数植物的光饱和点为540～900 μmol·m⁻²·s⁻¹，有50%～70%的太阳辐射能被浪费掉。

（3）环境条件不适及栽培管理不当

在作物生长期间，经常会遇到不适于生长发育和光合作用进行的环境条件，如干旱、水涝、高温、低温、强光、盐渍、缺肥、病虫及草害等，这些都会导致作物光能利用率的下降。

5.6.2　光合作用与作物产量的关系

1. 作物生产力的理论估算

作物产量可分为生物产量和经济产量两种。生物产量是指作物的全部干物质，相当于作物一生中通过光合作用生产的全部产物减去作物一生中所消耗的有机物（主要是通过呼吸作用）。经济产量是指作物中的收获部分（如籽粒、块茎等）的重量。经济产量与生物产量的比值称为经济系数，生物产量×经济系数=经济产量。各种作物的经济系数相差很大，一般禾谷类为0.3～0.4，薯类为0.7～0.85，棉花为0.2～0.5，烟草为0.6～0.7，大豆为0.2，叶菜类有的可接近于1。

若到达叶面的太阳辐射为900 J·m⁻²·s⁻¹，则其中转变为化学能的能量为45 J·m⁻²·s⁻¹（162 kJ·m⁻²·h⁻¹）。按植物1 g有机干物质中含能量17 kJ计算，162 kJ相当于9.5 g干物质所含的能量，即1 m²土地上的叶片1 h可净制造9.5 g干物质。在此基础上，从理论上可估计作物可能达到的最高产量。设每天按光能利用率进行6 h光合作用，生长期为30 d，则生物产量为

$$9.5 \times 6 \times 30 = 1710 (\text{g} \cdot \text{m}^{-2}) = 17100 \text{ kg} \cdot \text{hm}^{-2}$$

以水稻为例，从抽穗到成熟大约30 d，这期间的光合产物基本上都运进籽粒（即经济系数为1）。那么其最高经济产量约为16.5 t·hm⁻²，（若含水量为12%，则产量约为19.5 t·hm⁻²），这是一季作物可能的最高生产力。当然，这种计算是很粗糙的，光辐射能、光能利用率、光合时间等都是粗略的估计值。而实际产量较低，即使达到7.5 t·hm⁻²，其光能利用率也只是1.9%左右，所以增产潜力还是很大。

2. 提高作物光能利用率的途径

要提高作物光能利用率，主要是通过延长光合时间、增加光合面积和提高光合效率等途径。

(1) 延长光合时间

延长光合时间可通过提高复种指数、延长生育期及补充人工光照等措施来实现。

①提高复种指数。复种指数就是全年内农作物的收获面积与耕地面积之比。通过轮、间、套种等措施，可增加农作物收获面积，缩短田地空闲时间，减少漏光损失，更好地利用光能。

②延长生育期。大田作物可根据当地气象条件选用生长期较长的中晚熟品种，采取适时早播、地膜覆盖等措施。蔬菜或瓜类作物，可采用温室育苗，适时早栽，或者利用塑料大棚。在田间管理过程中，尤其要防止生长后期的叶片早衰，最大限度地延长生育期。

③补充人工光照。在小面积的栽培试验和设施栽培中，或在加速繁殖重要植物材料时，可采用生物效应灯或日光灯作为人工光源，以延长光照时间。

(2) 增加光合面积

光合面积即植物的绿色面积（主要是叶面积），常常以叶面积系数（LAI）加以衡量。LAI是指单位土地面积上作物叶面积与土地面积的比值。在一定范围内，叶面积系数越大，光合产物积累越多，最后产量也越高。

然而，叶面积系数并非越大越好。当超过一定限度之后，光合的增加赶不上呼吸的消耗，特别是严重的遮光使下层叶片的光照在光补偿点以下而成为消费器官，净光合速率和干物质积累下降（见图5-8）。上述这个限度就是净光合最大时的叶面积，称为最适叶面积。一般当LAI<2.5时，叶面积与产量成正比；当LAI>2.5时，产量仍可增加，但与叶面积不成正比关系；当LAI>4~5时，产量不再增加。各种作物最适LAI是不同的，如小麦为5，水稻为7，大豆为3.2。同一种作物在不同的生育期，LAI也是在变化的，所以要有一个动态的概念。在作物生长前期促进早发，使LAI迅速增长；中期稳健生长，适当控制LAI增长，像水稻群体结构达到封行不封顶，不披不散，下脚干净利索；到了生育后期，多是作物产量形成期，则要求保持一定的LAI和光合速率，延长叶片功能期，早熟不早衰。作物的最适LAI又与株型有关。直立叶型LAI可以大一些，由于叶面反射出来的光多次折向群体内部，提高光能利用率，也改善株间特别是中下层叶片的光照条件，增加密植程度。

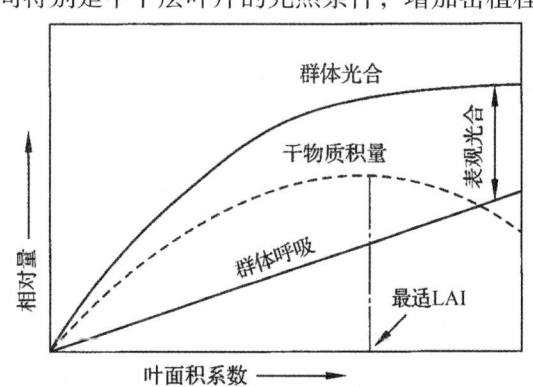

图5-8 LAI与群体光合作用及呼吸作用的关系

通过合理密植、改变株型等措施，可达到最适的光合面积。种植具有株型紧凑、矮秆、叶直而小且厚、分蘖密集等特征的品种可适当增加密度，提高叶面积系数，充分利用光能，能提高作物群体的光能利用率。

（3）提高光合效率

光合效率受作物本身的光合特性和外界光、温、水、气和肥等因素影响。在选育光合效率高的作物品种基础上，创造合理的群体结构，改善作物冠层的光、温、水、气条件，才能提高光合效率和光能利用率。例如，在地面上铺设反光薄膜，增加冠层下部的光强；采用遮光措施，避免强光伤害；通过浇水、施肥调控作物的长势；通过增施有机肥，实行秸秆还田，促进微生物分解有机物释放CO_2等措施，提高冠层内的CO_2浓度。以上措施因能提高光合效率，因而均有可能提高作物的光能利用率。

思考题

1. 简要说明光合作用的意义。
2. 简述叶绿体的结构与功能的关系。
3. 你认为光呼吸的生理功能是什么？
4. 什么叫光能利用率？
5. 光能利率较低的原因有哪些？
6. 光照、CO_2、温度如何影响光合作用？
7. 提高光能利用率的途径有哪些？

第6章 呼吸作用

6.1 呼吸作用的概念及生理意义

6.1.1 呼吸作用的概念

所谓呼吸作用，是指生物体生活细胞内的有机物质，在一系列酶的催化下，逐步氧化降解，同时释放能量的过程。在呼吸过程中，被分解的物质称呼吸基质，如糖、脂肪、蛋白质等，最直接、最重要的呼吸基质是葡萄糖。呼吸过程中产生的中间产物又称呼吸底物，如柠檬酸、α-酮戊二酸等。

根据呼吸过程中是否有氧气参加，可把呼吸作用分为两种类型：有氧呼吸和无氧呼吸。这其中的氧，是指分子氧。植物进行呼吸作用的主要形式是有氧呼吸。但在无氧条件下也能够短时间进行另一类型的呼吸作用——无氧呼吸。

1. 有氧呼吸

有氧呼吸是指生活细胞内的有机质，在氧气的参与下，通过一系列酶催化的反应，被彻底氧化降解成二氧化碳和水，并放出能量的过程。有氧呼吸是高等动、植物进行呼吸作用的主要形式，因此，通常所说的呼吸作用就是指有氧呼吸。其反应式表示如下：

$$\underset{\text{葡萄糖}}{C_6H_{12}O_6} + 6O_2 \xrightarrow{\text{酶}} 6CO_2 + 6H_2O + 2870 \text{ kJ}$$

上式表示：1 mol 葡萄糖经过呼吸作用，被分解为二氧化碳和水，同时放出 2870 kJ 能量。植物呼吸放出的能量，一部分用于体内各种代谢活动，另一部分以热的形式放出，使环境温度升高。所以浸种后种子发芽时，呼吸强烈，耗氧放热多，若堆集过厚，不及时翻动，内部温度高、缺氧，易造成种子的损坏腐烂。

2. 无氧呼吸

无氧呼吸，是指生活细胞在无氧条件下，把有机质分解成为不彻底的氧化产物，同时释放出少量能量的过程。如果微生物（如乳酸菌、酵母菌等）进行无氧呼吸，称为发酵，长时间的无氧呼吸主要发生在微生物中。根据发酵产物不同，主要分为两种类型：酒精发酵和乳酸发酵。其反应式如下：

$$\underset{\text{葡萄糖}}{C_6H_{12}O_6} \xrightarrow{\text{酶}} 2CH_3CH_2OH + 2CO_2 + 226 \text{ kJ} \quad\quad \text{酒精发酵}$$

$$\underset{\text{葡萄糖}}{C_6H_{12}O_6} \xrightarrow{\text{酶}} 2CH_3CHOHCOOH + 2CO_2 + 197 \text{ kJ} \quad\quad \text{乳酸发酵}$$

从上式可以看出，无氧呼吸放出的能量不到有氧呼吸的十分之一，同样多的有机物，进行无氧呼吸时，产生的能量比进行有氧呼吸少得多。

在远古时期，地球的大气中没有氧气，那时的微生物适应在无氧的条件下生活，这些微生物（专性厌氧微生物）体内缺乏氧化酶类，至今仍只能在无氧的条件下生活。随着地球上绿色植物的出现，大气中出现了氧气，于是也出现了体内具有有氧呼吸酶系统的好氧生命。可见，有氧呼吸是在无氧呼吸的基础上发展而成的。尽管现今生物体的呼吸形式主要是有氧呼吸，但仍保留有无氧呼吸的能力。如在水淹的情况下，植物也可以进行短时间的无氧呼吸。苹果储藏久了会有酒味，马铃薯块茎、甜菜块根等器官组织内部进行无氧呼吸时，产生乳酸。人们利用酵母菌发酵制造酒类，利用乳酸菌发酵制造酸菜、奶酪和酸牛奶等生物技术，都是无氧呼吸在生活中的具体应用。

6.1.2 呼吸作用的生理意义

呼吸作用和生命是紧密联系在一起的，呼吸作用在植物生活中的生理意义归纳起来主要为以下三个方面。

1. 为植物的生命活动提供能量

生物体生命活动所需要的能量，最终来源于光合作用合成的有机物中所贮存的太阳能，有机物中贮存的能量要转变为被生命所利用的形式，必须经过呼吸作用来实现。在呼吸作用过程中，有机物被分解，释放出的能量一部分转变为热能散失，另一部分转化为高能化合物分子中活跃的化学能。活跃的化学能是生命可利用的能量形式。其中，ATP（三磷酸腺苷）是最重要的高能化合物，也是最重要的能量载体。当ATP在酶的作用下分解时，便释放出能量，用于植物体的各项生命活动，如细胞分裂、有机物合成和运输、矿质元素的吸收等。

2. 为植物体内重要有机物质的合成提供原料

光合作用产生的有机物质主要是糖类，而构成生命的物质除糖类外，还需要蛋白质、脂类、核酸等有机质。呼吸过程中产生的许多中间产物，可以合成这些物质。例如，有氧呼吸的中间产物磷酸丙糖可以形成甘油，乙酰CoA可合成脂肪酸，二者可合成脂肪；呼吸中间产物丙酮酸、α-酮戊二酸、草酰乙酸等和NH_3可合成各种氨基酸，进而合成蛋白质；磷酸戊糖途径中产生的核酮糖可以合成核酸，核酸是重要的遗传物质。可以说呼吸作用是植物体内物质代谢和能量代谢的中心枢纽。

3. 提高植物的抗逆与抗病能力

植物在生长发育过程中，经常受到恶劣环境及细菌、真菌、病毒等病原微生物的伤害，如果生长健壮，呼吸旺盛就会分解病原微生物及其产生的毒素，同时产生较多的能量，使抗逆与抗病能力大大加强。植物呼吸作用产生的中间产物还可合成抗逆和杀菌物质，加强不良情况下的保护作用，如在严寒、高温等恶劣环境中，产生脱落酸（ABA）、抗性蛋白；在组织器官受到伤害时，合成木质素、木栓质等使伤口愈合；在受到病原微生物侵害时，合成绿原酸咖啡酸、生物碱、醌类等杀灭和抑制病原微生物。在作物育种中，呼吸作用旺盛的品种，抗逆与抗病能力强。

6.2 电子传递与氧化磷酸化

6.2.1 生物氧化的概念

生物氧化是发生在生物体内的氧化还原反应，因而有别于体外的直接氧化。体外燃烧或纯化学的氧化，一般是在高温、高压、强酸、强碱条件下短时间内完成，并伴随着大量能量的急剧释放。而生物氧化则是在生活细胞内、常温、常压、接近中性的pH和有水的环境下，在一系列的酶、辅酶、辅基以及中间传递体的共同作用下逐步完成的，氧化反应分阶段进行，能量也是逐步释放的。生物氧化过程中释放的能量通常被偶联的磷酸化反应所利用，暂时贮存在高能磷酸化合物（如ATP、GTP等）中，以满足需能生理过程的需要。

在EMP-TCA循环中只有CO_2的形成，而未涉及水的产生，绝大部分能量还贮存在NADH和$FADH_2$中，尚未转移到ATP高能磷酸键中，这些过程经呼吸作用的电子传递和氧化磷酸化而实现。

6.2.2 电子传递链

代谢物上的氯原子被脱氢酶激活脱落后，经过一系列的传递体，最后传递给被激活的氧分子而生成水的全部体系称为电子传递链（ETC）或电子传递体系，又称呼吸链。

1. 电子传递链的组成及功能

电子传递链主要由5类电子传递体组成，它们是：烟酰胺脱氢酶类、黄素脱氢酶类、铁硫蛋白类、细胞色素类及辅酶Q（又称泛醌）。它们都是疏水性分子。除脂溶性辅酶Q外，其他组分都是结合蛋白质，通过其辅基的可逆氧化还原传递电子。

（1）烟酰胺脱氢酶类

烟酰胺脱氢酶类以NAD^+和$NADP^+$为辅酶，在代谢中这类酶有200多种。这类酶催化脱氢时，其辅酶NAD^+或$NADP^+$先与酶的活性中心结合，然后再脱下来。它与代谢物脱下的氢结合而还原成NADH或NADPH。当有受氢体存在时，NADH或NADPH上的氢可被脱下而氧化为NAD^+或$NADP^+$。其递氢机制是：当其接受代谢物脱下的一对氢原子时，就由氧化型（NAD^+或$NADP^+$）变为还原型（$NADH+H^+$或$NADPH+H^+$）。这种转移是可逆的。

在糖代谢中，许多底物脱氢是由以NAD^+或NADP为辅酶的脱氢酶催化的，如异柠檬酸脱氢酶、苹果酸脱氢酶、丙酮酸脱氢酶、α-酮戊二酸脱氢酶、乳酸脱氢酶、3-磷酸甘油醛脱氢酶等。

$$NAD^+(NADP^+)+2H \rightleftharpoons NADH(NADPH)+H^+$$

（2）黄素脱氢酶类

黄素脱氢酶类是以FMN或FAD作为辅基。FMIN或FAD与酶蛋白结合是较牢固的。这些酶所催化的反应是将底物脱下的一对氢原子直接传递给FMN或FAD而形成$FMNH_2$或$FADH_2$。其传递氢的机制是FMN或FAD的异咯嗪环上第1位及第10位两个氮原子能反复地进行加氢和脱氢反应，因此FMN、FAD同NAD^+、$NADP^+$的作用一样，也是递氢体。

在电子传递链中的NADH脱氢酶，其辅基是FMN，它催化的反应是将NADH上的电子传递给电子传递链的下一个成员——辅酶Q；在三羧酸循环中，琥珀酸脱氢酶以FAD为辅基；在脂肪酸β-氧化中催化脂肪酸的第一步脱氢的酶——酰基-CoA脱氢酶的辅基也是FAD。另外，二氢硫辛酸脱氢酶以FAD为辅基，该酶是参与丙酮酸形成乙酰-CoA以及α-酮戊二酸脱氢形成琥珀酰-CoA过程中多酶体系的一种酶。

$$NADH+H^++FMN \rightleftharpoons NAD^++FMNH_2$$
$$琥珀酸+FAD \rightleftharpoons 延胡索酸+FADH_2$$

（3）铁硫蛋白类

铁硫蛋白类的分子中含非卟啉铁与对酸不稳定的硫（酸化时放出硫化氢、也除去铁），二者成等量关系，排列成硫桥，然后再与蛋白质中的半胱氨酸连接。因其活性部分含有两个活泼的硫和两个铁原子，故称为铁硫中心，又称作铁硫桥。铁硫中心的铁原子能以氧化态（Fe^{3+}）或还原态（Fe^{2+}）存在。铁硫蛋白在线粒体内膜上与黄素酶或细胞色素形成复合物，它们的功能是以铁价态变化的可逆氧化还原反应传递电子。

铁硫蛋白是单电子传递体，在从NADH到氧的呼吸链中，有多个不同的铁硫中心，有的在NADH脱氢酶中，有的与细胞色素b及细胞色素c有关。另外，铁硫蛋白在叶绿体中也参与光合作用中的电子传递。

（4）辅酶Q类

辅酶Q（CoQ）是一类脂溶性的化合物，因广泛存在于生物界，故又名泛醌（UQ）。其分子中的苯醌结构能可逆地加氢和脱氢，故CoQ也属于递氢体。

（5）细胞色素类

细胞色素（Cyt）是一类以铁卟啉衍生物为辅基的结合蛋白质，因有颜色，所以称为细胞色素。细胞色素的种类较多，已经发现存在于高等动物线粒体电子传递链中的细胞色素有细胞色素b、细胞色素c_1、细胞色素c、细胞色素a和细胞色素a_3。其中细胞色素c为线粒体内膜外侧的外周蛋白，其余的均为内膜的整合蛋白。在典型的线粒体呼吸链中，细胞色素的排列顺序依次是：细胞色素b→细胞色素c_1→细胞色素c→细胞色素aa_3→O_2，其中仅最后一个细胞色素a_3可被分子氧直接氧化，但现在还不能把细胞色素a和细胞色素a_3分开，故把细胞色素a和细胞色素a_3合称为细胞色素氧化酶，由于它是有氧条件下电子传递链中最末端的载体，故又称末端氧化酶。在aa_3分子中除铁卟啉外，尚含有两个铜原子，依靠其化合价的变化，把电子从a_3传到氧，故在细胞色素体系中也呈复合体的排列。

细胞色素aa_3的正常功能是与氧结合，但当有CO、CN^-和N_3^-存在时，它们就和O_2竞争，所以这些物质是有毒的。其中CN^-与氧化态的细胞色素aa_3有高度的亲和力，因此对需氧生物的毒性极高。

2. 电子传递链的传递顺序

电子传递链（呼吸链）中氢和电子的传递有着严格的顺序和方向。这些顺序和方向，是根据各种电子传递体标准氧化还原电位（E_0）的数值测定的（标准氧化还原电位在pH值为7.0的生物系统中用E_0'表示），并利用某种特异的抑制剂切断其中的电子流后，再测定电子传递链中各组分的氧化还原状态，以及在体外将电子传递体重新组成呼吸链等实验而得到的结论。

电子传递链各组分在链中的位置、排列次序与其得失电子趋势的大小有关。电子总是从对电子亲和力小的低氧化还原电位流向对电子亲和力大的高氧化还原电位。氧化还原电位E_0的数值越低，即失电子的倾向越大，越易成为还原剂，处在呼吸链的前面。因此，电子传递链中的传递体的排列顺序和方向是按各组分的E_0由小到大依次排列的（见表6-1）。

表6-1 电子传递链中的传递体的排列顺序和方向

电子传递	NADH→	FMN→	CoQ→	Cytb→	Cytc1→	Cytc→	Cytaa3→	O_2
$E_0(V)$	−0.32	−0.3	+0.1	+0.07	+0.32	+0.25	+0.29	+0.82

应该说明的是，氧化还原电位值与电子传递链组分排列顺序有时不完全一致。如上所述，按E_0数值，Cytb应在CoQ之前，但实验测定结果证明有时Cytb在CoQ之后。

在具有线粒体的生物中，典型的呼吸链有两条，即NADH呼吸链和FADH呼吸链。这是根据接受代谢物上脱下的氢的初始受体不同区分的。

（1）NADH呼吸链

NADH呼吸链应用最广，糖、蛋白质、脂肪分解代谢中的脱氢氧化反应，绝大部分是通过NADH呼吸链完成。中间代谢物上的两个氢原子经以NAD^+为辅酶的脱氢酶作用，使NAD还原成为$NADH+H^+$，再经过NADH脱氢酶（以FMN为辅基）、辅酶Q、铁硫蛋白、细胞色素b、细胞色素c_1、细胞色素c、细胞色素aa_3到分子O_2。一对高势能电子通过NADH呼吸链传递到分子O_2产生2.5个ATP。

（2）FADH呼吸链

有些代谢中间物的氢原子是由以FAD为辅基的脱氢酶脱氢，即底物脱下氢的初始受体是FAD。如酯酰-CoA脱氢酶、琥珀酸脱氢酶，脱下的氢通过FAD之后进入呼吸链，所以FADH呼吸链又称为琥珀酸氧化呼吸链。代谢物脱下的一对氢原子经该呼吸链氧化放出的能量可生成1.5分子ATP。

上述两条呼吸链中，在CoQ之前是传递氢的，在CoQ之后是传递电子，而氢以H^+质子形式进入介质中（见图6-1）。

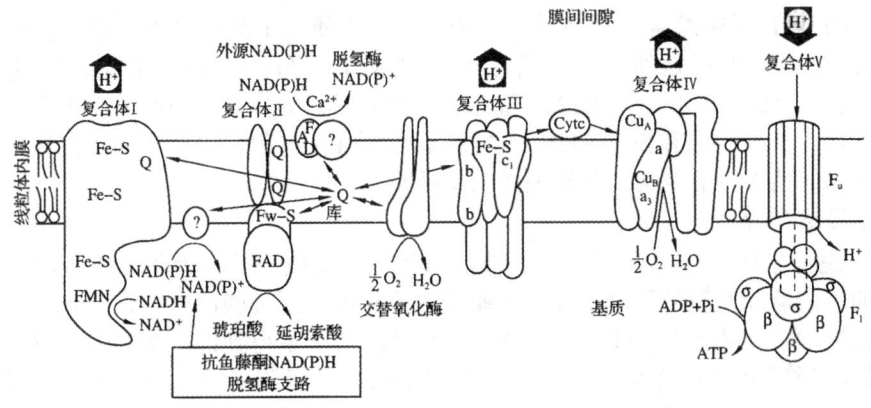

图6-1　电子传递链示意图

（3）α-磷酸甘油穿梭

该穿梭机制主要在脑及骨骼肌中，它是借助于α-磷酸甘油与磷酸二羟丙酮之间的氧化还原转移还原当量，使线粒体外来自NADH的还原当量进入线粒体的呼吸链氧化。

当胞液中NADH浓度升高时，胞液中的磷酸二羟丙酮首先被NADH还原成α-磷酸甘油（3-磷酸甘油），反应由甘油磷酸脱氢酶（辅酶为NAD^+）催化，生成的α-磷酸甘油可再经位于线粒体内膜近外侧部的甘油磷酸脱氢酶催化氧化生成磷酸二羟丙酮。

线粒体与胞液中的甘油磷酸脱氢酶为同工酶，两者不同在于线粒体内的酶是以FAD为辅基的脱氢酶，而不是NAD^+，FAD所接受的质子、电子可直接经泛醌、复合体Ⅲ、Ⅳ传递到氧，这样线粒体外的还原当量就被转运到线粒体氧化了，但通过这种穿梭机制只能生成1.5分子ATP而不是2.5分子ATP。

（4）苹果酸穿梭

苹果酸穿梭系统又称苹果酸-草酰乙酸穿梭系统，胞质中含有苹果酸脱氢酶，可催化草酰乙酸还原为苹果酸，后者可以进入线粒体基质。线粒体基质内则有另一种苹果酸脱氢酶，可催化进入的苹果酸脱氢形成草酰乙酸和NADH+H⁺，于是胞质内的NADH+H⁺上的H便间接地被转运进入线粒体基质中。草酰乙酸则通过基质和胞质均含有的谷-草转氨酶的作用，从基质返回胞质中。每1分子NADH进入线粒体内膜的呼吸链氧化可产生2.5分子ATP。在心脏、肝、肾等细胞中，胞质中的NADH+H⁺属于此种穿梭。

6.2.3 氧化磷酸化作用

氧化磷酸化作用的机理，即电子流的能转变为ATP的化学能的能量转换机理，至今尚无定论。目前存在如下三种学说。

1. 化学偶联假说

假定在电子传递过程中先形成一种高能的中间化合物，然后通过这种高能中间化合物形成ATP。但至今尚未从线粒体中分离出这种高能中间化合物。

2. 构象偶联假说

认为电子传递所释放出的能量贮存在由电子流造成的一种蛋白质构象变化中，然后在回复原来构象时释出能量，用于ADP的磷酸化。近年来博耶和斯莱特提出了构象学说新模式，认为在电子传递过程中首先使线粒体内膜呈贮能态，进而促进ATP酶变构，在一个活性中心上让ADP与Pi紧密结合，而在另一个活性中心上使ATP结合松弛。能量供应并非用于使ADP与Pi缩合，而仅是使第一个活性中心对ADP与Pi的亲和力增强，使其易于合成ATP，同时第二个活性中心上的ATP亲和力减弱而易于释出。如此酶的活性中心交换接受能量，交换变构，交换合成和释出ATP，以完成氧化磷酸化过程。但质子如何使线粒体内膜呈贮能态，又如何使ATP酶变构，其机理尚未获说明。

3. 化学渗透学说

这个学说是米切尔1966年提出的。他认为呼吸链上电子的传递驱动质子越过线粒体内膜，质子的单向流动使膜的两侧形成一个质子浓度梯度，这种膜内外的化学势差产生一种电势差，可以推动内膜嵴上的ATP酶合成ATP。化学渗透学说得到许多实验的支持，如在呼吸电子链运转时质子梯度的形成，即线粒体膜外侧pH值的下降已为试验所证实。按照化学渗透学说，即使没有呼吸电子链的运转，其他原因造成的质子梯度亦能促使ATP合成。这个学说也能阐明光合磷酸化作用。某些解偶联剂的作用亦可用化学渗透学说来解释，如2,4-二硝基酚能使质子自由透过线粒体内膜，破坏了质子梯度的建立，ATP当然就不能合成。质子的单向转移是化学渗透学说的基础，质子转移与呼吸链运转偶联的机制至今尚不清楚。在这个问题上，可能还要借助于构象偶联假说的一些理论。

6.3 糖的分解代谢途径

6.3.1 糖酵解

糖酵解是葡萄糖经1,6-二磷酸果糖和3-磷酸甘油酸转变为丙酮酸，同时产生ATP的一系列反应。这一过程无论在有氧或无氧的条件下均可进行，是所有生物体进行葡萄糖分解代谢所必须经过的共同阶段。在糖酵解研究中，有3位德国生物化学家Gustav Embden、Otto Meyerhof、Jacob Parnas的贡献最大，因此，糖酵解过程又称为Embden-Meyerhof-Parnas途径（EMP途径）。

1. 糖酵解过程

糖酵解在细胞质中进行。其过程从葡萄糖开始,共包括10步反应,这10个步骤可划分为4个阶段,即己糖的磷酸化、磷酸己糖的裂解、氧化脱氢及ATP和丙酮酸的生成。

(1) 己糖的磷酸化

这一阶段包括3步反应。

①葡萄糖的磷酸化。葡萄糖被ATP磷酸化形成葡萄糖-6-磷酸(G-6-P),即第一个磷酸化反应,这个反应由己糖激酶催化。己糖激酶是从ATP转移磷酸基团到各种六碳糖上去的酶,该酶是糖酵解过程中的第一个调节酶,催化的这个反应是不可逆的。

如果底物是淀粉,则在淀粉磷酸化酶催化下形成葡萄糖-1-磷酸(G-1-P),再由磷酸葡萄糖变位酶催化形成葡萄糖-6-磷酸(G-6-P)。

②6-磷酸果糖的生成。这是磷酸己糖的同分异构化反应,由磷酸葡萄糖异构酶催化6-磷酸葡萄糖异构化为6-磷酸果糖(6-P-F),即醛糖转变为酮糖。

③1,6-二磷酸果糖的生成。6-磷酸果糖被ATP磷酸化为1,6-二磷酸果糖,即第二个磷酸化反应,这个反应由磷酸果糖激酶催化,是糖酵解过程中的第二个不可逆反应。磷酸果糖激酶是一种变构酶,此酶的活力水平严格地控制着糖酵解的速率。

在这一阶段中,通过两次磷酸化反应,消耗2分子ATP,将葡萄糖活化为1,6-二磷酸果糖,为裂解成2分子磷酸丙糖做准备,可称为耗能的糖活化阶段。

(2) 磷酸己糖的裂解

第二阶段反应是1,6-二磷酸果糖裂解为2分子磷酸丙糖以及磷酸丙糖的相互转化,此阶段包括2步反应。

①1,6-二磷酸果糖的裂解。1,6-二磷酸果糖裂解为3-磷酸甘油醛和磷酸二羟丙酮,反应由醛缩酶催化。醛缩酶的名称取自于其逆向反应的性质,即醛醇缩合反应。

②磷酸丙糖的同分异构化磷酸二羟丙酮不能继续进入糖酵解途径,但它可以在磷酸丙糖异构酶的催化下迅速异构化为3-磷酸甘油醛,3-磷酸甘油醛可以直接进入糖酵解的后续反应。所以1分子1,6-二磷酸果糖形成了2分子3-磷酸甘油醛。

(3) 3-磷酸甘油酸和第一个ATP的生成

在第三阶段中,3-磷酸甘油醛氧化脱氢,释放能量,产生第一个ATP分子,包括2步反应。

①1,3-二磷酸甘油酸的生成。在有NAD^+和H_3PO_4时,3-磷酸甘油醛被3-磷酸甘油醛脱氢酶催化,进行氧化脱氢,生成1,3-二磷酸甘油酸。该反应是糖酵解中唯一的一次氧化还原反应,同时又是磷酸化反应。在这步反应中产生了一个高能磷酸化合物,同时NAD^+被还原为NADH。

②3-磷酸甘油酸和第一个ATP的生成。磷酸甘油酸激酶催化1,3-二磷酸甘油酸分子C上高能磷酸基团到ADP上,生成3-磷酸甘油酸和ATP。3-磷酸甘油醛氧化产生的高能中间物将其高能磷酸基团直接转移给ADP生成ATP,这是糖酵解中第一次产生ATP的反应,而且这种ATP的生成方式是底物水平的磷酸化。因为1分子葡萄糖分解为2分子的三碳糖,实际产生2分子ATP,这样就抵消了在第一阶段中葡萄糖的磷酸化所消耗的2分子ATP。

(4) 丙酮酸和第二个ATP的生成

第四阶段包括3个步骤,最后生成丙酮酸和第二分子ATP。

①3-磷酸甘油酸异构化为2-磷酸甘油酸。磷酸甘油酸变位酶催化3-磷酸甘油酸C_3上的磷

酸基团转移到分子内的C_2原子上，生成2-磷酸甘油酸。该反应实际是分子内的重排，磷酸基团位置的移动。

②磷酸烯醇式丙酮酸的生成。在有Mg^{2+}或Mn^{2+}存在的条件下，由烯醇化酶（enolase）催化2-磷酸甘油酸脱去一分子水，生成磷酸烯醇式丙酮酸（PEP）。这一脱水反应，使分子内部能量重新分布，C_2上的磷酸基团转变为高能磷酸基团，因此，磷酸烯醇式丙酮酸是高能磷酸化合物，而且非常不稳定。

③丙酮酸和第二个ATP的生成。在Mg^{2+}或Mn^{2+}的参与下，丙酮酸激酶催化磷酸烯醇式丙酮酸的磷酸基团转移到ADP上，生成烯醇式丙酮酸和ATP。而烯醇式丙酮酸很不稳定，迅速重排形成丙酮酸。这是糖酵解过程中第二次产生能量ATP的反应，这步反应是细胞质中进行糖酵解的第三个不可逆反应。

糖酵解的代谢途经如图6-2所示。

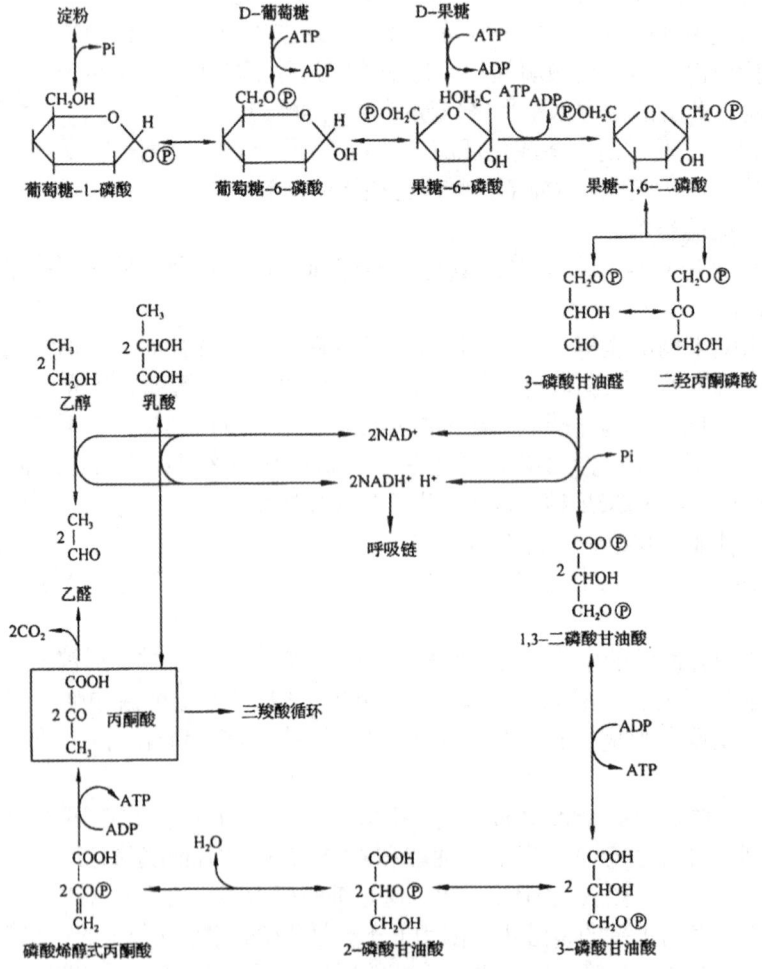

图6-2　糖酵解代谢途经(含乙醇发酵与乳酸发酵)

2. 糖酵解的意义

在糖酵解过程的起始阶段消耗2分子ATP，形成1,6-二磷酸果糖，以后在1,3-二磷酸甘油酸及磷酸烯醇式丙酮酸反应中各生成2分子ATP。因此，糖酵解过程净产生2分子ATP（见表6-2）。

表6-2　糖酵解中ATP的消耗和产生

反应物	产物	酵解1分子葡萄糖的ATP变化
葡萄糖	6-磷酸葡萄糖	−1
6-磷酸果糖	1,6-二磷酸果糖	−1
2×1,3-二磷酸甘油酸	2×3-磷酸甘油酸	+2
2×磷酸烯醇式丙酮酸	2×丙酮酸	+2
		净变化+2

生成的2分子NADH若进入有氧的彻底氧化途径可产生5分子（原核细胞）或3分子ATP（真核细胞）。

糖酵解在生物体中普遍存在，从单细胞生物到高等动植物都存在糖酵解过程。并且在无氧及有氧条件下都能进行，是葡萄糖进行有氧或无氧分解的共同代谢途径。通过糖酵解，生物体获得生命活动所需的部分能量。当生物体在相对缺氧（如高原氧气稀薄）或氧的供应不足（如剧烈运动）时，糖酵解是糖分解的主要形式，也是获得能量的主要方式，但糖酵解只将葡萄糖分解为三碳化合物，释放的能量有限，因此是机体供氧不足或有氧氧化受阻（呼吸、TCA机能障碍）时补充能量的应急措施。

糖酵解途径中形成的许多中间产物，可作为合成其他物质的原料，如磷酸二羟丙酮可转变为甘油，丙酮酸可转变为丙氨酸或乙酰-CoA，后者是脂肪酸合成的原料，这样就使糖酵解与蛋白质代谢及脂肪代谢途径联系起来，实现物质间的相互转化。

糖酵解途径除三步不可逆反应外，其余反应步骤均可逆转。

糖酵解生成的终产物丙酮酸如何进一步分解代谢，取决于氧的有无。在无氧条件下，丙酮酸不能进一步氧化，只能进行乳酸发酵或酒精发酵而生成乳酸或乙醇（见图6-2）。在有氧条件下，丙酮酸先氧化脱羧生成乙酰-CoA，再经三羧酸循环和电子传递链彻底氧化为CO_2和H_2O，并产生大量的ATP。

6.3.2　三羧酸循环

三羧酸循环是指糖酵解产生的丙酮酸，在有氧条件下，经一系列酶的催化，脱羧脱氢彻底氧化分解成二氧化碳并释放能量的过程。该循环在真核生物线粒体的基质中进行（原核生物在细胞质中）。因中间代谢产物包括柠檬酸等3个六碳三羧酸，故称为三羧酸循环（有的文献也称为柠檬酸循环），用简写英文"TCA"表示。该途径在动物、植物、微生物中普遍存在，是糖分解代谢的主要途径，也是蛋白质、脂肪分解代谢的最终途径。该途径主要由著名科学家克雷布斯发现，因此又称为Krbs循环，1953年他因此获得诺贝尔奖，并被誉为"ATP循环之父"。

1. 三羧酸循环过程

三羧酸循环的主要过程如下（见图6-3）：丙酮酸由细胞质穿过线粒体膜至线粒体基质中，在丙酮酸脱氢酶系（该酶系由3种酶和CoA、NAD^+、Mg^+等6种辅助因子构成）催化下脱氢（即产生2H）、脱羧（即放出CO_2），生成1分子乙酰CoA、第1分子CO_2、第1对氢

（NADH+H⁺），反应不可逆，这一步是连接糖酵解与三羧酸循环的中间环节，生成的乙酰CoA（CH₃CO～SCoA）含有高能键，又称"活化乙酸"。其中的CoA（辅酶A）是一种含有维生素泛酸的辅酶，为酰基载体（酰基连接在辅酶A的巯基上）。循环开始时，乙酰CoA与四碳化合物草酰乙酸缩合成六碳三羧基化合物柠檬酸，这一步加入第1分子水；柠檬酸经加水又脱水（净加水为零）异构转换成异柠檬酸；异柠檬酸脱氢脱羧，由6C转化为5C物质，即生成α-酮戊二酸（五碳二羧酸）、第2分子CO_2、第2对氢（NADH+H⁺）；α-酮戊二酸继续脱氢脱羧并和CoA结合（这一步参加催化的酶系与反应步骤①中丙酮酸脱氢酶系相同）生成含高能硫酯键的4C二羧酸物质琥珀酰-CoA以及第3分子CO_2第3对氢（NADH+H⁺），此反应不可逆；琥珀酰-CoA脱去CoA生成琥珀酸，并利用放出的能量，经底物水平磷酸化生成1分子ATP，此反应需加入第2分子水；琥珀酸继续脱氢，脱下的氢被FAD（黄素腺嘌呤二核苷酸，为琥珀酸脱氢酶的辅基）接受，生成延胡索酸第4对氢（FADH₂）；延胡索酸加第3分子水生成苹果酸；苹果酸脱氢，生成草酰乙酸、第5对氢（NADH+H⁺）。此后草酰乙酸又可和乙酰CoA结合，开始第二次循环。

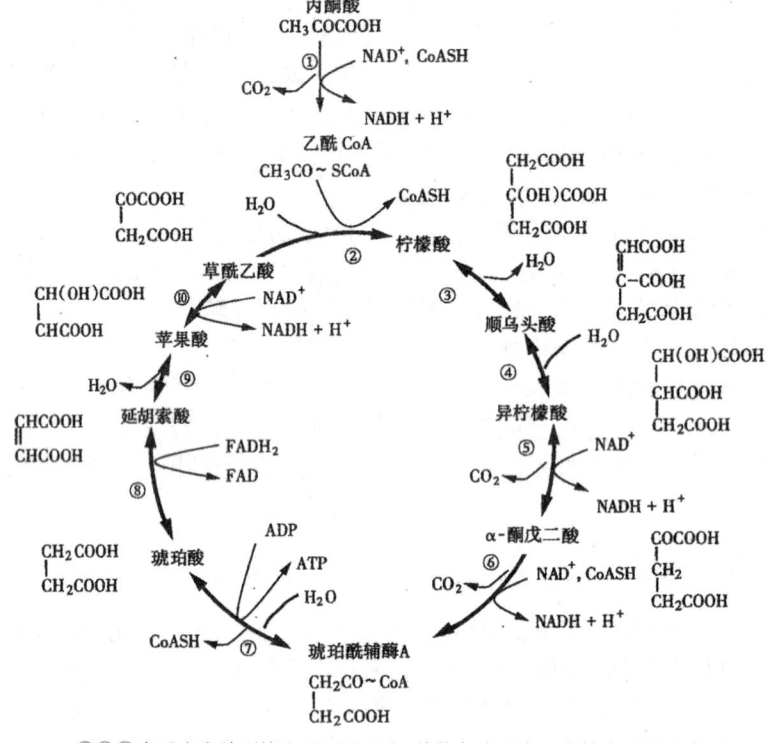

①②⑥步反应为单项箭头不可逆反应；其他各步反应双向箭头可逆反应
图6-3 三羧酸循环（TCA）

通过三羧酸循环可以看出：每循环一次，丙酮酸中的3个碳原子被彻底氧化分解成3分子CO_2，这就是呼吸作用中放出的CO_2，它发生在吸收氧气步骤之前；脱下5对氢，其中有2对来自丙酮酸中的氢，其他3对氢来源于循环中加入的3分子H_2O。因1分子葡萄糖可形成2分子丙酮酸，完全分解需经2次TCA循环。

2. 三羧酸循环的特点

①乙酰-CoA进入三羧酸循环后，两个碳原子被氧化成CO_2离开循环；而且在α-酮戊二酸

脱羧之前的反应为三羧酸反应,释放1个CO_2,在其之后的为二羧酸反应,释放1个CO_2。加上丙酮酸的氧化脱羧,这样每次循环意味着丙酮酸的3个碳原子被彻底氧化成CO_2。

②在整个循环中消耗了2分子水,1分子用于合成柠檬酸,另1分子用于延胡索酸的水合作用。实际上在琥珀酰-CoA硫激酶催化的反应中GDP磷酸化所释放的水也用于高能硫酯键的水解。水的加入相当于向中间物加入了氧原子,促进了还原性碳原子的氧化。

③三羧酸循环4个氧化还原反应中各脱下1对氢原子,其中3对氢原子交给NAD^+,生成$NADH+H^+$,另1对氢原子交给FAD生成$FADH_2$。加上丙酮酸的氧化还原反应,共脱下5对氢原子。

④在琥珀酰-CoA生成琥珀酸时,偶联有底物水平磷酸化生成1分子GTP(植物中为ATP),能量来自琥珀酰-CoA的高能硫酯键。

⑤$NADH+H^+$和$FADH_2$在电子传递链中被氧化,在电子经过电子传递体传递给O_2时偶联ATP的生成。在线粒体中每个$NADH+H^+$产生2.5个ATP,每个$FADH_2$产生1.5个ATP,再加上直接生成的1分子GTP,1分子乙酰-CoA通过三羧酸循环被氧化共产生10个ATP。加上丙酮酸的氧化脱羧生成$NADH+H^+$,共产生12.5个ATP。

⑥分子氧并不直接参与三羧酸循环,但三羧酸循环只能在有氧条件下才能进行,因为只有当电子传递给分子氧时,NAD和FAD才能再生;如果没有氧,NAD和FAD不能再生,三羧酸循环就不能继续进行,因此,三羧酸循环是严格需氧的。这一点与糖酵解不同,糖酵解既有需氧方式也有不需氧方式,因为丙酮酸转变为乳酸时NAD可以再生。

1分子葡萄糖经过糖酵解和2次三羧酸循环,就可彻底分解成为CO_2,并以活跃化学能的形式释放能量。如表6-3所示,每分子葡萄糖彻底氧化为CO_2和H_2O,可净生成32分子ATP(苹果酸穿梭)或30分子ATP(α-磷酸甘油穿梭)。

表6-3 1分子葡萄糖彻底氧化中ATP的消耗和产生

反应途径	反应物	产物	P/O	ATP变化
糖酵解 (细胞质)	葡萄糖	6-磷酸葡萄糖		−1
	6-磷酸果糖	1,6-二磷酸果糖		−1
	2×3-磷酸甘油醛	2×1,3-二磷酸甘油酸+2×$NADH+H^+$	2.5/1.5	+5/3
	2×1,3-二磷酸甘油酸	2×3-磷酸甘油酸		+2
	2×磷酸烯醇式丙酮酸	2×丙酮酸		+2
三羧酸循环 (线粒体)	2×丙酮酸	2×乙酰-CoA+2×$NADH+H^+$	2.5	+5
	2×异柠檬酸		2.5	+5
		2×琥珀酰-CoA+2×$NADH+H^+$	2.5	+5
	2×琥珀酰-CoA	2×琥珀酸+2×GTP		+2
	2×琥珀酸	2×延胡索酸+2×$FADH_2$	1.5	+3
	2×苹果酸	2×草酰乙酸+2×$NADH+H^+$	2.5	+5
合计				32/30

6.3.3 磷酸戊糖途径（PPP）

磷酸戊糖途径（PPP）是葡萄糖氧化分解的另一条重要途径，由于葡萄糖在这一途径中产生戊糖而得名。又由于此途径的循环由6-磷酸葡萄糖（G-6-P）开始，亦称为己糖磷酸途径（HMP）。此途径不经过糖酵解和三羧酸循环，存在于细胞质中，需在有氧气存在的条件下方可进行。整个过程可分为氧化和非氧化两个阶段。若从1分子葡萄糖开始，葡萄糖需先消耗1分子ATP进行磷酸化，生成6-磷酸葡萄糖（见图6-4）。

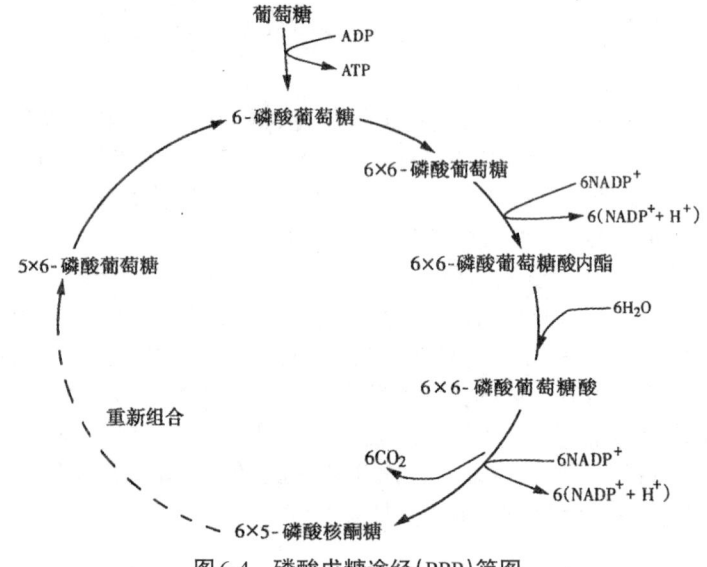

图6-4 磷酸戊糖途经(PPP)简图

①氧化阶段。此阶段有3步反应，皆不可逆。第一步：6-磷酸葡萄糖脱氢生成6-磷酸葡糖酸内酯和NADPH+H$^+$；第二步：6-磷酸葡糖酸内酯水解生成6-磷酸葡糖酸；第三步：6-磷酸葡糖酸内酯再脱氢脱羧生成5-磷酸核酮糖、CO$_2$和NADPH+H$^+$。NADP$^+$是上述所有脱氢反应中脱氢酶的辅酶、氢受体。

②非氧化阶段。此阶段反应皆可逆。5-磷酸核酮糖异构为5-磷酸核糖和5-磷酸核酮糖，从戊糖开始进行分子间的结合和重组，经过3碳糖、4碳糖、5碳糖、6碳糖、7碳糖等一系列中间产物的转化，重新形成6-磷酸葡萄糖（G-6-P），又可开始磷酸戊糖途径的下一轮循环。

每循环只放出1分子CO$_2$，需6次循环才能分解1分子葡萄糖。整个途径可以理解为6个6-磷酸葡萄糖一组进行循环反应，经第一阶段生成6分子5-磷酸核酮糖，经第二阶段转化为5分子6-磷酸葡萄糖，两个阶段相当于彻底分解了1分子6-磷酸葡萄糖。5分子6-磷酸葡萄糖再与1分子6-磷酸葡萄糖又组成6个6-磷酸葡萄糖，反应便不断循环进行，6-磷酸葡萄糖便不断被分解。整个反应可用下式概括：

$$C_6H_{12}O_6 + 6H_2O + ATP + 12NADP^+ \xrightarrow{酶} 6CO_2 + 12(NADPH + H^+) + ADP$$

磷酸戊糖途径的重要作用表现在以下几个方面。

①生成的NADPH+H$^+$是植物合成代谢的重要供氢体，如脂肪酸的合成硝态氮的还原等需要大量供氢体，主要来源于此途径；NADPH+H$^+$也可以在转氢酶的催化下，转化成NADH+H$^+$进入呼吸链生成ATP。因此磷酸戊糖途径也是植物体供能的重要途径。

②磷酸戊糖途径中，葡萄糖无须经糖酵解便可直接进行氧化，独自完成对葡萄糖的彻底分解。因此，当EMP-TCA途径受阻时（衰老、病损、逆境时），此途径占的比例升高，可达50%，与EMP-TCA同时进行、相互补充、相互配合，增加机体的抵抗能力，同时重组过程中产生的4C赤鲜糖可合成一些重要的次生物质，如木质素、生长素、绿原酸、咖啡酸等，这些物质对植物的生长、提高抗病能力都具有重要意义。

③许多中间产物是沟通各种代谢的原料。如戊糖的降解和合成都可通过此途径进行，产生的磷酸核糖是合成遗传物质核酸的必需原料，重组过程中产生的3碳糖、4碳糖、5碳糖、6碳糖、7碳糖也是光合作用中C_3途径的中间产物，故可沟通光合与呼吸之间的代谢。

6.3.4 植物末端氧化酶系统

植物末端氧化酶是指处于呼吸链末端，能将底物脱下的电子给O_2，并形成H_2O_2或H_2O的酶类。除了线粒体内膜上的细胞色素氧化酶和抗氰氧化酶（交替氧化酶）之外，还有存在于细胞质中的酚氧化酶、抗坏血酸氧化酶和乙醇酸氧化酶等。这个复杂的氧化酶系统（见表6-4），有助于植物对不良外界环境条件的适应。

表6-4 几种末端氧化酶的主要特征比较

末端氧化酶	辅基	定位	催化反应	与氧气亲和力	与ATP耦联	氰化物的抑制
细胞色素氧化酶	血红素 Fe、Cu	线粒体	脱Cyta3电子给O_2	极高	+++	+
交替氧化酶	非血红素 Fe(Fe^{2+})	线粒体	脱UQH_2的电子传给胞质内的O_2	高	+	−
酚氧化酶	Cu	质体、微体	催化分子态O_2将酚氧化成醌	中	−	+
抗坏血酸氧化酶	Cu	细胞质或与细胞壁结合	催化于O_2将抗坏血酸氧化生成去氢抗坏血酸和H_2O	低	−	+
乙醇酸氧化酶	FMN	过氧化物酶体	催化乙醇酸氧化产生H_2O_2	极低	−	−

6.4 影响呼吸作用的因素

6.4.1 呼吸作用的指标

1. 呼吸速率

呼吸速率是衡量呼吸强弱的主要指标，是指一定温度下，单位重量（干重或鲜重）材料，在单位时间内通过呼吸作用呼出二氧化碳的量或吸收氧气的量[单位：$\mu mol/(g \cdot h)$或$\mu L/(g \cdot h)$]。

通常，叶片、发芽种子、块根、块茎、果实等植物器官测定其呼吸速率时，用放出CO_2多少来衡量，可用广口瓶滴定法（小篮子法）或用红外线CO_2气体分析仪测定；而细胞、线粒体等微部位的呼吸速率则用氧电极和瓦布格检压计等仪器测定其耗氧量来衡量。

2. 呼吸熵

呼吸熵又称呼吸系数，是指同一植物组织在一定时间内所释放的CO_2与所吸收的O_2的量（体积或摩尔数）的比值：

$$RQ = 释放的CO_2量 / 吸收的O_2量$$

它主要是用来衡量呼吸底物的性质及氧气的供应状态。呼吸底物不同，RQ不同：糖彻底氧化时RQ=1；富含氢的脂肪、蛋白质为呼吸底物时吸收的氧多，RQ<1；富含氧的有机酸氧化时，RQ>1。环境的氧供应对RQ影响很大。如糖在无氧时进行酒精发酵，只有CO_2产生，无O_2的吸收，则RQ远大于1。

6.4.2 影响呼吸速率的因素

1. 内部因素

影响呼吸作用的内部因素主要有以下几个方面。

（1）植物种类不同，呼吸速率不同

一般与其原产地生态环境及生长速率有关。生长快的植物呼吸速率高于生长慢的植物，热带植物高于寒带植物，阳生植物高于阴生植物，草本植物高于木本植物。如：果品中较耐贮藏的仁果类（苹果梨等）和葡萄等的呼吸较低，不耐藏的核果类（桃、李、杏等）呼吸较高。早熟品种比晚熟种呼吸高，柑橘比苹果高很多，浸种发芽时玉米种子比小麦种子呼吸速率高出近10倍。

（2）同一植株不同器官和组织，呼吸速率有所不同

一般细嫩组织和器官因原生质含量高，处在分裂生长旺盛时期，呼吸速率高，如根尖、茎尖形成层、浸种后的种胚等；生殖器官比营养器官呼吸速率高，如花比叶高3~4倍。而生殖器官中雌蕊、雄蕊的呼吸速率又比花瓣、萼片高，特别是雌蕊呼吸速率最高，可比花瓣高18~20倍；受伤组织高于正常组织（表6-5）。

表6-5 不同植物或器官呼吸速率比较

植物种类或器官	呼吸速率(氧气,鲜重)$\mu L \cdot (g \cdot h)^{-1}$
仙人掌	3
小麦	251
细菌	10000
胡萝卜根 胡萝卜叶	25 440
大麦种子（浸泡15 h） 胚 胚乳	 715 76

（3）同一器官在不同的生长发育时期呼吸速率也不同

在一年里，植物各器官开始生长的前期，呼吸速率升高较快。当生长达到高峰时，呼吸

速率最高，然后随生长节奏变缓，呼吸速率也会逐渐放缓，到器官成熟衰老时，一般呼吸速率会降至最低，进入休眠或停止死亡。但有些果实在生长结束、成熟开始时，会出现呼吸速率突然升高然后又迅速下降的现象，称为呼吸高峰或呼吸跃变期，跃变型和非跃变型果实见表6-4。呼吸高峰出现时，果实食用品质最好，过此高峰，品质下降，且不耐贮藏，因此，这些果实要延长贮藏时间，应采取措施抑制呼吸高峰的出现。据研究，呼吸高峰的出现与果实贮藏期间产生的内源激素乙烯的量有关（见图6-5）。当乙烯量达到 0.1 mg/L（0.1 ppm）以上时，就可刺激果实呼吸作用，使跃变型果实的呼吸高峰提前到来，促进衰老。而乙烯的产生与环境中 O_2 温度有很大的关系，当环境温度降低到 2~5 ℃，O_2 含量降到 3%~6% 时，乙烯产生少，呼吸高峰便不会出现。也可用脱氧剂和乙烯吸收剂，降低环境中乙烯的浓度。

表6-6 跃变型和非跃变型果实

跃变果实		非跃变型果实	
苹果	罗马甜瓜	伞房花越橘	甜橙
杏	蜜露甜瓜	可可	菠萝
鳄梨	番木瓜	腰果	蒲桃
香蕉	鸡蛋果	欧洲甜樱桃	草莓
面包果	桃	蒲桃	毕加茄
南美番荔枝	梨	葡萄柚	树西红柿
中华猕猴桃	柿	南海蒲桃	nor-西红柿
费约果	李	柠檬	rin-西红柿
无花果	加锡猕罗果	荔枝	黄瓜
番石榴	刺果番荔枝	山苹果	橄榄
蔓密苹果	西红柿		
杧果			

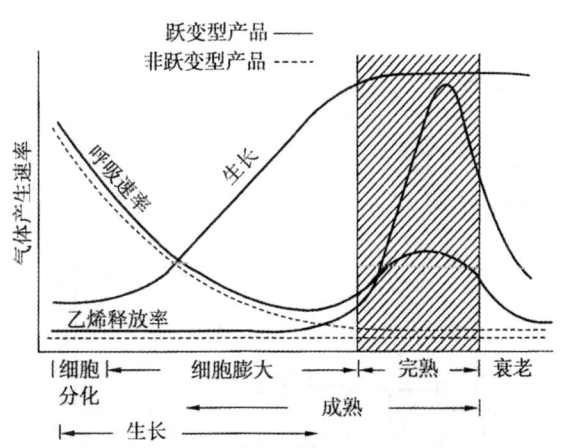

图6-5 跃变型和非跃变型果实生长、呼吸高峰与乙烯产生曲线

总之，原生质含量高、生长快的植物、器官和组织呼吸速率较高。

2. 外部因素

影响呼吸作用的外在原因比较复杂，主要有以下几个因素。

（1）温度

呼吸作用是由一系列酶促反应完成的，酶的活性必然受到温度的影响。因此，温度对呼吸的影响存在三基点，即：最低点、最适点和最高点。温度低于和高于最低、最高点时，植物会停止形态上的生长；而呼吸的最适温度是指达到呼吸最高速率并保持稳态时的温度。植物不同、植物所处的生理状态不同，三基点不同。

接近0 ℃时，大多数植物呼吸只维持内部基本的代谢，而形态不再生长。实际上，大多数温带植物，最低温度可维持在比0 ℃低得多的范围内，其下限约为–10 ℃；耐寒植物的越冬器官，如树木的冬芽和松柏的针叶，在–25～–20 ℃时，仍有呼吸，但在夏天旺盛生长季节，温度低于–5～4 ℃时，松柏的针叶就不能忍受低温而停止呼吸，可见植物所处的生理状况不同，其最低温度有很大的差异。

植物呼吸作用的最适温度为30～40 ℃，随所处高温环境时间的延长，其最适温度会逐渐下降。植物呼吸作用的最适温度比光合作用的最适温度（20～30 ℃）高，因此当处于呼吸最适温度时，促进呼吸、抑制光合作用，对植物健壮生长和有机物的积累极为不利。

呼吸作用最高温度一般为40～55 ℃。最高温度时，植物细胞膜、原生质、细胞器及酶的活性等都会受到损坏，呼吸作用会急剧下降。

（2）水分

整体植物的呼吸速率一般随植物组织含水量的增加而升高。对于植物器官来说，情况比较复杂。干燥的植物器官，如植物干燥的种子、干果等，呼吸很低，但当其吸水后呼吸会迅速增加（见图6-6）；而含水量高的肉质器官，如水果、块根、块茎等，随本身含水量及所处环境湿度的降低，呼吸反而升高。因为这些器官在失水时，为保持自身的水分会通过分解自身的物质，如淀粉、脂肪转化为可溶性糖，增加自身细胞液的浓度以降低水势，而可溶性糖是呼吸作用的基质，使呼吸升高，故肉质器官贮藏在干燥的环境中或受干旱接近萎蔫时呼吸速率有所增加，过一段时间后，可溶性糖逐渐减少至消耗殆尽，则呼吸速率会下降乃至停止。

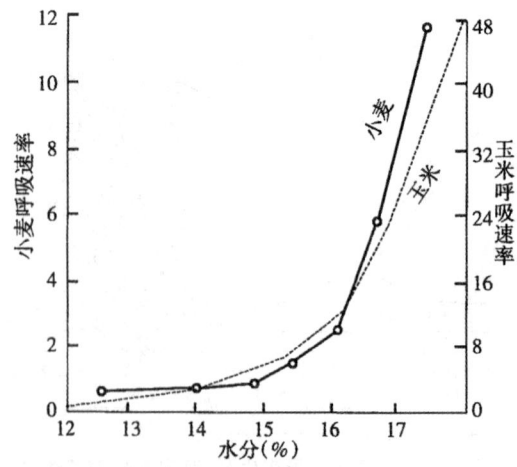

图6-6 含水量不同的小麦和玉米种子呼吸速率比较[CO_2 mg/(100种子·h)]

(3) 氧气和二氧化碳浓度

呼吸作用离不开氧气，大气中氧气含量在21%左右，在此环境下植物为正常呼吸；低于21%后，植物呼吸开始下降，为缺氧呼吸。但在10%～21%时，植物的呼吸属有氧呼吸范畴，当低于10%时无氧呼吸出现并逐步增强，有氧呼吸迅速下降。一般把无氧呼吸停止进行的最低氧含量（10%左右）称为无氧呼吸的消失点。氧浓度过高，抑制光合作用，光呼吸升高，对植物有害。设施栽培光源充足时，要注意放风；氧浓度过低，无氧呼吸增强，时间一长，植物会受害而死亡。植物、器官不同，缺氧呼吸的本领不同，如水稻、根系缺氧呼吸能力就较强，水稻种子萌发时所需氧气仅为小麦种子的1/5左右，根系由于在土壤中，比其他的器官能适应较低的氧浓度环境。但大多数农作物的根系要求土壤含氧量不低于5%，透气不良的土壤含氧量仅为2%，根系不能正常呼吸和生长，导致植物的过早衰败和产量的严重降低。因此，生产上要注意改良土壤结构，保证良好的通气状况。

环境中二氧化碳浓度增高脱羧反应减慢，抑制呼吸作用，当二氧化碳浓度达到5%时，抑制作用很明显，达10%时便可使植物细胞由于蛋白质变性而中毒死亡。

6.5 植物呼吸作用与农业

6.5.1 呼吸作用与作物栽培

呼吸作用是作物体内代谢的中心，它不仅影响作物的无机营养和有机营养，也会影响物质的运输，许多栽培措施都是为了直接或间接地保证作物呼吸作用的正常进行。早稻浸种催芽时，要换水、翻动，用温水淋种，在芽苗期湿润管理，寒潮来临时灌水护秧，寒潮过后，适时排水，勤灌浅灌等措施都是为了控制温度和通气，有利于种子和秧苗进行有氧呼吸，不致因缺氧、低温产生生理障碍，从而达到培育壮秧、防止烂秧的目的。

在大田栽培中，适时中耕松土，防止土壤板结，有助于改善根际周围的氧气供应，保证根系的正常呼吸机能。而在淹水缺氧情况下，植物根部的有氧呼吸急剧下降，而无氧呼吸迅速上升。这对于根系的分化和伸长，对于根系吸水、吸肥都是非常不利的，所以，对于地下水位较高田块常需挖深沟降低地下水位。在水稻栽培管理中，注意合理灌溉，采取勤灌浅灌、适时烤田等措施使稻根呼吸旺盛，促进营养和水分的吸收，促进新根的发生，对于夺取水稻高产是非常重要的。否则，土壤缺氧，CO_2和H_2S等有毒物积累，会抑制根系呼吸。由于水稻光合作用的最适温度比呼吸的最适温度低，因此种植不能过密，封行不能过早，在高温和光线不足情况下，呼吸消耗过大，净同化率降低，影响产量的提高。早稻灌浆成熟期正处在高温季节，可以通过灌水降温。

6.5.2 呼吸作用与粮食储存

种子的呼吸作用与粮食贮藏有密切的关系。一般油料种子含水量在8%～9%，淀粉种子呼吸酶的活性降低到极限，呼吸极微弱，可以安全贮藏，称为安全含水量。当油料种子含水量达10%～11%，淀粉种子含水量达到15%～16%时，原生质由凝胶变为溶胶，呼吸作用就显著增强，如果含水量继续升高，则呼吸速率几乎呈直线上升（见图6-7）。其原因是，当种子含水量增高后，种子内出现自由水，呼吸酶活性大大增高，呼吸也就增强。淀粉种子安全含水量高于油料种子的原因，主要是由于淀粉种子中含淀粉等亲水物质多，干燥状态下存在的束缚水含量就要高一些。

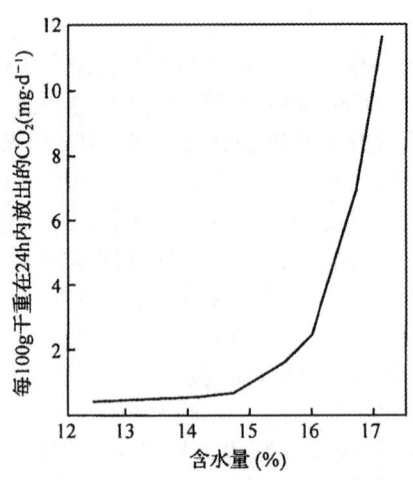

图6-7 种子含水量与呼吸速率的关系

在粮食贮藏中首要的问题是控制种子的含水量,不得超过安全含水量。否则,由于呼吸旺盛,不仅会引起大量贮藏物质的消耗,而且由于呼吸作用的散热提高了粮堆温度,有利于微生物活动,会导致粮食变质,使种子丧失发芽力和食用价值。此外,还应注意库房通风,以便散热和水分蒸发,可以保持种子发芽率。水稻种子在14~15℃库温条件下贮藏2~3年,仍有80%以上的发芽率。对库房内空气成分也应加以控制,如适当增高二氧化碳含量,适当降低氧的含量,对抑制粮油种子的呼吸也十分有效。近年来,国内外采用气调法进行粮食贮藏,取得了显著效果,即将粮仓中空气抽出,充入氮气,达到抑制呼吸安全贮藏的目的。

6.5.3 呼吸作用与果蔬保鲜

果蔬贮藏与种子贮藏不同,需要保持新鲜状态,不能干燥。某些果实成熟到一定时期,其呼吸速率突然增高,最后又突然下降。果实成熟前呼吸速率突然升高的现象称为呼吸跃变现象(呼吸峰)(见图6-8),如苹果、梨、香蕉、番茄等。果实的呼吸跃变现象与安全贮藏密切相关。

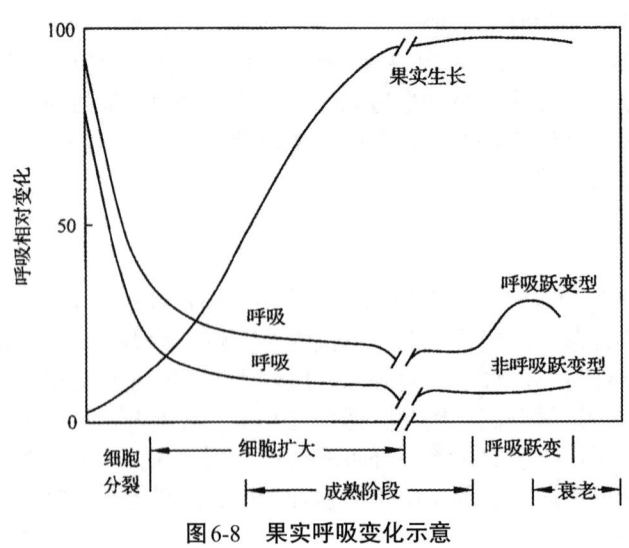

图6-8 果实呼吸变化示意

呼吸跃变现象的出现受温度影响很大。例如，苹果在贮藏过程中会出现呼吸跃变，若在22.5 ℃贮藏时，其呼吸跃变出现早且显著，在10 ℃下就不那么显著，也出现稍迟，而在2.5 ℃下几乎看不出来。果实呼吸跃变是果实完全成熟的一种特征，在果实贮藏和运输中，重要的问题是延迟其成熟。其措施一是降低温度，推迟呼吸跃变发生的时间，如香蕉贮藏的最适温度是11~14 ℃，苹果是4 ℃；二是增加周围环境中的二氧化碳浓度、降低氧浓度以推迟呼吸跃变出现，达到延迟成熟、保持鲜果、防止生热腐烂的目的。而在调节果品供应市场时，则可对贮藏中的果实进行人工乙烯处理，可以收到催熟的效果。

在生产实践中，常采用的一种简便的果蔬贮藏法，称为自体保藏法，它是在密闭的环境里利用果蔬呼吸释放的 CO_2 抑制呼吸作用，可以延长贮藏时间，如能密封加低温（1~5 ℃），贮藏时间更长。

此外，呼吸作用与作物抗病性关系密切。作物抗病的生理基础是加强呼吸氧化酶的活性、降解毒物、产生抑制物质等。

思考题

1. 影响呼吸作用的因素有哪些？
2. 简述呼吸作用的生理意义。
3. 糖酵解、三羧酸循环、磷酸戊糖途径的主要化学历程和生理意义如何？
4. 呼吸熵与呼吸底物有何关系？
5. 如何协调温度、湿度及气体关系，做好粮食、果蔬的安全贮藏？
6. 植物的光合作用与呼吸作用有什么关系？
7. 分析下列措施，并说明它们有什么作用：①将果蔬贮存在低温下；②小麦、水稻、玉米、高粱等粮食贮藏之前要晒干；③给作物中耕松土；④早春寒冷季节，水稻浸种催芽时，常用温水淋种并适时翻种。

第7章 有机物的转化、运输与分配

7.1 植物体内有机物的代谢

7.1.1 糖类的代谢

1. 糖原的合成

(1) 糖原合成的定义

糖原是由若干葡萄糖单位组成的具有多分支结构的大分子化合物,是动物体内葡萄糖的存储形式,主要储存在肌肉组织和肝组织中,有肌糖原和肝糖原之分。肌糖原主要用于供应肌肉收缩时所需能量,而肝糖原则分解为血糖。由葡萄糖合成糖原的过程称为糖原合成。

(2) 糖原合成过程

糖原合成过程是一个耗能的过程。该过程与支链淀粉合成过程相似,但参与合成的引物、酶、糖基供体等是不相同的。具体反应过程如下所述。

①葡萄糖生成6-磷酸葡萄糖(G-6-P):此反应是由己糖激酶(葡萄糖激酶)催化的不可逆反应,由ATP供应能量。

$$葡萄糖 + ATP \xrightarrow{己糖激酶} 6\text{-}磷酸葡萄糖 + ADP + Pi$$

②6-磷酸葡萄糖转换为1-磷酸葡萄糖(G-1-P):此反应是变位酶催化的可逆反应。

$$6\text{-}磷酸葡萄糖 \xrightarrow{变位酶} 1\text{-}磷酸葡萄糖$$

③鸟苷二磷酸葡萄糖(UDPG)的生成:在UDPG焦磷酸化酶作用下,1-磷酸葡萄糖与UTP作用,生产UDPG。

$$UTP + G\text{-}1\text{-}P \xrightarrow{UDPG焦磷酸化酶} UDPG + PPi$$

④UDPG合成糖原:UDPG中葡萄糖单位在糖原合成作用下,在糖原引物上增加一个葡萄糖单位,形成α-1,4-糖苷键。

$$UDPG + G_a \xrightarrow{糖原合成酶} UDP + G_{a+1}$$

⑤当糖链长度达到12~18个葡萄糖基时,糖原分支酶将一段6~7个葡萄糖基的糖链转移到邻近的糖链上,以α-1,6-糖苷键相接,从而形成分支。

(3) 糖原合成与分解的生理意义

糖原合成与分解的生理意义主要有:

①当机体糖供应丰富及细胞中能量充足时,即合成糖原将能量进行储存;

②当糖的供应不足或能量需求增加时,储存的糖原即分解为葡萄糖,维持血糖浓度稳定。

2. 糖异生作用

（1）糖异生的定义

糖异生作用是非糖物质转变为葡萄糖或糖原的过程。主要原料有甘油、有机酸（乳酸、丙酮酸及三羧酸循环中的各种发酸）和生糖氨基酸等。糖异生作用发生部位主要是肝；长期饥饿或酸中毒时，肾的糖异生作用可大大加强。

（2）糖异生的过程

糖异生的途径基本上是糖酵解途径的逆过程。糖酵解途径中由己糖激酶、磷酸果糖激酶-1及丙酮酸激酶催化的单向反应，构成所谓"能障"。实现糖异生必须绕过这3个"能障"。

①由丙酮酸激酶催化的可逆反应是由丙酮酸羧化酶和磷酸烯醇式丙酮酸羧激酶催化的两步反应来完成的。它们催化丙酮酸逆向转变为磷酸烯醇式丙酮酸，此过程称为丙酮酸羧化支路（见图7-1）。

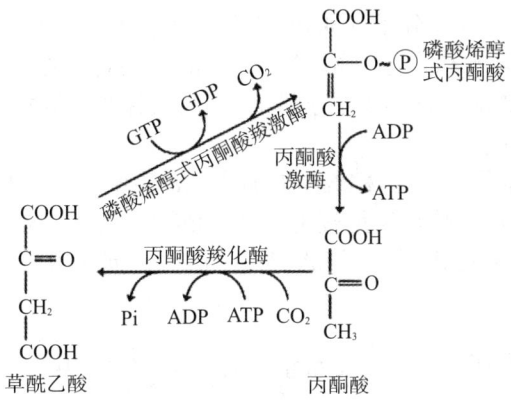

图7-1　丙酮酸羧化支路

②果糖1,6-二磷酸酶催化1,6-二磷酸果糖水解，脱去C-1位上的磷酸，生产6-磷酸果糖，完成磷酸果糖激酶-1催化反应的逆过程。

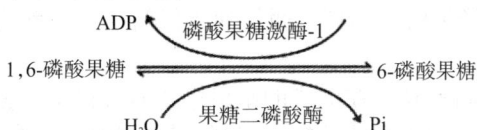

③由葡萄糖-6-磷酸酶催化6-磷酸葡萄糖水解，生产葡萄糖。葡萄糖-6-磷酸酶存在于肝、肾细胞，肌肉组织中不含此酶，所以肌糖原不能转化为血糖。

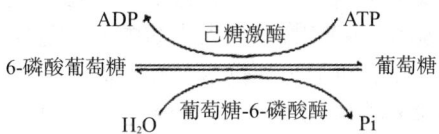

（3）糖异生的生理意义

糖异生的生理意义主要如下。

①维持血糖浓度：在体内糖来源不足的情况下，利用糖异生维持血糖浓度。这对于保证脑细胞的葡萄糖供应是十分必要的。

②有利于乳糖的再利用：葡萄糖在肌肉组织中经糖的无氧酵解产生的乳酸，可经血液循环转运至肝脏，再经糖异生作用生成自由葡萄糖后转运至肌肉组织加以利用。

③调节酸碱平衡：长期禁食后，脂肪代谢旺盛，产生的酸性物质含量升高，糖异生作用促使α-酮戊二酸转变成糖，从而使谷氨酸脱氨基作用增强，生产的NH_3可以中和酸。

7.1.2 脂类的代谢

植物细胞中都含有脂类物质。脂类物质分布很广，尤其是在油料作物的种子中大量积累。脂类物质主要包括油脂、磷脂和糖脂等。油脂在植物体内是重要的贮能物质，当其进行生物氧化时，能比糖或蛋白质多释放出两倍能量。1 g 油脂氧化产生 39.7 kJ 能量，1 g 蛋白质产生 22.9 kJ 能量，1 g 糖仅产生 16.7 kJ 能量。因此，这些物质均可为植物生命活动提供必需的能源。细胞中的磷脂与糖脂主要是参与细胞膜的构建，为整个细胞与细胞器的区域化提供必要的结构屏障。细胞中的脂类物质都需要不断地更新，才能体现其重要的生物功能。

1. 油脂的合成代谢

油脂（三脂酰甘油）是由 1 分子甘油和 3 分子脂肪酸结合而成的酯。植物油脂主要在植物种子中形成，少数在果实和皮层中形成。合成油脂的直接原料是α-磷酸甘油和脂酰-S-CoA。在讨论油脂的合成之前，有必要先分别介绍α-磷酸甘油及脂酰-S-CoA的合成代谢。

（1）α-磷酸甘油的形成

在大多数油料作物种子中，约含1%左右游离的α-磷酸甘油。棉籽和大豆中含α-磷酸甘油较多，细胞中大多数的α-磷酸甘油是被用来合成植物油脂。α-磷酸甘油主要是在植物呼吸过程中在α-磷酸甘油脱氢酶催化下，由$NADH+H^+$供氢，催化磷酸二羟丙酮还原形成α-磷酸甘油。该反应是可逆的。

$$\begin{array}{c} CH_2OH \\ | \\ C=O \\ | \\ CH_2-O-\text{ⓟ} \end{array} \xrightarrow[NADH+H^+ \quad NAD^+]{\alpha\text{-磷酸甘油脱氢酶}} \begin{array}{c} CH_2OH \\ | \\ CHOH \\ | \\ CH_2-O-\text{ⓟ} \end{array}$$

磷酸二羟丙酮　　　　　　　　　　　　　甘油-3-磷酸

α-磷酸甘油的生成途径是植株内糖代谢与油脂代谢互相联系的重要组成部分。

（2）脂肪酸的合成

不同植物中所含的油脂各异，在油脂的组成中，甘油部分都是相同的，主要是所含的脂肪酸部分不同。因此，形成的油脂种类各不相同。热带油料作物中的油脂含低级饱和脂肪酸较多，如癸酸、辛酸等。在温带及北纬地带的油料作物的油脂所含的脂肪酸，是超过 10 个碳原子的饱和与不饱和的高级脂肪酸，如：月桂酸、棕榈酸、花生酸、油酸、亚油酸、亚麻酸等。大多数植物油脂含有80%～90%的不饱和脂肪酸，在温室下呈不同稠度的液态；少数植物油如椰子油、可可油等，含饱和脂肪酸较多，在室温下呈固态。

长链的饱和及不饱和脂肪酸的生物合成，可分为三个明显的阶段：①由乙酰辅酶A羧化，生成丙二酰辅酶A；②由丙二酰辅酶A缩合，形成中等链长的棕榈酸或称软脂酸；③通过棕榈酸进一步延长，脱饱和作用，合成更长的饱和或不饱和脂肪酸。

1）脂肪酸合成的起始阶段。脂肪酸合成的起始原料是乙酰辅酶A，但脂肪酸长链并非是由若干个乙酰辅酶A直接缩合而成的。乙酰辅酶A经过羧化，生成丙二酸单酰辅酶A，它是构成脂肪酸二碳单位的直接来源，如棕榈酸是由1分子乙酰辅酶A与7分子丙二酰辅酶A缩合而成（见图7-2）。

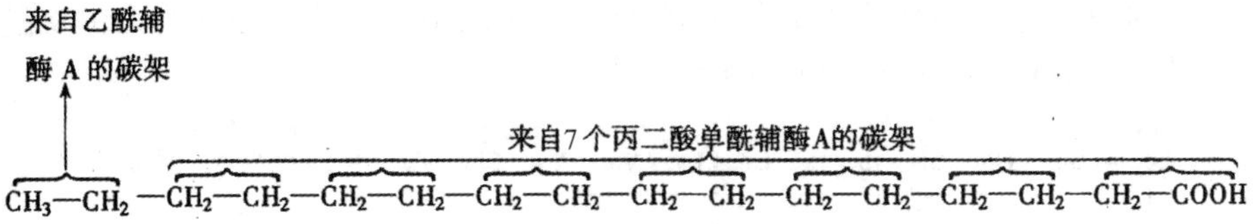

图 7-2 棕榈酸的分子结构

催化丙二酸单酰辅酶 A 形成的酶，称为乙酰辅酶 A 羧化酶。这是一个多酶复合体。从小麦胚芽中已经纯化得到乙酰辅酶 A 羧化酶。它含有三种不同的蛋白质。其中一种含有生物素的蛋白质，称为生物素羧基载体蛋白（BCCP）。另外两种是生物素羧化酶和羧基转移酶。

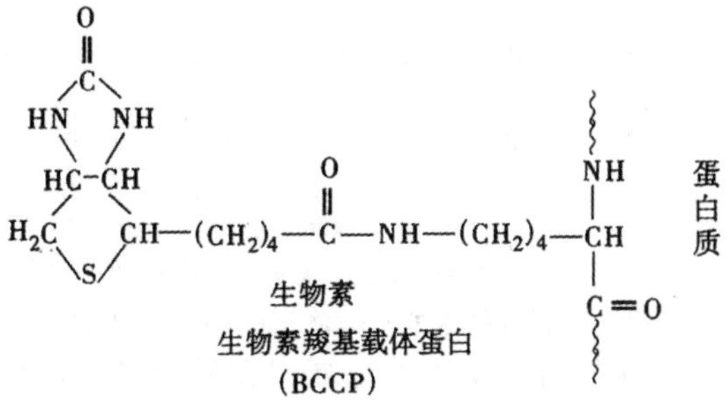

乙酰辅酶 A 羧化酶催化下列反应：

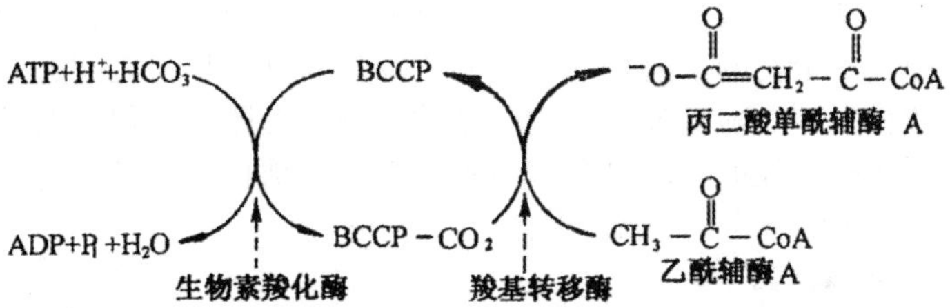

乙酰辅酶 A 羧化酶是脂肪酸起始合成的限速酶。反应中生成的丙二酸单酰辅酶 A，是脂肪酸合成中的重要中间产物。在植物细胞中，丙二酸单酰辅酶 A 的合成可能还有另一条途径，Shannon 等发现，在植物根系组织中，草酰乙酸经过氧化物羧化酶的催化，也可生成丙二酸，然后在丙二酸硫激酶的催化下，生成丙二酸单酰辅酶 A。

$$草酰乙酸 + \frac{1}{2}O_2 \xrightarrow[Mn^{++}]{过氧化物羧化酶} 丙二酸 + CO_2$$

$$丙二酸 + ATP + CoA \xrightarrow{丙二酸硫激酶} 丙二酸单酰辅酶 A + AMP + PPi$$

2）脂肪酸碳链的延伸。丙二酸单酰辅酶 A 在脂肪酸合成酶系的多步催化下，碳链不断地延长，可直接生成棕榈酸。脂肪酸合成酶系是一种多酶复合体。在原核生物（以大肠杆菌为代表）与真核生物（以酵母为代表）的细胞中，脂肪酸合成酶系的催化途径，基本上是相似的，但脂肪酸合成酶的组织结构有所差异。高等植物的脂肪酸合成酶系与大肠杆菌的脂肪酸合成酶系相似；动物脂肪酸合成酶系与酵母脂肪酸合成酶系更为接近。但是，某些植物如纤细眼虫藻，在黑暗中生长时，它的脂肪酸合成酶系近似动物体内的脂肪酸合成酶系；在光下生长时，则转变成与大肠杆菌中的脂肪酸合成酶系相似。它具有双重特征。

现以大肠杆菌脂肪酸合成酶系及其多步催化反应说明脂肪酸碳链延伸的一般规律。

脂肪酸合成酶系包含乙酰 CoA-ACP 酰基转移酶、丙二酸单酰 CoA-ACP 酰基转移酶、β-酮脂酰 ACP 合成酶、β-酮脂酰 ACP 还原酶、β-羟脂酰 ACP 脱水酶和烯脂酰 ACP 还原酶 6 种酶，以及一种对热稳定的酰基载体蛋白（ACP）。ACP的主要功能是在该酶系中将酰基从一种酶转移到另一种酶上去。植物中的ACP（见图7-3）曾被分离出来。

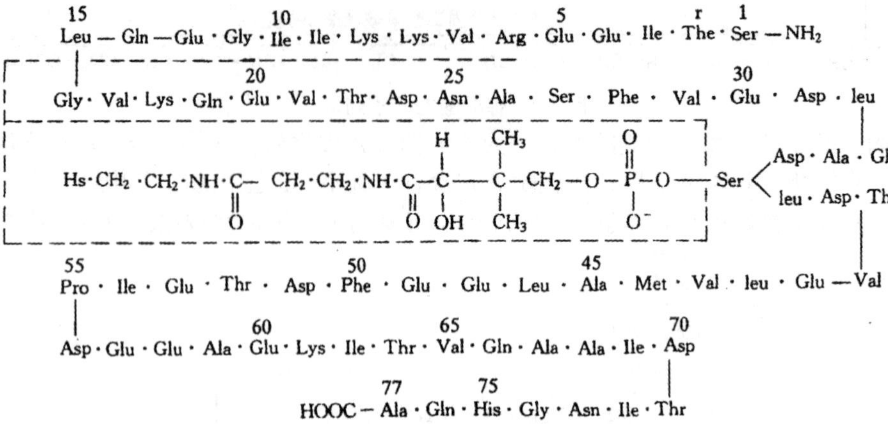

```
     15                    10                        5              1
    Leu—Gln—Glu·Gly·Ile·Ile·Lys·Lys·Val·Arg·Glu·Glu·Ile·The·Ser—NH₂
              20                25                     30
    Gly·Val·Lys·Gln·Glu·Val·Thr·Asp·Asn·Ala·Ser·Phe·Val·Glu·Asp·leu
                          H   CH₃        O                Asp·Ala·Gly
    Hs·CH₂·CH₂·NH—C—CH₂·CH₂·NH—C—C—CH₂—O—P—O—Ser
                  ‖               ‖   ‖                   leu·Asp·Thr
                  O               O  OH  CH₃    O⁻
     55              50                  45
    Pro·Ile·Glu·Thr·Asp·Phe·Glu·Glu·Leu·Ala·Met·Val·leu·Glu—Val
              60          65              70
    Asp·Glu·Glu·Ala·Glu·Lys·Ile·Thr·Val·Gln·Ala·Ala·Ile·Asp
         77       75
    HOOC—Ala·Gln·His·Gly·Asn·Ile·Thr
```

（虚线格内为4'-磷酸泛酰巯基乙胺）

图7-3 大肠杆菌中酰基载体蛋白（ACP）的结构

由于大肠杆菌的ACP容易得到，其活性也高，在研究植物脂肪酸合成的酶系试验中，常使用大肠杆菌ACP。

脂肪酸合成酶系是围绕ACP排列成一定的结构，从而形成脂肪酸合成酶的多酶复合体。在多酶复合体中，各个酶的空间排列与它们所催化的反应步骤之间有密切关系，从而使各酶所催化的中间产物能顺序地被连续催化。这种多酶复合体的催化特点是催化效率高。在植物细胞中，催化脂肪酸合成的多酶复合体内各个组分的结合呈疏松状态，很易分开；在动物细胞中，多酶复合体中的各个组分紧密结合，不易分开。

脂肪酸合成的生化步骤如下。

①乙酰基的转移。乙酰辅酶A在乙酰转酰基酶的催化之下，与ACP上的—SH作用生成乙酰—S-ACP。

$$CH_3—CO—CoA + ACP—SH \rightleftharpoons CH_3—\overset{O}{\underset{\|}{C}}—S—ACP + CoA—SH$$

乙酰基并非长久地保留在ACP分子上。它很快地转移到多酶复合体中的另一种酶分子β-酮酯酰ACP合成酶（可表示为合成酶-SH）上。

$$CH_3—\overset{O}{\underset{\|}{C}}—S—ACP + 合成酶—SH \rightleftharpoons CH_3—\overset{O}{\underset{\|}{C}}—S—合成酶 + ACP—SH$$

②丙二酰基的转移。丙二酰辅酶A在丙二酰转酰基酶的催化下，与ACP作用，生成丙二酰S-ACP。

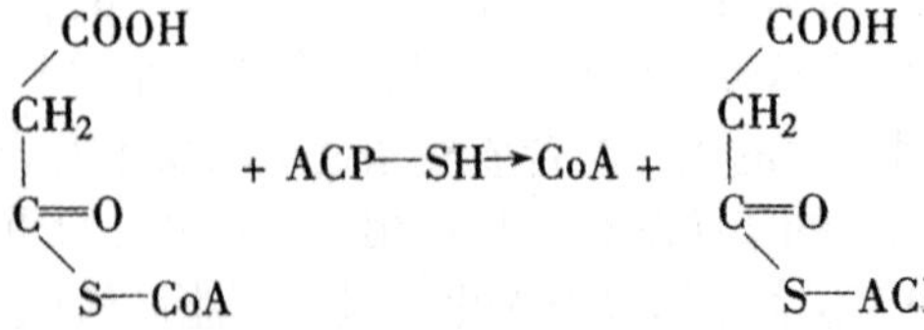

$$\begin{matrix}COOH\\CH_2\\C=O\\S—CoA\end{matrix} + ACP—SH \rightarrow CoA + \begin{matrix}COOH\\CH_2\\C=O\\S—ACP\end{matrix}$$

③缩合反应。在β-酮酯酰-ACP合成酶的催化下，将乙酰-S-合成酶上的酰基与丙二酰-S-ACP的第二碳原子缩合，同时，使丙二酰基上的自由羧基脱羧，生成乙酰乙酰-S-ACP。

$$\text{CH}_3\text{—CO—S—合成酶} + \underset{\underset{\text{CO—S—ACP}}{|}}{\overset{\overset{\text{COOH}}{|}}{\text{CH}_2}} \xrightarrow{-\text{CO}_2} \text{CH}_3\text{COCH}_2\text{CO—S—ACP} + \text{合成酶—SH}$$

④还原作用。乙酰乙酰-S-ACP继续被β-酮脂酰-ACP还原酶催化，并由辅酶Ⅱ供氢，被还原为β-羟丁酰S-ACP。

$$\text{CH}_3\text{—C—CH}_2\text{—C—S—ACP} \xrightarrow{\text{NADPH} + \text{H}^+ \quad \text{NADP}^+} \text{CH}_3\text{—C—C—S—ACP}$$
$$\quad\quad\quad \overset{\|}{\text{O}}\quad\quad\quad \overset{\|}{\text{O}} \quad\quad\quad\quad\quad\quad\quad\quad\quad \overset{|}{\text{OH}}\quad \overset{|}{\text{H}}\quad \overset{\|}{\text{O}}$$

⑤脱水反应。生成的β-羟丁酰S-ACP，经β-羟脂酰ACP脱水酶催化脱水，生成α,β-不饱和的烯脂酰ACP，即巴豆酰S-ACP。

$$\text{CH}_3\text{—C—C—C—S—ACP} \xrightarrow{-\text{H}_2\text{O}} \text{CH}_3\text{CH}=\text{CH—C—S—ACP}$$

⑥再次还原。在烯脂酰还原酶的作用下，巴豆酰S-ACP被还原为丁酰S-ACP，氢供体是NADPH+H⁺。

$$\text{CH}_3\text{CH}=\text{CH—C—S—ACP} \xrightarrow{\text{NADPH} + \text{H}^+ \quad \text{NADP}^+} \text{CH}_3\text{CH}_2\text{CH}_2\text{C—S—ACP}$$
$$\quad\quad\quad\quad\quad\quad\quad\quad\quad\quad\quad\quad\quad\quad\quad\quad\quad\quad\quad\quad\quad\quad\quad\quad\quad\quad\quad\quad\text{丁酰—S—ACP}$$

丁酰-S-ACP的形成，仅完成了在乙酰辅酶A分子中增加两个碳原子。第二个循环是将丁酰基从ACP上转移到β-酮脂酰-ACP合成酶分子的—SH上，从而允许ACP从另一个分子丙二酰CoA上接受1个丙二酰基，然后重复循环。每次循环可增加两个碳单位。经过多次反复循环，最终形成棕榈酰S-ACP。它经棕榈脱脂酰基酶水解，生成棕榈酸。该脂肪酸合成酶系中的β-酮脂酰ACP合成酶，对碳链长度有一定的专一性，故不能将棕榈酸中的碳链继续延长。碳链延伸的生化步骤汇总如图7-4所示。

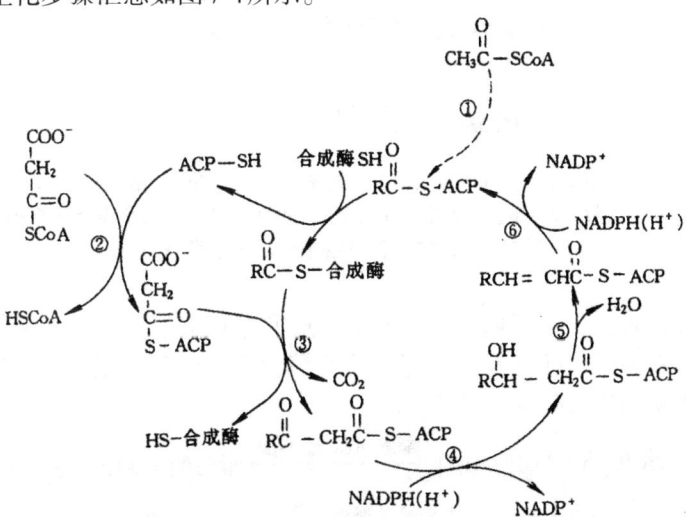

①乙酰CoA-ACP酰基转移酶；②丙二酸单酰CoA-ACP酰基转移酶；③β-酮脂酰-ACP合成酶；④β-酮脂酰ACP还原酶；
⑤β-羟脂酰-ACP脱水酶；⑥烯脂酰ACP还原酶

图7-4 脂肪酸生物合成的主要变化

3）脂肪酸的继续延长与脱饱和作用。Stumpf等认为高等植物中的脂肪酸，继续延长合成，可能存在两个不同的酶系统。一个是合成C_{16}~C_{18}脂肪酸的酶系统。它表现绝对的专一性，仅能催化棕榈酰-S-ACP，延长两个碳原子单位，形成硬脂酰-S-ACP，该酶系统是可溶的，已在植物细胞的细胞质及叶绿体衬质中被发现。另一个酶系统催化含C_{18}以上的脂肪酸合成。该酶系结合在内质网膜上。真菌与高等植物中都存在Δ^9去饱和的酶催化系统。不论饱和脂肪酸的碳链长度如何，该酶都能在其分子内催化脱氢，形成一个含顺式Δ^9双键的脂肪酸。硬脂酰-S-ACP是Δ^9去饱和酶系最普通的底物，很容易在$NADP^+$与O_2存在之下，生成油酸S-ACP，水解后生成油酸。油酸是只含有一个双键的不饱和脂肪酸。它能继续被酶催化，形成含更多双键的不饱和脂肪酸。Sturmpf等人用叶组织培养证明，油酸能进一步转变为亚油酸、亚麻酸或其他更长碳链、含双链更多的不饱和脂肪酸。由于合成机制不同，形成的速度也不相同。催化这些产物的形成，既有不同的脱饱和酶系参与，也有继续延长碳链的酶系参与。植物在低温环境下可以促进饱和脂肪酸转变为不饱和脂肪酸。由于不饱和脂肪酸的熔点低于饱和脂肪酸，保持细胞总脂熔点低于环境温度的适应性，也有利于不饱和脂肪酸迅速与α-磷酸甘油合成为油脂。一般不饱和脂肪酸不容易在细胞中被还原为饱和脂肪酸。其过程大致如下（见图7-5）：

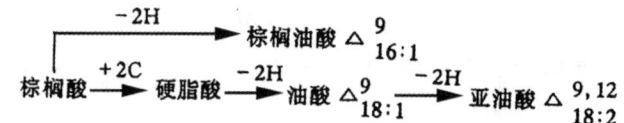

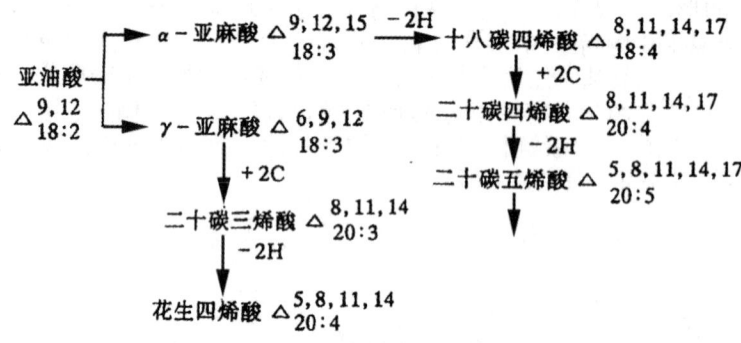

在△符号右上角的数字表示双链在脂肪酸碳链上的位置

在△右下角的第一个数字表示该脂肪酸碳链中含碳原子的数目，第二个数字表示分子内双链的数目

图7-5 碳链延长与脱饱和的一般程序

（3）油脂的合成

植物油脂的合成研究，主要局限于那些能合成和贮存大量三脂酰甘油的组织，如花生、向日葵、大豆和蓖麻种子、胚乳及子叶等。这些植物组织中存在脂酰-ACP硫酯酶和脂酰硫激酶，能催化脂酰-S-ACP转变为脂酰S-CoA。

$$脂酰-S-ACP + H_2O \xrightarrow{酯酰ACP硫酯酶} 脂肪酸 + ACP-SH$$

$$脂肪酸 + ATP + CoA \xrightarrow{酯酰硫激酶} 脂酰-S-CoA + AMP + PPi$$

三脂酰甘油是由α-磷酸甘油和脂酰S-CoA，经油脂合成酶系，分步缩合而成（见图7-6）。

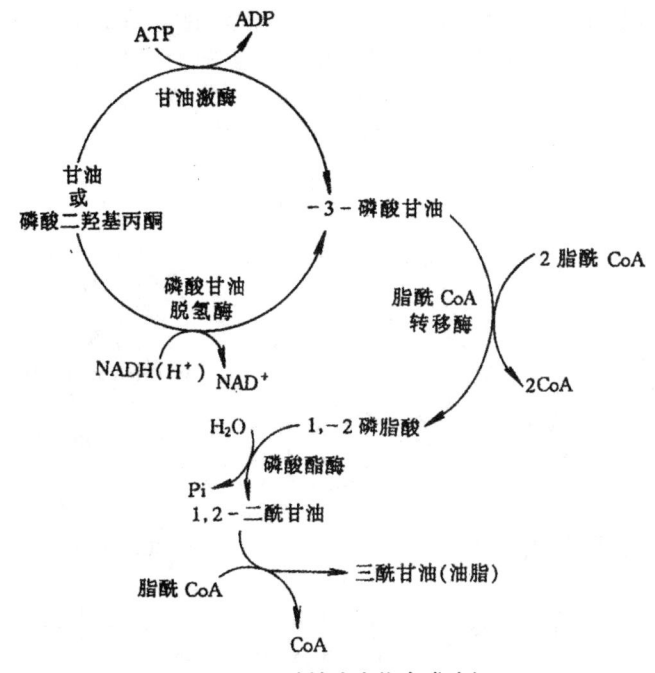

图7-6 三酰甘油生物合成途经

2. 油脂的降解

油脂的分解代谢是为有机体提供能量的重要途径。当油料作物种子萌发时，油脂迅速消失。发芽早期脂酶的活性急剧升高。它催化三脂酰甘油逐步水解成二脂酰甘油和一脂酰甘油，最后生成游离甘油和脂肪酸。由蓖麻、大豆和小麦胚芽中分离的脂酶，均有相似的催化水解反应。

$$\begin{array}{l} CH_2O-COR_1 \\ CHO-COR_2 \\ CH_2-O-COR_3 \end{array} + 3H_2O \xrightarrow{\text{脂酶}} \begin{array}{l} CH_2OH \\ CHOH \\ CH_2OH \end{array} + 3RCOOH$$

油脂（三脂酰甘油）　　　　　　　　甘油　　脂肪酸

水解产物甘油，在植物细胞中经甘油激酶催化，生成α-磷酸甘油，再在磷酸甘油脱氢酶的催化下，转变为磷酸二羟丙酮。它参与糖酵解途径，在氧供应充足时，可经三羧酸循环而彻底氧化，生成CO_2和水H_2O，并提供大量的能量。磷酸二羟丙酮也可转变为油脂水解的另一产物——脂肪酸，它的主要代谢途径如下。

（1）β-氧化作用

植物组织中脂肪酸降解的重要方式是β-氧化作用。脂肪酸的β-氧化所需的酶系主要分布在乙醛酸循环小体中。因此，在发芽种子中，三酰甘油小滴经脂酶催化而释出脂肪酸，迅速地被乙醛酸循环小体中的酶系有效地转变为乙酰辅酶A。它又与糖代谢途径发生联系。β-氧化的生化反应是：①脂肪酸在脂酰-CoA合成酶作用下，与CoA反应，形成脂酰-CoA；②脂酰-CoA在脂酰CoA脱氢酶催化下，发生脱氢，形成反式α,β烯脂酰CoA。此酶以FAD为辅酶，生成FAD-ZH；③反式α,β烯脂酰CoA，在烯脂酰CoA水合酶作用下，转变为β羟基脂酰CoA；④它再经β-羟脂酰CoA脱氢酶的作用，形成β-酮脂酰CoA。该步骤需要NAD^+；

⑤最后，经β-酮脂酰CoA硫解酶的作用，生成乙酰辅酶A和缩短了两个碳原子的脂酰-CoA。可以重复上述反应，再循环一次，脂肪酸就缩短两个碳单位，直至整个脂肪酸完全分解为止（见图7-7）。

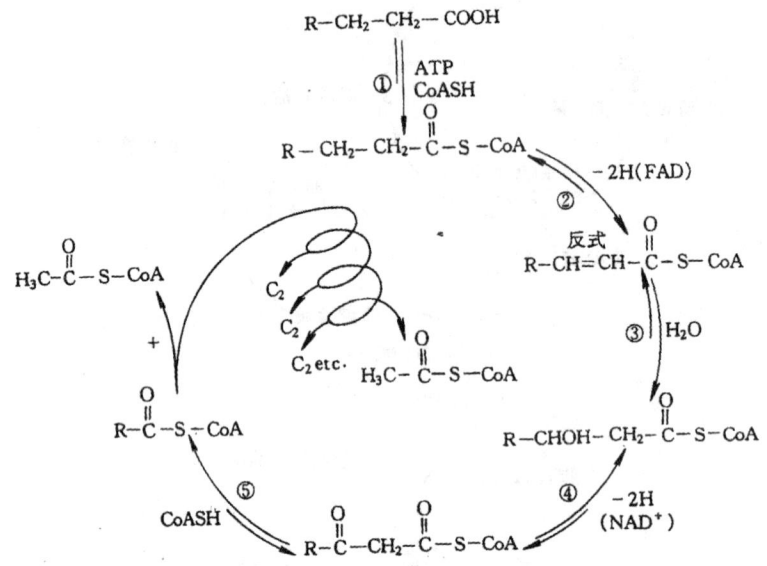

①脂酰-CoA合成酶；②脂酰-CoA脱氢酶；③烯脂酰-CoA水合酶；④β-羟脂酰-CoA脱氢酶；⑤β-酮酯酰-CoA硫解酶

图7-7　脂肪酸的β-氧化作用

(2) α-氧化作用

Stumpf等发现植物中除β-氧化作用外，尚有另一种氧化途径，称为α-氧化途径。该酶系仅以游离脂肪酸为底物，产物是α-羟脂酸，或少一个碳原子的脂肪酸。植株中存在α-羟脂酸和奇数碳原子的脂肪酸，主要是由α-氧化所产生。α-氧化途径是脂肪酸经脂肪酸过氧化物酶催化，形成D-α-氢过氧脂肪酸。再可被氧化成醛类，继续被醛脱氢酶氧化脱羧，生成奇数碳原子的脂肪酸。由于脂肪酸过氧化物酶仅对含$C_{13}\sim C_{18}$的脂肪酸发生作用，所以，它仅是脂肪酸分解过程中的一个辅助途径。此外，D-α-氢过氧脂肪酸在一定条件下，也可生成α-羟基脂肪酸，再经氧化脱羧作用，减少一个碳原子，使含偶数碳原子的脂肪酸转变为含奇数碳原子的脂肪酸（见图7-8）。

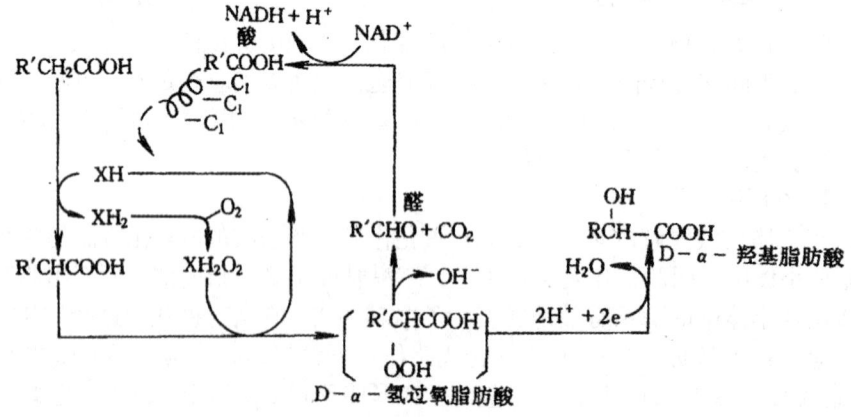

图7-8　脂肪酸α-氧化作用机理

Stumpf等证明，发育的蓖麻种子在成熟过程中能迅速合成含羟基的蓖麻酸。

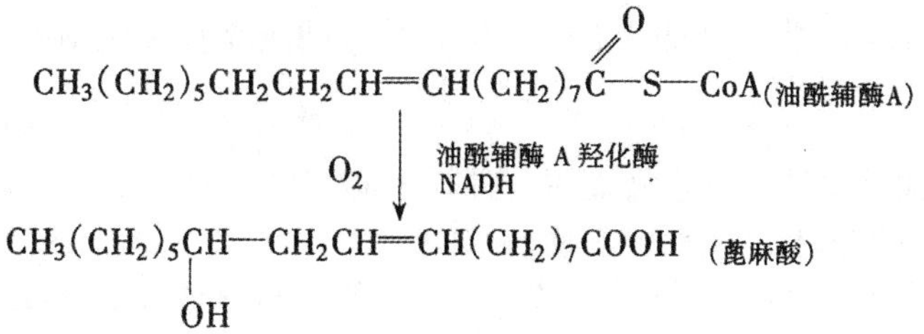

$$CH_3(CH_2)_5CH_2CH_2CH=CH(CH_2)_7C-S-CoA \text{（油酰辅酶A）}$$

$$\xrightarrow[\text{NADH}]{\text{油酰辅酶 A 羟化酶}} O_2$$

$$CH_3(CH_2)_5\underset{OH}{CH}-CH_2-CH=CH(CH_2)_7COOH \text{（蓖麻酸）}$$

蚕豆组织中还发现有16-羟基棕榈酸、10、16-二羟基棕榈酸等含羟基的脂肪酸，是植物角质聚合物的组成成分。再经氧化脱羧还可生成含奇数碳原子的脂肪酸。

3. 磷脂和糖脂代谢

磷脂与糖脂是细胞中重要的组成，它们是生物膜及光合器官中起重要生物功能的化学组成。

（1）磷脂的代谢

从植物组织中分离并经鉴定的磷脂主要有磷脂酰胆碱（卵磷脂）、磷脂酰乙醇胺（脑磷脂）和肌醇磷脂等。

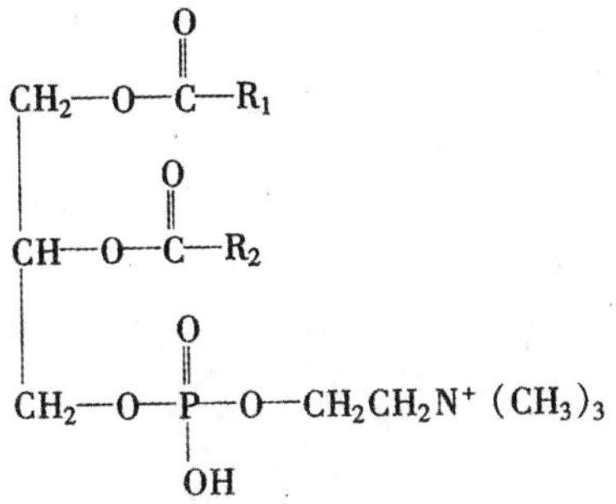

磷脂酰胆碱（卵磷脂）

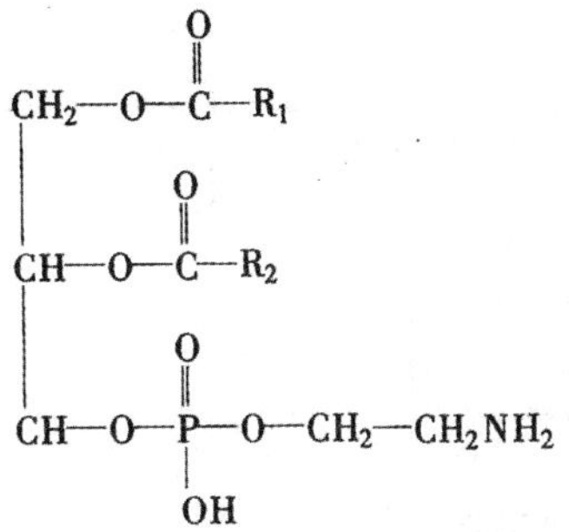

磷脂酰乙醇胺（脑磷脂）

最初发现合成磷脂酰胆碱与磷脂酰乙醇胺的酶存在与菠菜叶子的微体碎片中。现已证实该酶广布于植物界，它可以催化1,2-二脂酰甘油分别与胞苷二磷酸胆碱（CDP-胆碱）或胞苷二磷酸乙醇胺（CDP-乙醇胺）形成磷脂酰胆碱与磷脂酰乙醇胺。

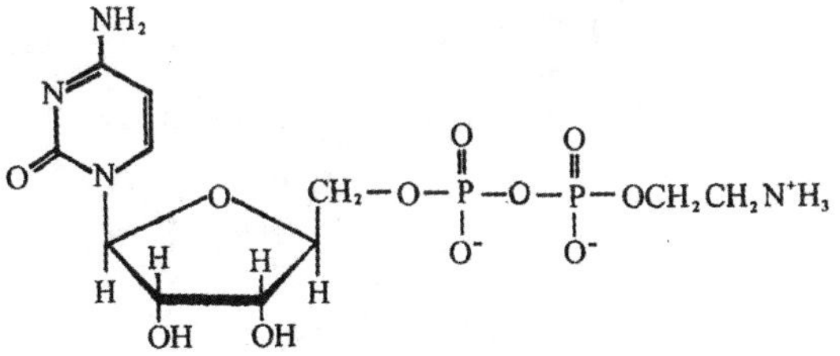

胞苷二磷酸乙醇胺(CDP-乙醇胺)

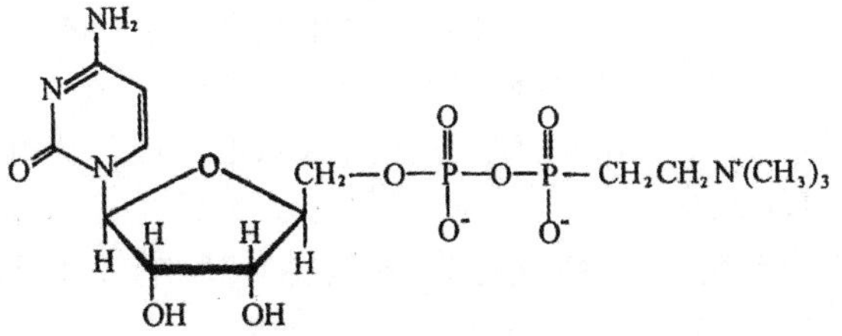

胞苷二磷酸胆碱(CDP-胆碱)

$$1,2\text{-二脂酰甘油} + \text{CDP-胆碱} \xrightarrow{\text{酶}} \text{磷脂酰胆碱} + \text{CMP}$$

$$1,2\text{-二脂酰甘油} + \text{CDP-胆胺} \xrightarrow{\text{酶}} \text{磷脂酰乙醇胺} + \text{CMP}$$

1,2二脂酰甘油是由磷脂酸水解而得。催化磷脂胆碱合成的酶称为磷酸胆碱转移酶；催化磷脂酰乙醇胺合成的酶称为磷酸乙醇胺转移酶。

植物中的磷脂能被磷脂酶降解。从植物中鉴定的磷脂酶是磷脂酶D，能催化磷脂水解为脂酰甘油磷酸与胆碱。磷脂酶D广泛存在于植物组织中，如胡萝卜根、葫芦和豌豆的种子、甘蓝和芹菜的茎中都发现有很高的酶活性，但在马铃薯块茎以及果实中，该酶活性很低。脂酰甘油磷酸能被一组专一性不同的脂酶继续水解，生成脂肪酸、甘油和磷酸，继续参加代谢。

(2) 糖脂的代谢

存在于高等植物中的糖脂，其结构比磷脂复杂，它是一类含糖的复杂脂类，已从植物中分离出来。已鉴定的糖脂有半乳糖二脂酰甘油、双半乳糖二脂酰甘油和最近从马铃薯块茎中分离出的一种三半乳糖的脂酰甘油。在植物体内，或可能还有更高级的同系物。

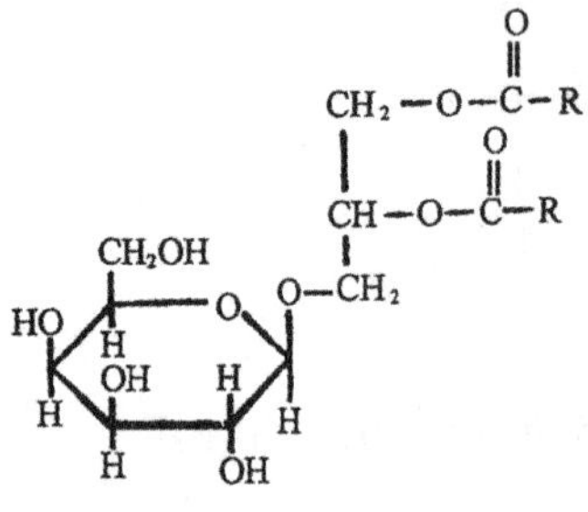

半乳糖二脂酰甘油
(MGDG)

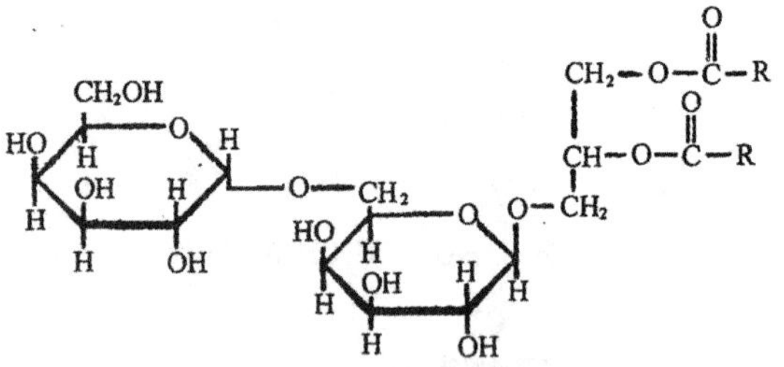

双半乳糖二脂酰甘油
(DGDG)

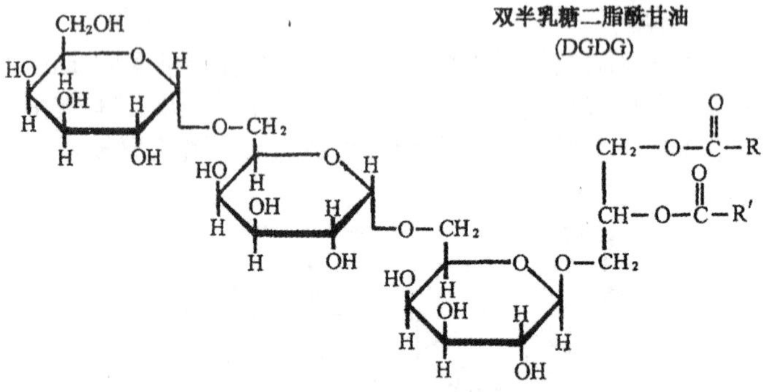

三半乳糖二脂酰甘油

糖脂中所含的脂肪酸似乎有专一性。在半乳糖二脂酰甘油（MGDG）中一般含有25%的十三碳三烯酸；双半乳糖二脂酰甘油（DGDG）中几乎只含亚麻酸。MGDG和DGDG主要分布在叶绿体中，尤其MGDG是在叶绿体膜中占优势的糖脂。

Mudd等的研究证实，合成半乳糖二脂酰甘油的酶是一种转移酶。它与叶绿体外膜牢固地结合，其催化的反应可能是

$$\text{UDP-半乳糖} + \text{二脂酰甘油} \rightarrow \text{半乳糖二脂酰甘油} + \text{UDP}$$

尿苷二磷酸半乳糖(UDP-半乳糖)

合成双半乳糖二脂酰甘油的转移酶与膜结合得不紧，它以可溶性状态进行催化。其反应是

UDP-半乳糖+半乳糖二脂酰甘油→双半乳糖二脂酰甘油+UDP

已发现半乳糖及双半乳糖二脂酰甘油存在于线粒体中。在损伤的细胞中，糖脂易被半乳糖脂酶水解，叶绿体内的糖脂被水解后，会降低或丧失在光合磷酸化中的电子传递功能。

7.1.3 蛋白质的代谢

蛋白质代谢在细胞中具有极其重要的作用。在生物的生长发育过程中，蛋白质与氨基酸的合成分解每时每刻都在进行。

1. 蛋白质的分解

蛋白质在生物体内的分解是在酶的催化下加水分解，使其肽键断裂，最后形成氨基酸，水解蛋白质的酶有两大类，即肽酶和蛋白酶。

肽酶作用于肽键的末端，作用于羧基末端的称为羧肽酶，作用于氨基末端的称为氨肽酶，它们每次只能分解出一个氨基酸或二肽。肽酶又称为肽链外切酶或肽链端解酶。

2. 氨基酸的合成与分解

（1）氨基酸的合成

①谷氨酸和谷酰胺的合成。现已知无机态氮转变为有机态氮，主要是通过谷氨酸和谷酰胺的合成，因为谷氨酸上的氨基可以转移到任何一种α-酮酸上去，生成各种相应的氨基酸，它是氨基的供体和转移站，所以在氨基酸合成中占有主要地位。

②转氨基作用。指把一种氨基酸的氨基转到另一种酮酸上，以形成另一种氨基酸和酮酸的作用，这种转氨基作用由转氨酶催化，转氨酶的辅基是磷酸吡哆醛（胺），转氨基作用的通式如下：

$$\underset{\text{氨基酸}}{\underset{|}{\overset{R_1}{\underset{COOH}{\overset{|}{CH-NH_2}}}}} + \underset{\alpha\text{-酮酸}}{\underset{|}{\overset{R_2}{\underset{COOH}{\overset{|}{C=O}}}}} \xrightarrow{\text{转氨酶}} \underset{\alpha\text{-酮酸}}{\underset{|}{\overset{R_1}{\underset{COOH}{\overset{|}{C=O}}}}} + \underset{\text{氨基酸}}{\underset{|}{\overset{R_2}{\underset{COOH}{\overset{|}{CH-NH_2}}}}}$$

重要的转氨反应如谷氨酸与丙酮酸、谷氨酸与草酰乙酸之间的转氨等。由转氨基作用可形成多种氨基酸，如甘氨酸、丙氨酸、天冬氨酸、丝氨酸、亮氨酸、异亮氨酸、苯丙氨酸、酪氨酸等。

（2）氨基酸的分解

各种氨基酸分子都含有氨基和羧基，因而它们的分解具有共同的途径，主要是脱氨基作

用、脱羧基作用，以及脱氨脱羧后产物的转变。但由于各氨基酸的侧链基团不同，个别氨基酸有其特殊的代谢途径。

①脱氨基作用。氨基酸在酶的作用下脱去氨基的过程称脱氨基作用，主要有氧化脱氨酸、转氨基、联合脱氨基等作用。

第一，氧化脱氨基作用。在L-谷氨酸脱氢酶等酶的催化下脱氨生成酮酸，同时伴有氧化过程，称为氧化脱氨基作用。

$$\alpha\text{-氨基酸}+H_2O+NAD(P)^+ \rightarrow \alpha\text{-酮酸}+NH_3+NAD(P)H+H^+$$

第二，联合脱氨基作用。这是指有转氨基作用和氧化脱氨基作用相互配合的脱氨基过程，反应通式如下：

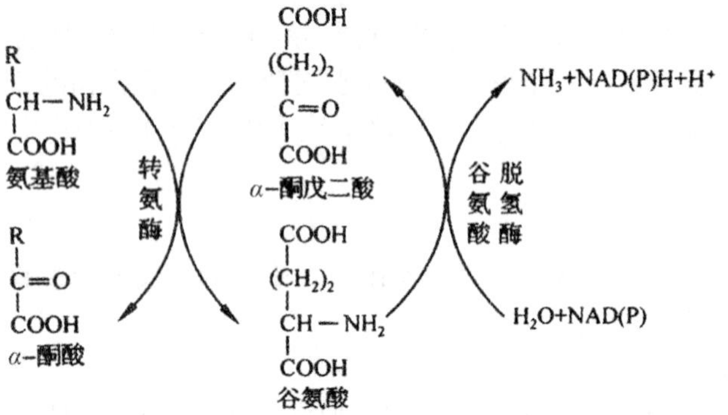

②脱羧基作用。指氨基酸在氨基酸脱羧酶的作用下，脱去羧基，生成胺的过程。反应通式如下：

$$R—CH—NH_2—COOH \xrightarrow{\text{脱羧酶}} R—CH_2—NH_2—CO_2$$

脱羧酶的辅酶也是磷酸吡哆醛，这种酶的专一性很高，一般一种脱羧酶只能对一种氨基酸起催化作用，在动植物体内普遍存在。

7.1.4 核酸的代谢

1. 核酸的降解

核酸是许多单核苷酸以3',5'-磷酸二酯键连成的高聚物。核酸分解的第一步就是水解其间的磷酸二酯键。作用于磷酸二酯键的水解酶称为核酸酶，也称磷酸二酯酶，据切割磷酸二酯键的方位不同把核酸酶分为核酸内切酶和核酸外切酶。内切酶从核酸多核苷酸链内部切断磷酸二酯键，外切酶则从核苷酸链的3'-末端或5'-末端逐个水解切下为单核苷酸。

根据核酸酶对底物的专一性将其分为3类：核糖核酸酶、脱氧核糖核酸酶和非特异性核酸酶。

（1）核糖核酸酶

只能水解RNA磷酸二酯键的酶称核糖核酸酶（RNase）。不同的RNase其专一性不同，例如，牛胰核糖核酸酶（RNase I），它的作用位点是嘧啶核苷-3'-磷酸与其他核苷酸之间的连接键，而核糖核酸酶T_1（RNase T_1）的作用位点是3'-鸟苷酸与其他相邻核苷酸的5'-OH间的连键（见图7-9）。

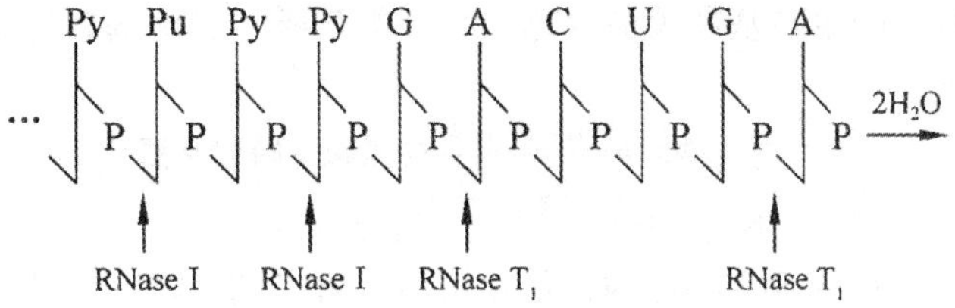

```
          Py  Pu  Py  Py  G   A   C   U   G   A
...        |   |   |   |   |   |   |   |   |   |            2H₂O
     \P/ \P/ \P/ \P/ \P/ \P/ \P/ \P/ \P/ \P/ \P   →
          ↑       ↑       ↑               ↑
        RNase I  RNase I  RNase T₁       RNase T₁
```

Py：嘧啶碱 Pu：嘌呤碱

图7-9　核糖核酸酶对RNA的水解位置示意

（2）脱氧核糖核酸酶

只能水解DNA磷酸二酯键的酶称为脱氧核糖核酸酶（DNase）。例如，牛胰脱氧核糖核酸酶（DNase I）可切割双链和单链DNA，产物是5'-磷酸为末端的寡核苷酸，而牛脾脱氧核糖核酸酶（DNase II）降解DNA则产生3'-磷酸为末端的寡核苷酸。

在原核生物中存在着一类能识别外源DNA双螺旋中4～6个碱基对所组成的特异序列，并在此序列的某位点水解DNA双螺旋链的酶，这类酶称作限制性内切酶，简称限制酶。限制酶在生物技术、生物工程、分子生物学等领域，分析染色体结构、DNA分子测序、分离基因乃至创造新的DNA分子，是必不可少的工具。

（3）非特异性核酸酶

既可水解RNA又可水解DNA磷酸二酯键的核酸酶称为非特异核酸酶。例如，小球菌核酸酶是内切酶，可作用于RNA或变性DNA，产生3'-核苷酸或寡核苷酸，而蛇毒磷酸二酯酶则能从RNA链或DNA链的3'-羟基末端逐个切割核苷酸，生成5'-核苷酸。

2. 核苷酸的合成与分解

（1）核苷酸的合成

核苷酸在细胞内的合成有两种基本途径：一种是从氨基酸、核糖磷酸、CO_2和NH_3合成核苷酸，称作从头合成途径；另一种是由核酸分解产生的碱基和核苷转变成核苷酸，这种转变可以通过各种不同的路线完成，一般把这种转变途径称作补救合成途径（见图7-10）。

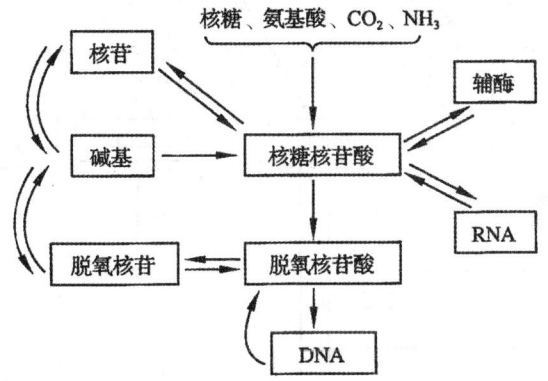

图7-10　核苷酸合成的两条途径

（2）核苷酸的分解

核苷酸在核苷酸酶或称磷酸单酯酶（I）的作用下水解为磷酸和核苷。核苷酸酶广泛存在于生物体中，有两类：一类是非特异性核苷酸酶，对2'、3'或5'-核苷酸均可水解；另一类是特异性强的核苷酸酶，有3'-核苷酸酶和5'-核苷酸酶。

核苷经核苷酶作用后，产生嘌呤或嘧啶和戊糖。核苷酶也有两类：一类是核苷磷酸化酶，它催化核苷磷酸解产生碱基和磷酸戊糖；另一类是核苷水解酶，它分解核苷产生含氮碱（嘌呤或嘧啶）和戊糖。

$$核苷 + 磷酸 \xrightleftharpoons{核苷磷酸化酶} 含氮碱 + 磷酸戊糖$$

$$核苷 + H_2O \xrightarrow{核苷水解酶} 含氮碱 + 戊糖$$

核苷磷酸化酶广泛存在于生物体内，催化反应是可逆的。核苷水解酶主要存在于植物和微生物中，只作用于核糖核苷，对脱氧核糖核苷无作用，催化反应不可逆。核苷的降解产物嘌呤和嘧啶还可以继续分解成CO_2和NH_3等。

7.1.5 植物次生代谢

糖类、脂肪、核酸和蛋白质等是初生代谢的产物，称为初生代谢物。此外，植物中还有一些表面看来与植物生长发育没有直接关系的、种类繁杂的有机物，它们是由糖类等有机物次生代谢衍生出来的物质，称为次生代谢物，又称次生产物或天然化合物。

根据植物次生代谢物的化学结构和性质，可将其分为酚类、萜类和次生含氮化合物等类型。萜类化合物是从乙酰-CoA或糖酵解中间产物转化而来，酚类化合物是经由莽草酸途径等合成的芳香族化合物，含氮次生代谢物如生物碱主要是从氨基酸合成而来（见图7-11）。

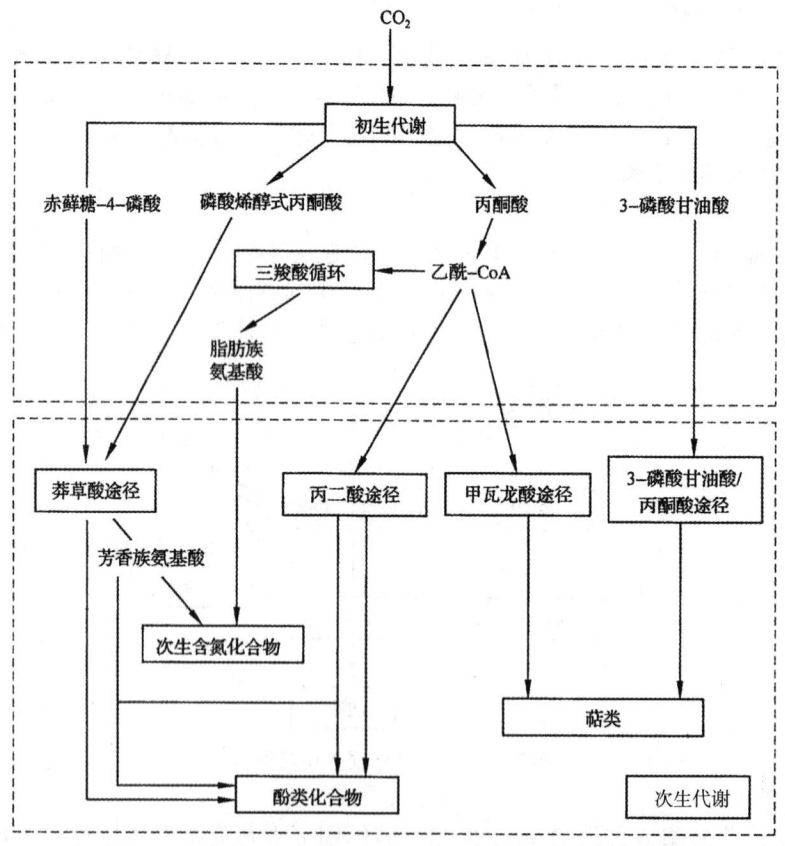

图7-11 植物次生代谢的主要途径及其与初生代谢的关系

次生代谢物多在液泡或细胞壁中，是代谢的终产物，除了极少数外，大部分不再参加代谢活动。次生代谢物的产生和分布往往局限在某一个或几个分类学上相近的植物种类，而初生代谢物存在于所有植物中。

植物次生代谢物种类繁多，功能各异，不仅可以作为药物、香料以及工业原料使用，而且在植物的生态适应性方面具有重要意义。其中最重要的功能之一是赋予植物防御功能，如抑制草食动物的采食和致病微生物的感染。另外，次生代谢物还可以诱引昆虫和动物进行传粉和种子传播。植物之间的异株克生现象也与次生代谢物有关。

1. 酚类化合物及其衍生物

酚类物质是芳香族环上的氢原子被取代后生成的化合物。其取代基包括羟基、羧基、甲氧基（—O—CH_3）或其他非芳香环结构。属于该类的植物次生物包括芳环氨基酸（如苯丙氨酸、酪氨酸和色氨酸）、简单酚类、类黄酮和异类黄酮等，种类繁多，广泛地存在于高等植物、苔藓、地钱和微生物中。

莽草酸途径是植物酚类化合物合成的主要途径。其合成前体是磷酸烯醇式丙酮酸（PEP）（来自EMP途径）和4-磷酸赤藓糖（E4P）（来自PPP途径）。

通过莽草酸途径及其衍生反应可以生成许多酚类物质，如肉桂酸、香豆酸、咖啡酸、绿原酸、原儿茶酸、没食子酸、阿魏酸、奎宁酸等。这些化合物在植物中通常以游离形式存在，它们的衍生物如植保素、香豆素、木质素以及其他多种黄酮类化合物都是具有重要意义的次生代谢物。

(1) 简单酚类

简单酚类广泛分布于微管植物中。许多简单酚类化合物在植物抗病虫中有重要作用（见图7-12）。

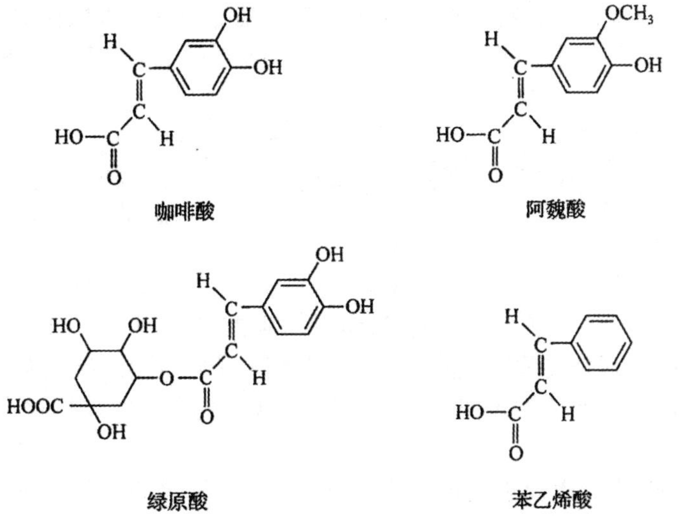

图7-12 一些简单酚类物质的分子结构

原儿茶酸可以防止由真菌（如旋卷刺盘孢）感染引起的斑点病，对此病具有抗性的有色洋葱的葱头颈部可以产生大量的原儿茶酸，但是在易感病的白色品种中没有原儿茶酸产生。从有色洋葱中提取的原儿茶酸可以抑制上述真菌及其他真菌的孢子萌发。

绿原酸在植物体内分布很广，而且含量较高，是一种对人体无害的次生代谢物。例如，干咖啡豆中可溶性绿原酸含量高达13%。土豆块茎内也含有大量的绿原酸，在氧气和铜离子存在的情况下容易被氧化，形成褐色或黑色的多聚醌类物质。催化此反应的酶是多酚氧化酶，所形成的醌类物质具有抑霉剂作用。所以绿原酸及其氧化多聚物是植物抵抗病菌感染的一种机制，它在抗病品种中含量较多，而且容易发生氧化生成多醌；而在感病品种中绿原酸含量较少，或难以氧化为醌类物质。

没食子酸是形成植物单宁的主要化合物之一。没食子酸以多种方式相互连接，并与葡萄糖和其他糖类结合形成杂合的多聚体-没食子鞣质（一种单宁酸）。没食子鞣质及其他单宁酸可以使蛋白质发生交联和变性，严重抑制植物的生长，所以植物通常将产生的单宁酸贮存在液泡内，否则会使细胞质内的酶类变性。没食子鞣质还能抑制周围其他植物的生长，是一种植物异株克生物质。植物中还存在着大量的其他单宁，对植物的防御作用具有重要意义。例如，单宁可以抑制细菌和真菌的侵染；它们还是一种收敛剂，使动物食后嘴唇发麻，而且可以抑制消化，借此防止动物的采食。

酚类物质的一类重要衍生物是香豆素类化合物。自然界的香豆素类化合物有1000种以上，但是在某一特定植物内只有若干种存在。植物在衰老或受伤时，会降解体内的香豆素葡萄糖结合物，释放出具有青草味的挥发性香豆素。如紫花苜蓿和甜三叶草等牧草中含有大量的香豆素，在贮存不当发生腐烂时会产生有毒的双香豆素，它是一种抗凝血剂，可以导致牲畜罹患甜三叶草病。所以筛选低香豆素的苜蓿品种是牧草品种改良的重要目标。东莨菪素存在于许多植物的种皮内，是种子自然萌发的抑制剂，可以维持种子的休眠状态。在自然状态下，只有经过雨季足量的降雨将其从种皮淋洗出后，种子才能萌发。

（2）类黄酮

类黄酮是一种15碳的化合物（见图7-13），广泛地分布在各种植物中。目前已经鉴定的类黄酮已经超过2000种。由于类黄酮的基本骨架中具有多个不饱和键，所以可以吸收可见光，呈现各种颜色。

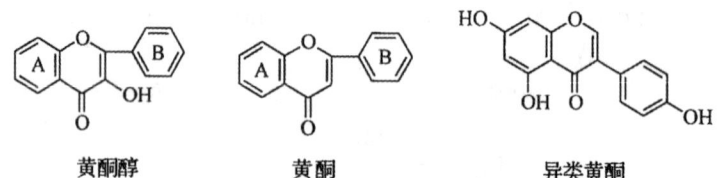

图7-13 黄酮醇、黄酮和异类黄酮的结构

香豆素和乙酰-CoA是类黄酮的前体物。类黄酮分子结构上通常带有多个羟基，这些羟基和各种糖类结合，增加了类黄酮的水溶性，所以类黄酮一般被贮存在细胞的中央大液泡内。

光照，特别是蓝光可以促进类黄酮的合成。例如，苹果的着色面往往是朝向阳光的一面，一般认为光通过表皮细胞内的光敏色素启动类黄酮的生物合成。另外，矿质元素缺乏，如缺磷、硫和氮也容易诱导某些植物形成花色素积累。

花色苷一般存在于红色、紫色和蓝色的花瓣中，另外在一些植物的果实、叶片、茎干和根中也存在。花色苷大量分布在植物的表皮细胞中。花和果实的颜色主要是由其中所含的花色苷颜色决定的。晚秋时节，在光照良好、温度较低的气候条件下，有利于花色苷的大量积累，使树叶呈现鲜艳的颜色。但是在某些黄色或橙色的花和叶片中，类胡萝卜素是呈色的主要物质。

地钱、藻类等低等植物中不含花色苷，但是苔藓和裸子植物中含有少量的花色苷和其他类黄酮物质。高等植物中含有多种花色苷，有时在一朵花中同时存在两种以上的花色苷，使之呈现不同的颜色组合。

在植物细胞内，花色苷一般是以糖苷的形式存在的，与糖基解离的花色苷剩余部分称为花色素。不同花色素的分子结构的差异仅是环上取代羟基数目的不同。花色素的颜色与取代羟基数目有关，同时还受pH的影响。许多花色素在酸性pH条件下为红色，随着pH的升高会变成蓝色或紫色。例如，飞燕草花瓣表皮细胞液泡内的pH值在衰老过程中从5.5上升到6.6，其中的花色苷的颜色则从紫红色变为蓝紫色。

花色苷在植物中存在的广泛性和丰富性，证明花色苷是植物长期进化选择的结果。目前认为，花色苷的功能主要是作为诱引色，吸引昆虫或动物采食，协助传粉和传播种子。

大部分的黄酮醇和黄酮呈淡黄色或象牙白色，和花色素一样也是植物花的呈色物质。一些无色的黄酮醇和黄酮可以吸收紫外线，某些昆虫如蜜蜂可以看见部分紫外波段的光线，所以含黄酮醇和黄酮的花可以诱引这些昆虫采食传粉。这些物质还存在于叶片内，对动物起拒食剂的作用。由于黄酮醇和黄酮可以大量吸收紫外线，可以保护植物叶片不受长波紫外线的危害。

类黄酮的类似物异类黄酮存在于某些植物品种中，尤其是在蝶形花亚科豆荚属植物中大量存在。某些种类的异类黄酮是种间化学物质，即对其他动植物具有排斥或诱引作用的化学物质。例如，鱼藤根中所含的鱼藤酮就是一种异类黄酮，是常用的一种杀虫剂。异类黄酮还是一种植保素，在植物受病原菌感染后迅速产生，抑制病菌的进一步生长。

（3）木质素

木质素是自然界中除了纤维素外第二丰富的有机物质，在许多木本植物中，木质素占总干重的15%～25%，是植物细胞壁中的一种骨架物质，存在于纤维素微纤丝之间，起着强化细胞壁的作用。木质部导管分子内木质素含量较高，分布在初生壁、中胶层和次生壁各个部分。

木质素对细胞壁的强化作用不仅能够使植物保持直立姿态，抗御压力和风力，而且使植物能够形成足够强度的木质部导管分子，进行水分的长距离运输。

木质素还具有防御功能。坚硬的细胞壁有助于抗拒昆虫和动物的采食，即使被采食也难以消化。木质素还可以抑制真菌及其分泌的酶和毒素对细胞壁的穿透能力，感染部位周围细胞壁的木质化还会抑制水分和养分向真菌扩散，达到抑制真菌生长的目的。除了上述的屏障作用之外，木质素合成过程中产生的活性自由基可以钝化真菌的细胞膜、酶和毒素。

由于木质素的相对分子质量巨大，并与其他细胞壁多糖上的羟基以醚键等共价键的形式紧密结合，所以它不溶于大部分溶剂中。

木质素主要是由3种芳香醇构成的：松柏醇、芥子醇、对香豆醇。针叶树中的木质素含松柏醇较多，而其他木本植物以及草本植物中后两种含量较多。上述3种芳香醇都是通过莽草酸途径合成的。

2. 萜类

植物萜类或类萜化合物是由五碳的异戊二烯单元构成的化合物及其衍生物，也称为异戊二烯化合物（见图7-14）。异戊二烯的合成有两条途径：一条是甲瓦龙酸途径；另一条是甲基赤藓醇磷酸途径，又叫3-磷酸甘油酸/丙酮酸途径。萜类化合物包括异戊二烯头尾相连形成的含10个碳原子的单萜、含15个碳原子的倍半萜和多萜。

$$（头）—H_2C—C{=}C—CH_2—（尾）$$
$$\underset{}{\overset{CH_3}{|}}$$

图7-14 异戊二烯单位

目前，在植物中已经发现了数千种萜类化合物。如植物激素中的赤霉素和脱落酸、黄质醛（脱落酸生物合成的中间体）、甾醇、类胡萝卜素、松节油、橡胶以及作为叶绿素尾链的植醇等。

有的萜类化合物可以对其他植物或动物产生影响，例如，植物释放萜类物质抑制其他植物的生长；含某些萜类化合物的植物可以防虫或者减少草食动物的采食。细胞膜内的甾醇起着增强膜结构稳定性的作用，这也是甾醇的主要生物功能之一。甾醇类化合物在植物的防御功能上具有重要意义。

许多含10~15碳的萜烯称为植物精油，因为它们通常具有挥发性和较强的气味。例如，在橘皮中就存在着71种挥发性的植物精油，其中大部分是单萜，主要是柠檬油精。植物精油是香料和香精制造中的重要原料。植物花朵中的精油还有诱引昆虫采蜜，协助授粉的功能。

植物体内释放的挥发性精油（包括异戊二烯自身）的量非常大，在森林上空常常会形成烟雾，甚至会造成一定的空气污染。据测算，每年地球上植物释放出的挥发性物质大约有$14×10^8$ t，其中大部分是碳氢类萜烯化合物。在美国田纳西州、北卡罗来纳州，以及澳大利亚等地区经常形成的蓝色山雾，就是由空气中的萜烯类化合物颗粒对蓝光的散射造成的。

最知名的一种植物精油是松节油，大量地存在于松属植物的一些特殊细胞内。这些化合物以及某些萜烯类化合物，如香叶烯和柠檬油精，是植物防御松节虫的重要武器。松节虫是针叶林的杀手，每年都给世界各地的林业生产造成巨大的损失。在松属植物中，柠檬油精是昆虫拒食剂。与此相反，α-蒎烯是松树吸引昆虫聚集的信息素。所以，柠檬油精含量高而α-蒎烯含量低的松树就不易受到松节虫的侵害。

树脂是10~30碳萜烯的混合物，广泛存在于针叶植物和许多热带被子植物中。树脂在一种特殊的叶片上皮细胞中合成，通过相连的导脂管聚集、分泌，保护植物抗御昆虫侵害。

橡胶含有3000~6000个异戊二烯单元组成的无分支长链，是分子最大的异戊二烯类化合物。天然橡胶是一种热带大戟属植物三叶胶树（Hevea brasiliensis）分泌的一种乳状的细胞原生质，胶乳中大约含有1/3的纯橡胶。目前世界上发现大约2000种产胶植物，有很多被用作橡胶原料植物。

3. 次生含氮化合物

植物的许多次生代谢物分子结构中含有N原子。主要的次生含氮化合物包括生物碱、生氰苷、葡萄糖异硫氰酸盐、非蛋白氨基酸和甜菜碱等。这些物质对动物具有重要生理作用，也是参与植物防御反应的重要物质。

生物碱是植物中广泛存在的一类次生含氮化合物，分子结构中具有多种含氮杂环（图

7-15）。其分子中的N原子具有结合质子的能力，所以生物碱呈碱性。生物碱多为白色晶体，具有水溶性。生物碱对人和动物具有特殊的生理和精神作用，在植物中也具有十分重要的生理功能。

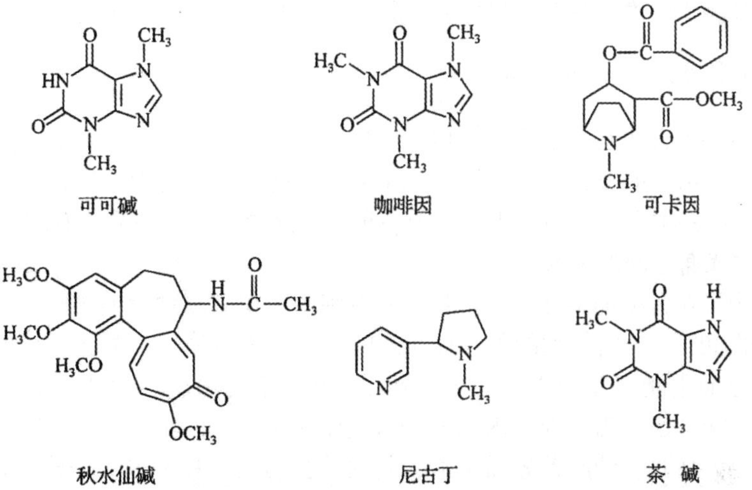

可可碱　　　　　咖啡因　　　　　可卡因

秋水仙碱　　　　尼古丁　　　　　茶　碱

图7-15　几种生物碱的分子结构

目前，在4000余种植物中发现了3000多种生物碱。自然界20%左右的维管植物含有生物碱，其中大多数是草本双子叶植物，单子叶植物和裸子植物很少含生物碱。最早发现的生物碱是1805年从罂粟中提纯的吗啡，其他广为人知的生物碱有烟草中的尼古丁、古柯树叶中的可卡因（也称古柯碱）、柏树树皮中的奎宁、咖啡豆和茶叶中的咖啡因、可可豆中的可可碱、秋水仙中的秋水仙碱等。

大多数生物碱都在植物茎中合成，少数生物碱如尼古丁在根中合成。生物碱生物合成的前体是一些常见的氨基酸，如天冬氨酸、赖氨酸、酪氨酸和色氨酸。一些生物碱，如尼古丁及其类似物以鸟氨酸为合成前体。还有一部分是通过萜烯的合成途径合成的。

生物碱曾被认为是植物的代谢废物，但是现在认为其是植物的防御物质，因为大多数生物碱对动物具有毒性。几乎所有的生物碱对人都是有毒的；但是在低剂量条件下，许多生物碱具有药理学价值。如吗啡、可待因、颠茄碱、麻黄素等被广泛应用在医药中。

蛋白质氨基酸有20种，但植物还含有一些所谓的"非蛋白氨基酸"，这些氨基酸不被结合到蛋白质内，而是以游离形式存在。许多非蛋白氨基酸对动物有很大的毒性，它们可以抑制蛋白质氨基酸的吸收或合成，或者被结合进正常蛋白质，导致蛋白质功能的丧失。例如，刀豆氨酸被草食动物摄入后，可以被精氨酸tRNA识别，在蛋白质合成过程中取代精氨酸被结合进蛋白质的肽链内，导致酶催化部位的立体构造的紊乱，丧失与底物结合的能力或丧失催化生化反应的能力。但是合成刀豆氨酸的植物体内有完善的辨别机制，可以区别刀豆氨酸和精氨酸，从而避免刀豆氨酸被错误地结合进正常蛋白质；那些以刀豆为食的昆虫体内也有类似的辨别机制。

生氰苷是植物的防御物质，其本身并没有毒性，但是当含生氰苷的植物被损伤后，会释放出有毒的氢氰酸（HCN）气体。生氰苷存在于多种植物内，最常见的有豆科、蔷薇科等植物。生氰苷的裂解和氢氰酸的释放是酶促过程，植物中的糖苷酶和羟腈裂解酶是催化生氰苷释放氢氰酸的两种酶。一般情况下，植物体内的这些酶与生氰苷的存在位置不同，如高粱中的生氰苷存在于表皮细胞的液泡内，而上述裂解酶存在于叶肉细胞内，只有当植物叶片被损伤（如被动物嚼食）时才会使生氰苷与裂解酶混合发生反应，释放毒气。

7.1.6 物质代谢的相互关系

物质代谢由许多合成与分解途径组成，它们都不是孤立存在的，它们通过很多中间代谢反应和中间代谢产物，能彼此联系而统一于生命活动的总需求之中。生物体尽管具有千差万别的代谢途径，但其主要的代谢与生物体内各种代谢途径之间的关系，有基本规律可循。

1. 糖与脂类代谢之间的关系

许多微生物可在含糖的培养基中生长，并在细胞中积累多种脂类物质。某些酵母合成的脂肪可达干重的40%。油料作物的种子在萌发时，油脂不断消失，蔗糖平行地增加。这些现象都说明，糖与油脂能相互转变。糖在有氧呼吸和无氧呼吸中，生成磷酸二羟丙酮及丙酮酸。磷酸二羟丙酮可还原为甘油；丙酮酸经氧化脱羧生成乙酰辅酶A，然后参与脂肪酸的合成。而油脂转变为糖时，油脂首先需水解为甘油及脂肪酸。甘油主要是通过α-磷酸甘油转变为磷酸二羟丙酮，然后可生成糖，而脂肪酸转变为糖则有一定的限度。由于脂肪酸经β-氧化过程生成乙酰辅酶A，在植物及微生物体内，乙酰辅酶A与草酰乙酸可缩合成柠檬酸，当其转变为异柠檬酸时，有一部分可以迅速被异柠檬酸裂解酶分解为乙醛酸与琥珀酸，乙醛酸与另一分子的乙酰辅酶A形成苹果酸。催化该反应的酶为苹果酸合成酶。苹果酸经脱氢氧化生成草酰乙酸，这一过程称乙醛酸循环（又称二羧酸循环），这是植物与微生物所特有的反应，可以认为二羧酸循环是三羧酸循环的支路。其主要的生理功能是疏通乙酰辅酶A的代谢，产生更多的能量（见图7-16）。

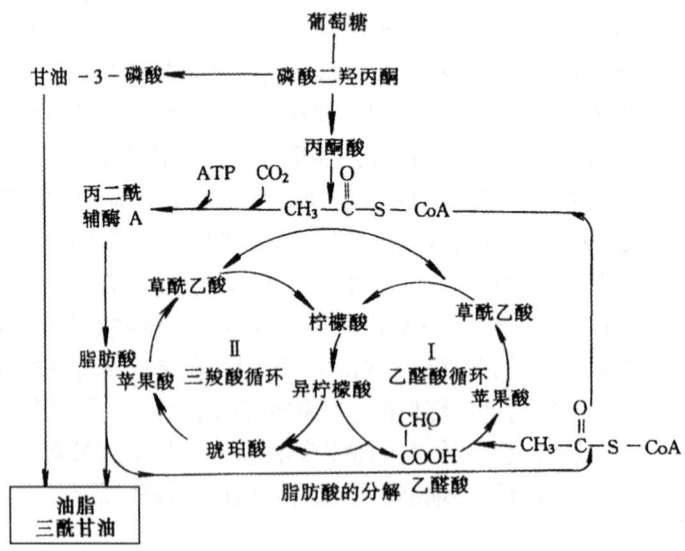

图7-16 糖与油脂之间的相互联系

$$\underset{\text{异柠檬酸}}{\begin{array}{c}CH_2-COOH\\|\\CH-COOH\\|\\CH-COOH\\|\\OH\end{array}} \xrightleftharpoons{\text{异柠檬酸裂解酶}} \underset{\text{琥珀酸}}{\begin{array}{c}CH_2-COOH\\|\\CH_2-COOH\end{array}} + \underset{\text{乙醛酸}}{\begin{array}{c}CHO\\|\\COOH\end{array}}$$

$$\underset{\text{乙醛酸}}{\begin{array}{c}CHO\\|\\COOH\end{array}} + \underset{\text{乙酰辅酶A}}{\begin{array}{c}CH_3\\|\\CO-S-CoA\end{array}} + H_2O \xrightleftharpoons{\text{苹果酸合成酶}} \underset{\text{苹果酸}}{\begin{array}{c}CH_2-COOH\\|\\CH-COOH\\|\\OH\end{array}} + CoA-SH$$

2. 氨基酸与糖代谢之间的相互关系

细胞中的氨基酸来源于生物合成，或来源于细胞中原有蛋白质的水解。

蛋白质的水解是由一组专一性不等的酶类分别进行水解，主要有蛋白水解酶、多肽酶及肽酶等，它们虽然都是水解肽键，但由于专一性不同，水解产物不一。蛋白质被彻底水解后，全部生成α-氨基酸。

氨基酸的合成与糖代谢的联系是相互的，糖代谢过程中生成的多种中间产物，能作为氨基酸的碳链骨架，经氨基化或转氨作用，生成相应的氨基酸，然后多种氨基酸之间又能相互转变，因此，植物细胞中生成的氨基酸较为多样，而有多种氨基酸动物体内却不能合成，但又为营养所必需，所以一定要依赖外源供给，这类氨基酸一般称为必需氨基酸。

氨基酸经转氨后，又可生成相应的酮酸，参与糖代谢（见图7-17）。

3. 基础代谢间的联系

糖、油脂和氨基酸（蛋白质水解产物）三者之间，通过代谢途径可相互转变，但相互转变的难易、强度及速度并不均等，在细胞中的调节系统以及不同环境影响下，各个代谢途径相互协调、配合，构成整体代谢（见图7-18）。

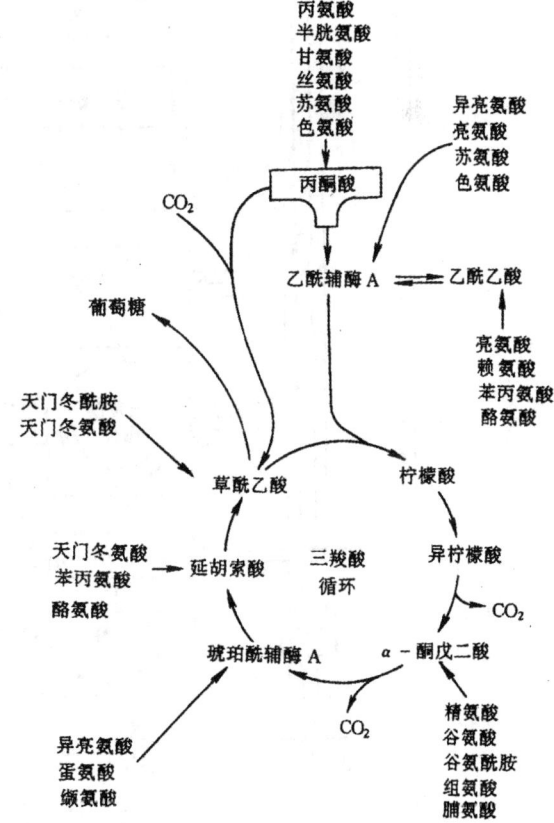

图7-17 氨基酸与糖代谢之间的联系

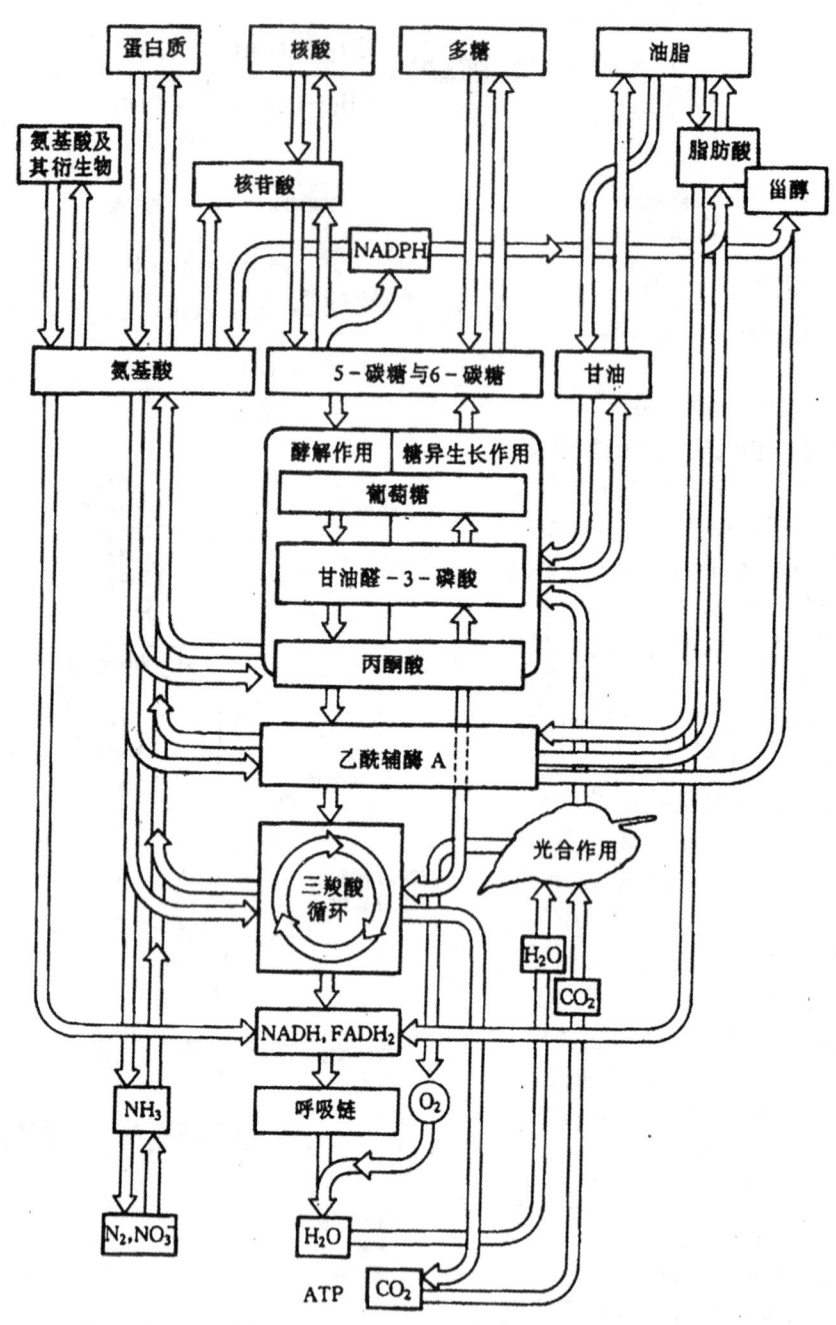

图 7-18 物质代谢之间的联系图解

7.2 有机物运输的途径与机理

7.2.1 有机物运输系统

高等植物体内的运输系统包括短距离运输系统（short distance transport system）和长距

离运输系统（long distance transport system）。短距离运输是指细胞内以及细胞间的运输，距离在微米与毫米之间，主要靠物质本身的扩散和原生质的吸收与分泌来完成。长距离运输是指器官之间、源与库之间运输，距离从几厘米到上百米，两者虽然都是物质在空间上的移动，但在运输的形式和机理上有许多不同。

1. **短距离运输系统**

（1）胞内运输

胞内运输指细胞内、细胞器间的物质交换。有分子扩散、原生质的环流、细胞器膜内外的物质交换，以及囊泡的形成与囊泡内含物的释放等。如在光呼吸途径中，磷酸乙醇酸、甘氨酸、丝氨酸、甘油酸分别进出叶绿体、过氧化体、线粒体。叶绿体中的丙糖磷酸经磷酸转运器从叶绿体转移至细胞质，在细胞质中合成蔗糖进入液泡贮藏；细胞质中的磷酸则经磷酸转运器转移至叶绿体。在内质网和高尔基体中合成的成壁物质由高尔基体分泌小泡运输至质膜，小泡内含物释放至细胞壁中等过程均属胞内物质运输。

（2）胞间运输

胞间运输指细胞之间短距离的质外体、共质体以及质外体与共质体间的运输。

①质外体运输 物质在质外体中的运输称为质外体运输。由于质外体没有外围的保护，其中的物质容易流失到体外。

②共质体运输 物质在共质体中的运输称为共质体运输。由于共质体中原生质的黏度大，故运输的阻力大。在共质体中的物质有质膜保护，不易流失于体外。共质体运输受胞间连丝状态控制，胞间连丝多、孔径大，胞间物质浓度梯度大，则有利于共质体的运输。

③质外体与共质体间的运输即物质进出质膜的运输。物质进出质膜有3种方式：顺浓度梯度的被动转运，包括自由扩散、经过通道或载体的协助扩散；逆浓度梯度的主动转运，一种物质伴随另一种物质进出质膜的伴随运输；以小囊泡方式进出质膜的膜动转运，包括内吞、外排和出胞等。

植物体内物质的运输常不局限于某一途径。如共质体的物质可有选择地穿过质膜而进入质外体运输；质外体的物质在适当的场所也可通过质膜重新进入共质体运输。像这种物质在共质体与质外体间交替进行的运输也称为共质体-质外体交替运输。

在共质体-质外体交替运输过程中常涉及一种特化细胞，起转运过渡作用，这种特化细胞被称为转移细胞（TC），它在结构上的特征是细胞壁及质膜内突生长，形成许多折叠结构，从而扩大了质膜的表面积，增加了溶质内外转运的面积。另外，质膜折叠可有效地促进囊泡的吞并，加速了物质分泌或吸收。

2. **长距离运输系统**

一段不过1~2 cm的茎，两端物质转移和信息传递若要在细胞间进行，就要通过成百上千个细胞才行，数量和速度都受到很大限制。这样，植物只能长得矮小，匍匐在沼泽地域。随着高等植物向空阔大陆迁居，植物躯体不断变得高大，体内物质运输距离拉长，在长期进化过程中，植物体内的某些细胞与组织发生了特殊分化，逐步形成了专行运输功能的输导组织——维管束系统。

（1）维管束的组成

维管束系统贯穿于植物的周身，通过维管组织的多级分支，形成了一个网络密布、结构复杂、功能多样的通道，为物质运输和信息传递提供了方便。维管束系统的发育状况对植物的生长与器官的发育和成熟具有重要的意义，维管组织的损伤或堵塞，会立即引起植物组织的衰败或死亡。

一个典型的维管束外面被维管束鞘包围，内部可以分为3个部分：①以导管为中心，富有纤维组织的木质部）；②以筛管为中心，周围有薄壁组织伴联的韧皮部；③多种组织的集合穿插与包围在两部分中间（见图7-19）。两个管道——筛管与导管可以分别看作是由共质体与质外体进一步特化、转变而来。运输的物质是以水溶液的形式在导管和筛管中流动。维管束系统的功能是多种多样的，包括植物的汁液运输、信息传递、横向生长、营养储备、机械支持等。

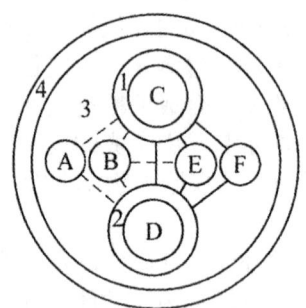

A. 电波；B. 激素；C. 无机营养；D. 有机营养；E 加工贮藏；F. 径向生长；实线表示物质交换，虚线表示信息交换
1. 以导管为中心的木质部；2. 以筛管为中心的韧皮部；3. 多种组织的集合；4. 维管束鞘

图7-19　维管束的组成与功能

（2）木质部运输

被子植物木质部的输导组织主要是导管，也有少量管胞，裸子植物则全部是管胞。导管和管胞是由分生组织逐渐分化形成的，当这些细胞能执行运输功能时，已失去了细胞质的有生命活动的成分，而成为死细胞。这些细胞在整个茎中形成连续的管状系统，导管端壁消失，管胞在细胞之间的壁上产生大区域穿孔，从而不再被细胞膜阻碍，大量的水溶液沿植物体内的自由空间运动。

既然木质部中的导管和管胞是死细胞，那么通过什么来控制其内部液流的内含物呢？是通过木质部内薄壁组织木射线的活细胞来完成的。这些薄壁组织散布在管胞和导管之间，进行溶质的横向运输，使木质部运输流移出溶质或加入溶质。木质部是进行单向运输的系统，主要将水分、无机物及根部合成的有机物向上运。

（3）韧皮部运输

韧皮部是光合产物运输的主要途径。被子植物的韧皮部主要由筛管、伴胞与韧皮部薄壁细胞组成。筛管由筛管细胞首尾相连而成，筛管细胞也称为筛管分子。

成熟的筛管分子（SE）（见图7-20）缺少一般活细胞所具有的某些结构成分，例如，在发育过程中失去了细胞核及液泡膜，没有微丝、微管、高尔基体和核糖体，保留有质膜、线粒体、质体、平滑型内质网，不能合成蛋白质，也不能独立生活，成熟筛管分子已分化为专门适应同化物运输的特化细胞。它的主要特点是细胞壁的一些部位具有小孔，称为筛孔，筛孔的直径0.5～1.5 μm。这些具筛孔的凹陷区域称为筛域。被子植物筛管分子的端壁分化为筛板，筛板上有筛孔，一般筛孔面积占筛板面积的50%左右。目前主要倾向认为筛孔是开放式的，筛分子内存在P-蛋白，即韧皮蛋白，是被子植物筛分子所特有。P-蛋白呈管状、线状或丝状，有收缩功能，能使筛孔扩大，有利于同化物的长距离运输。

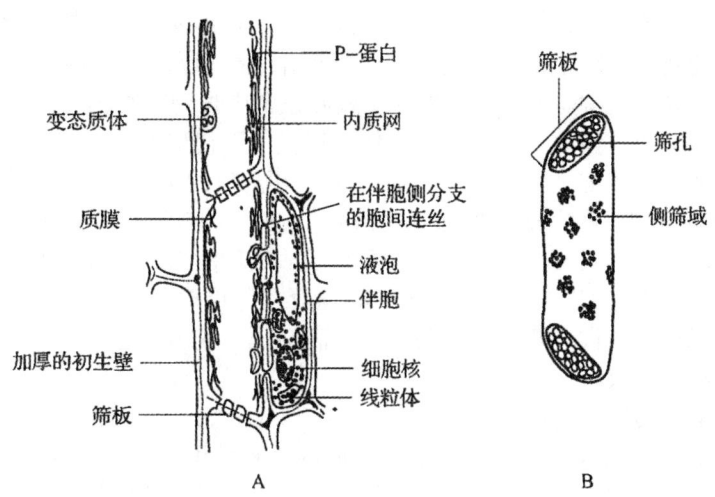

A.筛管分子的纵切面,并示伴胞。通常在小叶脉中,伴胞比筛管分子大,在大叶脉和茎、根中,伴胞比筛管分子小
B.筛管分子的侧面观

图7-20 成熟筛管分子的结构

伴胞是一个具有全套细胞器的完整生活细胞,伴胞的细胞核大,原生质浓密,其中含大量的核糖体和线粒体,线粒体的分布密度约10倍于分生细胞,含有高浓度的ATP、过氧化物酶、酸性磷酸酶等。大量的胞间连丝将筛管分子与伴胞联系在一起,组成筛管分子-伴胞复合体(SE-CC)。筛管分子临近死亡,伴胞即解体。伴胞有如下生理功能:可为筛管分子提供结构物质——蛋白质,提供信使RNA,维持筛管分子间的渗透平衡,调节同化物向筛管的装载与卸出。

7.2.2 韧皮部运输的机理

1. 物质运输的途径

同位素示踪试验与环割实验可以证明同化物运输的途径是韧皮部。将树木枝条环割一圈,深度以到形成层为止,剥去圈内树皮经过一段时间可见到环割上部枝叶正常生长,但割口上端膨大或成瘤状,下端却呈萎缩状态(见图7-21)。这是因为环割中断了韧皮部同化物

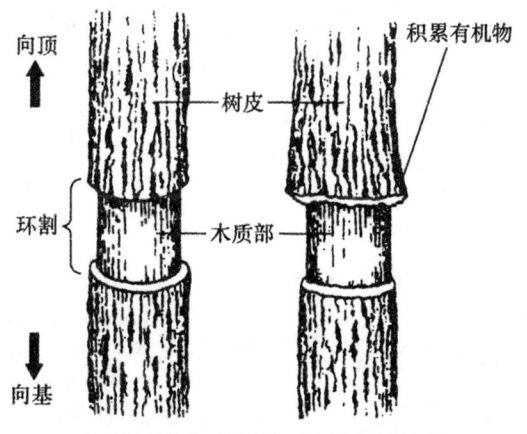

左:刚环割;右:环割后一段时间形成瘤状

图7-21 木本植物枝条的环割实验

向下运输,同化物只能聚集在割口上端引起树皮组织生长加强而形成粗大的愈伤组织;同时下端因得不到同化物,不能正常生长而萎缩。环割并未影响木质部,因此,根系吸收的水分和矿质营养仍能沿导管正常向上输送,保证了枝叶正常生长的需要。

如果环割不宽,过一阶段,这种愈伤组织可以使上下树皮再连接起来,恢复有机物向下运输的能力。如果环割较宽,上下树皮连接不上,环割口的下端又不长出枝条,时间一长,根系原来贮存的有机物消耗完毕,根部就会饿死。"树怕剥皮"就是这个道理。果树生产常利用环割原理来增加产量或发根。例如,在开花期适当环割树干,可使地上部分的同化物在环割时间内集中于花果。北方的枣树、南方的波罗蜜等果树栽培,都应用此法作为增产技术。又如,某些果树(柑橘、荔枝、龙眼等)的高空压条繁殖,也是环割枝条,使养分集中于切口上端,有利于发根。

2. 韧皮部运输的物质

经大量研究,得到有关物质运输途径和方向的一般结论:无机营养在木质部向上运输;无机营养在韧皮部通常向下运输,也可双向运输;有机物质在韧皮部可向上和向下运输;有机氮和激素等可在木质部向上运输,也可经韧皮部向下运输;在春季叶片尚未展开前,有机物质可沿木质部向上运输;物质在组织之间,包括木质部与韧皮部之间可进行侧向运输;偶尔也有例外的情形发生。

(1)研究方法

研究同化物运输形式可用蚜虫吻刺法和同位素示踪法。大型蚜虫口器的吻针十分锐利,可直接刺入韧皮部组织吸取汁液,待其正吸吮时用CO_2将蚜虫麻醉,并从下唇处切除虫体,留下吻针,筛管汁液便源源不断地从切口流出来,可连续几小时,收集起来进行分析,能真实反映汁液的成分,比较接近自然(见图7-22)。另一种方法是在韧皮部上切一个1 mm深的刀口,然后用毛细管收集韧皮部汁液。

现今新技术被广泛地应用到韧皮部运输的研究中,如用共聚焦激光扫描显微镜(CLSM)直接观察完整植株体内韧皮部同化物运输(包括韧皮部装卸)的影像;空种皮技术用以研究同化物韧皮部卸出机理和调节;微注射法用微量进样器将少量激素等化学物质注入正在生长的种子中,观察与测定激素等化学物质对种皮卸出同化物的影

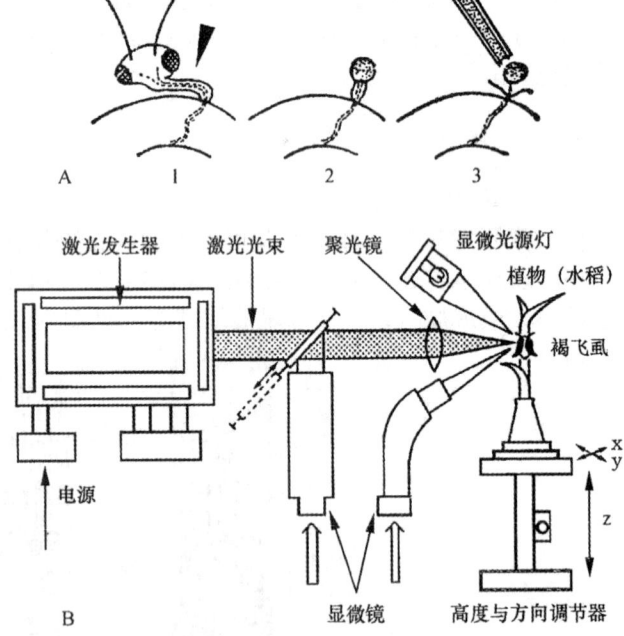

A. 用蚜虫口器收集筛管汁液的示意
1.将蚜虫的吻针连同下唇一起切下;2.切口溢出筛管汁液;
3.用毛细管收集溢泌液
B. 用激光切断飞虱口针的装置用显微镜观察与聚焦,
当焦点聚在飞虱口针时,开启激光器,随即口针被烧断

图7-22 用蚜虫吻刺法收集筛管汁液

响；应用分子生物学技术将编码绿色荧光蛋白（GFP）的基因导入病毒基因组内，直接观察病毒蛋白在韧皮部中的运输。

（2）运输形式

大量研究表明，植物筛管汁液中干物质含量占10%～25%，其中90%以上为碳水化合物。在大多数植物中，蔗糖是糖类的主要运输形式；某些植物含有其他糖类，如棉籽糖、木苏糖、毛蕊花糖等，但这些糖都是由1个蔗糖分子与若干个半乳糖分子结合形成的非还原性糖。被运输的糖醇包括甘露醇和山梨醇等，氮素主要以氨基酸和酰胺的形式运输，特别是谷氨酰胺和天冬酰胺。当叶片衰老时，韧皮部中含氮化合物水平非常高。木本植物逐渐衰老的叶片向茎输出含氮化合物以供贮藏，草本植物通常向种子输入有机物。另外，韧皮部运输物中还有维生素、激素等生理活性物质，这些物质的运输量极小，但非常重要。

蔗糖成为同化物的主要运输形式是植物长期进化而形成的适应特征。因为蔗糖是光合作用最主要的直接产物，是绿色细胞中最常见的糖类；蔗糖的溶解度很高，在0 ℃时，100 mL水中可溶解蔗糖179 g，100 ℃能溶解487 g；蔗糖是非还原糖，其非还原端可保护葡萄糖不被分解，使糖能稳定地从源向库转运；蔗糖含的自由能高，与葡萄糖相比，1 mol蔗糖和1 mol葡萄糖虽具有相同的渗透势，但前者含的碳原子比后者高1倍，水解产生的能量也比后者多；蔗糖的运输速率很高，适合长距离运输。以上原因决定了蔗糖是同化物运输的主要形式。

（3）运输速度

运输速度指单位时间内被运输物质分子所移动的距离。用放射性同位素示踪法可观察到同化物运输的一般速度是20～200 cm·h^{-1}。不同植物的同化物运输速度是有差异的，例如，大豆为84～100 cm·h^{-1}，南瓜为40～60 cm·h^{-1}，马铃薯为20～80 cm·h^{-1}，甘蔗为270 cm·h^{-1}。同一作物，由于生育期不同，同化物运输的速度也有所不同，如南瓜幼龄时，同化物运输速度快（为72 cm·h^{-1}），老龄则渐慢（为30～50 cm·h^{-1}）。

同化物运输速度是韧皮部物质运输的一个重要指标，然而，人们往往对其中运输的物质的量更感兴趣。有机物在单位时间内通过单位韧皮部横截面积运输的数量，称为比集运率（SMTR），多数植物韧皮部的SMTR为1～13 g·cm^{-2}·h^{-1}，最高可达200 g·cm^{-2}·h^{-1}。

3. 韧皮部运输的机理

同化物的运输是一个在活细胞内进行的依赖能量的生理过程，不是一个简单的空间转移过程，因此，同化物的运输机理是十分复杂的。研究证明，韧皮部运输的关键是同化物怎样从"源"细胞装载入筛管分子，以及怎样从筛管分子把同化物卸出到消耗或贮存的"库"细胞，显然，韧皮部的装载是同化物运输的第一步。

（1）韧皮部装载

韧皮部装载是指同化物从合成部位通过共质体和质外体进行胞间运输，最终进入筛管的过程。这一过程需要经过3个步骤：第一步，叶肉细胞光合作用形成的磷酸丙糖从叶绿体运到胞质，合成蔗糖；第二步，叶肉细胞的蔗糖运到叶脉末梢的筛管分子附近，这一运输途径属于短距离运输；第三步，蔗糖主动转运到SE-CC复合体，最终进入筛管分子（见图7-23）。一般认为，同化物从韧皮部周围的叶肉细胞装载到韧皮部SE-CC复合体的过程存在两条途径——共质体途径和交替运输途径。

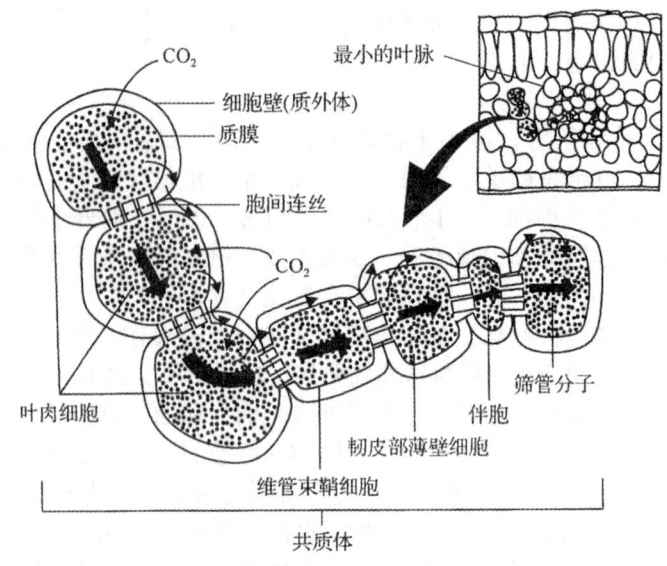

粗箭头示共质体途经,细箭头示质外体途经

图7-23 源叶中韧皮部装载途经

(2)筛管运输的机理

同化物装载进入韧皮部筛管后能向需要的部位定向运输。已知蔗糖在筛管中的运输速度高达100 cm·h^{-1},而蔗糖在水中的扩散速度只有0.02 cm·h^{-1},显然蔗糖在筛管中的运输不会扩散。那么蔗糖在筛管中运输的机理是什么?

1930年,明希提出了解释韧皮部同化物运输的压力流动学说。该学说的基本A,B两水槽中各有一个装有半透膜的渗透计,水可以自由出入,论点是,同化物在筛管内是随液流流动而溶质则不能透过。将溶质不断加到渗透计A中,浓度升高,水势降低,而液流的流动是由输导系统两端的压力势差引起的(见图7-24)。

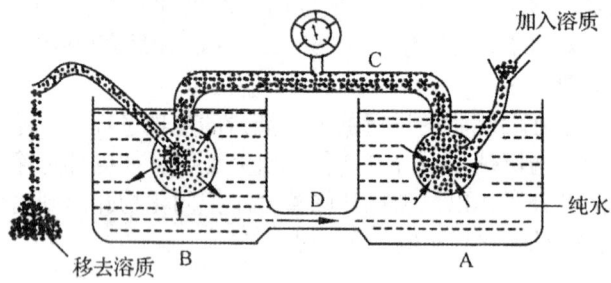

A、B两水槽中各有一个装有半透膜的渗透计,水可以自由出入,而溶质则不能透过。将溶质不断加到渗透计A中,浓度升高,水势降低,水分进入,压力势增大,静水压力将水和溶质一同通过C转移到渗透计B,B中溶质不断地卸出,压力势降低,水分再通过D回流到A槽

图7-24 压力流动模型

自该学说提出以来,许多学者都致力于能更完整正确地解释光合同化物韧皮部运输的现象,曾提出过多种假说,如简单扩散作用、细胞质环流、电渗、离子泵等假说。目前广为接受的是在明希最初提出的"压力流动学说"基础上经过补充的"新的压力流动学说"。新学说认为,同化物在筛管内运输是由源库两侧筛管-伴胞复合体内渗透作用所形成的压力梯度

所驱动的（见图7-25）。压力梯度的无识别结果是由源端光合同化物不断向筛管-伴胞复合体装入，和库端同化物从筛管-伴胞复合体不断卸出以及韧皮部和木质部之间水分的不断再循环所致。即光合细胞制造的光合产物在能量的驱动下主动装载进筛管分子，从而降低了源端筛管内的水势，筛管分子从邻近的木质部吸收水分，引起筛管的膨压增加；与此同时，库端筛管中的同化物不断卸出进入周围的库细胞，筛管内水势提高，水分流向邻近的木质部，从而使库端筛管内的膨压降低。因此，只要源端光合同化物的韧皮部装载和库端光合同化物的卸出过程不断进行，源库间就能维持一定的压力梯度，在此梯度下，光合同化物可源源不断低压地由源端向库端运输。

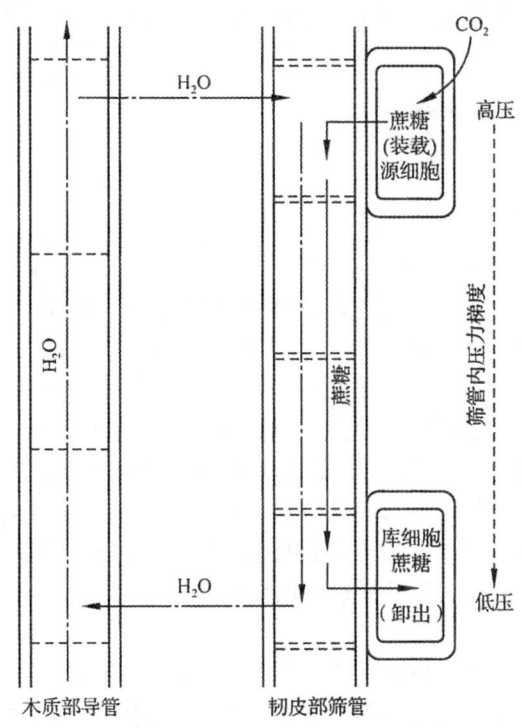

虚线箭头为水流，实线箭头为同化物流

图7-25　压力流动学说示意

"压力流动学说"是最能解释同化物在韧皮部运输现象的一种理论。当然，该理论还有许多方面需要深入研究，许多问题尚未解决。如上述讨论的是被子植物的情况，而裸子植物韧皮部的结构与被子植物有很大的差异，因此，其运输机理也将存在很大的不同。

（3）韧皮部卸出

同化物从源器官经筛管运到库器官后，还要从筛管分子中运出来。同化物从库器官的筛管中转运出去的过程称为韧皮部卸出。库端的卸载与源端的装载是两个相反的过程。

韧皮部卸出首先是蔗糖从筛管分子卸载，然后通过短距离运输途径运到库细胞，在此贮藏或参与代谢。韧皮部卸出可发生在植物任何部位的成熟韧皮部，例如，幼嫩根、茎、叶、贮藏器官、果实、种子等。卸出的蔗糖有多种去向，有的转变为己糖进入糖酵解途径，有的以淀粉形式贮藏，还有的贮存在韧皮部薄壁细胞的液泡里。这样，卸出的蔗糖就不断地被移走，促使库端不断地卸出，也促使源端的同化物不断地装载入筛管，在筛管中源源不断地运输。

同化物卸出途径有两条：共质体途径和质外体途径。一般在营养器官（如根和叶）中同化物主要通过共质体途径卸出。在幼叶、幼根里，同化物通过共质体的胞间连丝到达生长细胞和分生细胞，在细胞溶质中进行代谢。同化物卸到生殖器官（如发育着的玉米和大豆种子）时，是通过质外体途径。因为母体和胚之间没有胞间连丝，同化物必须通过质外体，然后才进入胚。同化物卸到贮存器官（如甜菜根、甘蔗茎）时，也是通过质外体。通过质外体卸出时，在有些植物（如玉米和甘蔗茎）中蔗糖被细胞壁中的蔗糖酶分解为葡萄糖和果糖之后进入接受细胞，而在甜菜根和大豆种子中蔗糖通过质外体时并不水解，而是直接进入贮藏部位。

7.3 有机物的分配与调节

7.3.1 代谢库与代谢源

1. 源和库的概念

有机物运输的方向取决于提供同化物的器官与利用同化物的器官的相对位置。源即代谢源，是产生或提供同化物的器官或组织，如功能叶、萌发种子的子叶或胚乳。库即代谢库，是消耗或积累同化物的器官或组织，如根、茎、果实、种子等。

应该指出的是，源库的概念是相对的、可变的。如幼叶是库，它必须从功能叶获得营养，但当叶片长大时，它就成为源。有的器官同时具有源和库的双重特点。如绿色的茎、鞘、果、穗等，它们既需从其他器官输入养料，同时其本身又可制造养料或者加工养料后再输入需要的部位。有些两年生植物的贮藏组织在第一个生长季是库，当第二个生长季开始时，它又成了源，向新的枝叶输出其所贮藏的同化物。

2. 源-库单位

同化物从源器官向库器官的输出存在一定的区域化，即源器官合成的同化物优先向其临近的库器官输送。例如，在稻麦灌浆期，上层叶的同化物优先运往籽粒，下层叶的同化物优先向根系输送，而中部叶形成的同化物则既可向籽粒输送也可向根系输送。玉米果穗生长所需的同化物主要由果穗叶和果穗以上的二叶提供。通常把在同化物供求上有对应关系的源与库及其输导系统称为源-库单位。如菜豆某一复叶的光合同化物主要供给着生此叶的茎及其腋芽，则此功能叶与着生叶的茎及其腋芽组成一个源-库单位（见图7-26）。又如，结果期的番茄植株，通常每隔三叶着生一个果穗，此果穗及其下三叶便组成一个源-库单位（见图7-27）。源、库会随生长条件而变化，并可人为改变。例如，番茄植株通常是下部三叶向其上果穗输送光合同化物，当把此果穗摘除后，这三叶制造的光合同化物也可向其他果穗输送。源-库单位的可变性是整枝、摘心、疏果等栽培技术的生理基础。

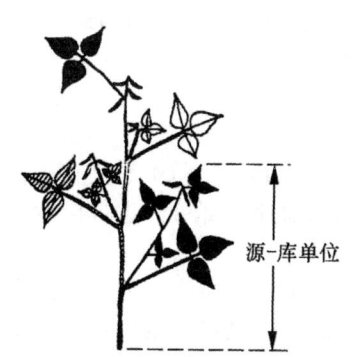

图7-26 菜豆的源-库单位模式图　　图7-27 番茄的源-库单位模式图

3. 源-库关系

源是库的供应者,而库对源具有调节作用。库源两者相互依赖,相互制约。源为库提供光合产物,控制输出的蔗糖浓度、时间以及装载蔗糖进入韧皮部的数量;而库能调节源中蔗糖的输出速率和输出方向。一般来说,充足的源有利于库潜势的发挥,接纳能力强的库则有利于源的维持。

可用源强与库强来衡量源器官输出或库器官接纳同化物能力的大小。源强是指源器官同化物形成和输出的能力。库强是指库器官接纳和转化同化物的能力。库强对光合产物向库器官的分配具有极其重要的作用。表观库强可用库器官干物质净积累速率表示。

源和库内蔗糖浓度的高低直接调节同化物的运输和分配。源叶内高的蔗糖浓度短期内可促进同化物从源叶的输出速率,例如,短时期增加光强或提高 CO_2 浓度可提高源叶内蔗糖的浓度,从而加速同化物从这些叶片内输出的速率。但从长期看源叶内高的蔗糖浓度则抑制光合作用和蔗糖的合成。只有在库器官不断吸收与消耗蔗糖时,才能长期维持高的同化能力。

7.3.2 同化物分配规律

植物体内同化物分配的总规律是从源到库,即从某一源合成的同化物流向与其组成源-库单位的库。

1. 优先向生长中心分配

在植物不同的生长发育时期,存在着一个生长占优势的部位,即生长中心。生长中心对于同化物具有强烈的吸引力,当时叶片形成的同化物主要向此处运输。例如,水稻分蘖期,同化物主要分配到水稻的分蘖节上,供其分蘖所需养分;分蘖期过后,同化物就不再以分蘖节为主要运输点,而向新生长中心运输分配。小麦的同化物分配也有类似规律。可见,生长中心不是不变的,而是随生育期的不同而转向别处。但需要指出的是,一个时期只有一个生长中心。植物存在生长中心,对栽培管理是有利的,可以根据需要通过调节同化物的运输来调控植物的生长。

2. 就近供应

同化物有就近供应的规律，即叶片制造的同化物首先满足其自身生命活动的需要，用不完的供给其邻近部位。如大豆结荚期，当各节都出现荚时，同化物只能由每个叶片进入叶腋中的荚内，只有在某节上摘除豆荚或豆荚受害的情况下该节叶片的同化物才分配到其邻荚中去。

3. 同侧运输

植物上部某处叶片合成的同化物往往向同侧器官分配较多。这是由植物的解剖结构决定的，因为同侧维管束交叉联系要比横跨茎轴到另一侧直接得多。但在另一侧嫩叶缺乏养料供给时，也可引起同化物沿茎轴横向分配到原来不属于它分配的嫩叶去。

4. 同化物的再分配

植物体内同化的物质，除了构成像细胞壁这样的骨架物质外，其他物质不论是有机物或无机物，包括细胞的各种内含物（细胞器以及永久或暂时贮藏的物质）都可以进行再度分配及再度利用。

同化物的再分配和再利用，也是器官之间营养物质内部调节的主要特征。如当叶片衰老时，大量的有机、无机养分要撤离并重新分配到就近的新器官。尤其在生殖生长时，营养器官细胞的内含物会分解并向生殖器官转移。例如，小麦籽粒生长达到最终饱满度的25%时，植株对N、P的吸收已完成了90%，籽粒在以后的75%的充实生长中，主要由营养体将这些元素再度转移来供应它的需要。据分析，小麦叶片衰老时，叶中85%的N和90%的P都要转移到穗部。

作物成熟期间，茎叶中的有机物即使是在收割后的贮藏期也还可以继续转移，例如，我国北方农民为了避免秋季早霜危害或提前倒茬，在预计严重霜冻来临之前，将玉米连根带穗提前收获，竖立成垛，茎叶中的有机物仍能继续向籽粒中转移，这称为"蹲棵"，可以增产5%~10%。又如，花瓣在开花受粉后，其细胞的原生质迅速解体，氮、磷、钾等矿质元素与有机物大部分撤退到果实，而后花瓣凋萎脱落。

在果实、鳞茎、块茎、根茎等贮藏器官发育成熟时，营养体一生积累的精华物质几乎都转移给了这些器官，故而出现"麦熟一响，枝叶枯黄"的景象，葱、蒜结球时，皮干薄如纸也是这个道理。可见营养体的日渐衰老正是同化物撤离的必然结果。实验证明，如将番茄新坐果实一一摘下，切断再分配的去路，营养体寿命将可延续很久。

值得注意的是同化物不能由一片成熟叶进入另一片成熟叶，甚至当其中的一片叶子由于遮光而遭受"饥饿"的情况下，也是如此。各幼叶从成熟叶得到同化物仅是在它成年之前。

思考题

1. 简述蛋白质生物合成的主要特点和步骤。
2. 哪些物质可以认为是联系糖、脂肪、蛋白质和核酸代谢的重要枢纽物质？为什么？
3. 简述长距离运输的特点。
4. 同化物分配有何特点？
5. 试述同化物运输压力流动学说。
6. 什么是代谢源？什么是代谢库？
7. 维管束系统的功能有哪些？

第三篇　植物发育的信息分子表达与信号转导

第8章　植物遗传信息分子的表达

DNA 是生物遗传信息的载体。生物体的遗传特征是由 DNA 中特定的核苷酸顺序所决定的。生物体在亲代 DNA 双链的每一条链上，按碱基配对方式准确地形成一条互补链，结果生成两个与亲代相同的 DNA 链的方式称为复制。生物体用碱基配对的方式合成与 DNA 核苷酸顺序相对应的 RNA 的过程称为转录。生物体的 RNA 分子都是通过转录过程合成的。其中信使 RNA 可以指导蛋白质的合成。即根据 mRNA 分子上每三个核苷酸决定一种氨基酸（三联体密码）的规则合成具有特定氨基酸顺序的肽链，此过程称作翻译。

在细胞分裂过程中，通过 DNA 的复制把遗传信息由亲代传递给子代，在子代的个体发育中，遗传信息通过转录由 DNA 传递给 RNA，再由 RNA 通过翻译形成相应的蛋白质多肽链上的氨基酸序列，由蛋白质执行各种各样的生物学功能，使子代表现出与亲代相似的遗传特征。在 RNA 病毒中，RNA 是遗传信息的携带者，RNA 也可以复制，并同时作为 mRNA 起作用，指导病毒蛋白质的合成。RNA 分子还可以通过反向转录（逆转录）将遗传信息传递给 DNA 分子。上述遗传信息的流动规则称为中心法则（见图 8-1）。

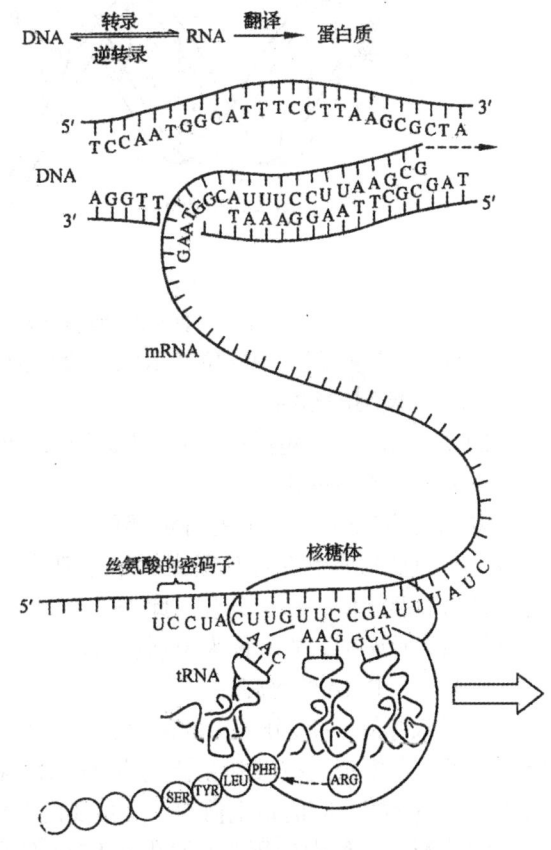

图 8-1　遗传信息流动示意

8.1 脱氧核糖核酸的复制

自1953年Watson和Crick提出DNA双螺旋分子结构模型开始，就孕育着DNA复制原理的诞生。正如他们二人在给 *Nature* 杂志的信中提到："我们并没有忽视，从我们所假设的以碱基互补方式所组成的分子模型，可以提出一个关于遗传信息复制的可能机制。"细胞中DNA的复制是生物保持原有遗传性状的重要代谢过程。

在复制的起始，先要在DNA分子中的特定部位开始变性、解旋、拆开双链，并以拆开后的每一条单链分别作为模板，在依赖DNA的DNA聚合酶催化下，以四种脱氧核苷三磷酸作为底物，按碱基互补配对原则，分别合成与模板链互补的新链，结果产生了两个与亲代DNA分子相同的子代DNA分子，每个子代DNA分子中的一条链来自亲代，另一条链是新合成的。DNA的这种复制方式，称为半保留复制（见图8-2）。

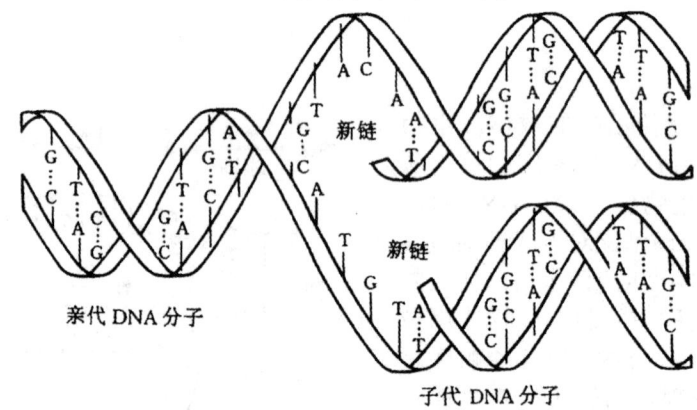

图8-2　双链DNA分子的半保留复制

半保留复制过程已用同位素示踪实验得到证实，现简要说明DNA的复制过程。

1. DNA复制的起始

DNA复制的起始包括对复制原点的辨认、模板、DNA的解旋以及引物的合成等几个步骤。

（1）复制原点的辨认

复制是从DNA分子上的特定部位开始的。这一部位称为复制原点（常用ri或O表示）。许多生物的复制原点都是双螺旋DNA呼吸作用较强烈的区段，即富含A—T碱基对的区段。它们之间的键能低，易于分开。此外，复制原点的特定顺序结构，易被一些与复制有关的蛋白因子和酶所识别，故又称为识别位点。

（2）模板DNA的解旋

由于双螺旋DNA分子中的碱基都位于螺旋的内侧，如不松解双链，碱基就不能暴露，也就不可能在模板上按碱基互补规律进行DNA复制。模板DNA的解旋是由一组解链蛋白参与的，有的是酶，有的是蛋白因子。主要的解链蛋白如下：

解旋酶，又称螺旋酶，它是促进DNA分子发生局部变性而解开双螺旋链的一类酶。绝大多数解旋酶在解旋过程中都需要水解ATP供应能量。它们具有依赖DNA的ATP酶活性。解旋酶有多种，如：解旋酶Ⅱ、解旋酶Ⅲ，以及 *E. Coli* 中的rep蛋白和T_7的基因4蛋白等。

拓扑异构酶Ⅱ又称旋转酶，它兼有内切酶和连接酶的作用，在复制过程中由于复制原点不断扩大，有复制叉的出现。复制叉随着复制向前移动，每复制 10 bp，亲代双链就必须绕轴旋转一次，从而使双链内部张力不断增大。由于线状 DNA 分子具有自由末端，其张力随 DNA 链的旋转而消失，但对于环状 DNA 分子，这种张力会越来越大，从而抑制复制的进行，而拓扑异构酶 II 能同时切割 DNA 分子，消除张力后再使断链重新连接起来，从而转变超螺旋 DNA（包括正、负超螺旋），使其成为没有超螺旋的松弛形式，使环状的双链 DNA 复制能继续进行下去。拓扑异构酶 II 具有二个 α-亚基、两个 β-亚基，α-亚基约 105 kD，具有磷酸二酯酶活性，β-亚基约 95 kD，具有 ATP 酶活性。

单链结合蛋白（SSB）。由解旋酶所造成的 DNA 单链区是不稳定的，不能长久维持。因为细胞中的一些酶类，如 DNA 聚合酶 I、DNA 聚合酶 II 等，能降解这些单链区域。单链结合蛋白可以对这些单链区域起保护作用。一旦单链形成，单链结合蛋白就很快地结合上去。SSB 与 DNA 单链的结合有协同效应，即一个 SSB 分子与 DNA 单链结合之后，可促进其他 SSB 分子与 DNA 单链结合，它们结合之后，使 DNA 单链具有舒展的构象，有利于 DNA 的复制。

DNA 复制约需 30 种以上的酶和蛋白因子参加，这些酶和蛋白因子组成的反应体系总称为复制体系，其中有一部分酶和蛋白质结合在一起构成复制体而发挥作用。

（3）引物的生成

当 DNA 处于解链状态时，任何一种 DNA 聚合酶，都不能直接从复制原点作为 DNA 合成的起点，而是在复制原点上，先由引发酶合成一段 RNA 作为引物，其长度和序列随基因组的种类不同而异，在大多数情况下为 6～15 个核苷酸，引物与典型的 RNA（如 mRNA）不同，它们在合成后并不与模板分离，而是以氢键与模板结合。这种合成 RNA 引物的酶，称为引发酶，该酶在单独存在时，活性并不高，只有与有关蛋白相互结合成为一个复制体时，才有较高的催化活性，而且在催化引物合成时，多数是利用核糖核苷酸作为底物，但有时也可利用脱氧核糖核苷酸为底物。合成引物的第一个核苷酸，一般总是三磷酸腺嘌呤核糖核苷酸。而后续的核苷酸不是核糖核苷酸就是脱氧核糖核苷酸，不能二者兼有（见图 8-3）。

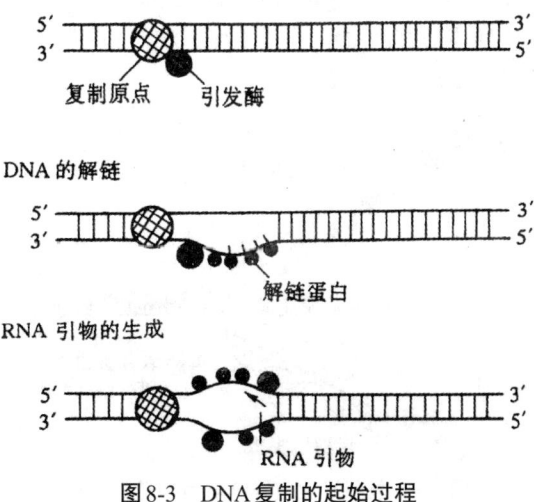

图 8-3 DNA 复制的起始过程

引物的形成是引发酶将复制原点的DNA序列转录成一系列长度不等的RNA短链。引物一旦形成，标志着复制的起始。复制可以朝一个方向，也可以从两个方向进行，但速度不一定相等。

真核生物的DNA复制，是通过多复制原点同时开始复制。用放射自显影技术，在染色体上可见多个复制原点解旋形成多个泡状结构，一般称为复制泡（或称复制眼），每个复制泡都有固定的起点（复制原点），然后双向扩展，并可与相邻的复制泡会合，这样扩展合并为更大的复制泡称为复制单元，简称复制子。复制子的大小是不均一的，就是同一种生物在不同的生长条件下，复制子的大小也不同。几个邻近的复制子可进一步组成复制单元族，每个复制单元族至少有两个复制子，也可多至200多个复制子，不同的复制单元族在复制起始的时间上有先有后，而同一复制单元族中各复制子基本上是同步的（见图8-4）。

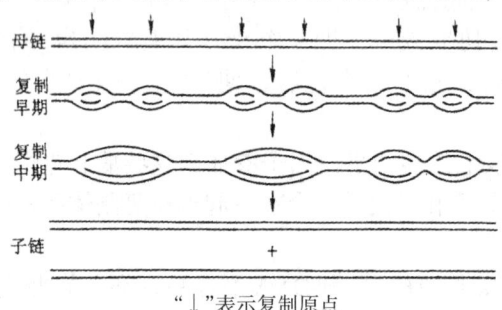

"↓"表示复制原点

图8-4 真核细胞在多个复制原点起始复制

2. DNA链的延伸与终止

复制泡一端DNA键呈"Y"状，称为复制叉，复制叉一旦形成，引发酶就催化RNA引物的合成，在原核细胞中是以DNA聚合酶Ⅲ的催化为主，它从RNA引物的3'OH端开始，以磷酸二酯键连接相应的脱氧核苷酸，按5'→3'方向延伸（。由于DNA的双链是反平行的，一条链是从5'→3'端，而另一条链是由3'→5'端。若新生链的合成方向与复制叉前移的方向是一致的，则该新生链称为前导链，这是一条能连续延伸的链。另一条新生链的合成方向，与复制叉前移的方向相反，因此它的合成不可能连续而是间断的，而且合成的速度也较前导链的合成慢，故称为后随链，这些间断的后随链片段称为冈崎片段。大豆和黏菌中的相应片段为200个核苷酸，比在原核中所发现的要短一些。因此复制过程是不对称的，但绝大多数DNA复制的速度是恒定的（见图8-5）。

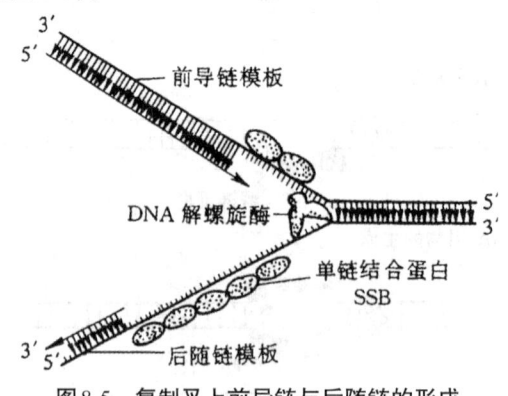

图8-5 复制叉上前导链与后随链的形成

当原核细胞中的DNA聚合酶Ⅲ将冈崎片段上的DNA链延伸至前一片段上的RNA引物时，它就不能继续合成DNA，也不能水解RNA引物。这时必须由核糖核酸酶（RNAase）或DNA聚合酶Ⅱ所具有的5'→3'外切作用的活性切除RNA引物。原核细胞中的DNA聚合酶Ⅰ也具有5'→3'的聚合活性，因此它也可将切去RNA引物的缺口填满，最后由DNA连接酶将冈崎片段上的3'-OH端与另一冈崎片段上的5'末端磷酸基之间形成3,5-磷酸二酯键，将前后两个冈崎片段的首尾相连，以此方式，最后形成一条连续的完整新链，而终止复制过程。原核细胞与真核细胞的复制过程基本相似，但参与的酶及有关因子有所区别。

真核细胞中参与DNA的聚合酶有DNA聚合酶α、聚合酶β、聚合酶γ与聚合酶它们均具有催化聚合的活性，其中以DNA聚合酶α为主。此外DNA聚合酶σ不但有聚合酶的活性，而且还有3'→5'外切酶活性，据此，人们推测，真核细胞中的DNA复制是由DNA聚合酶α与聚合酶δ协同进行的。DNA聚合酶β在细胞周期中的含量变化不大，而且它的活性与细胞生长速度无关，它可能与损伤DNA的修复有关。DNA聚合酶γ主要存在于线粒体内，少量存在于细胞核中，其功能是参与线粒体DNA的复制（见表8-1）。

表8-1 真核细胞中的DNA聚合酶

酶种类	DNA聚合酶α	DNA聚合酶β	DNA聚合酶γ	DNA聚合酶δ
在细胞中的位置	核内	核外	线粒体及核内	核内
聚合酶活性（%）	−80	10～15	1～2	未测
3'→5'外切酶活性	−	−	−	+
与引发酶的结合	+	−	−	−
亚基数目	多亚基	单亚基	单亚基	多亚基
分子质量（ku）	110～120	45	60	?

3. 环状双链DNA的复制

以上是线性双链DNA复制的一般规律，但在生物界还有环状双链DNA分子，如植物的线粒体、叶绿体中的DNA，某些细菌（如大肠杆菌）中的DNA以及某些病毒（如花椰菜花叶病毒）中的双链DNA均呈环状，具有特征性的复制过程而区别于线性DNA的复制，但二者复制的基本规律还是很相似。

（1）滚动环式复制

1968年，Gilbert与Dressler提出滚动式复制模型。假设DNA分子中的两股单链分别为"正"（+）或"负"（−）股链，在复制前正股（+）链先被核酸内切酶切断其特殊位点上的3',5'磷酸二酯键，露出3'OH和5'端磷酸基。5'端很可能是附着在膜蛋白上，然后以闭合的负股链作为无终点的模板，自正股的3'-OH端滚动延伸，合成新的正股链，此时负股链随着正股链的延长而定向滚动，从而使正股的复制持续进行。待新生链延伸至一定长度后，其环形延伸部分在连接酶的作用下连成环状，直线伸展部分也卷成环状，并接受连接酶的作用而闭环，这样就形成了两个子代环状DNA（见图8-6）。

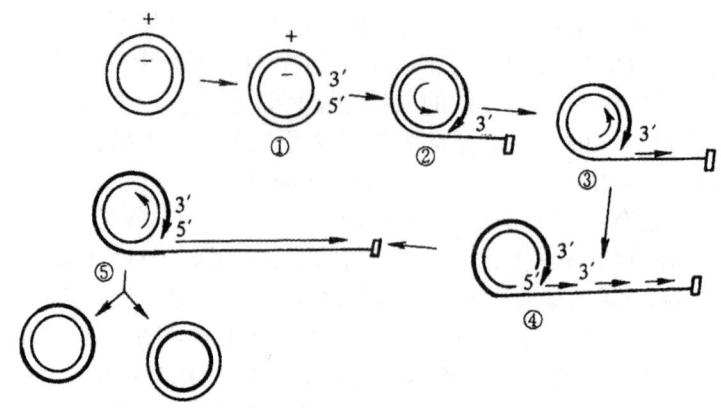

开口表示细胞膜上的附着点；(+),(-)表示正、负两股链；粗黑线表示新合成的DNA链

图8-6　滚动复制示意图

（2）θ式复制（又称Cairns复制）

1963年，Cairns用放射自显影技术，揭示大肠杆菌的环状双链DNA分子，在其特殊的起始位点上，先形成一个"复制泡"，然后分别以正股与负股链作为复制模板，同时进行两条DNA链的合成，随着两条新生DNA链的延伸，正股链不断扩大，负股链不断变形，让新生子链环绕母链的正股内侧和负股的外侧逐渐延伸，待两条DNA子链延伸到一定长度时，即可闭合成环，这样，一个亲代环状双链DNA分子复制成为两个子代环状双链DNA分子（见图8-7）。

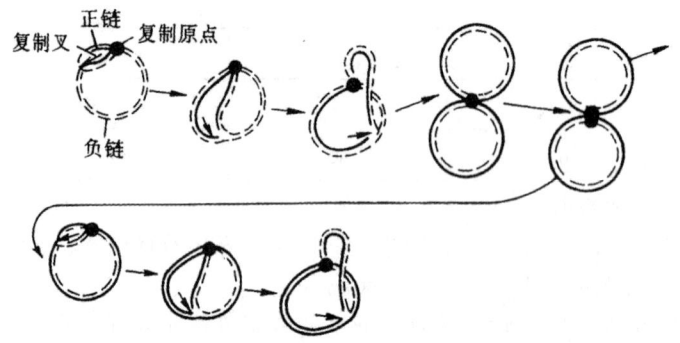

图8-7　θ式复制示意图

虽然对复制的基本过程有了大概的了解，但对植物的复制系统的复杂性以及内在机理尚有很多不明之处，对参与DNA复制的各种酶和蛋白因子还缺乏深层次的研究，对复制调控研究亦很肤浅，虽然近年来有关植物DNA聚合酶的作用、引物RNA的形成及复制的中间产物等研究已取得较快的进展，关于DNA复制的研究，仍在活跃地进行。

8.2　核糖核酸的转录

遗传信息分子被复制后，需将核DNA所贮存的遗传基因转录至mRNA分子中，DNA在DNA指导的RNA聚合酶（DDRP）催化下，以核糖核苷三磷酸（rNTP）为底物，进行RNA的合成，这一系列过程称为核糖核酸的转录或称RNA的生物合成。

$$\text{DNA}_{(模板)} + \text{rNTP} \xrightarrow[\text{Mg}^{H}]{\text{RNA 聚合酶}} \text{RNA} + \text{PPi} + \text{DNA}$$

rNTP（ATP、GTP、CTP 和 UTP）

转录是基因表达的第一步，也是最关键的一步。转录过程包括三个阶段，即启动、延伸和终止。在 DNA 模板上，控制 RNA 合成开始的特异部位或区域，称为启动子，控制 RNA 合成结束的特异部位或区域，称终止子；从启动子到终止子之间的区域称为转录单位，简称转录子。

转录通常只能在一条链上进行，故称为不对称转录，DNA 双链中能作为模板而被转录的链称为模板链，不能作为模板转录的链称为编码链。

以上这种 RNA 的合成方式并不是唯一方式，因为在许多 RNA 病毒中，遗传信息贮存在 RNA 分子中，通过碱基互补配对规律，在 RNA 复制酶的催化之下合成一条互补 RNA 链，或是这条链作为新病毒 RNA 的模板进行再合成，这种 RNA 合成方式，称为 RNA 的复制。RNA 不但能通过自身复制合成新 RNA，而且也能以反转录的形式先合成 DNA，然后再以 DNA 为模板合成新 RNA。

基因的转录是所有生物细胞合成 RNA 的普遍方式，而 RNA 的复制，及反转录，主要是病毒分子合成 RNA 的方式。

在讨论基因的转录之前，需先了解 RNA 聚合酶的结构与功能。原核生物与真核生物中的 RNA 聚合酶有所不同，分述如下。

1. RNA 聚合酶

（1）原核生物的 RNA 聚合酶

E. Coli 中的 RNA 聚合酶是人们研究得较清楚的酶类，其他原核生物中的 RNA 聚合酶与它十分类似。虽然 *E. Coli* RNA 聚合酶能分成几个不同类别，但是它们的亚基结构基本上都是相似的。其共同结构特点是该酶为一个含锌的复合蛋白，分子质量为 480 000～500 000 u，沉降系数为 15S，含有 5 个亚基，其中包括 2 个完全相同的 α 亚基（分子质量为 39 000 u），1 个 β 亚基（分子质量为 155 000 u），1 个 β' 亚基（分子质量为 165 000 u）和 1 个 σ 因子（分子质量为 95 000 u），由前 4 个亚基组成的酶称核心酶（$\alpha_2\beta\beta'$），由 5 个亚基组成的酶，称全酶（$\alpha_2\beta\beta'\sigma$）。

σ 因子能识别特定基因的启动子，即 DNA 分子上能与 RNA 聚合酶特异结合并开始转录的序列。此外，对转录单位也有一定的选择性；β 亚基主要参与 RNA 合成的起始及酶与底物的结合，并催化磷酸二酯键的形成；β' 亚基主要参与酶与模板链的结合。缺少 σ 因子的核心酶虽然也具有 RNA 聚合酶的正常活性，但它不能正常识别 RNA 合成的起始位置，在模板上的任何部位，都能催化 RNA 链的合成起始，造成 RNA 链合成的特定顺序混乱。另外，σ 因子不但能增加酶对启动子的亲和力，而且还能抑制酶对非专一位点的结合。当转录起始，σ 因子完成了它的功能后，则从全酶中脱落。而留下的核心酶继续沿着 5'→3' 的方向合成 RNA 链，待核心酶完成 RNA 链的合成后，即从模板上脱落，然后再重新与 σ 因子结合，组成全酶，参与新基因的转录（见图 8-8、图 8-9）。

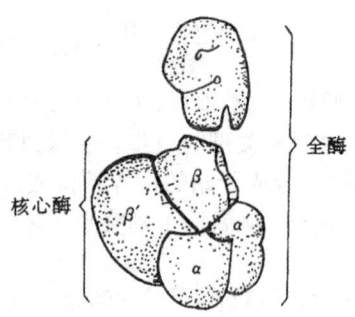

图8-8 由5个亚基($\alpha_2\beta'\beta'\sigma$)所组成的RNA聚合酶结构模型

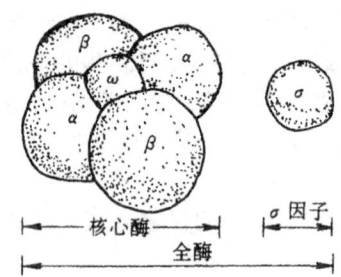

图8-9 由6个亚基($\alpha_2\beta'\beta'\sigma\omega$)所组成的RNA聚合酶结构模型

另有报道称，RNA聚合酶可能还有一个ω亚基，分子量为10 000 D，但ω亚基的功能尚未肯定。

(2) 真核生物的RNA聚合酶

虽然最早的RNA聚合酶是从真核生物中分离出的，但对它的认识，远落后于原核RNA聚合酶。在原核生物中，一种RNA聚合酶可以合成多种不同的RNA，而在真核生物中，不同的RNA需由不同的RNA聚合酶来合成。真核生物的RNA聚合酶不但种类多，而且结构与功能较复杂，在细胞中它们通常与DNA、RNA、组蛋白和非组蛋白等结合成比较牢固的复合物，且局限于细胞的不同部位。

真核细胞中的主要RNA聚合酶有三大类：RNA聚合酶Ⅰ、RNA聚合酶Ⅱ和RNA聚合酶Ⅲ。这种分类最早是依据它们从DEAE纤维柱上洗脱的先后顺序而定的，后来发现多种生物的这三类RNA聚合酶其洗脱顺序并不相同，因而改用它们对α-鹅膏蕈碱的敏感性不同来进行分类。

RNA聚合酶Ⅰ，基本上不受α-鹅膏蕈碱的抑制，只有当其浓度大于10^{-3} mol/L时才表现出轻微的抑制作用，它的分子质量为8000～185 000 u，由6～10个亚基组成。该酶分布于细胞核的核仁中，其功能是识别rRNA合成的启动子部位，故能专门合成5.8S rRNA、18S rRNA和28S rRNA。Mn^{2+}与Mg^{2+}对它均有活化作用。

RNA聚合酶Ⅱ，对α-鹅膏蕈碱最敏感，当浓度在10^{-9}～10^{-8} mol/L下就会被抑制，其分子质量为14 000～220 000 u，由8～14个亚基组成。该酶分布于细胞核的核质中，它能识别合成mRNA前体（HnRNA）的启动子位置，并催化HnRNA的合成。在催化过程中需要较高的离子强度，Mn^{2+}比Mg^{2+}对它的活化作用要强得多。蛋白质基因均需通过RNA聚合酶Ⅱ进行转录。

RNA聚合酶Ⅲ对α-鹅膏蕈碱的敏感性介于RNA聚合酶Ⅰ与Ⅱ之间，当浓度在10^{-4} mol/L

时显示抑制作用,其分子质量为16 000~155 000 u,由8~14个亚基组成。该酶主要分布于细胞核的核质中,它主要能识别小分子RNA合成的启动子部位。因此,主要是参与合成tRNA及5S rRNA等。

在真核生物的RNA聚合酶Ⅰ、Ⅱ、Ⅲ三大类中,每类尚可分成2~3个亚类,每种酶都是由若干亚基组成,但组成这三大类酶的亚基结构大多是相似的。此外,在真核生物的线粒体和叶绿体中,均发现有少数RNA聚合酶存在,分子量较小,活性亦较低,这可能与细胞器DNA的简单性相适应。这些RNA聚合酶都是核基因编码,在细胞质中合成以后再运送到细胞器中,执行其生物功能(见表8-2)。

表8-2 真核生物的RNA聚合酶在细胞内的分布及功能

类别	分布	转录的RNA
RNA聚合酶Ⅰ	核仁	rRNA(18S、28S、5.8S)
RNA聚合酶Ⅱ	核质	mRNA
RNA聚合酶Ⅲ	核质	tRNA,5S rRNA
线粒体RNA聚合酶	线粒体	线粒体RNA
叶绿体RNA聚合酶	叶绿体	叶绿体RNA

2. 转录的程序

植物基因的转录研究远落后原核生物,从已知的材料来看,其间有很大的共性,因此我们借助于原核生物的转录程序,结合植物细胞的转录特征,介绍转录的一般规律。

(1)转录的启动

转录的启动,首先是RNA聚合酶识别DNA模板上的启动子序列,以合适的构象相互结合,形成酶与DNA的复合物,核心酶部分大约能与模板上30多个碱基结合。全酶在模板上遮盖着50~60个碱基顺序,局部解旋DNA双螺旋结构,然后开始以DNA的一条链为模板链,开始转录。

启动子的序列包含着识别位点(Rσ)、结合位点(Rc)和转录起始位点(I)。RNA聚合酶依靠其σ因子能找到识别位点序列,故又称σ因子为识别因子(Rσ),位于转录起始位点(I)前-35序列附近,故又称-35序列。或称Sextama序列。它富含A—T碱基对。识别位点序列主要是为RNA聚合酶选择转录不同的基因提供信息,合成不同的RNA。RNA聚合酶σ因子,对识别位点有较强的亲合力,但此时DNA仍以双螺旋的形式存在,它们之间的结合是形成一种较松散的复合物。在转录起始位点前-10序列左右的位点为结合起点(Rc),又称-10序列,由于它富含TATA序列,故称为TATA序列。它是与RNA聚合酶紧密结合的部位。由于RNA聚合酶的诱导作用,以它适合的构象,使富含TATA序列的结合部位变性,解开双螺旋,形成一个开放性的启动子复合物,从而使转录起始位点暴露,便于转录起始。开放性启动子复合物形成的速度,可以调节单位时间内转录mRNA分子数,是决定启动子强度的因素之一。此外,识别位点与结合位点间的距离,也是决定启动子强度的因素,一般称为距离效应。天然启动子中这一段距离大多为15~20 bp,转录起始位点(I)是在结合部位(Rc)之后,它们之间间隔4~7个碱基,实际上I点是基因转录的真正起始点。这一位点的碱基多数是胸腺嘧啶,在这个碱基后面有10~20个碱基仍被RNA聚合酶覆盖着。当RNA聚合酶与模板上的转录起始部位结合后,基因的转录立即启动。有实验证明,在基因转录时尚有一种NusA蛋白因子能与RNA聚合酶相结合,强化基因转录(见图8-10)。

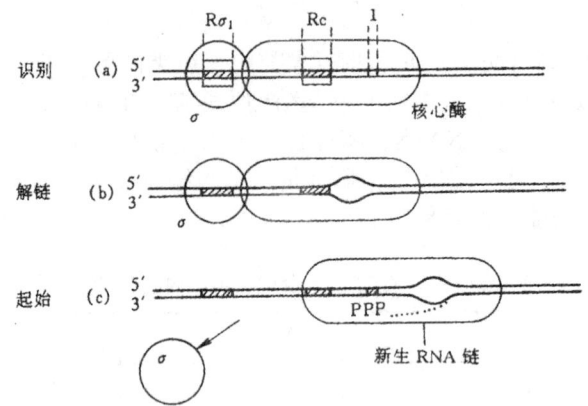

图8-10 RNA聚合酶与模板DNA结合引发RNA合成的示意图

启动子本身一般是不被转录的,在一条模板链上有好几个启动子,一个RNA聚合酶不能把所有的基因信息一次全部转录下来,每次只能转录其中的一个转录子,它包含一个或几个基因。

植物细胞的转录启动比原核的复杂。以RNA聚合酶Ⅱ可识别的启动子为例,它具有多部位结构,主要有四个部位:①帽子位点,即转录起始点;②TATA序列,与原核生物的TATA序列相似,但它们所处的位置及其生物功能不完全相同,植物中TATA序列一般在帽子位点上游16~54个核苷酸位置上,实际序列在不同的植物基因内稍有差异;③CAAT序列,它在TATA序列上游-75附近,可能控制转录起始的频率;④在某些真核基因和病毒基因的启动子上发现有一段对转录起增强作用的DNA序列,称为增强子,植物细胞内的启动子的各部位尚有相应的蛋白因子协同作用,这些蛋白因子总称为转录因子。至于这些转录因子各自发挥何种功能以及在转录启动子过程中有何重要性,都是正在深入研究的课题。

(2) RNA链的延伸

当RNA的转录被引发后,在起始位点(I)以3'→5'方向的DNA单链作为模板链,以rNTP为底物,在RNA聚合酶的催化下,RNA链向5'→3'方向开始延伸。转录产物与模板之间仍按碱基互补配对的规律,在新生链的3'-OH上,不断增加新的核苷酸。由于DNA双链之间的亲和力比新生RNA与DNA链之间的亲和力强,所以转录后DNA链又恢复原来的双链结构,使RNA 5'端逐步离开模板链(见图8-11)。

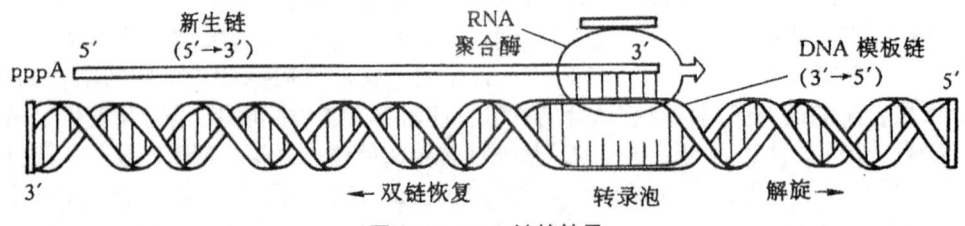

图8-11 RNA链的转录

(3) 转录的终止

基因转录的终止受DNA的结构与释放因子两方面的控制。

在DNA模板上有终止RNA链延伸的特殊序列,称为终止子或称为终止信号。当RNA

聚合酶转录至终止子时，便终止转录，合成的新生RNA链以及RNA聚合酶便从模板上脱落。

终止子可分为两大类：一类是不依赖蛋白质辅因子而实现终止作用；另一类是依赖蛋白质辅因子才能实现终止作用，这类蛋白质辅因子称释放因子，又称ρ（Rho）因子。

两类终止子有共同的序列特征，在转录终部位处有一段逆向重复顺序，易形成发夹结构。两类终止子的不同仅在发夹结构的3'末端上，不需ρ因子的终止子，在其3'末端上，紧接6个连续的寡聚A序列，需ρ因子的终止子，其终止子序列与前者相似，在3'末端没有连续寡聚A序列存在（见图8-12）。

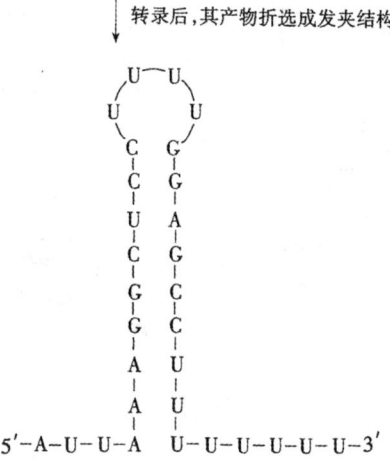

图8-12 终止子的结构

发夹结构是一种环茎形的结构，它可以造成转录的障碍，阻止RNA聚合酶通过，或者是与RNA聚合酶结合，使它停止移动。因此在某些基因转录时，RNA聚合酶遇到终止子的发夹结构，就会自动停止转录。

在某些情况下，RNA的转录终止，除了受上述终止子的结构因素控制外，还需要一种释放因子（ρ因子）参与终止作用。释放因子是分子量约为50 000 D的蛋白质，沉降系数是9S。该因子以单体或四聚体（或多聚体）两种形式存在。在原核生物的转录中，它的功能是协助RNA聚合酶识别终止信号，并表现出依赖于RNA的ATP磷酸水解酶活性。ρ因子单体可能是先与新合成的RNA 5'端疏松地接触，靠水解ATP的能量沿RNA链由5'→3'方向移动，直至暂时被停留在终止子的RNA聚合酶处，以四聚体或多聚体的方式与RNA聚合酶相互作用，使构象发生相应的变化，新生的RNA链和RNA聚合酶释放出来，便结束整个转录过程。

总的来说，RNA的转录终止有三种方式：第一种是在终止子的3'端，有寡聚A序列，这类终止子不需要ρ因子就能终止RNA的转录；第二种是终止子上没有寡聚A序列，它需ρ因子共同终止RNA的转录；第三种终止子的终止能力比较弱，在ρ因子参与下，能提高RNA转录的终止效率。不同终止子具有不同的终止转录的能力，因为它们的长度与G、C含量不同，因而发夹对称结构的稳定性不同，使RNA聚合酶暂停的时间长短也不同。一般RNA的转录终止均依赖于ρ因子的协助。另外，在植物细胞中发现有能抗ρ因子的蛋白质，称为反终止因子，它能协同RNA聚合酶通过终止子继续转录，这种作用称为抗终止作用。反终止因子的作用具有高度的特异性，其作用可能与基因表达的调控有关（见图8-13）。

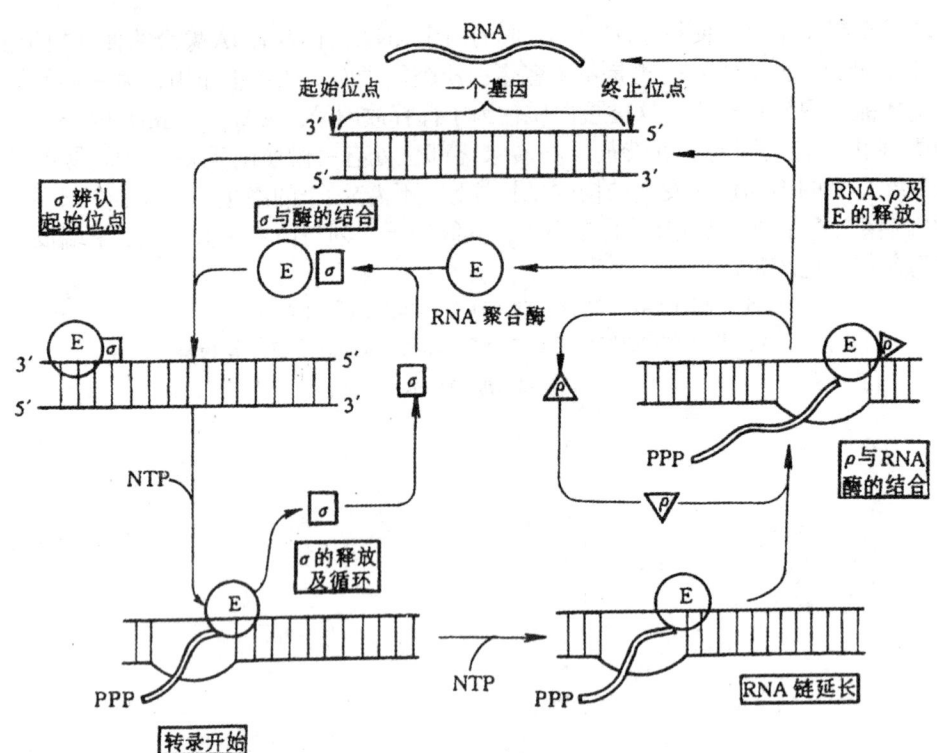

图8-13 转录过程示意图

3. 转录后的加工

真核细胞内的最初转录产物的分子较大,称转录RNA前体。从前体转变为成熟的RNA的过程称转录后的加工。经加工后的RNA称为成熟的RNA。

真核细胞的转录RNA前体加工包括RNA前体两端的结构改变以及某些核苷的修饰,自从1977年在真核生物中发现了断裂基因以来,又出现了一种新的加工方式即某些中间部分的切除。真核生物中RNA加工过程简述如下。

（1）mRNA前体的加工

在正常原核细胞内尚未发现有mRNA转录后的加工,由于原核细胞中并没有真正的细胞核,因此类核体中的mRNA在转录未完成之前已开始翻译,所以在翻译之前无须对mRNA加工,但是在真核细胞内,被转录出来的是mRNA的前体,其分子质量可达$1×10^7 u \sim 2×10^7 u$,而且很不均一,故称为核不均一RNA（HnR-NA）,在它体现生物功能之前,需要先在核内经过多种酶促反应加工后变为分子量较小的mRNA,然后运至细胞质中执行其生物功能。

HnRNA在核内的加工过程至少包括：①5'端加帽；②内部甲基化；③3'端加poly A尾巴；④剪去不编码的序列。最后,转运到细胞质内,成为成熟的mRNA。它们似乎都是单顺反子（即一个mRNA分子只编码一个多肽）,其长度在几百至几千核苷酸序列之间。它决定编码蛋白质分子的大小。除了编码区外,mRNA的5'和3'端还有长度不等的未翻译序列（见图8-14）。

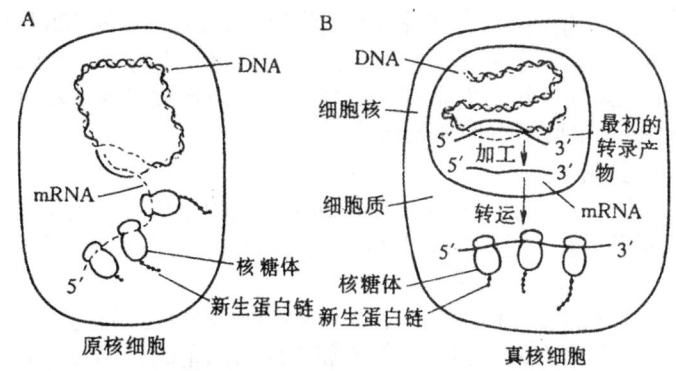

A. 原核细胞中的mRNA无须加工的示意图；B. 真核细胞中的mRNA前体的加工示意图

图8-14 原核细胞与真核细胞中mRNA转录示意图

在某些植物的mRNA的化学分析中已证明它具有一个5'端的帽子结构，这种帽子结构与动物mRNA所具有的帽子结构相近。虽然不同植物的帽子结构略有差异，但无论哪一种形式都有7-甲基鸟核苷三磷酸（m⁷GPPP）和5'端的m⁷GPPP的存在，对mRNA的翻译有识别作用，并有防止5'端受外切核酸酶的降解，有稳定mRNA的作用。

许多植物的mRNA 3'端有poly A尾（多聚腺苷酸区），它是在mRNA被转录后，以ATP为底物，在多腺苷酸聚合酶的催化下合成的。其长度为2～20 nm。这些核苷酸序列没有编码基因的功能，但可防止核酸酶从3'端降解mRNA，延长mRNA的寿命。许多植物RNA病毒不具有poly A尾。

真核细胞中的HnRNA除含编码基因的序列外，尚含不编码基因的序列，因此在加工过程中，必须先将HnRNA中不编码的序列切除，然后将剩下的片段相互连接，生成具有功能的成熟mRNA，虽然加工方式不止一种，但一般均需有关酶与蛋白因子参与，甚至有的RNA本身就具有酶的活性。具有这种特性的基因，称为断裂基因。

（2）tRNA前体的加工

由tRNA前体变为成熟的tRNA，一般需进行以下加工：①通过专一的核糖核酸酶的催化，在tRNA前体的两端切去一定长度的核苷酸序列；②通过某些修饰酶如甲基化酶、脱氨酶、假尿苷化酶等，对RNA特定位置的碱基进行化学修饰，如碱基甲基化、脱氨等，形成"稀有碱基"；③在3'端必须具有胞苷酸-胞苷酸-腺苷（CCA）序列，这一末端序列对tRNA接受并有转移氨基酸的功能是必需的，有的tRNA CCA序列存在于前体内部，经专一酶降解除去某些序列，使CCA序列暴露于3'末端，如果在3'末端缺乏CCA末端序列，也可由tRNA核苷酰基转移酶进行末端加工，接上CCA，从而形成有功能的tRNA。

（3）rRNA前体的加工

真核生物的核糖体和原核生物的核糖体结构基本上相同，不过真核生物的核糖体上有更多的蛋白质和rRNA，其所含的rRNA有5S、5.8S、18S和28S四种，利用³²P-磷酸或H-尿嘧啶饲喂植物细胞或组织，经测定新合成的rRNA基因，发现以串联的方式聚集在植物细胞的核仁里，它们有一共同的重复结构，包括转录区和非转录区。它们的长度和成分因不同植物而异。每个串联的、重复的rRNA基因上，均有许多位点，同时被多个RNA聚合酶Ⅰ进行催化转录，最初的转录产物是含有25S rRNA、5.8S rRNA和18S rRNA序列，大约含有5660个核苷酸序列。不同种类植物的rRNA前体的分子质量不一，在成熟过程中，在其分子内需进行化学修饰，最后将最初转录的产物除去或插入某些序列，导致成熟rRNA的生成，成熟的

rRNA与大约100个核糖体蛋白结合,在核仁和核质内组装成60S和40S核糖体的大亚基。在高等植物体内5S rRNA基因是以多拷贝的形式出现的,它并不与25S和18S基因相连。

尽管不同植物rRNA分子间的大小有相似性,但在核苷酸组成上却有较大差异。在进化过程中,rRNA的G+C含量似乎有增加的趋势。

4. 逆转录与RNA复制

在某些病毒中,基因的转录与复制过程有别于一般的原核与真核生物。它们以逆转录或以RNA复制的方式延续后代,这些研究对分子遗传和生命的进化都有着重要的意义。

（1）逆转录

从DNA拷贝出RNA的过程称为转录,由RNA拷贝出DNA的过程称逆转录。实质上二者是完全相反的过程,严格来说,逆转录并不属于转录的范畴,不仅逆转录的过程和产物与转录完全相反,而且催化这两个不同过程的酶也截然不同,转录主要由RNA聚合酶来完成,而逆转录由逆转录酶来完成。逆转录酶是一类复杂的酶,它具有两个亚基,其中α亚基分子量为63 kD,β亚基为94 kD,常见的分子组成形式为αβ型,它具有多种酶活性,显示有DNA聚合酶、RNAase、DNA内切酶和DNA旋转酶等活性。

逆转录酶于1960年由美国Temin等人首先发现,后来陆续在多种植物RNA病毒中均发现它的存在,这些病毒称为还原病毒。逆转录酶是以dATP、dGTP、dCTP及dTTT作为底物,以RNA（或DNA）为模板,按碱基互补配对规律进行DNA链的合成,在合成起始时,必须有引物与Zn^{2+}存在。DNA链的合成方向为$5'\to 3'$。在引物为3'OH与5'端的三磷酸脱氧核苷酸之间形成3',5'磷酸二酯键,从而使DNA链进行共价延伸。还原病毒以这种方式将自己的单链RNA作为模板转录为DNA分子,从而得到复制与表达。

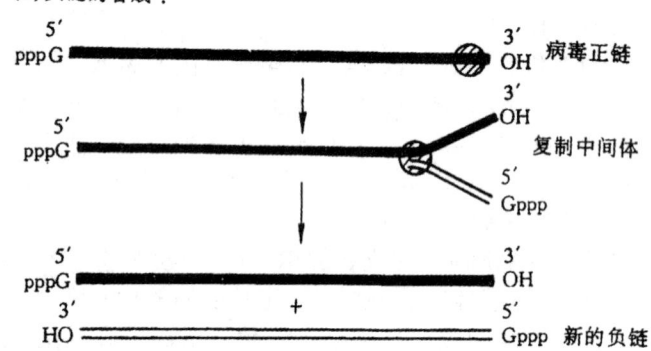

（2）RNA病毒的复制

RNA的复制是以RNA为模板合成RNA的过程。主要由RNA复制酶（是依赖于RNA的RNA聚合酶）来完成。大多数植物RNA病毒基因组为正极性的,如烟草花叶病毒（TMV）、豇豆花叶病毒（CPMV）及菠萝花叶病毒（BMV）等。RNA病毒的复制可分为三个阶段：①病毒RNA（+）进入寄主细胞以后,利用寄主细胞的核糖体翻译病毒外壳蛋白和复制酶。②以病毒RNA（+）为模板,由RNA复制酶合成病毒RNA（−）链。③再以RNA（−）链为模板,由相同的复制酶进行新的病毒RNA（+）链的合成（见图8-15）。

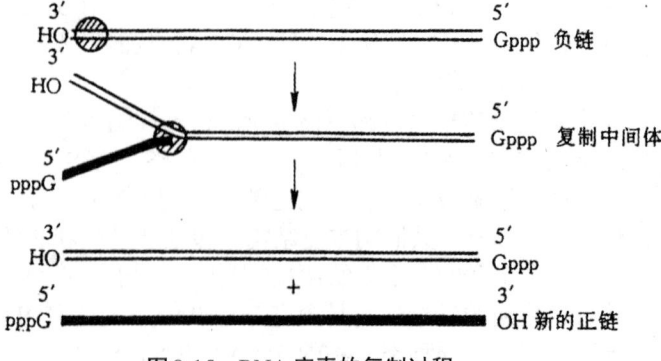

图8-15　RNA病毒的复制过程

8.3 蛋白质的合成

蛋白质的生物合成是以mRNA为模板，合成具有特定氨基酸顺序的多肽链的过程。在此进程中除需要能量和氨基酸外还需多种因子参加。在真核细胞中，需要300多种不同的生物大分子协同工作才能合成多肽。蛋白质合成所需能量约占一个细胞全部生物合成所需化学能的90%。

1. 蛋白质合成体系

(1) mRNA与遗传密码

mRNA是蛋白质生物合成的模板，mRNA分子中的核苷酸顺序决定蛋白质中多肽链氨基酸的顺序。mRNA分子中每三个相邻的核苷酸编为一组，决定一个氨基酸，这一组核苷酸称为三联体密码或称密码子，即遗传密码。因此，4种核苷酸共可编成4^3=64个密码子。除3个终止密码外，其他61个密码子为20个氨基酸编码。

遗传密码表具有以下特点。

1) 编码性

在64个密码中，有61个为20种氨基酸编码，余下UAA、UAG和UGA为终止密码，不为任何一个氨基酸编码。AUG作为起始密码。

2) 通用性

此64个密码对所有的生物均适用，不论生物进化的高低和种类，但也有个别例外。

3) 简并性

即一种氨基酸具有可以被一个以上的密码子编码的性质。20种氨基酸占有61个密码，除甲硫氨酸和色氨酸只有一个密码外，其余18种氨基酸均有多于一个的密码，这种编码同种氨基酸的多个密码称为同义密码子或简并密码子，这种现象称为简并性。在同义密码子中，第一、二位碱基是固定的，第三位碱基是可变动的，称为摆动性。遗传密码的这种性质能适应突变的发生，对保证生物物种的稳定性具有一定意义。

4) 非重叠性

mRNA中各密码子互相连接，一个接一个而不互相重叠，各密码之间没有间隔，即没有中断。因此在相同的碱基顺序上，从不同碱基开始，可解读出不同的密码。如果在此碱基序列中间插入或缺失一个碱基，便会在此处之后发生错读，这称作移码。

5) 兼职性

密码AUG具有特殊的功能，它既可作为起始氨基酸甲酰甲硫氨酰-tRNA或甲硫氨酰-tRNA的密码子，又可作肽链内甲硫氨酸的密码子，因而具有兼职性。

(2) tRNA与氨基酸的转移运输

tRNA的主要功能是凭借其反密码子环上的反密码子识别mRNA上的相应的密码子，在3'-OH端携带与密码子对应的氨基酸，并将其转运到核糖体中，合成蛋白质。

在tRNA的反密码子环上，有3个碱基组成的反密码子，它能以互补匹配的方式识别mRNA上相应的密码子。tRNA中还含有较多的稀有碱基，某些反密码子中含有I（次黄苷酸），I可以与密码中的A、U、C配对，而使反密码子的第一位碱基具有可变性，有更大的能力阅读mRNA的密码子（见图8-16）。

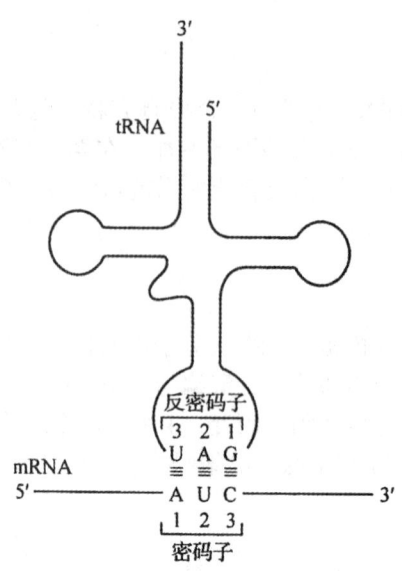

（两种RNA是反向平行的）

图8-16　密码子与反密码子的配对关系

tRNA的氨基酸臂3'末端具C—C—A碱基顺序，氨基酸就结合在腺苷酸的3'-OH上，每个氨基酸均有一个或多个tRNA，tRNA可识别特异的氨酰-tRNA合成酶，有利于形成氨酰基tRNA而将氨基酸运入核糖体，合成多肽。

（3）rRNA与核糖体

核糖体是核酸与蛋白质形成的核蛋白体，其中rRNA占60%，所以又称为核糖核蛋白体，是蛋白质合成的场所。它由大小两亚基组成，小亚基有供tRNA结合的部位，可容纳两个密码子的位置。大亚基有供tRNA结合的两个位点，即肽酰基P位和氨酰基A位，反密码子与小亚基结合，肽基转移酶在大亚基中（见图8-17）。

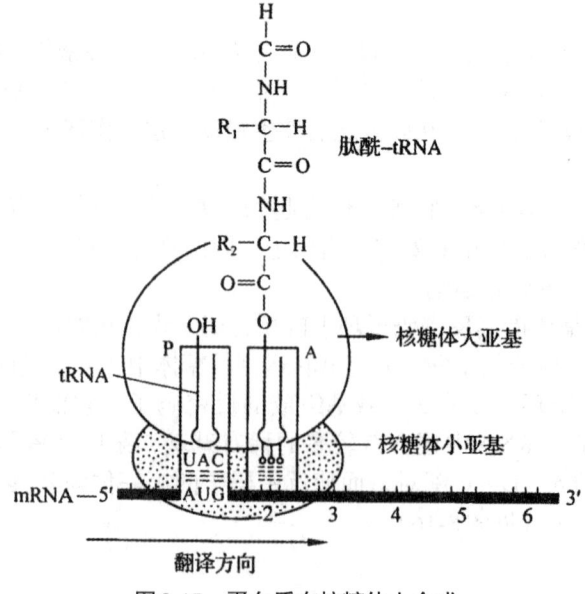

图8-17　蛋白质在核糖体上合成

2. 蛋白质的合成过程

(1) 氨基酸活化

作为蛋白质构件分子的氨基酸在掺入蛋白质之前必须活化，并与相应的tRNA结合成氨基酰tRNA才能参加反应。氨基酸的活化是由氨基酰tRNA合成酶催化完成的，其过程为下式：

氨基酰-tRNA合成酶+AA+ATP→氨基酰-tRNA合成酶-AA-AMP+PPi

氨基酰-tRNA合成酶-AA-AMP+tRNA→AA-tRNA+AMP+酶

可见，氨基酸活化消耗掉2个高能键，相当于2个ATP。

(2) 多肽链的合成

肽链的合成可分为起始、延长和终止3个阶段。

1) 起始复合物的形成

核糖体、mRNA及起始氨基酰-tRNA相互结合形成起始复合物（见图8-18）。起始tRNA进入核糖体的P位，起始tRNA的反密码子与mRNA上的AUG起始密码互补配对结合。

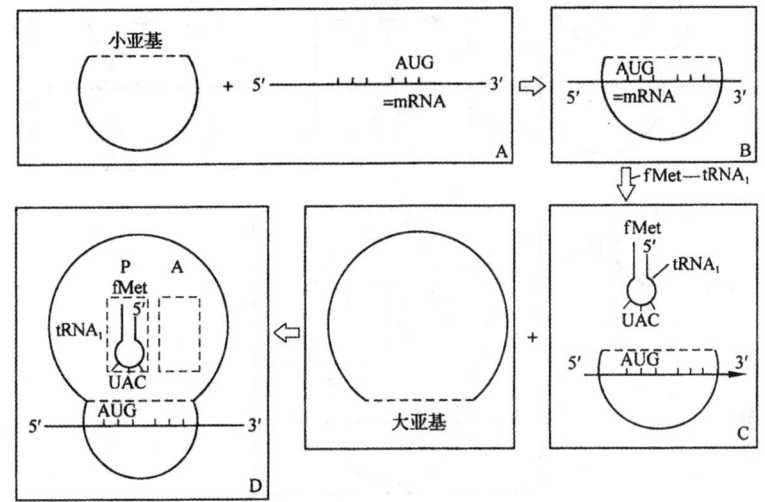

图8-18 多肽链起始复合物的形成过程

2) 肽链的延长

肽链的延长又可分为进位、转肽、脱落、移位4步。

①进位。第二个氨基酰-tRNA通过其反密码子与mRNA上的第二个密码子互补结合，进入A位。这一步要消耗1分子的GTP（见图8-19 A、图8-19 B）。

②转肽（转位）。在转肽酶的催化下，P位点的起始氨酰tRNA上所携带的氨基酸（甲酰甲硫氨酰基或甲硫氨酰基）转移到A位点，以其羧基与A位点上的氨酰-tRNA$_2$中的氨酰基的氨基结合成肽键，形成二肽基-tRNA$_2$。从而使肽链延伸了一个氨基酸（见图8-19 C）。

③脱落。P位点上的起始氨酰tRNA通过转肽脱去起始氨基酸以后，成了空载tRNA。这时从mRNA上脱落，并移出核糖体，P位点便空出来了（见图8-19 D）。

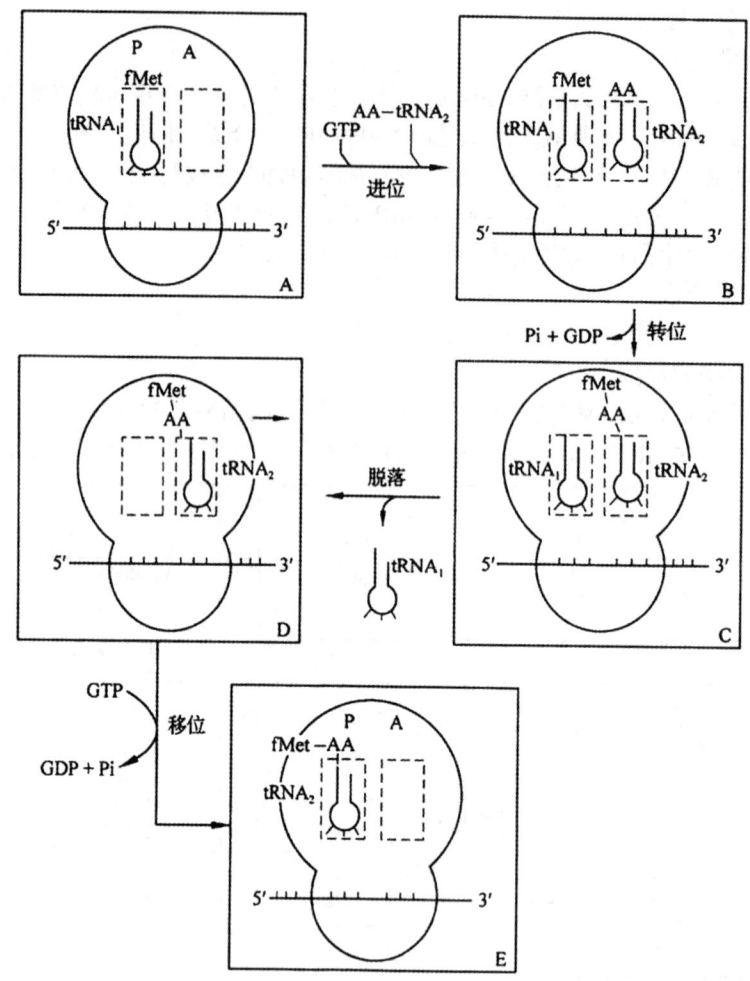

图 8-19 肽链的延伸

④移位。核糖体在 mRNA 上沿 $5'\rightarrow 3'$ 方向向右移动一个密码位置（或 mRNA 链向左移动），原在 A 位点的二肽酰-tRNA 便移至左边，占据了 P 位点；而右边新进入的第三个密码子位置成空着的 A 位点，以便进入新的氨酰-tRNA，进行下一次肽键延长的循环。这一步消耗 1 分子的 GTP。

如此反复循环，直至肽链延长到一定的长度。在蛋白质合成中，每形成 1 个肽键，要消耗 2 个 ATP 用于氨基酸的活化，以及 2 个 GTP，1 个用于进位，1 个用于移位。

3）肽链合成的终止

当核糖体沿 mRNA 的 $5'\rightarrow 3'$ 方向移位到 A 位点出现终止密码子 UAG、UGA 或 UAA 中的任何一个时，任何一种携带氨基酸的 tRNA 都不能与此密码结合，不能进入核糖体，只有几种蛋白因子——终止因子（TF）或释放因子（RF），可以识别这些终止密码子。当终止因子或释放因子进入核糖体后，便可水解多肽链和 tRNA 之间的酯键，使新合成的肽链脱离核糖体。核糖体、mRNA、tRNA 结合形成的复合物便解体，准备在下一条多肽链合成时再循环时使用。

蛋白质合成中往往是多个核糖体同时附着在一条 mRNA 链上，共同参加多肽链的合成。这种多个核糖体附着于同一条mRNA链上的结构称多聚核糖体。在多聚核糖体中，每个核糖体都可合成一条多肽链，因此，可以在有限的时间内，更有效地利用一条mRNA合成多条肽链。

（3）多肽链合成后的折叠与加工

新生肽链合成后必须经过折叠与加工方能成为有生物活性的蛋白质。

1）新生肽链折叠

新生肽链的折叠包括多肽链从核糖体上合成出来直到成熟成为具有特定三维结构和全部生物活性的功能蛋白质的全过程。多肽链在合成期间或合成以后有的能够自发地折叠成它的天然构象，使蛋白质分子内的氢键、范德华力、离子键及疏水作用达到最大程度。

在肽链合成期间，刚合成的一段肽链（30~40个氨基酸残基）仍在核糖体内部，一旦露出核糖体，便立即开始折叠。当肽链合成完毕，折叠也几乎完成。

现代分子生物学研究发现，新生肽链的折叠多半都需要一些蛋白质的帮助才能完成，包括分子伴侣和折叠酶两大类。分子伴侣可帮助多肽进行非共价组装，折叠酶催化共价化学反应，二者帮助新生肽链折叠成有功能的蛋白质。

2）蛋白质的加工修饰

新生肽链在合成期间及合成以后均能被修饰。翻译后的修饰方式大致有下列几种。

①肽链末端的修饰。在细菌中，所有新生肽链的N端都是N-甲酰甲硫氨酸残基，在真核生物中是甲硫氨酸残基。这些甲酰基、甲硫氨酸残基能够被酶切除。

此外，多肽链N端和C端的其他一些氨基酸有时也要被加工切除。

在真核生物中，约有50%的蛋白质在合成以后其N端的氨基还被乙酰化，C端的氨基酸残基有时也要被修饰。

②信号序列的切除。在有些蛋白质中，N端有由15~30个氨基酸残基组成的一个序列负责引导该蛋白质到达它的最后作用部位，这个序列称为信号序列，又称信号肽。它最后要被特殊的肽酶切除掉。

③二硫键的形成。真核细胞中，一些输送到胞外的蛋白质在它们折叠后，位于同一肽链或不同肽链的两个半胱氨酸残基之间可以形成链内或链间二硫键。它们对于维持蛋白质分子的三级结构起着重要作用，可防止这些蛋白质因细胞外的环境剧烈变化而引起变性。

④部分肽段的切除。许多蛋白质，如蛋白水解酶（胰蛋白酶、胰凝乳蛋白酶等），它们最初被合成出来的是较大的无生物活性的前体。这些前体必须经过蛋白水解作用进行修剪，才能变成有生物活性的蛋白质。

⑤其他加工。如一些氨基酸的磷酸化、羧化、甲基化、乙酰化、羟化，糖基侧链的添加，辅基的加入，等等。

思考题

1. 什么是遗传的中心法则？
2. 试比较DNA复制与RNA转录的特点。
3. 试述蛋白质生物合成的主要特点和步骤。
4. 哪些化合物可以认为是联系糖、脂肪、蛋白质和核酸代谢的重要枢纽物质？

第9章 植物的信号转导

9.1 植物细胞信号转导概述

9.1.1 植物信号转导的概念

生命活动中的信号是指生物在生长发育过程中细胞所受到的各种刺激。信号的主要作用是承载信息，使信息在细胞间或细胞内传递，引发生物体特异的生理生化反应。生物体的新陈代谢应该包括物质、能量和信息的转化和传递。遗传基因决定代谢和生长发育的基本模式，而其实现在很大程度上受控于环境的刺激；环境刺激信息包括生物体的外界环境信息和体内环境信息两个方面。对植物而言，由于基本上是生长在固定的位置，环境对其的影响更为突出。植物的环境信息包括外界（如光、温、气等）和体内（如激素、电波等）两方面的信息。植物体要正常生长，就需要正确辨别和接受各种信息并做出相应的反应。

植物对信号有一个接受、归纳、分析、筛选、放大、传达、处理和答复（响应）的过程与机制，使得细胞最终决定代谢的方向。信号是诱因，生理反应是信号作用于植物的最终结果。相同的信号作用于不同的细胞可以引发完全不同的生理反应；不同的信号作用于同一种细胞却可以引发相同的生理反应。植物的一切生命活动都与信号有关，信号是细胞一切活动的始作俑者。

植物感受到各种物理或化学的信号，然后将相关信息传递到细胞内，并经一系列途径的传导和放大，调节植物的基因表达、酶或其他代谢变化，从而做出反应，这种信息的传递和反应过程称为植物的信号转导。表9-1列举了一些常见的植物信号转导的事例。

表9-1 一些常见的植物信号转导的事例

生理现象	信号	受体或感受部位	相应的生理生化反应
植物向光性反应	蓝光	向光素	茎受光侧生长素浓度比背光侧低，受光侧生长速率低于背光侧
光诱导的种子萌发	红光/远红光	光敏色素	红光促进种子萌发/远红光抑制萌发
光诱导的气孔运动	蓝光/绿光	蓝光受体/玉米黄素	蓝光促进气孔开放/绿光抑制开放
干旱诱导的气孔运动	干旱	细胞壁和/或细胞膜	脱落酸合成与气孔关闭
根的向地性生长	重力	根冠柱细胞中淀粉体	根向地侧生长素浓度比背地侧高，向地侧生长速率低于背地侧
含羞草感震运动	机械刺激、电波	感受细胞的膜	离子的跨膜运输，叶枕细胞的膨压变化、小叶运动
光周期诱导植物开花	光周期	光敏色素和隐花色素	相关开花基因表达，花芽分化
低温诱导植物开花	低温	茎尖分生组织	相关开花基因表达，花芽分化
乙烯诱导果实成熟	乙烯	乙烯受体	纤维素酶、果胶酶等编码基因表达，膜透性增加、贮藏物质的转化、果实软化

续表

生理现象	信号	受体或感受部位	相应的生理生化反应
根通气组织的形成	乙烯、缺氧	中皮层细胞	根皮层细胞发生程序化死亡
植物抗病反应	病原体产生的激发子	激发子受体	抗病物质（植保素、病原相关蛋白等）合成
豆科植物的根瘤	根瘤菌产生结瘤因子	凝集素	促进根皮层细胞大量分裂导致根瘤形成

细胞的信号分子按其作用和转导范围可分为胞间通信信号分子和胞内通信信号分子。多细胞生物体受刺激后，胞间产生的信号分子又称为初级信使，即第一信使，如各种植物激素，胞内信号分子常称为第二信使。

构成信号转导系统的各种要素必须具有识别进入信号、对信号做出响应并发挥其生物学功能的作用。这些功能不是仅靠个别物质就能够完成的，需要有一个体系协同地进行操作。细胞信号转导系统应当包含信号转导最必需的关键组分：①接受细胞外刺激并将它们转换成细胞内信号的成分；②有序地激活信号转导通路，以诠释细胞内的信号；③使细胞能够对信号产生响应，并做出功能上或发育上的决定（如基因转录、DNA复制和能量代谢等）的有效方法；④将细胞所做出的决定加以联网，这样，细胞才能对作用于它的、种类繁多的信号做出协同响应。

对于细胞信号转导的分子途径，可分为胞外信号感受、膜上信号转换和以胞内信号传递及蛋白质可逆磷酸化组成的胞内信号转导三种（见图9-1）。胞外信号与胞内信号在功能上是紧密联系的。植物体受到信号刺激后，通过细胞信号转导系统可使环境刺激信号和胞间信号级联放大，最终影响酶的活性和合成，导致一系列生理生化反应，从而引起植物生长发育的变化。

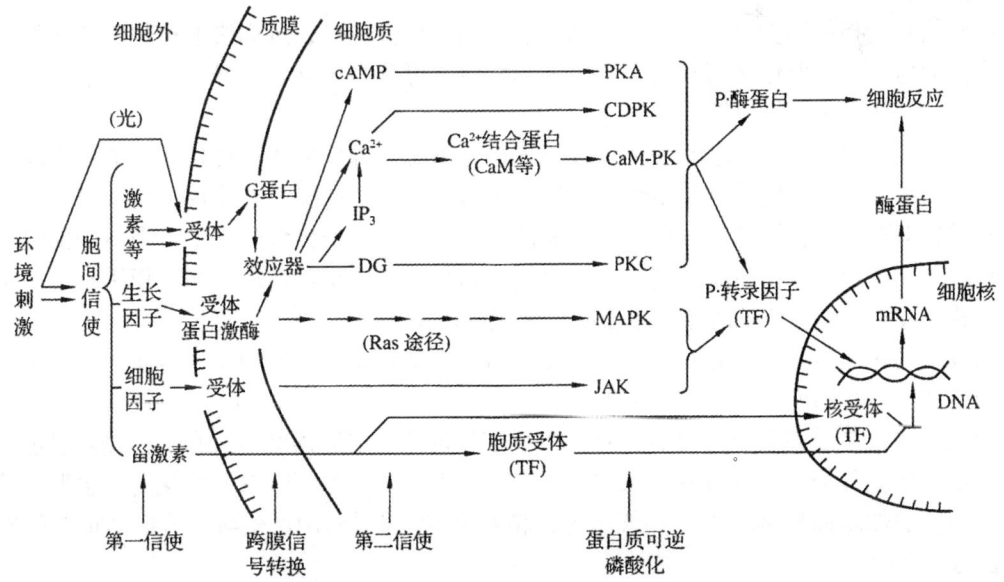

IP_3：三磷酸肌醇；DG：二酰甘油；PKA：依赖cAMP的蛋白激酶；PKC：依赖Ca^{2+}与磷脂的蛋白激酶；CaM-PK：依赖Ca^{2+}·CaM的蛋白激酶；CDPK：依赖Ca^{2+}的蛋白激酶；MAPK：有丝分裂原蛋白激酶；JAK：另一种蛋白激酶；TF：转录因子

图9-1 细胞信号转导主要途径模式图

9.1.2 植物细胞信号转导的基本过程

当受体细胞通过细胞表面受体和细胞内受体接收胞外信号时,将胞外信号转变为胞内信号,并经过一系列胞内信号转导途径的传导和放大,就能控制相关基因的表达和引起特定的生理生化反应,这种从细胞受体感受胞外信号,到引起特定生理生化反应的一系列信号转换过程和反应机制称为信号转导。

信号转导的基本过程可以分为3个阶段:

①信号感知和跨膜转换:细胞感受并接受胞外刺激,并将胞外信号转化为胞内信号;

②胞内信号的转导:通过细胞内信使系统级联放大信号,调节相应酶或基因的活性,此过程包括产生第二信使、蛋白质的可逆磷酸化以及信号的级联放大等;

③细胞的生理生化反应:细胞通过基因表达和酶促反应来适应外界环境。

9.2 信号感受与跨膜信号转换

9.2.1 信号

对植物体来讲,环境变化就是刺激,就是信号。根据信号分子的性质,信号分为物理信号和化学信号。光、电等刺激属于物理信号,娄成后认为:植物受到外界刺激时可产生电波,通过维管束、共质体和外质体途径快速传递信息激素、病原因子等属于化学信号。化学信号也称为配体。例如,植物根尖合成的ABA通过导管向上运送到叶片保卫细胞,经过一系列信号转导过程,引起气孔关闭。

1. 化学信号

化学信号是指能够把环境信息从感知位点传递到反应位点,进而影响植物生长发育进程的某些化学物质。根据化学信号的作用方式和性质,可分为正化学信号、负化学信号、积累性化学信号和其他化学信号等。

正化学信号是指随着环境刺激的增强,该信号由感知部位向作用部位输出的量也随之增强;反之则称为负化学信号。积累性化学信号则是指在正常情况下,作用部位本身就含有该信号物质并不断地向感知部位输出,以保证该物质维持在一个较低的水平;当感知部位受到环境刺激时,可导致该物质输出的减少,表现上则是该物质积累增加,当其积累超过一定阈值时,其调节生理生化活动的作用也就明显地表现出来。

已发现的化学信号分子有几十种,主要包括植物激素类、寡聚糖类、多肽类等。也有人认为Ca^{2+}、H^+(pH梯度)可以作为胞外信号分子。

如当植物根系受到水分亏缺胁迫时,根系细胞迅速合成脱落酸(ABA),ABA通过木质部蒸腾流向地上部分,引起叶片生长受抑和气孔导度下降。而且ABA的合成和输出量随水分胁迫程度的加剧而显著增加。一般认为,植物激素尤其是ABA充当了植物体重要的胞外化学信号。

当植物的一张叶片被虫咬伤后,会诱导本叶和其他叶片产生蛋白酶抑制剂(PI)等,以阻碍病原菌或害虫进一步侵害。如立即除去受害叶,其他叶片不会产生PI。但如果将受害叶细胞壁水解片段(主要是寡聚糖)加到正常叶片中,又可模拟伤害反应诱导PI的产生,从而认为寡聚糖是由受伤叶片释放并经维管束转移,诱导PI基因活化的信号物质。化学信号主要通过韧皮部长距离传递,也可以集流的方式在木质部中传递。

2. 物理信号

物理信号是指细胞感受到刺激后产生的能够起传递信息作用的电信号和水力学信号等。电、光、磁场等可在生物体内器官、组织、细胞之间或其内部起信号的作用。如光信号中包含光照方向、光质和光周期等光信息,当植株不同部位的光受体接受光信号携带的光信息后,可分别导致向光性(如叶绿体运动、叶和芽的向光性生长)、光周期诱导(如花芽分化)等反应。

电信号是指能够传递环境信息的电位波动。电信号传递是植物体内长距离传递信息的一种重要方式,是植物体对外部刺激的最初反应。植物的电波传递又可分为动作电波(AP)和变异电波(VP)(见图9-2 A、图9-2 B)。一般来说,植物中动作电波的传递仅用短暂的冲击(如机械震击、电脉冲或局部温度的升降)就可以激发出来,而且受刺激的植物没有伤害,不久便恢复原状。若用有伤害的局部刺激(如切伤、挫伤或烧伤),植物会引起变异电波的传递。

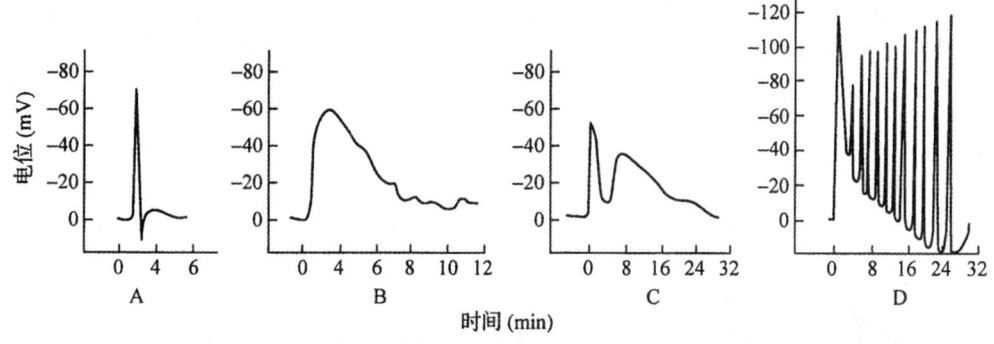

A. 动作电波(AP);B. 变异电波(VP);C. AP-VP复合波;D. 电波震荡

图9-2　高等植物体内的电波传导

AP和VP的出现都是细胞质膜电位去极化的结果,而且伴随有化学物质的产生(如乙酰胆碱)。各种电波传递都可以产生生理效应。如对植物进行烧伤刺激,可引起气孔运动和叶片伸展生长的抑制,而且刺激与两种生理效应之间都必须有电波传递的参与;如果阻断电波的传递,则其生理效应就不会产生。

试验证明,一些敏感植物或组织(如含羞草的茎叶、攀缘植物的卷须等)受到外界刺激发生运动反应(如小叶闭合下垂、卷须弯曲等)时,伴有电波的传递。当给平行排列的轮藻细胞中的一个细胞以电刺激引起动作电位后,可以传递到相距10 mm处的另一个细胞而且引起同步节奏的动作电位。

在对含羞草小叶片切伤刺激的研究中,还发现主叶柄上有复合电波的传递,即前端的AP拖带着VP(见图9-2 C)。此外,将植物在弱光、干旱等逆境下锻炼一段时间,它们的敏感性也可能增强,用无伤害刺激就会测到AP的传递,甚至有时连续几小时内会出现周期性的电波震荡(见图9-2 D)。我国著名植物生理学家娄成后教授指出,电波信息传递在高等植物中是普遍存在的。他认为植物为了对环境变化做出反应,既需要专一的化学信息传递,也需要更快速的电波传递。

水信号是指能够传递逆境信息，进而使植物做出适应性反应的植物体内水流或水压的变化。有人也将其称为水力学信号。

长期以来，人们一直将特定的叶片水分状况（水势、渗透势、压力势和相对含水量）与特定的胁迫程度相联系。在以往的许多文献中，一般将土壤干旱对植物的影响普遍解释为：当土壤干旱时，水分供应减少，因而根部的水分吸收减少；由于地上部蒸腾作用的存在，使得叶片水势、膨压下降，继而影响到ABA、细胞分裂素等植物激素的合成、运输、分配以及地上部的生理代谢活动（如光合、呼吸、气孔运动等），最终影响植物的生长发育。显然，这一解释的基础是假定根冠间通信是靠水的流动来实现的。但已有很多试验结果表明，在叶片水分状况尚未出现任何可检测的变化时，地上部对土壤干旱的反应就已经发生了，从而使植物避免或至少推迟了地上部分的脱水，有利于植物的生长发育。这说明植物根与地上部之间除水流变化的信号外，还有其他能快速传递的信号的存在。

近年来，人们开始注意植物体内静水压变化在环境信息传递中的作用。由于水的压力波传播速度特别快，在水中可达$1500 \text{ m} \cdot \text{s}^{-1}$，因此静水压变化的信号比水流变化的信号要快得多，这有利于解释某些快速反应（如气孔运动、生长运动等）的现象。由于在细胞膜上发现了水孔蛋白的存在，人们对于植物体内水信号的存在和作用予以了更多的关注。证据表明植物细胞对水力学信号（水压的变化）很敏感，如玉米叶片木质部张力的降低几乎立即引起气孔开放，反之亦然。

9.2.2 受体

受体是指能够特异地识别并结合信号、在细胞内放大和传递信号的物质。细胞受体的特征是有特异性、高亲和力和可逆性。至今发现的受体大都为蛋白质。

位于细胞表面的受体称为细胞表面受体。在很多情况下，信号分子不能跨过细胞膜，它们必须与细胞表面受体结合，经过跨膜信号转换，将胞外信号传入胞内，并进一步通过信号转导网络来传递和放大信号。例如，细胞分裂素受体就是细胞表面受体。细胞表面受体一般是跨膜的蛋白质具有胞外与配体相结合的区域，跨膜区域以及胞内与下游组分相结合的区域。

位于亚细胞组分如细胞核、液泡膜上的受体叫作细胞内受体。一些信号是疏水性小分子，不经过跨膜信号转换，而直接扩散入细胞，与细胞内受体结合后，在细胞内进一步传递和放大。

9.2.3 跨膜信号转换

1. 膜受体

细胞对信号感知和跨膜转换主要依靠细胞表面受体来完成的。胞外信号与引起胞内信号放大之间必然有一个中介过程，这个中介过程涉及接受胞外信号所必需的受体以及胞外信号转换成胞内信号的转换系统。胞外的刺激信号（如植物激素）和某些环境因素（如光、重力等），只有少部分可以直接跨过细胞膜系统引起生理反应，大多数需经膜系统上的受体识别后，通过膜上信号转换系统转变为胞内信号，才能调节细胞代谢反应及生理功能。跨膜信号转换系统由受体、G蛋白、效应酶或离子通道等组成。受体感受外界刺激或与胞间信号结合后，使G蛋白活化，活化的G蛋白诱导效应酶或离子通道产生胞内信号。

受体是指在膜上能与信号物质特异性结合，并引发产生胞内次级信号的特殊成分。受体可以是蛋白质，也可以是一个酶系等。如植物信号受体有激素受体、光受体和病原激发受体等。受体和信号物质的结合是细胞感应胞外信号，并将此信号转变为胞内信号的第一步。通常一种类型的受体只能引起一种类型的转导过程，但一种外部信号可同时引起不同类型表面受体的识别反应，从而产生两种或两种以上的信使物质。受体与胞间信号的反应具有几个重要特点：①特异性，信号与受体特异识别；②高度亲和性，二者结合迅速而灵敏，使细胞能够觉察到低浓度信号的轻微改变；③可逆性，两者以非共价的离子键、氢键、范德华力等结合；④饱和性，由于受体蛋白在膜上的数量有限，反应可达到饱和。在膜信号转换系统中，受体位于质膜外侧。

2. G蛋白

在受体接受信号与信号的产生之间往往需要信号转换，G蛋白（GTP结合调节蛋白）又称偶联蛋白或信号转换蛋白，是跨膜信号转换的主要传递体。G蛋白的信号偶联功能是靠GTP的结合或水解产生的变构作用完成的。当G蛋白与受体结合而激活时，它就同时结合上GTP，继而触发效应器，把胞外信号转换成胞内信号；而当GTP水解为GDP后，G蛋白就回到原初构象，失去转换器的功能。现已证明在高等植物中普遍存在G蛋白，也已初步证明G蛋白在植物跨膜离子运输、气孔运动、植物形态建成等生理活动的信号转导过程中的重要调节作用。

3. 效应酶和离子通道

效应酶是细胞的膜蛋白，如腺苷酸环化酶、磷脂酶C和钙离子通道等。它们受G蛋白活化，可产生胞内信号。

9.3 细胞内信号转导

9.3.1 肌醇磷脂信号系统

肌醇磷脂是一类由磷脂酸与肌醇结合的脂质化合物，分子中含有甘油、脂肪酸、磷酸和肌醇等基团，主要以3种形式存在于植物质膜中，即磷脂酰肌醇（PI）、磷脂酰肌醇-4-磷酸（PIP）和磷脂酰肌醇-4，5-二磷酸（PIP_2）。

1. 双信号系统

以肌醇磷脂代谢为基础的细胞信号系统，是在胞外信号被膜受体接受后，以G蛋白为中介，由质膜中的磷酸酯酶C（PLC）水解PIP_2而产生肌醇-1，4，5-三磷酸（IP_3）和二酰甘油（DG）2种信号分子。因此，该系统又称双信号系统。在双信号系统中，IP_3通过调节Ca^{2+}浓度，而DG则通过激活蛋白激酶C（PKC）来传递信息。

2. 三磷酸肌醇

IP_3作为信号分子，在植物中一般认为它作用的靶器官为液泡，IP_3作用于液泡膜上的受体后，将膜上Ca^{2+}通道打开，使Ca^{2+}从液泡中释放出来，引起胞内Ca^{2+}水平的增加，从而启动胞内Ca^{2+}信号系统，即通过依赖Ca^{2+}、钙调素的酶类活性变化来调节和控制一系列生理反应。

3. 二酰甘油

在正常情况下，细胞膜上不存在自由的DG，它只是细胞在受外界刺激时肌醇磷脂水解而产生的瞬间产物。PKC是一种依赖于Ca^{2+}和磷脂的蛋白激酶，它可催化蛋白质的磷酸化。当有Ca^{2+}和磷脂存在时，DG、Ca^{2+}、磷脂与PKC酶分子相结合，使PKC激活，从而对某些底物蛋白或酶类进行磷酸化，最终导致一定的生理反应。当胞外刺激信息消失后，DPKC首先从复合物上解离下来而使酶钝化，与DG解离后的PKC可以继续存在于膜上或进入细胞质而钝化。

9.3.2 钙信号系统

1. Ca^{2+}转移系统

几乎所有不同的胞外刺激信号都可能引起胞内游离钙离子浓度的变化，如光照、触摸、重力和温度等各种物理刺激和各种植物激素、病原菌诱导因子等化学因子。而植物细胞内游离钙离子浓度的微小变化可能显著影响细胞的生理生化活动。细胞内的钙离子浓度主要与细胞膜系统上各种Ca^{2+}的转移系统有关。

质膜上存在依赖ATP的Ca^{2+}转移系统，它是在Ca^{2+}-ATP酶作用下，由水解ATP提供能源，将Ca^{2+}泵出细胞液，以维持胞内一定的Ca^{2+}浓度。反过来，当Ca^{2+}通过质膜转移到细胞内时是通过Ca^{2+}通道的，而通道的开闭受膜电位的控制，Ca^{2+}向胞内的转移是一种被动扩散过程。

内质网也是植物细胞的一个钙库，其膜上可能也存在Ca^{2+}泵，它也依赖ATP，把细胞液中的Ca^{2+}泵入内质网中。线粒体膜上存在与电子传递链相偶联的钙泵，利用电子传递产生的电化学势将Ca^{2+}主动泵入线粒体内。

液泡膜上的Ca^{2+}转移系统是较完整的系统。液泡膜上有Ca^{2+}/H^+反向传递体，利用已建立的质子电化学势去驱动Ca^{2+}与H^+的跨膜交换。有人用燕麦根细胞中分离的液泡做材料，表明IP_3可诱发Ca^{2+}从液泡中释放出来，液泡可作为肌醇磷脂信号系统中IP_3的靶结构，在胞内Ca^{2+}动员中起重要作用。

2. 钙调素

植物细胞的钙信号受体蛋白之一是钙结合蛋白，它与Ca^{2+}有很高的亲和力与专一性。钙结合蛋白中分布最广，了解最多的是钙调素（CaM）。CaM只有与Ca^{2+}结合才有生理活性，而CaM对Ca^{2+}亲和能力正是它感受信息的基本特性，CaM能感受到Ca^{2+}浓度的变化从而引起相应的变化。这个过程可能涉及很多因素，其中有CaM量的差异、每个CaM结合的Ca^{2+}数目的不同、CaM翻译后修饰与否以及CaM靶酶的多样性等因素。

CaM可以两种方式发挥其作用：一种是CaM直接和靶酶结合，诱导靶酶的活性构象变化而调节靶酶的活性；另一种是CaM首先使依赖Ca^{2+}-CaM的蛋白激酶活化，然后在蛋白激酶的作用下，使一些靶酶磷酸化，而影响其活性。属第一种作用方式的有质膜Ca-ATP酶、NAD激酶，属第二种作用方式的有奎尼酸NAD氧化还原酶、质子泵、Rubisco小亚基等。

9.3.3 环核苷酸信号系统

受动物细胞信号的启发，人们最先在植物中寻找的胞内信使是环腺苷酸（cAMP）（见图9-3）。腺苷酸环化酶是一个跨膜蛋白，它被激活时可催化胞内的ATP分子转化为cAMP分子，细胞内微量cAMP（仅为ATP的1/1000）在短时间内迅速增加数倍至数十倍，从而形成胞内信号。细胞溶质中的cAMP分子浓度增加往往是短暂的，信号的灭活机制将随之减少，cAMP信号在cAMP特异的环核苷酸磷酸二酯酶（cAMP-PDE）催化下水解，产生5'-AMP，将信号灭活。

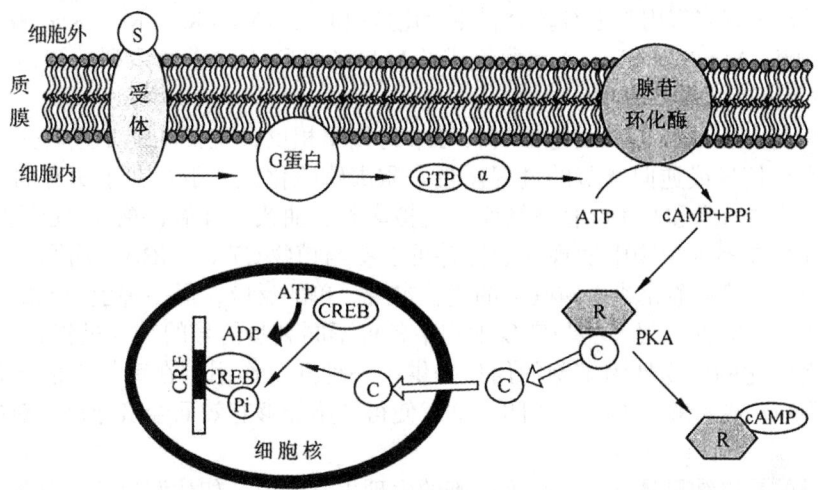

胞外刺激信号S激活质膜上受体R，受体激活与其偶联的下游G蛋白，激活的G蛋白α亚基作用于质膜连接的腺苷环化酶，cAMP被合成。cAMP作用于蛋白激酶A(PKA)，被激活的PKA的催化亚基C和调节亚基R相互分离。C亚基进入细胞核，催化cAMP响应元件结合蛋白CREB的磷酸化，磷酸化后的CREB与染色体DNA上的cAMP响应元件CRE结合，调控基因的表达

图9-3　cAMP信号转导途径示意图

大量研究表明，cAMP信使系统还在转录水平上调节基因表达。cAMP通过激活cAMP依赖的蛋白激酶（PK）而对某些特异的转录因子进行磷酸化，这些因子再与被调节的基因特定部位结合，从而调控基因的转录。在这些转录因子中，有一种称为cAMP的响应元件结合蛋白（CREB）。CREB被磷酸化后与其被调节的基因特定部位结合，从而调节这些基因的表达。在植物中已检测出cAMP，合成cAMP的腺苷酸环化酶以及分解cAMP的磷酸二酯酶活性。

有试验证明，叶绿体光诱导的花色素苷合成过程中，环鸟苷酸（cGMP）参与受体G蛋白之后的下游信号转导过程。环核苷酸信号系统与Ca^{2+}-CaM信号传递系统在合成完整叶绿体过程中协同起作用。

9.3.4　蛋白质的磷酸化和去磷酸化

蛋白质的磷酸化和去磷酸化在细胞信号转导过程中具有级联放大信号的作用，外界微弱的信号可以通过受体激活G蛋白、产生第二信使、激活相应的蛋白激酶和促使底物蛋白磷酸化等一系列反应得到级联放大。植物细胞中约有30%的蛋白质是磷酸化的。拟南芥中目前估算约有1000个基因编码激酶，300个基因编码蛋白磷酸酶，约占其基因组的5%。

蛋白质可逆磷酸化是细胞信号传递过程中的共同环节，也是中心环节。胞内第二信使产生后，其下游的靶分子一般都是细胞内的蛋白激酶和蛋白磷酸酶，激活的蛋白激酶和蛋白磷酸酶催化相应蛋白的磷酸化或去磷酸化，从而调控细胞内酶、离子通道、转录因子等的活性。

例如，cAMP可以通过蛋白激酶A（PKA）作用使下游的蛋白质磷酸化；Ca^{2+}可以通过与钙调素结合活化Ca^{2+}-CaM依赖的蛋白激酶使蛋白质磷酸化，也可以激活Ca^{2+}依赖型蛋白激酶（CDPK）使蛋白质磷酸化。

信号分子也可直接作用于由有丝分裂原活化蛋白激酶（MAPK）、MAPK激酶（MAPKK）和MAPKK激酶（MAPKKK）3个激酶组成的MAPK级联体，通过系列的蛋白质磷酸化反应，调控转录因子对基因的表达。

蛋白磷酸酶与蛋白激酶在细胞信号转导中的作用相反，主要功能是逆转蛋白磷酸化作用，是一个终止信号或逆向调节的过程。蛋白质去磷酸化也几乎存在于所有的信号转导途径。在单子叶植物玉米和双子叶植物矮牵牛、拟南芥、油菜、苜蓿、豌豆中已克隆出蛋白磷酸酶基因，并且在多种植物中发现其活性并可能参与植物CTK、ABA、病原、胁迫及发育信号转导途径。虽然磷酸化或去磷酸化的过程本身是单的反应，但多种蛋白质的磷酸化和去磷酸化的结果是不同的，很可能与实现细胞中各种不同刺激信号的转导过程有关。事实上，正是蛋白质磷配化的可逆性为细胞的信息提供了一种开关作用。在有外来信号刺激的情况下，通过去磷酸化或磷酸化再将之关闭。这就使得细胞能够有效而经济地调控对内外信息的反应。

信号转导的最终结果是导致一系列细胞的生理生化反应，如代谢反应、分裂分化等，从而引起植物生长发育的变化。

思考题

1. 你如何理解植物的信号传导？
2. 分析Ca^{2+}信号的生理意义。
3. 说明IP_3信号的生理作用
4. 蛋白质可逆磷酸化有什么意义？

第10章 植物生长物质

10.1 植物激素和生长调节剂的概念

植物生长物质是指能调节植物生长发育的微量化学物质，包括植物激素、植物生长调节剂和其他植物生理活性物质。

植物激素是指在植物体内合成的、通常从合成部位运往作用部位、对植物的生长发育产生显著调节作用的微量小分子有机物。从上述植物激素的定义可知，植物激素是内生的、能在植物体内移动的、低浓度就有调节效应的有机物质。植物体内的激素含量甚微，7000～10 000株玉米幼苗顶端只含有1 μg生长素；3 t花菜的叶片仅仅提取出3 mg生长素；1 kg向日葵鲜叶中的玉米素（一种细胞分裂素）为5～9 μg。植物激素虽能调节控制个体的生长发育，但本身并非营养物质，也不是植物体的结构物质。

植物激素这个名词最初是从动物激素衍用过来的。植物激素与动物激素有某些相似之处，然而它们的作用方式和生理效应却差异显著。例如，动物激素的专一性很强，并有产生某激素的特殊腺体和确定的"靶"器官，表现出单一的生理效应。而植物没有产生激素的特殊腺体，也没有明显的靶器官。植物激素可在植物体的任何部位起作用，且同一激素有多种不同的生理效应，不同种激素之间还有相互促进或相互颉颃的作用。另外，植物激素的作用不仅依赖其浓度的变化，也依赖于靶细胞对激素的敏感性。

现已确定的植物激素有生长素、赤霉素、细胞分裂素、脱落酸、乙烯和油菜素内酯）六大类。此外，还发现了其他许多具有显著生理调节活性的植物内源物质，例如，三十烷醇、茉莉酸、多胺、水杨酸、寡糖素、膨压素、系统素等。由于这些物质的生物合成和生理作用等方面还存在许多待研究的问题，目前只能被当作"植物生长物质"而不是"植物激素"看待。

由于植物体内植物激素含量很少，难以提取，无法大规模在农业生产上应用。随着研究的深入，人们人工合成（或从微生物中提取）了多种与植物激素有相似生理作用的物质，称为植物生长调节剂。

植物激素与植物生长调节剂这两个名词常易混淆。植物激素是内生的、能从合成部位运往作用部位且在极低浓度（1 μmol·kg^{-1}）下即可调节植物生理过程的有机化合物。而植物生长调节剂不仅指人工合成的具有生理活性的有机化合物，也包括一些天然的有机化合物以及植物激素。当天然植物激素被提取出来并施用于其他植物以诱导生理反应时就成为生长调节剂了。因此，生长调节剂中包含一些分子结构和生理效应与植物激素相同或类似的有机化合物，如吲哚丙酸、吲哚丁酸等；还有一些结构与植物激素完全不同，但具有类似生理效应的有机化合物，如萘乙酸、矮壮素、乙烯利、多效唑等。此外，生长调节剂与除草剂和农药之间也没有截然的界限。例如，有些化合物（如2,4-D；2,4,5-T）在高浓度时起除草剂作用，但在低浓度时有调节植物生理过程的活性；有些杀虫剂（如西维因）和杀菌剂（如甲基氨基甲酰）也有类似生长调节剂的作用。所以，植物生长调节剂是由多种多样化合物组成的并无明确范围的一类化合物，只是因为当它们以低浓度施用于植物时，具有调节植物生理活性的作用，才被人们叫作生长调节剂。

植物生长调节剂已广泛应用于农林业生产，如促进种子萌发、促进插条生根、促进开花、促进结实、疏花疏果、保花保果、防止脱落、促进果实成熟、延缓衰老、除杂草等，并发挥了巨大的作用。

10.2 生长素类

10.2.1 生长素的发现

生长素是最早被发现的植物激素。英国的达尔文（1880）等利用金丝雀草胚芽鞘进行向光性试验，发现在单方向光照射下，胚芽鞘向光弯曲；如果切去胚芽鞘的尖端或在尖端套以

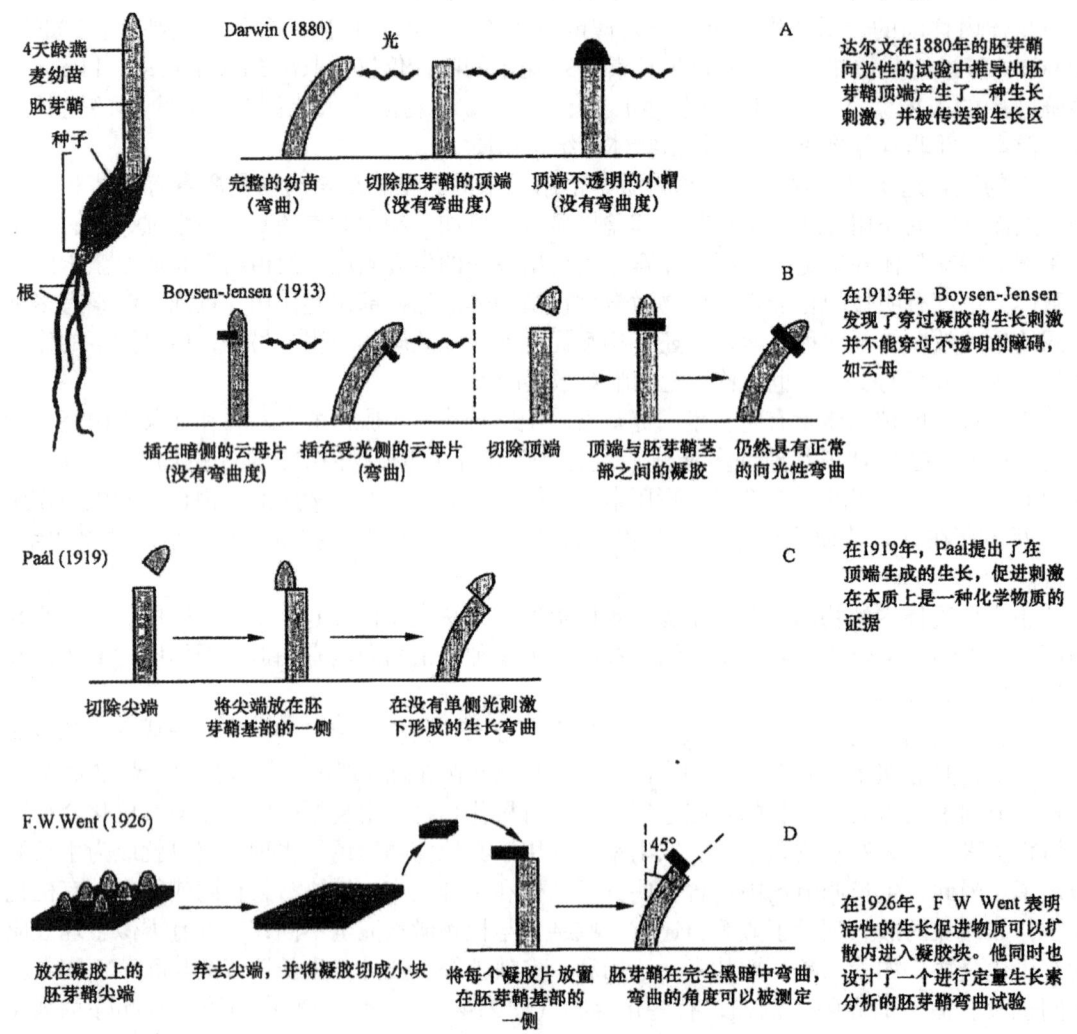

图10-1 生长素研究的早期实验

锡箔小帽，单侧光照便不会使胚芽鞘向光弯曲；如果单侧光线只照射胚芽鞘尖端而不照射胚芽鞘下部，胚芽鞘还是会向光弯曲（见图10-1 A）。因此认为胚芽鞘产生向光弯曲是由于幼苗在单侧光照下产生某种影响，并将这种影响从上部传到下部，造成背光面和向光面生长速度不同。博伊森和詹森（1913）在向光或背光的胚芽鞘一面插入不透物质的云母片，他们发现只有当云母片放入背光面时，向光性才受到阻碍。如在切下的胚芽鞘尖和胚芽鞘切口间放上一明胶薄片，其向光性仍能发生（见图10-1 B）。帕尔（1919）发现，将燕麦胚芽鞘尖切下，把它放在切口的一边，即使不照光，胚芽鞘也会向一边弯曲（见图10-1 C）。荷兰的温特（1926）把燕麦胚芽鞘尖端切下，放在琼脂薄片上，约1 h后，移去芽鞘尖端，将琼脂切成小块，然后把这些琼脂小块放在去顶胚芽鞘一侧，置于暗中，胚芽鞘就会向放琼脂的对侧弯曲（见图10-1 D）；如果放纯琼脂块，则不弯曲。这证明促进生长的影响可从鞘尖传到琼脂，再传到去顶胚芽鞘，这种影响与某种化学物质有关，温特称其为生长素（希腊语，促进的意思）。根据这个原理，他创立了植物激素定量的生物测定法——燕麦胚芽鞘弯曲试验法，以此定量测定生长素含量，推动了植物激素的研究。

荷兰的科戈（1934）等从玉米油、根霉、麦芽中分离和纯化了刺激生长的物质，经鉴定为吲哚乙酸（IAA），其分子式为$C_{10}H_9O_2N$，相对分子质量为175.19。此后，大量的试验证明IAA在高等植物体内广泛存在，是植物体内主要的生长素，它是第一个被发现的植物激素。因此，IAA成为生长素类物质的代表与缩写符号。

除IAA外，还在大麦、番茄、烟草及玉米等植物中先后发现苯乙酸（PAA）、4-氯吲哚乙酸（4-Cl-IAA）及吲哚丁酸（IBA）等其他生长素类物质（见图10-2）。以后人工合成了多种生长素类的植物生长调节剂，如2,4-二氯苯氧乙酸（2,4-D）、α-萘乙酸（NAA）等。

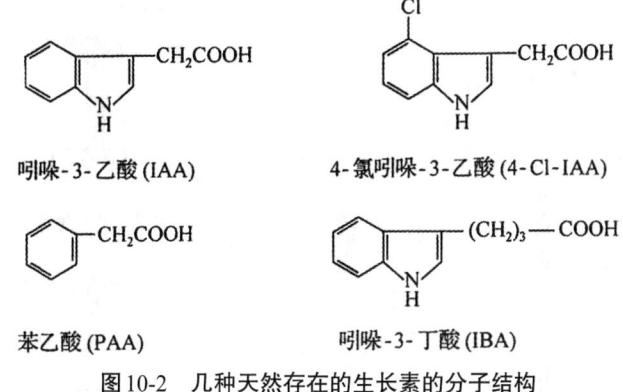

图10-2　几种天然存在的生长素的分子结构

10.2.2　生长素的分布与运输

1. 分布特点

植物体内生长素的含量很低，一般每克鲜重为10～100 ng。各种器官中都有生长素的分布，但较集中在生长旺盛的部位，如正在生长的茎尖和根尖（见图10-3），正在展开的叶片、胚、幼嫩的果实和种子，禾谷类的居间分生组织等，衰老的组织或器官中生长素的含量则较少。

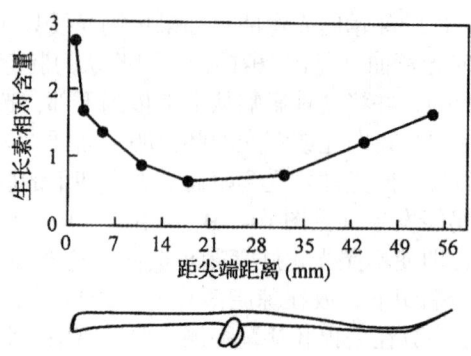

图10-3 黄化燕麦幼苗中生长素的分布

寄生和共生的微生物也可产生生长素，并影响寄主的生长。如豆科植物根瘤的形成就与根瘤菌产生的生长素有关，其他一些植物肿瘤的形成也与能产生生长素的病原菌的入侵有关。

2. 极性运输

生长素在植物体内的运输具有极性的特点，即生长素只能从植物的形态学上端向下端运输，而不能向相反的方向运输，这称为生长素的极性运输。把含有生长素的琼脂小块放在一段切头去尾的燕麦胚芽鞘的形态学上端，把另一块不含生长素的琼脂小块接在下端，过些时间，下端的琼脂中含有生长素。但是，假如把这一段胚芽鞘上下颠倒过来，把形态学的下端向上，做同样的实验，生长素就不向下运输（见图10-4）。其他植物激素则无此特点。

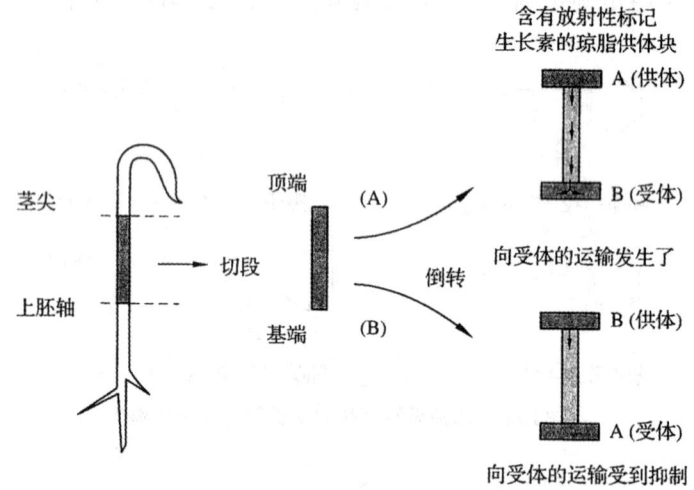

图10-4 供体-受体凝胶块法测定生长素的极性运输

生长素的极性运输是一种可以逆浓度梯度的主动运输过程，因此，缺氧的条件下会严重地阻碍生长素的运输。另外，一些抗生长素类化合物如2,3,5-三碘苯甲酸（TIBA）和萘基邻氨甲酰苯甲酸（NPA）等也能抑制生长素的极性运输。

生长素的极性运输与植物的发育有密切的关系，如向性运动、扦插枝条不定根形成时的极性和顶芽产生的生长素向基部运输所形成的顶端优势等。对植物茎尖用人工合成的生长素处理时，生长素在植物体内的运输也是极性的，且生长素活性越强，极性运输也越强。

除了极性运输方式之外,也发现了在植物体中存在被动的、在韧皮部中无极性的生长素运输现象,成熟叶子合成的IAA大部分是通过韧皮部进行非极性的被动运输。大部分生长素结合物的运输也是通过韧皮部进行的,例如,萌发的玉米种子中生长素结合物就是通过韧皮部从胚乳运输到胚芽鞘顶端的。

10.2.3 生长素的代谢

1. 生长素在植物体内的分布

生长素在植物体内分布很广,几乎各部位都有,但不是均匀分布。大部分集中在生长旺盛的部位,如胚芽鞘、茎和根尖端的分生组织形成层、受精后的子房和幼嫩种子等,而在衰老的组织和器官中则较少。

2. 生长素在植物体内的存在状态

生长素在植物组织中主要有两种状态:一种是以游离状态存在的自由生长素,具有活性;另一种是与其他化合物结合而暂时失去活性的束缚生长素,如生长素与蛋白质结合为吲哚乙酸-蛋白络合物。当这种络合物受到酶解、水解或自溶作用而释放出生长素以后才能呈现活性,自由生长素和束缚生长素可以相互转变。束缚生长素在植物体内作用主要表现为:①是生长素在细胞内的一种储存方式,特别在种子和储藏器官中特别多;②具有解毒作用,当自由生长素过量时,往往对植物产生毒害作用,因此可以作为解除生长素过量毒害的解毒方式;③作为运输形式,吲哚乙酸与肌醇形成吲哚乙酸肌醇储存在种子中,发芽时比吲哚乙酸更容易运输到地上部分;④调节自由生长素的含量,根据植物体对自由生长素的需要程度,束缚生长素会与束缚物分离或结合,使植物体内自由生长素含量呈稳衡状态,达到一个适合调节的水平。

3. 生长素在植物体内的运输方式

生长素在高等植物中有两种运输方式:一种是和其他同化产物一样,通过韧皮部运输的非极性运输,运输方向主要取决于两端有机物的浓度差,如在茎、老根和发育完全的叶片内的运输;另一种仅限于胚芽鞘、幼根、幼茎的薄壁细胞之间的极性运输,此种运输方式只能从形态学上端向下端运输。

4. 生长素在植物体内的合成与降解

生长素的前体合成物是色氨酸,色氨酸可以有两条途径合成吲哚乙酸:一条是先氧化脱氨形成吲哚丙酮酸,再脱羧转变成吲哚乙醛,最后醛基氧化而形成吲哚乙酸;另一条途径是首先脱羧形成色胺,然后氧化脱氨形成吲哚乙醛,最后转变为吲哚乙酸。所有植物都能通过吲哚丙酮酸途径合成吲哚乙酸,某些植物可以同时进行色胺途径。

10.2.4 生长素的生理效应

生长素的生理作用十分广泛,包括对细胞分裂、伸长和分化,营养器官和生殖器官的生长、成熟和衰老的调控等方面。

1. 促进生长

生长素最明显的效应就是在外用时可促进茎切段和胚芽鞘切段的伸长生长,其原因主要是促进了细胞的伸长。在一定浓度范围内,生长素对离体的根和芽的生长也有促进作用。此外,生长素还可促进马铃薯和菊芋的块茎、组织培养中愈伤组织的生长。生长素对生长的作用有3个特点。

(1) 双重作用

生长素在较低浓度下可促进生长，而高浓度时则抑制生长。从图10-5可以看出，在低浓度的生长素溶液中，根切段的伸长随浓度的增加而增加；当生长素浓度大于10^{-10} mol·L^{-1}时，对根切段伸长的促进作用逐渐减少；当浓度增加到10^{-8} mol·L^{-1}时，则对根切段的伸长表现出明显的抑制作用。生长素对茎和芽生长的效应与根相似，只是浓度不同。因此，任何一种器官，生长素对其促进生长时都有一个最适浓度，低于这个浓度时称为亚最适浓度，这时生长随浓度的增加而加快，高于最适浓度时称为超最适浓度，这时促进生长的效应随浓度的增加而逐渐下降。当浓度高到一定值后则抑制生长，这是由于高浓度的生长素诱导了乙烯的产生。

(2) 不同器官对生长素的敏感性不同

从图10-5可以看出，根对生长素的最适浓度大约为10^{-10} mol·L^{-1}，茎的最适浓度为$2×10^{-5}$ mol·L^{-1}，而芽则处于根与茎之间，最适浓度约为10^{-8} mol·L^{-1}。由于根对生长素十分敏感，所以浓度稍高就超最适浓度而起抑制作用。不同年龄的细胞对生长素的反应也不同，幼嫩细胞对生长素反应灵敏，而老的细胞敏感性则下降。高度木质化和其他分化程度很高的细胞对生长素都不敏感。黄化茎组织比绿色茎组织对生长素更为敏感。

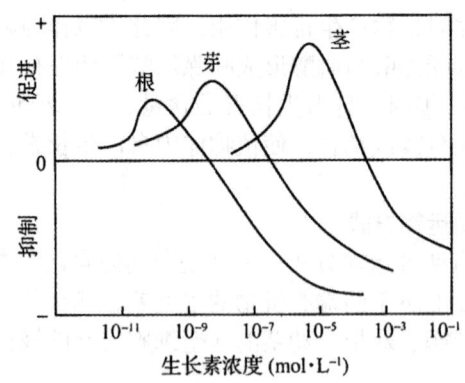

图10-5　植物不同器官对生长素的反应

(3) 对离体器官和整株植物效应有别

生长素对离体器官的生长具有明显的促进作用，而对整株植物往往效果不太明显。

2. 促进插条不定根的形成

生长素可以有效促进插条不定根的形成，这主要是刺激了插条基部切口处细胞的分裂与分化，诱导了根原基的形成。用生长素类物质促进插条形成不定根的方法已在苗木的无性繁殖上广泛应用。

3. 对养分的调运作用

生长素具有很强的吸引与调运养分的效应。从天竺葵叶片进行的试验中（见图10-6）可以看出，^{14}C标记的葡萄糖向IAA浓度高的地方移动。利用这一特性，用IAA处理，可促使子房及其周围组织膨大而获得无籽果实。

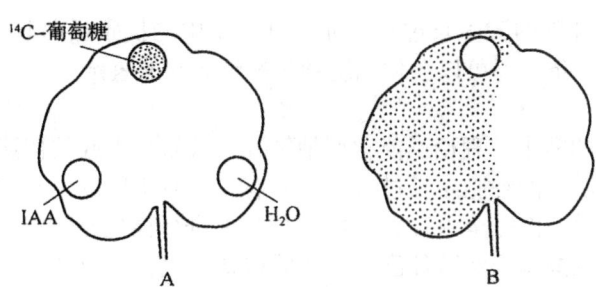

A. 在天竺葵的叶片不同部位滴上IAA、H₂O和¹⁴C葡萄糖；B. 48 h后同一叶片的放射性自显影
（原来滴加¹⁴C葡萄糖的部位已被切除，以免放射自显影时模糊）

图10-6 生长素调运养分的作用

4. 生长素的其他效应

生长素还广泛参与许多其他生理过程。如促进菠萝开花、引起顶端优势、诱导雌花分化（但效果不如乙烯）、促进形成层细胞向木质部细胞分化、促进光合产物的运输、叶片的扩大和气孔的开放等。此外，生长素还可抑制花朵脱落、叶片老化和块根形成等。

10.2.5 生长素的作用机理

植物激素作用于细胞时，需首先与其受体结合，经过一系列信号转导过程，才能发挥其生理生化作用。对生长素的作用机理先后提出了酸生长理论和基因活化学说。目前已有足够的证据证明这两种假说的合理性。

1. 激素受体

激素受体是指能与激素特异结合的、并能引发特殊生理生化反应的蛋白质。然而，能与激素结合的蛋白质却并非都是激素受体，只可称作某激素的结合蛋白。激素受体的一个重要特性是激素分子和受体结合后能激活一系列的胞内信号转导，从而使细胞做出反应。不同激素各有其受体。

生长素结合蛋白大多位于质膜、内质网或液泡膜上，它们的功能主要是使质膜上的质子泵将膜内的质子泵到膜外，引起质膜的超极化。如已被确认为生长素受体的一种生长素结合蛋白（ABP），最先是从玉米胚芽鞘中提取，其相对分子质量为40 000，含2个亚基。也有少数生长素受体位于细胞质（或细胞核）中，促进mRNA的合成，是基因活化学说的基础。

2. 酸生长理论

将燕麦胚芽鞘切段放入一定浓度生长素的溶液中，研究IAA和H⁺对切断伸长的影响，结果发现IAA和低pH值溶液对切断伸长有显著的促进效应。基于上述结果，雷利和克莱兰提出了生长素作用机理的酸生长理论。其要点为：①原生质膜上存在着非活化的质子泵（H^+-ATP酶），生长素作为泵的变构效应剂，与泵蛋白结合后使其活化；②活化了的质子泵消耗能量（ATP）将细胞内的H^+泵到细胞壁中，导致细胞壁基质溶液的pH下降；③在酸性条件下，H^+一方面使细胞壁中对酸不稳定的键（如氢键）断裂，另一方面（也是主要的方面）使细胞壁中的某些多糖水解酶（如纤维素酶）活化或增加，从而使连接木葡聚糖与纤维素微纤丝之间的键断裂，细胞壁松弛；④细胞壁松弛后，细胞的压力势下降，导致细胞的水势下降，细胞吸水，体积增大而发生不可逆增长。

由于生长素与H^+-ATP酶的结合和随之带来的H^+的主动分泌都需要一定的时间，所以生长素所引起伸长的滞后期（10～15 min）比酸所引起伸长的滞后期（1 min）长。现在，也有人认为水解酶不参与细胞的酸生长过程,而是细胞壁中的扩张蛋白起着疏松细胞壁的作用,其作用原理是它在酸性条件下可以弱化细胞壁多糖组分间的氢键。

3. 基因活化学说

生长素作用机理的酸生长理论虽能很好地解释生长素所引起的快速反应,但许多研究结果表明,在生长素所诱导的细胞生长过程中不断有新的原生质成分和细胞壁物质合成,且这种过程能持续几个小时,而完全由 H^+ 诱导的生长只能进行很短时间。从由核酸合成抑制剂放线菌素 D 和蛋白质合成抑制剂亚胺环己酮的实验得知,生长素所诱导的生长是由于它促进了新的核酸和蛋白质的合成。进一步用 5-氟尿嘧啶(抑制除 mRNA 以外的其他 RNA 的合成)试验证明,新合成的核酸为 mRNA。生长素的长期效应是在转录和翻译水平上促进核酸和蛋白质的合成而影响生长。

应用重组 DNA 技术,已经提取和鉴定了若干受 IAA 特异调节的 DNA 序列,即 AUX 响应基因。根据转录因子的不同,生长素诱导基因可分为两类。

(1)早期基因或初级反应基因

早期基因表达时间很短,从几分钟到几小时。例如 AUX/IAA 基因家族编码的短命转录因子,加入生长素 5~60 min 后,大部分 AUX/IAA 就表达。

(2)晚期基因或次级反应基因

某些早期基因编码的蛋白质能够调节晚期基因的转录。晚期转录基因对激素是长期反应。因为晚期基因需要重新合成蛋白质,所以其表达被蛋白质合成抑制剂堵塞。

由于生长素所诱导的生长既有快速反应,又有长期效应,因此提出了生长素促进植物生长的作用方式设想(见图 10-7)。

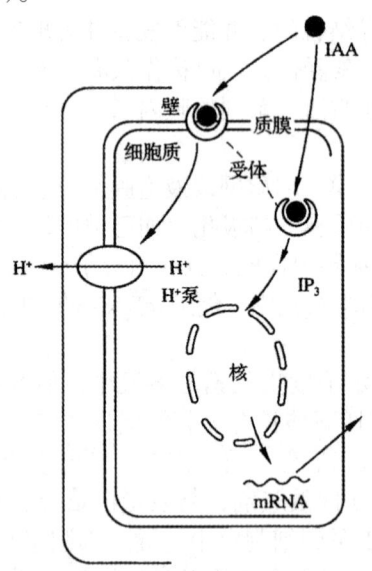

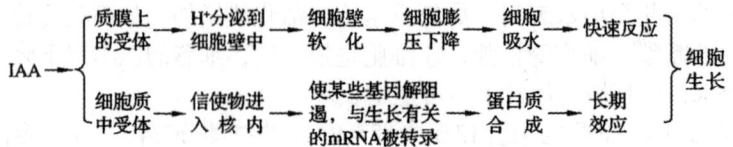

图 10-7 生长素促进细胞生长的作用方式示意

10.3 赤霉素类

10.3.1 赤霉素的发现

赤霉素（GA）是一类天然生长物质。早在1926年，日本黑泽英一在研究引起水稻植株徒长的恶苗病时发现的。恶苗病是由名为赤霉菌的分泌物引起水稻苗徒长且叶片黄化，由于该病菌的有性世代属于子囊菌纲赤霉菌属，学名为 *Gibberalla fujikuoi*，赤霉素因此而得名。1938年，日本薮田贞次等从水稻恶苗病菌中提取出赤霉素，但当时未受到人们的重视，直到20世纪50年代英美科学家对赤霉素进行了较系统的研究，并于1959年确定其化学结构。现已发现，许多藻类、蕨类、真菌、裸子植物和被子植物中都有赤霉素存在。根据报道，到目前为止，从低等到高等植物中已分离出的赤霉素已达70余种之多。根据发现的先后常以 GA_1、GA_2、GA_3……来表示不同的赤霉素。

10.3.2 赤霉素的化学结构与活性

赤霉素的种类虽然很多，但都是以赤霉烷为骨架的衍生物。赤霉素是一种双萜，由4个异戊二烯单位组成，有4个环，其碳原子的编号如图10-8所示。A、B、C、D 4个环对赤霉素的活性都是必要的，环上各基团的种种变化就形成了各种不同的赤霉素，但所有有活性的赤霉素的第七位碳均为羧基。

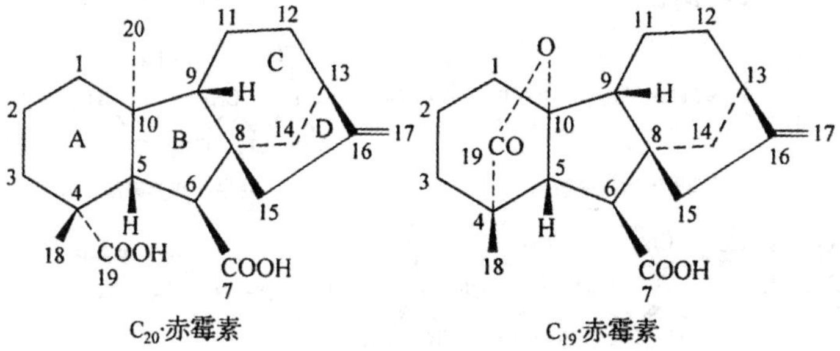

图10-8 C_{20}-GA和C_{19}-GA的结构

根据赤霉素分子中碳原子的不同，可分为20C赤霉素和19C赤霉素（见图10-8）。前者含有赤霉烷中所有的20个碳原子（如GA_{15}、GA_{24}、GA_{19}、GA_{25}、GA_{17}等），而后者只含有19个碳原子，第20位的碳原子已丢失（如GA_1、GA_3、GA_4、GA_9、GA_{20}等）。19C赤霉素在数量上多于20C赤霉素，且活性也高。

商品GA主要是通过大规模培养遗传上不同的赤霉菌的无性世代而获得的，其产品有赤霉酸（GA_3）及GA_4和GA_7的混合物等。

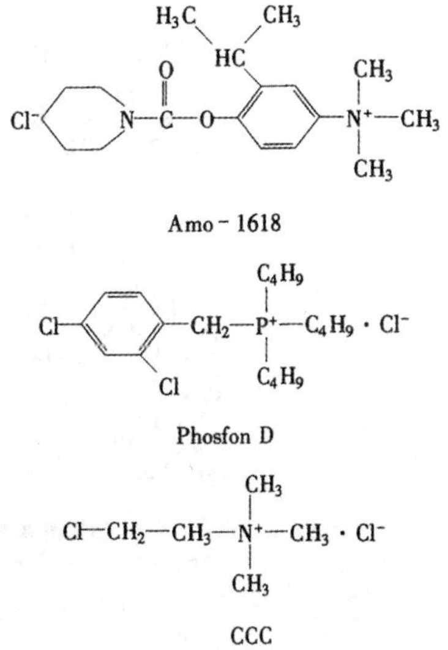

10.3.3 赤霉素的生物合成与运输

经研究证实，赤霉素生物合成的原料为活性乙酸即乙酰辅酶A（$CH_3CO\text{-}SCoA$）。3分子的乙酰辅酶A缩合成一个很重要的六碳中间产物称3,5-二羟基-3-甲基戊酸（mvA）或称甲瓦龙酸。从甲瓦龙酸进一步合成赤霉素，其合成步骤

图10-9 几种抗赤霉素物质的结构式

如图10-10所示。可见，赤霉素合成的直接前体是贝壳杉烯（kaurene）。有报道指出，有些植物的赤霉素合成的前体是与贝壳杉烯结构相似的异贝壳烯酸（steviol）。近年发现，有些人工合成的生长延缓剂如矮壮素（CCC）、福斯方-D（phosfon-D）、Amo1618等阻碍赤霉素生物合成中的某些环节，因此称这些化合物为抗赤霉素物质（见图10-9）。

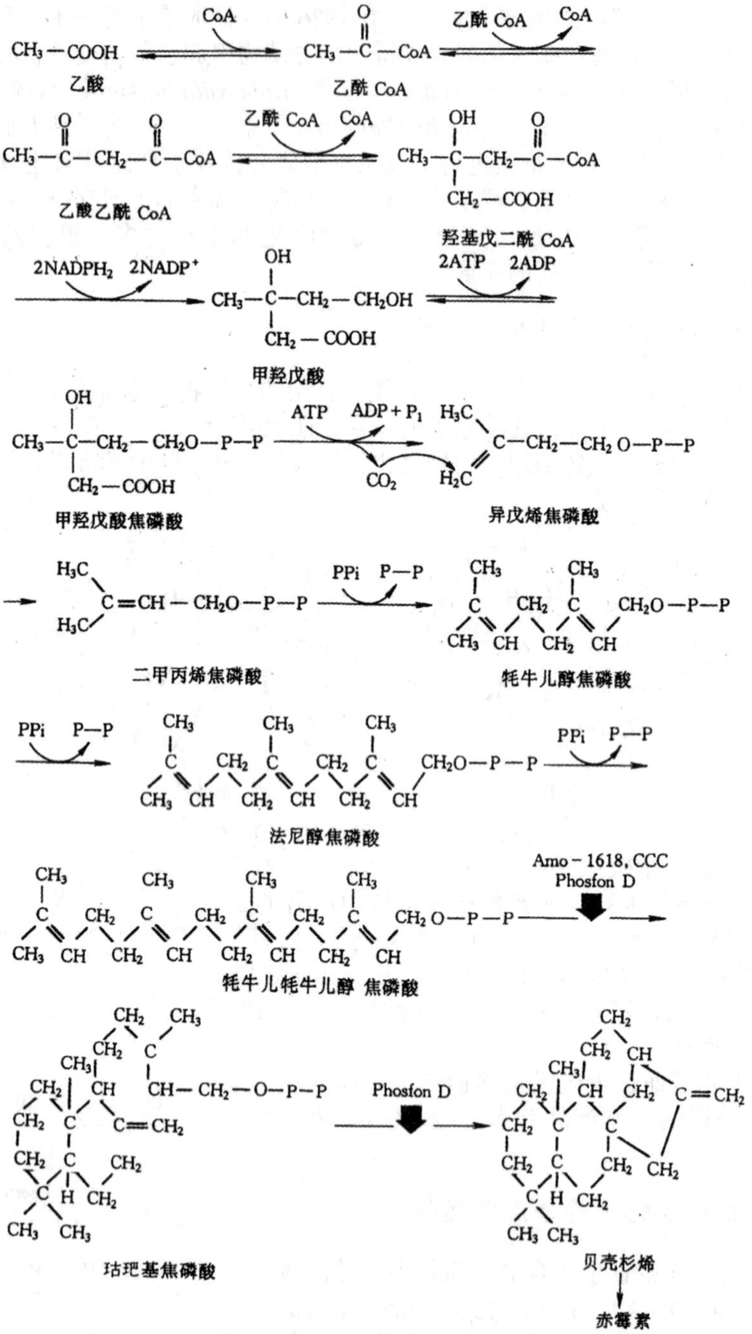

（一些抑制剂的作用点以黑色粗箭头表示）
图10-10 从乙酸生物合成赤霉素的步骤

赤霉素在体内合成后降解很慢，却较容易转变成束缚型贮存下来。关于赤霉素在植物体内的代谢情况有待深入研究。

10.3.4 赤霉素的生理效应与作用机理

赤霉素对植物生长发育的效应是多方面的。

①促进细胞的伸长。赤霉素最突出的生理效应是促进植株茎叶伸长。这在矮生植物上表现得最明显，矮生玉米或矮生豌豆的矮生习性是由于单个基因突变而使植物体内缺少产生赤霉素的遗传潜力，赤霉素的合成代谢受阻，所以给予外施赤霉素时，可使植株明显增高，与正常玉米的株高相同。试验证明，赤霉素的作用从细胞水平上看，决定于作用的部位，若对分生区主要是促进细胞分裂，在伸长区则促进细胞伸长，对已分化完全的细胞则没有作用或作用甚小。赤霉素对根的伸长无作用，但能促进禾本科植物叶的伸长，对双子叶植物叶片无明显的扩大作用，有促进叶柄伸长的作用。应用于茎、叶菜类（芹菜、菠菜等）牧草和茶叶等植物上，可以提前收获并增加产量。

②诱导α-淀粉酶的形成。禾谷类种子如大麦等，是以淀粉为主要贮藏物的，在萌发时，淀粉在α-淀粉酶的作用下迅速水解为糖供幼胚生长。如果在发芽前将胚去掉，去胚种子不能形成淀粉酶，淀粉不能发生水解，若将外源赤霉素与无胚种子一起保温，淀粉仍可以水解（见图10-11）。本试验证明了淀粉的水解是需要胚的，因赤霉素产生于胚，无胚种子外施赤霉素，代替了胚产生赤霉素而起作用。这是具有高度专一性的反应，由于在一定浓度范围内，α-淀粉酶活性与GA浓度的对数成正相关，所以可用于赤霉素的生物检测法。

大麦种胚中产生的赤霉素，通过胚乳扩散到糊粉层细胞而引起α-淀粉酶的形成，酶再扩散到胚乳使淀粉水解（见图10-12）。

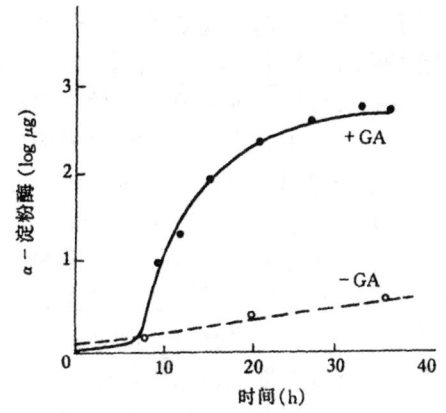

10粒半个无胚乳的种子与GA_3（浓度$10^{-6}M$）在缓冲液中保温

图10-11　GA对大麦胚乳产生α-淀粉酶生成的影响

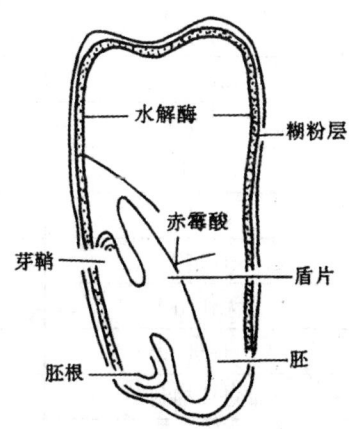

图10-12　大麦籽粒纵剖面示意图表明赤霉素的作用

试验证明,赤霉素对淀粉酶的诱导只有当糊粉层存在时才能发生,若去掉糊粉层则赤霉素不能诱导淀粉酶的形成,说明糊粉层是淀粉酶的合成场所,而糊粉细胞是赤霉素反应的"靶细胞"。

至于赤霉素如何诱导淀粉酶的形成问题,可从以下试验得到证明:将从大麦种子分离出来的糊粉层组织用一定浓度的赤霉素溶液进行保温培养,并在不同时间内测定糊粉层细胞和保温介质中的α-淀粉酶活性。结果表明,大约在8 h后,糊粉层即有α-淀粉酶出现,随后,在保温介质中也检测出α-淀粉酶活性。到24 h,酶的总活性比对照高10~20倍,说明赤霉素是可以诱导淀粉酶形成的,而且还有约8 h的滞后期。试验进一步证明,在赤霉素处理的滞后期内加入mRNA合成的抑制剂——放线菌素D时,就没有酶的出现,而在滞后期以后加入放线菌素D时则不影响酶的形成,由此可见,赤霉素是在DNA转录成mRNA时起作用的,并且随后翻译出特定的酶蛋白。

除α-淀粉酶外,赤霉素也可诱导其他水解酶的形成,例如蛋白酶、核糖核酸酶、磷酸化酶以及酯酶等。

赤霉素处理萌动大麦种子,促进其α-淀粉酶的形成,加速糖化过程,这一发现已被广泛应用于啤酒生产中。既可节约粮食,降低成本,又可缩短生产时间,提高效益。

③打破休眠。赤霉素能有效地打破许多延存器官(种子、块茎等)的休眠,促进萌发。在马铃薯生产中,赤霉素有很重要的应用意义,因为当年收获的马铃薯芽眼处于休眠状态,不能发芽,如用0.1 mg/kg的赤霉素溶液浸泡处理10~15 min,即可打破休眠,可用于马铃薯的二季栽培中,使一年收获两次,提高经济效益。

此外,赤霉素有与生长素一样的作用,可促使未受精的子房膨大产生无籽果实,如在葡萄生产中已有应用;赤霉素可代替某些长日植物(如萝卜、胡萝卜、芹菜、天仙子等)需要的低温或长日,促进开花,但对短日植物无作用;赤霉素还有提高梨和苹果坐果率、防止棉花落花落铃以及促进黄瓜雄花分化等作用;近年来,在我国杂交水稻生产中广泛应用,并收到良好效果。表10-1列出了生长素与赤霉素主要作用的比较。

表10-1 生长素与赤霉素作用的比较

生理现象	生长素	赤霉素
顶端优势	促进	无作用
燕麦胚芽鞘伸长	促进	无作用
二年生长日植物抽薹与开花	无作用	促进
烟草髓愈伤组织形成	促进	无作用
离体叶片保绿	无作用	促进
南瓜下胚轴生长	促进	促进
矮豌豆切茎生长	促进	无作用
矮豌豆茎生长	无作用	促进
偏上生长反应	促进	无作用
叶片脱落	促进或抑制	无作用
番茄单性结实的生长	促进	无作用

续表

生理现象	生长素	赤霉素
极性运输	对茎促进，对根无作用	对茎有时无作用对根则通常无作用
根尖端	促进	无作用
根生长	促进	无作用
种子萌发打破休眠	无作用	促进
促雌花的分化	促进	无作用
促雄花的分化	无作用	促进
腋芽生长	抑制	无作用

如上所述，从分子水平来看，赤霉素诱导α-淀粉酶的生成是由于赤霉素促进了有关酶的mRNA的合成，从而形成了特定的酶蛋白；至于赤霉素起作用是否有受体的原因，目前了解甚少。

从表10-1可见生长素与赤霉素作用有相似之处，亦有完全不同的地方。有试验证明，赤霉素与生长素之间有密切关系，赤霉素可以调节生长素的水平，因为赤霉素促进合成生长素的前体——色氨酸进一步合成生长素；赤霉素又能促进蛋白酶活性，加速蛋白质水解，从而累积更多的水解产物——色氨酸，也有利于IAA的合成；GA抑制IAA氧化酶的活性，抑制了IAA的氧化分解；GA可使体内束缚态IAA转变为游离态IAA。可见，从各个角度来看，GA能提高组织中的生长素含量水平（见图10-13）而促进生长。试验表明，单位GA对离体豌豆茎切段生长的促进不及生长素，当二者合并使用时，所表现的促进效应比各自单独使用的效果更大（见图10-14），说明二者之间互有增效的作用。

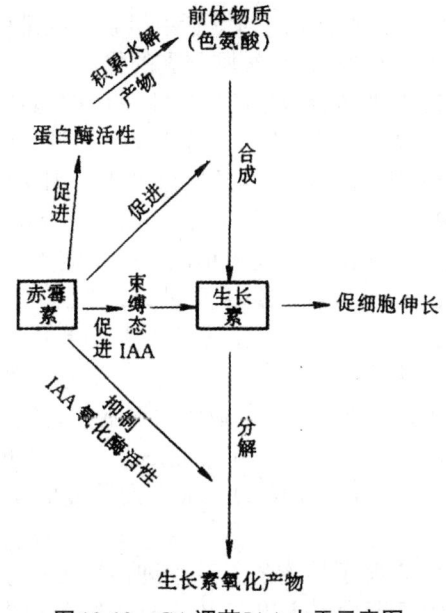

图10-13　GA调节IAA水平示意图

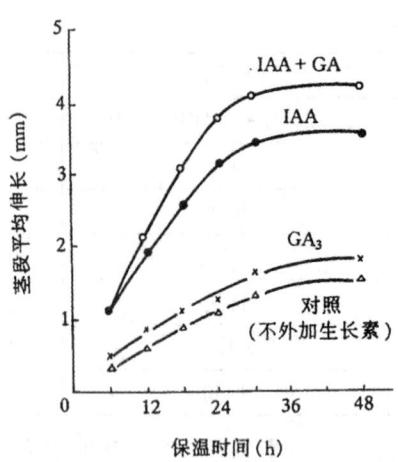

图10-14 生长素(10 μg/mL IAA)和赤霉素(10 μg/mL IGA₃)对离体豌豆节间切段伸长生长的效应

10.4 细胞分裂素类

10.4.1 细胞分裂素的发现和种类

细胞分裂素（CTK，CK）是以促进细胞分裂为主的一类植物激素。它的发现是人们在组织培养过程中寻找促进细胞分裂物质的研究成果。

斯库格（1948）等在寻找促进组织培养中细胞分裂的物质时，发现生长素存在时腺嘌呤具有促进细胞分裂的活性。1954年，雅布隆斯基和斯库格发现烟草髓组织在只含有生长素的培养基中细胞不分裂而只长大，如将髓组织与维管束接触，则细胞分裂。后来他们发现维管组织、椰子乳汁或麦芽提取液中都含有诱导细胞分裂的物质。

1955年，米勒和斯库格等偶然将存放了4年的鲱鱼精细胞DNA加入烟草髓组织的培养基中，发现也能诱导细胞的分裂，且其效果优于腺嘌呤，但用新提取的DNA却无促细胞分裂的活性，如将其在pH<4的条件下进行高压灭菌处理，则又可表现出促进细胞分裂的活性。他们分离出了这种活性物质，并命名为激动素（KT）。1956年，米勒等从高压灭菌处理的鲱鱼精细胞DNA分解产物中纯化出了激动素结晶，并鉴定出其化学结构（见图10-15）为6-呋喃氨基嘌呤，分子式为$C_{10}N_9H_{50}$，相对分子质量为215.2，接着又人工合成了这种物质。激动素并非DNA的组成部分，它是DNA在高压灭菌处理过程中发生降解后的重排分子。

后来人们在试验中发现植物体内广泛分布着能促进细胞分裂的物质。1963年，莱撒姆从未成熟的玉米籽粒中分离出了一种类似于激动素的细胞分裂促进物质，并将其命名为玉米素（ZT），1964年确定其化学结构为反式-6-(4-羟基-3-甲基-2-丁烯基氨基)嘌呤，分于式为$C_{10}H_{13}N_{50}$，相对分子质量为129.7（见图10-15）。玉米素是最早发现的植物天然细胞分裂素，其生理活性远强于激动素。

1965年，斯库格等提议将来源于植物的、其生理活性类似于激动素的化合物统称为细胞分裂素。目前在高等植物中已至少鉴定出了30多种细胞分裂素。细胞分裂素都是腺嘌呤的衍生物，是腺嘌呤6位和9位上N原子以及2位C原子上的H被取代的产物（见图10-15）。

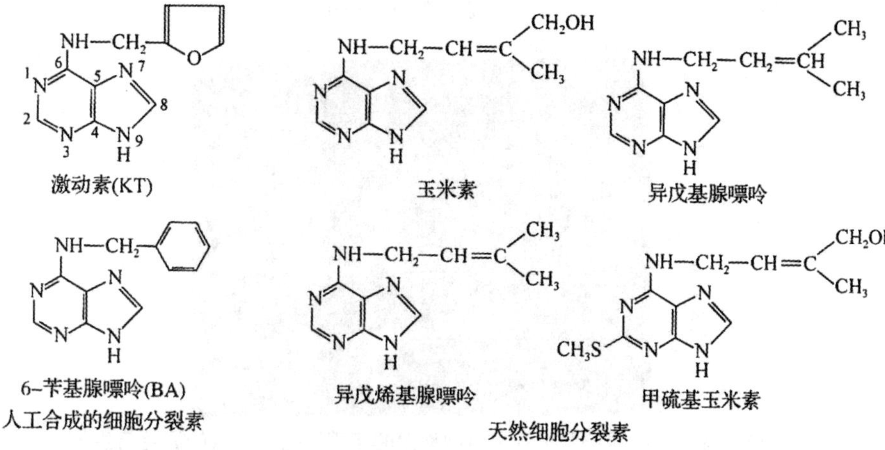

图10-15 常见的天然细胞分裂素和人工合成细胞分裂素的结构式

腺嘌呤环对细胞分裂素的活性是基本的,对环结构成分的微小变化(如以C代替N,或以N代替C),则其活性降低。对于与环连接的原子,只有在N_6位上取代的化合物(即R_1取代化合物)活性最高,R_2和R_3取代的化合物活性很低或无活性。

天然细胞分裂素可分为两类:一类为游离态细胞分裂素,除最早发现的玉米素外,还有玉米素核苷、二氢玉米素、异戊烯基腺嘌呤(iP)等;另一类为结合态细胞分裂素,结合态细胞分裂素有异戊烯基腺苷(iPA)、甲硫基异戊烯基腺苷、甲硫基玉米素等,它们结合在tRNA上,构成tRNA的组成成分。

常见的人工合成的细胞分裂素有激动素(KT)、6-苄基腺嘌呤(6-BA)和四氢吡喃苄基腺嘌呤(又称多氯苯甲酸,PBA)等。在农业和园艺上应用得最广的细胞分裂素是激动素和6-苄基腺嘌呤。有的化学物质虽然不具有腺嘌呤结构,但仍然具有细胞分裂素的生理作用,如二苯脲。

10.4.2 细胞分裂素的生理效应

1. 促进细胞分裂

细胞分裂素的主要生理功能就是促进细胞的分裂。生长素、赤霉素和细胞分裂素都有促进细胞分裂的效应,但它们各自所起的作用不同。细胞分裂包括核分裂和胞质分裂两个过程,生长素只促进核的分裂(因促进了DNA的合成),而与细胞质的分裂无关。而细胞分裂素主要是对细胞质的分裂起作用,所以,细胞分裂素促进细胞分裂的效应只有在生长素存在的前提下才能表现出来。而赤霉素促进细胞分裂主要是缩短了细胞周期中的G_1期(DNA合成准备期)和S期(DNA合成期)的时间,从而加速了细胞的分裂。

2. 促进芽的分化

促进芽的分化是细胞分裂素最重要的生理效应之一。细胞分裂素(激动素)和生长素的相互作用控制着愈伤组织根、芽的形成。当培养基中[CTK]/[IAA]的比值高时,愈伤组织形成芽;当[CTK]/[IAA]的比值低时,愈伤组织形成根;如二者的浓度相等,则愈伤组织保持生长而不分化(见图10-16)。所以,通过调整二者的比值,可诱导愈伤组织形成完整的植株。

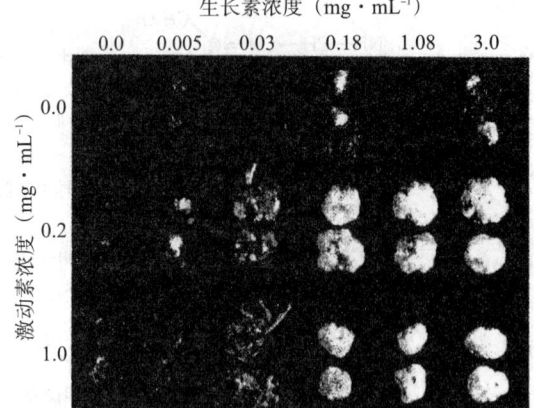

图10-16　烟草在不同浓度生长素与激动素的培养下器官形成的调整与生长

在低生长素与高激动素浓度(下左)下形成芽；在高生长素与低激动素浓度(上右)下形成根；
在这两种激素浓度基本相近或都高时(中间与下右)，形成未分化的愈伤组织

3. 促进细胞扩大

细胞分裂素可促进一些双子叶植物如菜豆、萝卜的子叶或叶圆片扩大。这种扩大主要是因为促进了细胞的横向增粗。由于生长素只促进细胞的纵向伸长，而赤霉素对子叶的扩大没有显著效应，所以CTK这种对子叶扩大的效应可作为CTK的一种生物测定方法。

4. 促进侧芽发育，消除顶端优势

CTK能解除由生长素所引起的顶端优势，促进侧芽生长发育。这是由于生长素诱导了乙烯的生成，乙烯抑制了侧芽的生长而表现出顶端优势，而CTK能抑制乙烯的产生。从而使侧芽解除抑制，消除顶端优势。

5. 延缓叶片衰老

离体叶片会很快变黄，蛋白质降解。如在离体叶片上局部涂以激动素，则在叶片其余部位变黄衰老时，涂抹激动素的部位仍保持鲜绿（见图10-17 A、图10-17 B）。这不仅说明了激动素有延缓叶片衰老的作用，而且说明了激动素在一般组织中是不易移动的。

细胞分裂素延缓衰老是由于细胞分裂素能够延缓叶绿素和蛋白质的降解速度，稳定多聚核糖体，抑制DNA酶、RNA酶及蛋白酶的活性，保持膜的完整性等。此外，CTK还可调动多种养分向处理部位移动（见图10-17 C），因此有人认为CTK延缓衰老的另一个原因是由于促进了物质的积累，现在有许多资料证明激动素有促进核酸和蛋白质合成的作用。例如，细胞分裂素可抑制与衰老有关的一些水解酶（如纤维素酶、果胶酶、核糖核酸酶等）的mRNA的合成，所以，CTK可能在转录水平上起防止衰老的作用。

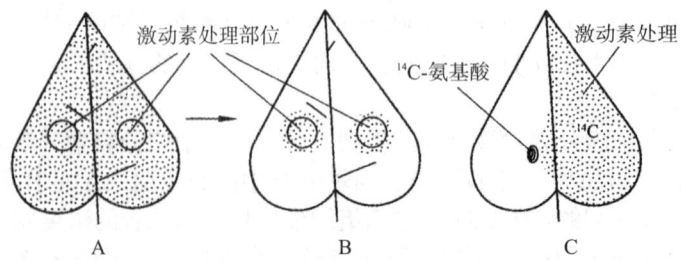

A. 离体绿色叶片，圆圈部位为激动素处理区；B. 几天后叶片衰老变黄，但激动素处理区仍保持绿色，黑点表示绿色；C. 放射性氨基酸被移动到激动素处理的一半叶片，黑点表示有^{14}C-氨基酸的部位

图10-17　激动素的保绿作用及对物质运输的影响

6. 其他生理效应

需光种子如莴苣和烟草等在黑暗中不能萌发，用细胞分裂素可代替光照打破这类种子的休眠，促进萌发。细胞分裂素在果实及种子发育中的作用主要有促进坐果、影响果实种子中同化物的积累及胚乳发育等。细胞分裂素还表现出增强植物抗性、促进气孔开放等效应。

10.4.3 细胞分裂素的作用机理

1. 细胞分裂素受体

在拟南芥中，目前已鉴定了3个编码细胞分裂素受体的基因，分别为CRE1、AHK2和AHK3，其中最先发现的CRE1是因为其功能缺失型突变体的外植体在含有适当浓度的细胞分裂素和生长素时不能形成绿色愈伤组织和不定芽而被分离鉴定到的。它们编码的蛋白都是细胞分裂素的受体，为二聚体，具有典型的组氨酸蛋白激酶结构特征，其N末端激酶结构域含有一个保守的组氨酸残基，可能定位于质膜内侧的两个C末端内接受结构域，具有保守的天冬氨酸残基。

2. 信号转导

研究表明，在植物体内细胞分裂素是利用了一种类似于细菌中双元组分系统的途径将信号传递至下游元件的。在拟南芥中，首先是作为细胞分裂素受体的拟南芥组氨酸激酶（AHK）与细胞分裂素结合后磷酸化，并将磷酸基团（H）由激酶区的组氨酸转移至信号接收区（D）的天冬氨酸残基；天冬氨酸上的磷酸基团被传递到胞质中的拟南芥组氨酸磷酸转运蛋白（arabidopsis histidine- phosphotransfer protein，AHP），磷酸化的AHP进入细胞核并将磷酸基团转移到拟南芥反应调节因子（arabidopsis response regulator，ARR）上，进而调节下游的细胞分裂素反应。ARR有A型和B型两种类型：其中B型ARR（BARR）是一类转录因子，作为细胞分裂素的正调控因子起作用，可激活A型ARR基因的转录；A型ARR（AARR）作为细胞分裂素的负调控因子可以抑制B型ARR的活性，从而形成了一个负反馈循环。两种ARR与各种效应物相互作用，导致细胞功能的改变，如细胞周期等（见图10-18）。

和其他激素信号转导途径的情况类似，Ca^{2+}作为第二信使也是细胞分裂素信号转导途径的重要组分。例如，在葫芦藓芽分化的研究中，发现细胞分裂素处理可以大幅度增加丝状

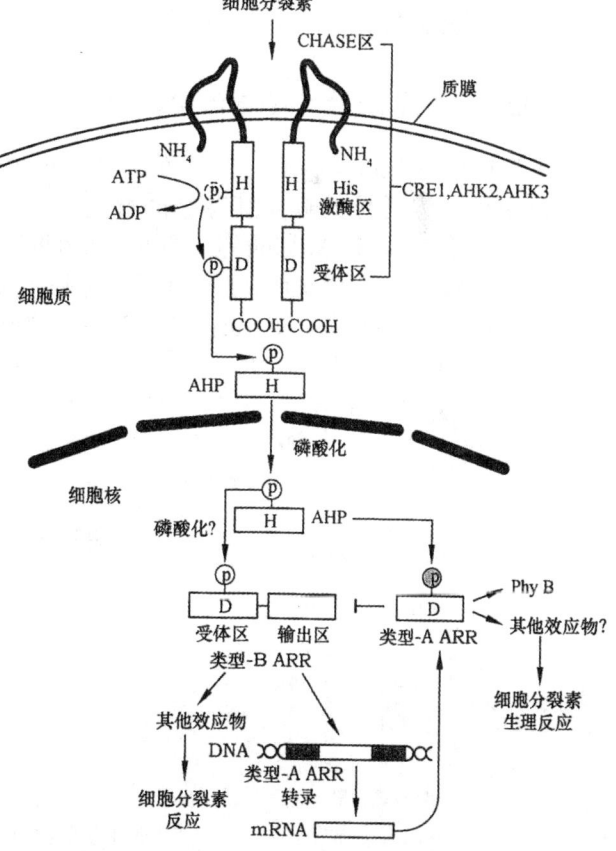

图10-18 拟南芥中细胞分裂素信号转导途径模式

细胞内的Ca^{2+}浓度,同时促进芽的分化;如果在无Ca^{2+}的基质上,芽的分化会受到抑制。Ca^{2+}载体处理可以代替细胞分裂素促进芽的分化。细胞分裂素可以调节质膜上的Ca^{2+}通道对Ca^{2+}的通透性。这些试验说明在细胞分裂素信号转导途径中,Ca^{2+}是非常重要的信使,它可能与细胞内的钙调素一起发挥生理调节作用。

3. 细胞分裂素对转录和翻译的控制

激动素能与豌豆芽染色质结合,调节基因活性,促进RNA合成。6-BA加入大麦叶染色体的转录系统中,增加了RNA聚合酶的活性。细胞分裂素促进mRNA的合成,克罗韦尔从大豆细胞得到20种DNA克隆及所产生的mRNA,细胞分裂素处理后4 h内,这些mRNA明显增加,比对照组高2~20倍,其中一个被称为CIM1的mRNA可以增加20倍,这些基因的诱导不受蛋白质合成抑制剂放线菌的抑制。

一个最典型的细胞分裂素诱导基因是硝酸还原酶基因,硝酸还原酶是植物氮同化代谢过程中的关键酶,可被光所诱导。细胞分裂素可代替光照条件诱导黄花大麦叶片产生硝酸还原酶,同时伴随硝酸还原酶mRNA水平的增加,转录抑制剂和翻译抑制剂都会阻碍细胞分裂素对硝酸还原酶的诱导。

多种细胞分裂素是植物tRNA的组成成分,这些细胞分裂素成分都在tRNA反密码子的3'末端的邻近位置,由于tRNA反密码子与mRNA密码子之间相互作用,因此,细胞分裂素有可能通过它在tRNA上的功能,在翻译水平上通过控制特殊蛋白质合成来发挥作用。

10.5 脱落酸

10.5.1 脱落酸的发现与化学结构

美国F. T. Addicott等(1963年)在研究棉花幼果脱落时,发现其中有一种抑制剂,它不但抑制由生长素诱导的燕麦胚芽鞘的弯曲生长,还能促进器官的脱落,定名为脱落素Ⅱ。与此同时,英P. F. Wareing等从桦树、槭树将要脱落的叶片中分离出一种促进芽休眠的物质,命名为休眠素。后经证明,脱落素Ⅱ与休眠素为同一物质,1965年已确定其化学结构式,于1967年第六届国际植物生长物质会议上统一定名为脱落酸(ABA)(见图8-19)。

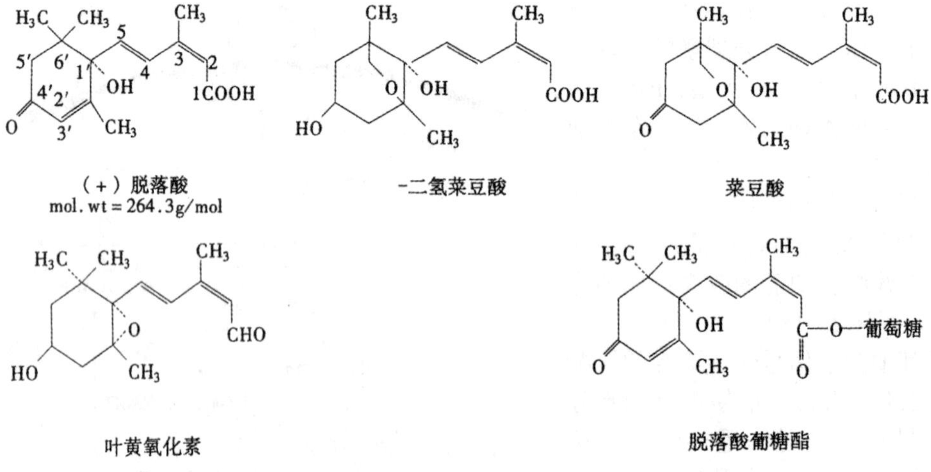

(以上各种物质均有生物活性)

图8-19 脱落酸及某些相关化合物的结构

脱落酸是以异戊二烯为基本单位合成的15碳的倍半萜，化学名称为3-甲基-5（1'-羟基-4'-氧-2'6'6'-三甲基-2'-环已烯-1'基）顺、反型2，4-戊二烯酸，分子式为$C_{15}H_{20}O_4$，分子量为264.3。

1'位上的碳原子是手性碳原子，所以有两个旋光异构体。植物体内产生的ABA是右旋的而且是反式的，比较稳定，常以S-ABA或（+）ABA表示，它的对映体为R-ABA或（-）ABA，无生物活性，由于ABA的侧链有双键，所以有顺式和反式异构体。人工合成的脱落酸为外消旋体，以RS-ABA或（±）ABA表示。（-）ABA约占（±）ABA外消旋体的50%。所以人工合成的（±）ABA的生物活性大致为天然ABA活性的一半。

在植物体内还发现一些与脱落酸类似的化合物，如α-反式-脱落酸、菜豆酸、二氢菜豆酸等。

脱落酸是植物体内源生成的。有试验证明，脱落酸的生物合成是在叶绿体中进行的，在根部与冠部也都可以合成脱落酸，它是一种抑制生长的物质。在植物体内还有某些酚类化合物也抑制生长，如香豆素、咖啡酸、水杨酸和龙胆酸等，而脱落酸的抑制活性远较这些物质高千倍。

10.5.2 脱落酸的分布与代谢

脱落酸广泛分布在植物界，包括被子植物、裸子植物、蕨类和苔藓。在藻类和地衣中有一种与脱落酸化学性质相近的生长抑制剂，称为半月苔酸。

高等植物的各种器官和组织中都有脱落酸，但其含量变化幅度很大。脱落酸的含量一般为10～50 ng／g鲜重。进入休眠或将要脱落的器官和组织中，或在逆境条件下，脱落酸的含量均较高。例如棉铃的脱落与ABA含量高峰有关（见图10-20）。已发现在受精的子房中有一定量的脱落酸，受精2 d后其含量很快上升，在第10 d的幼果中的含量达到高峰，此时恰是幼果容易脱落时期；随后ABA含量下降，幼果脱落也减少。脱落的幼果内ABA含量较不脱落的高2～4倍；至第40～50 d棉铃成熟时，其中ABA含量又明显地增加，这时棉铃成熟，果皮开始开裂，说明棉铃衰老也受ABA的调节。

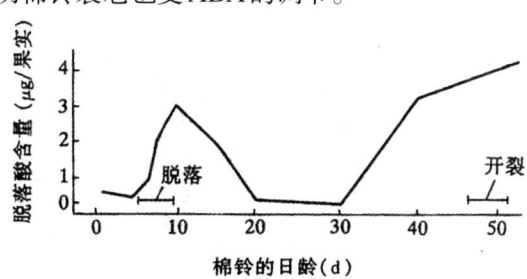

图10-20 棉花果实中脱落酸含量的变化

Sotta等（1985年）对水分胁迫下多子藜不同部位检测ABA的含量，发现水分协迫前后，ABA都集中在茎和叶的维管束区域和成熟叶的叶绿体中。他们还用胶体金标记进行电镜观察，首次发现细胞核中也有ABA。

脱落酸在植物体内的运输没有极性，且主要以游离型的ABA为运输形式。有报道认为脱落酸糖苷形式也可运输。脱落酸在植物体内的运输速度很快，据测在茎或叶柄中的运输速度大约是20 mm/h。

脱落酸氧化分解的产物有红花菜豆酸和二氢红花菜豆酸,前者的生物活性甚低,大约仅为脱落酸的1/10,后者几乎没有生物活性。

脱落酸也可与葡萄糖结合成无活性的ABA-葡萄糖酯,形成较稳定的束缚形式。

10.5.3 脱落酸的生理效应与作用机理

脱落酸是植物体中最重要的生长抑制剂。其主要的生理效应是促进休眠、脱落、抑制生长、调节气孔运动以及提高抗逆性等。

(1)促进脱落

脱落酸可促进离层区细胞的成熟,从而加速器官的脱落。例如,棉铃的脱落与其中的脱落酸含量有关。如前所述(见图10-20),从受精后以至棉桃的衰老成熟的全过程中,均表现其中脱落酸含量的变化。

如果用脱落棉铃的提取液涂在未脱落的棉铃上,可使后者大量脱落。如果外施脱落酸处理叶片,能促进叶的脱落,但对于生长旺盛的幼龄植物,脱落酸促进落叶的效果则不明显。因为植物体内产生的生长素和细胞分裂素可将脱落酸的效应抵消。

由于脱落酸具有促进脱落的作用,可作为脱落酸的一种生物鉴定方法。一般采用棉叶或(见图10-21)豆叶进行实验。可取具有一对对生叶柄和主轴叶柄的豆叶外植体,将含一定量脱落酸的羊毛脂膏涂在对生叶柄切口处,观察其脱落速度。此外,根据脱落酸对燕麦胚芽鞘切段伸长的抑制作用,也可有效地对脱落酸进行生物鉴定。

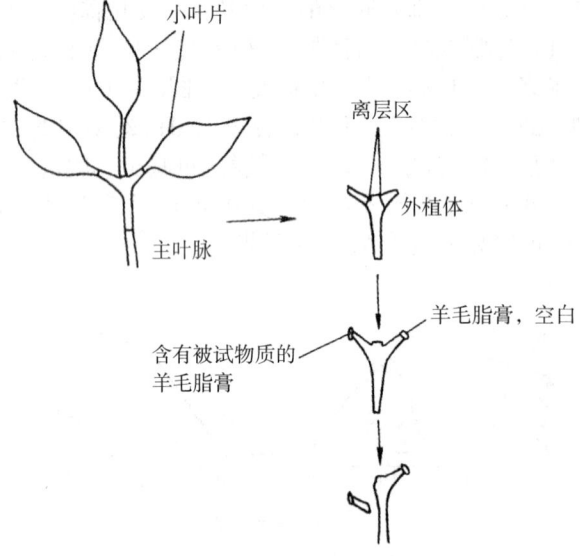

图10-21 脱落酸生物试法示意图

(2)促进休眠

脱落酸与赤霉素的作用恰恰相反,它促进芽和种子休眠,抑制其萌发。研究表明,许多休眠器官中都含有较多的脱落酸。一般木本植物从秋季到冬季,体内脱落酸含量渐增,树芽进入休眠;越冬后,脱落酸含量逐渐减少,到春季树木发芽时,脱落酸消失。许多树木种子的种皮中含有脱落酸,一般需要经过低温层积(种子与湿砂相间分层埋于地下)处理,使种子内脱落酸含量下降,赤霉素含量增高,从而打破休眠促进萌发。

（3）促进气孔关闭，提高抗逆性

植物在逆境条件下往往迅速形成脱落酸，导致体内发生某些变化来适应环境。如当植物缺水，叶片发生萎蔫，叶子或其他器官中脱落酸含量急剧增加。有试验指出，正常小麦叶片中的脱落酸含量为44 μg·kg^{-1}（鲜重）。如果在干燥气流中使叶片萎蔫4 h，叶内脱落酸含量增至257 μg·kg^{-1}（鲜重），比正常叶片高5倍多。渍水和盐碱条件下，植物萎蔫叶片中的脱落酸含量也明显增加。脱落酸水平的提高，降低了保卫细胞对K$^+$的摄入，甚至导致保卫细胞中K$^+$的外渗，使其失去紧张度，引起气孔关闭，降低蒸腾，提高抗旱能力，所以脱落酸有抗蒸腾剂之称。也有试验报道，喷施ABA有提高抗寒性的作用；在逆境条件下，脱落酸还有增加脯氨酸含量、稳定膜结构的效应。

已证明核酸与蛋白质的合成都和脱落酸有关。脱落酸有抑制大麦糊粉层细胞中α-淀粉酶合成（见图10-22）、抗赤霉素的作用。由于脱落酸能抑制mRNA的合成，从而抑制了α-淀粉酶的合成；也有人认为脱落酸抑制RNA聚合酶的活性，由此推论，脱落酸可能在转录水平上起作用，尚需更多的试验加以论证。

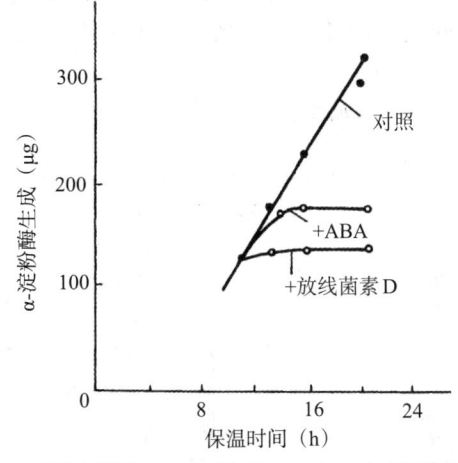

糊粉层在0.1 μM GA溶液中保温11 h，此时加入ABA（5 μM）或放线菌素D（10 μg / mg）
加入后2.5、5、10小时测定α-淀粉酶合成

图10-22 脱落酸及放线菌素D对α-淀粉酶合成的抑制作用

关于脱落酸在植物体内的结合位点，也曾有过研究，但尚未获得统一的见解，有人认为脱落酸可专一地与质膜受体结合，也有试验表明脱落酸只与细胞核专一结合，而与质膜结合不专一。

10.6 乙烯

10.6.1 乙烯的发现

乙烯（ET，ETH）是各种植物激素中分子结构最简单的一种，其化学结构为$CH_2=CH_2$，是一种不饱和烃，在正常生理条件下呈气态。高等植物的各个部位都能产生乙烯。

早在19世纪中叶（1864）就有关于燃气街灯漏气会促进附近的树落叶的报道，但到20世纪初（1901）俄国的植物学家奈刘波才首先证实是照明气中的乙烯在起作用，他还发现乙烯能引起黄化豌豆苗的三重反应。第一个发现植物材料能产生一种气体并对邻近植物材料的生长产生影响的人是卡曾斯（1910），他发现橘子产生的气体能催熟同船混装的香蕉。

虽然1930年以前人们就已认识到乙烯对植物具有多方面的影响，但直到1934年甘恩才获得植物组织确实能产生乙烯的化学证据。

由于以上的研究成果，1935年美国的克罗克等提出乙烯可能是一种内源激素，它是果实的后熟激素，对营养器官的生长也有调节作用。但因为植物体内乙烯的生成量极微，加之当时测量方法的限制所以限制了对乙烯的研究。随着测试手段的改进、测试精度的提高，到了1959年，由于气相色谱的应用，伯格等测出了未成熟果实中有极少量的乙烯产生，随着果实的成熟，产生的乙烯量不断增加。这一研究进展迅速吸引了大量的研究者进入该领域。此后几年，在乙烯的生物化学和生理学研究方面取得了许多成果，并证明高等植物的各个部位都能产生乙烯，还发现乙烯对许多生理过程，包括从种子萌发到衰老的整个过程都起重要的调节作用。1965年，在柏格的提议下，乙烯才被公认为是植物的天然激素。

10.6.2 乙烯的生物合成及运输

许多试验都肯定，蛋氨酸（甲硫氨酸，Met）是乙烯生物合成前体。1979年，华裔科学家杨祥发及其同事发现1-氨基环丙烷-1-羧酸（ACC）是乙烯合成过程中的直接前体。后来证实乙烯的合成是一个蛋氨酸的代谢循环，被命名为杨氏循环（见图10-23）。

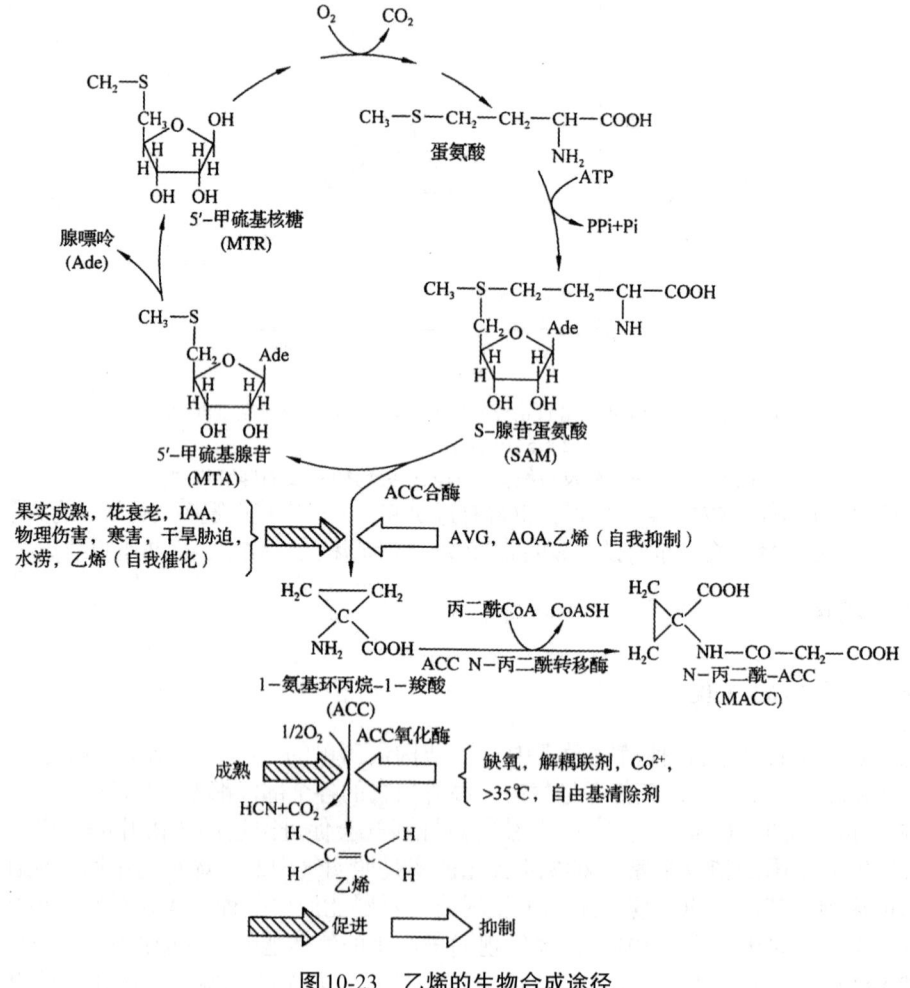

图10-23 乙烯的生物合成途径

蛋氨酸经过蛋氨酸循环，生成 S-腺苷蛋氨酸（SAM），SAM 再形成 5'-甲硫基腺苷（MTA）和 ACC，前者通过循环再生成蛋氨酸，而 ACC 则在 ACC 氧化酶的催化下氧化生成乙烯。在植物的所有活细胞中都能合成乙烯。

ACC 的合成是乙烯生物合成途径的限速步骤，催化生成 ACC 的酶是 ACC 合成酶。该酶存在于细胞质中，半衰期短，含量极低且不稳定。多种植物的 ACC 合成酶基因得到了克隆，发现此酶由多基因编码，例如，在西红柿中至少有 9 个基因，每个基因受不同的环境和发育因素调控。

乙烯生物合成的最后一步由 ACC 氧化酶催化，液泡膜内表面在 O_2 存在下，把 ACC 氧化为乙烯。此酶活性极不稳定，依赖于膜的完整性。和 ACC 合成酶一样，ACC 氧化酶也是由多基因家族编码，其转录受多种内外因素的调节。

植物组织中蛋氨酸含量较低，但总是维持在一个比较稳定的水平。在乙烯发生量较高的情况下就需要持续不断的蛋氨酸供应。植物组织靠杨氏循环持续不断地供应乙烯合成需要的蛋氨酸。

乙烯在植物体内易于移动，并遵循虎克扩散定律。此外，乙烯还可穿过被电击死了的茎段。这些都证明乙烯的运输是被动的扩散过程，但其生物合成过程一定要在具有完整膜结构的活细胞中才能进行。

一般情况下，乙烯就在合成部位起作用。乙烯的前体 ACC 可溶于水溶液，因而推测 ACC 可能是乙烯在植物体内远距离运输的形式。

10.6.3 乙烯的生理效应

(1) 改变生长习性

乙烯对植物生长的典型效应是：抑制茎的伸长生长、促进茎或根的横向增粗及茎的横向生长（即使茎失去负向重力性），这就是乙烯所特有的"三重反应"（triple response）（图 10-24 A 至图 10-24 C）。

乙烯促使茎横向生长是由于它引起偏上性生长所造成的。所谓偏上生长，是指器官的上部生长速度快于下部的现象。乙烯对茎与叶柄都有偏上生长的作用，从而造成了茎横生和叶下垂（并非由于缺水萎蔫所致）（见图 10-24 D）。

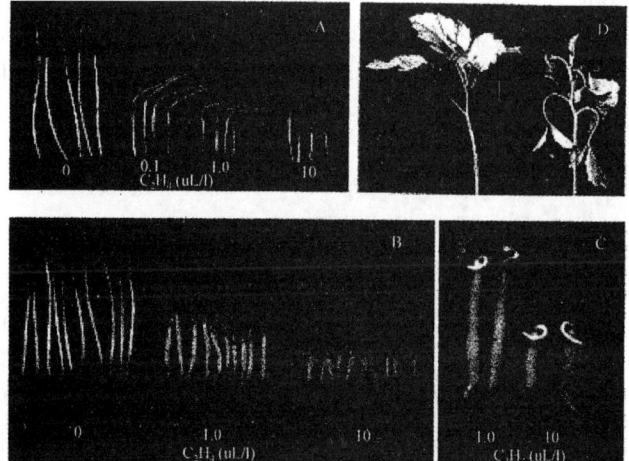

A~C. 不同乙烯浓度下黄化豌豆幼苗生长的状态；D. 用 10 μL·L⁻¹ 乙烯处理 4 h 后番茄苗的形态，由于叶柄上侧的细胞伸长大于下侧，使叶片下垂

图 10-24 乙烯的"三重反应"(A~C) 和偏上生长(D)

(2) 促进成熟

催熟是乙烯最主要和最显著的效应，因此也称乙烯为催熟激素。乙烯对果实成熟、棉铃开裂、水稻的灌浆与成熟都有显著的效果。

在实际生活中我们知道，一旦箱里出现了一只烂苹果，如不立即除去，它会很快使整箱苹果都烂掉。这是由于腐烂苹果产生的乙烯比正常苹果的多，触发了附近的苹果也大量产生乙烯，使箱内乙烯的浓度在较短时间内剧增，诱导呼吸跃变，很快达到完熟，进而降解腐烂。又如柿子，即使在树上已成熟，但仍很涩口，不能食用，只有经过后熟才能食用。由于乙烯是气体，易扩散，故散放的柿子后熟过程很慢，放置十天半月后仍难食用。若将容器密闭（如用塑料袋封装），果实产生的乙烯就不会扩散掉，再加上自身的催化作用，后熟过程加快，一般几天后即可食用。

根据乙烯的生物合成和代谢途径，近年来利用生物技术方法成功地制备了耐贮存转基因番茄。其原理是将 ACC 合成酶或 ACC 氧化酶的反义基因导入植物，抑制果实内这两种酶的 mRNA 翻译，并且加速 mRNA 的降解，从而完全抑制乙烯的生物合成，这样的转基因番茄不出现呼吸高峰，不变红，不能正常成熟，只有外施乙烯处理才能成熟。

(3) 促进脱落

尽管 ABA 也促进脱落，但实际上乙烯才是控制叶片脱落的主要激素。这是因为乙烯能促进细胞壁降解酶——纤维素酶的合成并且控制纤维素酶由原生质体释放到细胞壁中，从而促进细胞衰老和细胞壁的分解，引起离区近茎侧的细胞膨胀，从而迫使叶片、花或果实机械地脱离。

叶片内的生长素可以抑制脱落的发生，但是高浓度的生长素反而会诱导乙烯的发生，促进脱落。所以一些生长素类调节剂可以作为脱叶剂使用。

(4) 促进开花和雌花分化

乙烯可促进菠萝和其他一些植物开花，还可改变花的性别，促进黄瓜雌花分化，并使雌、雄异花同株的雌花着生节位下降。乙烯在这方面的效应与 IAA 相似，而与 GA 相反，现在知道 IAA 增加雌花分化就是由于 IAA 诱导产生乙烯的结果。

(5) 乙烯的其他效应

乙烯还可诱导茎段、叶片、花茎甚至根上的不定根的形成，促进根的生长和分化，促进花的衰老，打破种子和芽的休眠，诱导次生物质（如橡胶树的乳胶、漆树的漆等）的分泌，增加产量等。

10.7 其他植物生长物质及其应用

10.7.1 油菜素内酯

1970 年，美国的米切尔等在油菜的花粉中发现了一种新的生长物质，它能引起菜豆幼苗节间伸长、弯曲、裂开等异常生长反应，并将其命名为油菜素。1979 年，格罗夫等用 227 kg 油菜花粉提取得到 10 mg 的高活性结晶物，化学分子式为 $C_{28}H_{46}O_6$，纯品为白色晶体粉末，因是甾醇内酯化合物（见图 10-25），而将其命名为油菜素内酯，简称 BR。此后，油菜素内酯及多种结构相似的化合物纷纷从多种植物中被分离鉴定，这些以甾醇为基本结构的具有生物活性的天然产物统称为油菜素甾体类化合物。BR 在植物体内含量极少，但生理活性很强。目前，已经从各种植物中分离得到40多种油菜素甾体类化合物，分别表示为BR_1、BR_2、BR_n。现在，科学家们已逐步认可它是继生长素、赤霉素、细胞分裂素、脱落酸、乙烯之后的第六大类植物激素。

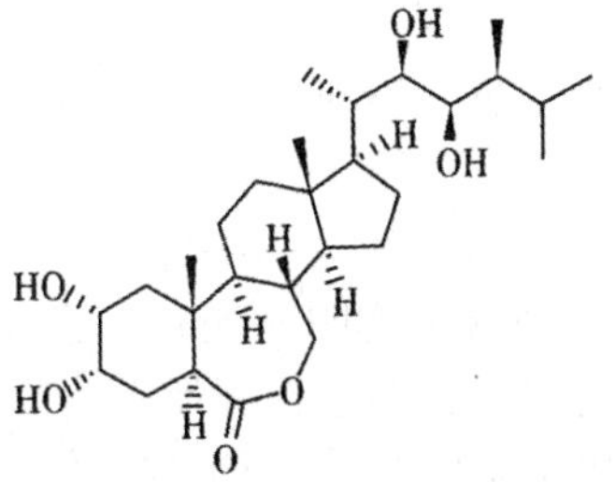

图10-25　油菜素内分子结构式

目前，BR以及多种类似化合物已被人工合成，用于生理生化及田间试验，这一类化合物的生物活性可用水稻叶片倾斜以及菜豆幼苗第二节间生长等生物测定法来鉴定。

油菜素内酯在植物界中普遍存在。油菜花粉是BR_1的丰富来源，但其含量极低，只有100～200 μg/kg，BR_1也存在于其他植物中。BR_2在已分析的植物中分布最广。

BR虽然在植物体内各部分都有分布，但不同组织中的含量不同。通常BR的含量是：花粉和种子1～1000 ng/kg，枝条1～100 ng/kg，果实和叶片1～10 ng/kg。

油菜素内酯的生理作用主要是促进细胞伸长和分裂。用10 ng/L油菜素内酯处理菜豆幼苗第二节间，便可引起该节间显著伸长弯曲，细胞分裂加快，节间膨大，甚至开裂。BR_1促进细胞的分裂和伸长，其原因是增强了RNA聚合酶活性，促进了核酸和蛋白质的合成；BR_1还可增强ATP酶活性，促进质膜分泌H^+到细胞壁，使细胞伸长。

油菜素内酯在玉米、小麦等的花期施用，可提高产量。油菜素内酯可提高作物的抗冷性、抗旱性和抗盐性。

因在芸苔植物中也发现了油菜素内酯，故油菜素内酯亦称芸苔素内酯。

10.7.2　多胺

多胺是一类具有生物活性的低分子量脂肪族含氮碱基化合物，包括二胺、三胺、四胺和其他胺。在高等植物中，二胺主要是腐胺、尸胺，三胺主要有亚精胺，四胺有精胺等。多胺作为一类小分子脂肪族化合物，它们可以通过离子键和氢键形式与核酸、蛋白质及带负电荷基团的磷脂等生物大分子相结合，并通过调节它们的生物活性，在植物生长发育中发挥广泛的生物学功能。

多胺广泛分布于原核生物和真核生物中，甚至在植物的RNA病毒和植物肿瘤中也有发现。在高等植物中，多胺主要以游离形式存在，其分布具有组织和器官特异性。植物细胞分裂最旺盛的地方多胺生物合成也最为活跃，不同类型多胺分布具有差异。对玉米的研究发现，精胺主要分布于玉米根部的分生组织区，腐胺主要分布在玉米芽鞘基部（以细胞伸长生长为主），越向上含量越少，亚精胺则均匀分布。植物细胞发育阶段不同，多胺在细胞器中的分布也有差异。年幼细胞中，大部分多胺位于原生质体内，而较老细胞中多胺则主要结合在细胞壁上。多胺的生理功能是多方面的，主要如下。

1. 促进生长

多胺能够促进植物生长。例如，休眠的菊芋块茎是不进行细胞分裂的，它的外植体中内源多胺、IAA、CTK的含量都很低，如在培养基中只加入10～100 μmol/L的多胺而不加其他生长物质，则块茎细胞能进行分裂和生长。多胺在刺激块茎外植体生长的同时，也能诱导形成层的分化与维管组织的分化。

2. 延缓衰老

置于暗中的菜豆、油菜、烟草、萝卜等叶片，在被多胺处理后均能延缓衰老进程。

3. 提高抗性

高等植物体内的多胺对不良环境是十分敏感的，在各种胁迫条件（水分胁迫、盐分胁迫、渗透胁迫、pH变化等）下，多胺含量均明显提高，这有助于植物抗性的提高。

另外，多胺还可调节与光敏色素有关的生长和形态建成，调节植物的开花过程，参与光敏核不育水稻花粉的育性转换，并能提高种子活力和发芽力，促进根系对无机离子的吸收。

10.7.3 茉莉酸

茉莉酸类是广泛存在于植物体内的一类化物，现已发现了30多种。茉莉酸和茉莉酸甲酯是其中最重要的代表。

茉莉酸在茎端、嫩叶、未成熟果实、根尖等处含量较高，生殖器官特别是果实比营养器官（如叶、茎、芽）的含量丰富。如大豆种子中茉莉酸含量为1260 ng/gFW，而其营养器官茉莉酸含量为10～100 ng/gFW。茉莉酸类通常在植物韧皮部系统中运输，也可在木质部及细胞间隙运输。

茉莉酸类可引起多种形态或生理效应，这些效应大多与ABA的效应相似，但也有独特之处。茉莉酸类的生理效应及应用主要如下。

(1) 抑制生长和萌发

茉莉酸能显著抑制水稻幼苗第二叶鞘长度、莴苣幼苗下胚轴和根的生长以及GA3对它们伸长的诱导作用。茉莉酸甲酯可抑制珍珠稗幼苗生长、离体黄瓜子叶鲜重和叶绿素的形成以及细胞分裂素诱导的大豆愈伤组织的生长。用10 mg/L和100 mg/L的茉莉酸处理莴苣种子，45 h后萌发率分别只有对照组的86%和63%。茶花粉培养基中外加茉莉酸，则能强烈抑制花粉萌发。

(2) 促进生根

茉莉酸甲酯能显著促进绿豆下胚轴插条生根，10^{-8}～10^{-5} mol/L处理对不定根数目无明显影响，但可增加不定根干重（10^{-5} mol/L处理的根重比对照组增加一倍）；10^{-4}～10^{-3} mol/L处理则显著增加不定根数（10^{-3} mol/L处理的根数比对照组增加2.75倍），但根干重未见增加。

(3) 促进衰老

从苦蒿中提取的茉莉酸甲酯能加快燕麦叶片切段叶绿素的降解。用高浓度乙烯利处理后，茉莉酸甲酯能促进豇豆叶片离层的产生。茉莉酸甲酯还可使郁金香叶的叶绿素迅速降解，叶黄化，叶形改变，加快衰老进程。

(4) 抑制花芽分化

烟草培养基中加入茉莉酸或茉莉酸甲酯则抑制外植体花芽形成。

(5) 提高抗性

经茉莉酸甲酯预处理的花生幼苗，在渗透逆境下，植物电导率减少，干旱对其质膜的伤害程度变小。茉莉酸甲酯预处理也能提高水稻幼苗对低温（5～7 ℃，3 d）和高温（46 ℃，24 h）的抵抗能力。

此外，茉莉酸还能抑制生长、抑制种子和花粉萌发、促进器官衰老和脱落、诱导气孔关闭、促进乙烯产生、抑制含羞草叶片运动、提高抗逆性等。

10.7.4 水杨酸

1763年，英国的斯通首先发现柳树皮有很强的收敛作用，可以治疗疟疾和发烧。后来发现这是柳树皮中所含的大量水杨酸糖苷在起作用，于是经过许多药物学家和化学家的努力，阿司匹林药物问世了。阿司匹林即乙酰水杨酸，在生物体内可很快转化为水杨酸（SA）（见图10-26）。20世纪60年代后，人们开始发现SA在植物中的重要生理作用。

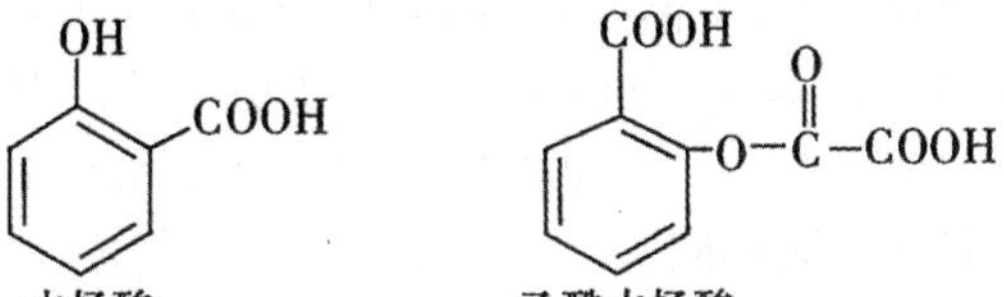

图10-26 水杨酸及乙酰水杨酸的结构

水杨酸能溶于水，易溶于极性的有机溶剂。在植物组织中，非结合态水杨酸能在韧皮部中运输。水杨酸在植物体中的分布一般以产热植物的花序较多，如天南星科的一种植物花序，含量达3 μg/g鲜重，西番莲花为1.24 μg/g鲜重。在不产热植物的叶片等器官中也含有水杨酸，在水稻、大麦、大豆中均检测到水杨酸的存在。水杨酸的生理效应和应用如下。

1. 生热效应

天南星科植物佛焰花序生热现象很早就引起了人们的注意。生热现象实质上是与抗氰呼吸途径的电子传递系统有关。水杨酸诱导生热效应是植物对低温环境的一种适应。

2. 诱导开花

用5.6 μmol/L的水杨酸处理可使长日植物浮萍在非诱导光周期下开花。后来发现这一诱导是依赖于光周期的，即是在光诱导以后的某个时期与开花促进或抑制因子相互作用而促进开花的。

水杨酸还可显著影响黄瓜的性别表达，抑制雌花分化，促进较低节位上分化雄花，并且显著抑制根系发育。由于良好的根系可合成更多的有助于雌花分化的细胞分裂素，所以，水杨酸抑制根系发育可能是其抑制雌花分化的部分原因。

3. 增强抗性

某些植物在受病毒、真菌或细菌侵染后，侵染部位的水杨酸水平显著增加，同时出现坏死病斑，并引起非感染部位水杨酸含量的升高，从而使其对同一病原或其他病原的再侵染产生抗性。

10.7.5 其他生长调节剂

植物激素在体内含量甚微。因此，在生产上的广泛应用受到限制，生产上应用主要是人工合成的生长调节剂。根据对生长的效应，可以将植物生长调节剂分为以下三类。

①生长促进剂）。这些生长调节剂可以促进细胞分裂、分化和伸长生长，也可促进植物营养器官的生长和生殖器官的发育。如吲哚丙酸、萘乙酸、激动素、6-苄基腺嘌呤、二苯基

脲（DPU）、长孺孢醇等。

②生长抑制剂。它们抑制植物顶端分生组织的生长，使茎顶端分生组织细胞的核酸和蛋白合成受阻，影响了分生组织细胞的伸长和分化，从而破坏顶端优势，植株生长矮小，但侧枝数目增加。外施生长素等可以逆转这种抑制效应，而外施赤霉素则无效，因为这种抑制作用不是由于缺少赤霉素而引起的。常见的生长抑制剂有三碘苯甲酸、青鲜素、水杨酸、整形素等。

③生长延缓剂。它们抑制植物亚顶端分生组织的生长，使节间缩短，叶和节数不变，株型紧凑、矮小，生殖器官不受影响或影响不大。亚顶端分生组织中的细胞主要是伸长，由于赤霉素在这里起主要作用，而该类抑制剂能抑制赤霉素的生物合成，所以外施赤霉素往往可以逆转这种效应。这类物质包括矮壮素、多效唑、比久（B_9）等。

上述分类方法通常是以使用目的而定的。同一种调节剂由于浓度不同，对生长的作用也可能不同。如生长素类调节剂2,4-D，低浓度时促进植物生长，而高浓度则会抑制生长，甚至杀死植物成为除草剂；即使是同一种浓度的生长调节剂施用于不同植物、不同器官或生长发育的不同时期，生理效应也可能不同。

（1）生长素类

生长素类的调节剂种类很多，包括吲哚衍生物，如吲哚丙酸（IPA）和吲哚丁酸（IBA）等；萘酸衍生物，如α-萘乙酸（NAA）、萘乙酸钠、萘乙酰胺等；氯化苯衍生物，如2,4-二氯苯氧乙酸（2,4-D）、2,4,5-三氯苯氧乙酸（2,4,5-T）、4-碘苯氧乙酸等。

生长素类调节剂在农业上应用最早。有些人工合成的生长素类物质，如萘乙酸、2,4-D等，由于原料丰富，生产过程简单，可以大量制造。此外，它们不像IAA那样在体内会受吲哚乙酸氧化酶的破坏，因而效果稳定，在农业上得到了广泛的推广使用。但因其浓度和用量的不同，对同一植物组织会有完全不同的效应，使用时必须注意用药浓度、药量、使用时期及植物的生理状态等。

（2）赤霉素类

生产上应用和研究最多的是GA_3。此外也有应用GA_{4+7}（为30%的GA_4和70%的GA_7混合物）和GA_{1+2}（GA_1和GA_2的混合物）的，都是从赤霉菌培养过滤液中提取而来。

（3）细胞分裂素类

常用的有激动素（KT）和6-苄基腺嘌呤（6-BA），此外还有CPPU〔N-(2-氯-4-吡啶基)-N-苯基脲〕及玉米素等，其价格昂贵，主要用于组织培养。

（4）乙烯释放剂

由于乙烯在常温下呈气态，所以，即使在温室内，使用起来也十分不便。常用的是各种乙烯释放剂，这些乙烯释放剂在适当条件下释放出乙烯。其中乙烯利的生物活性较高，被应用得最广。乙烯利是一种水溶性的强酸性液体，其化学名称为2-氯乙基膦酸（CEPA），在pH<4的条件下稳定，当pH>4时，可以分解放出乙烯，pH值越高，产生的乙烯越多。

乙烯利易被茎、叶或果实吸收。由于植物细胞的pH一般大于5，所以，乙烯利进入组织后可水解放出乙烯（不需要酶的参加），对生长发育起调节作用。

（5）生长抑制剂

①三碘苯甲酸。三碘苯甲酸（TIBA）的分子式为$C_7H_3O_2I_3$，它可以阻止生长素运输，抑制顶端分生组织细胞分裂，使植物矮化，消除顶端优势，增加分枝。生产上多用于大豆，开花期喷施125 $\mu L \cdot L^{-1}$ TIBA，能使豆梗矮化，分枝和花芽分化增加，结荚率提高，增产显著。

②整形素。整形素的化学名称是9-羟基芴-(9)-羧酸甲酯,用于禾本科植物,它能抑制顶端分生组织细胞分裂和伸长、茎伸长和腋芽生长。可使植株矮化成灌木状,常用来塑造木本盆景。整形素还能消除植物的向地性和向光性。

③青鲜素。青鲜素也叫马来酰肼(MH),分子式为$C_4H_4O_2N_2$,化学名称是顺丁烯二酸酰肼,其作用与生长素相反,抑制茎的伸长。其结构类似尿嘧啶,进入植物体后可以代替尿嘧啶,阻止RNA的合成,干扰正常代谢,从而抑制生长。MH可用于控制烟草侧芽生长,抑制鳞茎和块茎在贮藏中发芽。据报道,较大剂量的MH可以引起试验动物的染色体畸变,建议使用时注意适宜的剂量范围和安全间隔期,且不宜施用于食用作物。

(6) 生长延缓剂

①PP_{333}。PP_{333}又名氯丁唑,化学名称为1-(对-氯苯基)-2-(1,2,4-三唑-1-基)-4,4-二甲基-戊烷-3-醇,是英国ZCJ公司20世纪70年代推出的一种新型高效生长延缓剂,国内也叫多效唑(MET)。PP_{333}的生理作用主要是阻碍赤霉素的生物合成,同时加速体内生长素的分解,从而延缓、抑制植株的营养生长。PP_{333}广泛用于果树、花卉、蔬菜和大田作物,可使植株根系发达,植株矮化,茎秆粗壮,并可以促进分枝,增穗增粒、增强抗逆性等,另外还可用于海桐、黄杨等绿篱植物的化学修剪。然而,PP_{333}的残效期长,影响后茬作物的生长,目前有被烯效唑取代的趋势。

②矮壮素。矮壮素又名CCC,是2-氯乙基三甲基氯化铵的简称,属于季铵型化合物。矮壮素能抑制赤霉素的生物合成过程,所以是一种抗赤霉素剂,它与赤霉素作用相反,可以使节间缩短,植株变矮、茎变粗,叶色加深。CCC在生产上较常用,可以防止小麦等作物倒伏,防止棉花徒长,减少蕾铃脱落,也可促进根系发育,增强作物抗寒、抗旱、抗盐碱能力。

③Pix。它是1,1-二甲基哌啶铃氯化物,国内俗称缩节胺、助壮素、皮克斯等,它与CCC相似。生产上主要用于控制棉花徒长,使其节间缩短,叶片变小,并且减少蕾铃脱落,从而增加棉花产量。

④比久。它是二甲胺琥珀酰胺酸的俗称,也叫阿拉、B_9。比久可抑制赤霉素的生物合成,抑制果树顶端分生组织的细胞分裂,使枝条生长缓慢,抑制新梢萌发,因而可代替人工整枝。同时有利于花芽分化,增加开花数和提高坐果率。比久可防止花生徒长,使株型紧凑,荚果增多。比久残效期长,影响后茬作物生长,有人还认为比久有致癌的危险,因此不宜用在食用作物上,不要在临近收获时再施用。

⑥烯效唑。烯效唑又名S-3307、优康唑、高效唑,化学名称为(E)-(对-氯苯基)-2-(1,2,4-三唑-1-基)-4,4-1-戊烯-3-醇。能抑制赤霉素的生物合成,有强烈抑制细胞伸长的效果。有矮化植株、抗倒伏、增产、除杂草和杀菌(黑粉菌、青霉菌)等作用。

思考题

1. 相对于动物激素,植物激素有哪些特点?
2. 为什么切去顶芽会刺激腋芽的发育?如何解释生长素抑制腋芽生长而不抑制产生生长素的顶芽的生长?
3. 脱落酸如何诱导气孔关闭?
4. 简述六大类激素的生理功能。
5. 植物激素之间在合成和生理作用方面有何相互关系?
6. 植物生长物质在农业生产中有哪些方面的应用?应注意些什么?

第11章 植物的光形态建成

11.1 光形态建成的概念与特点

11.1.1 光形态建成定义

植物的光生物学有两大分支，即光合作用和光形态建成。习惯上把生命周期中呈现的个体及其器官的形态结构的形成过程，称作形态发生或形态建成。光在植物的分化、生长、发育的各个进程中起调节控制作用，这些调节作用表现在分子、细胞、组织和器官各个水平层次的变化上，就是光形态建成，亦即植物的光控发育作用。

和光合作用转化并贮存大量的光能不同，光形态建成反应所需的能不是从光本身来的，而是靠植物细胞内贮存的能量转化而来。低能的光只是一个信号，引起光受体的变化，又经过一系列中间过程并消耗体内许多能量之后，才在产物的积累和结构形态上产生一个可见的变化。作为信号，只需要极弱的光。如果比较这两个过程所需要的光能，那么，光形态建成所需红闪光的能量和一般光合作用补偿点的能量相差达10个数量级。

光形态建成的研究从20世纪20年代开始，在50年代末发现光敏素之后迅速增多起来，现在更是形成了与光合作用并列的一个分支学科。至今已在各种植物中发现了几百个生理生化过程受光调控，其中有些过程是其他基因顺序表达的必要条件。

11.1.2 光对植物生长的作用

光对植物生长有两种作用：间接作用和直接作用。间接作用即是光合作用，由于植物必须在较强的光照下才能合成足够的光合产物供生长需要，因此光合作用对光能的需要是一种高能反应，光在此为植物生长发育提供足够的能量。直接作用是指光形态建成，如光促进需光种子的萌发、幼叶的展开、叶芽与花芽的分化、黄化植株的转绿、叶绿素的形成、生物节律、基因表达、向地性和向光性等。由于光形态建成只需短时间、较弱的光照就能满足，因此光形态建成对光的需要是一种低能反应，光在此为植物生长发育给以适当的信号。

11.2 光敏素

11.2.1 光敏素定义

美国马里兰州贝尔茨维尔农业部试验站的博思威客等人从1946年开始，利用大型光谱仪将白光分离成单个的波长成分，对多种植物进行试验，发现不同光质产生相同效应所需的光能存在很大差异。对短日植物（SDP）苍耳与大豆（Biloxi品种）开花的最大抑制作用产生在光谱的红光区（600~680 nm），其界限在700 nm左右，在480 nm左右的黄绿光区作用最小，在较短波长下（近400 nm的蓝光区），作用有所增强。另外，他们还对长日植物（LDP）大麦、天仙子进行研究得知抑制短日植物成花的光谱与促进长日植物成花的光谱相似。

在Flint和Mcalister研究光对莴苣种子萌发的基础上，Borthwick和Hendricks等进一步观察到莴苣种子的萌发可以被红光促进；红光的作用可以被后来照射的远红光所抵消；远红光的作用又可以被红光消除。这就像一个两相的开关，植物只对按下开关的最后一次处理起反应。这种系统不仅在莴苣种子萌发中起作用，而且在开花的控制上也有效。因此，他们提出有种色素存在着两个光转换形式。

1959年，Butler等使用一种特制的分光光度计，能够自动记录混浊样品的光学密度的微细变化，成功地检测到黄化芜菁子叶和黄化玉米幼苗体内吸收红光和远红光的色素。利用此种装置测定预先照射红光或远红光的黄化玉米幼苗组织的吸收光谱，发现凡经红光照射的，其红光区域的吸收减少，而远红光区域的吸收增大；反之，照射远红光后，其红光区域的吸收增多，而远红光区域的吸收减少。Bollhwick等（1960）命名这种色素物质为光敏素（phy）。

光敏素存在于除真菌外，几乎各类能进行光合作用的植物中，包括藻类、苔藓、地衣、蕨类、裸子及被子植物，并且分布于各种器官组织中。在植物分生组织和幼嫩器官，如胚芽鞘、芽尖、幼叶、根尖和节间分生区中含量较高。光敏素主要存在于质膜、线粒体、质体和细胞质中。通常黄化苗中光敏素含量比绿色组织中高出50~100倍。

11.2.2 光敏素反应类型

1. 快反应和慢反应

光敏素受光激活后，需经过一段时间才能在形态上观察到植物体有某种变化。从受光激活到有形态变化的这段时间称为光敏素反应的迟延时间。迟延时间短则几分钟，长则可达数周。根据迟延时间的长短，将由光敏素参与的反应分为快反应和慢反应两种类型。

快反应的诱导时间较短，以分秒计，PⅠ作为其光受体，一般为可以逆转的生理生化反应，如含羞草小叶被红光诱导的闭合，转板藻叶绿体运动，膜电位、膜透性的变化等。

慢反应的诱导时间较长，以小时或天计，PⅡ作为其光受体，反应一旦终止，不可逆转，伴有形态变化，如由红光诱导的种子萌发，幼苗弯钩张开，花芽分化等。

2. 光敏素反应的需光量

各种由光敏素参与的反应都需吸收一定的光量，且反应的程度和光量成比例。根据对光量即光量子密度（单位为$mol \cdot m^{-2}$）的需求，可将光敏素反应可分为三种类型：极低光量反应（VLFR）、低光量反应（LFR）和高光量反应，又称高辐照度反应（HIR）。

（1）极低光量反应（VLFR）

VLFR又称极低辐照度反应。光敏素的VLFR可以被低至$0.0001\ \mu mol \cdot m^{-2}$光量（约为萤火虫一次闪烁发出光量的1/10）的红光或远红光所引发，在$0.05\ \mu mol \cdot m^{-2}$光量时就达到饱和，即使在暗室的安全灯光下也可发生VLFR。因而极低辐照度反应只能在全黑环境下观测，供试的材料一般为暗中吸胀的种子或暗中生长的幼苗。极低辐照度反应不能被远红光所逆转。例如，红光促进暗中生长的燕麦芽鞘伸长，而抑制它的中胚轴生长。

在拟南芥中参与VLFR的光敏素为phy A（PⅠ）。因为缺乏phy A的拟南芥突变体对极低红光光量不能产生应答，但在低红光光量范围内仍可产生正常的应答，这种结果表明phy A

是极低光量反应的光受体。

（2）低光量反应（LFR）

LFR又称低辐照度反应。这类反应在光量达到1.0 μmol·m^{-2}才会发生，到了10 μmol·m^{-2}将达到饱和。低辐照度反应是典型的红光/远红光可逆反应。例如，莴苣种子，只需几秒至几分钟照光即可促进它的萌发。大多数幼苗的光形态建成是典型的LFR。其他如细胞膜电位变化、离子流动和分布、转板藻叶绿体转动等都是可被R/FR诱导的IJFR可逆反应。

参与LFR的光敏素主要为phyB（PⅡ），因为phyB的作用光谱与R/FR对莴苣种子萌发可逆效应的光谱十分相似，由此也表明phyB是调节R/FR可逆的LFR的光受体。

极低光量反应和低光量反应都会被达到发生反应所需光量的红闪光促进。诱导反应所需光量是光照强度（mol·m^{-2}·s^{-1}）与照射时间二者之积。一个短暂的强红闪光可以诱导一个反应；相反，一个照射时间足够长的弱红光也能诱导同样的反应。这种光照强度和照射时间相对于反应需光量可以相互补偿的关系被称为互易法则。VLFR和LFR都遵守互易法则。

（3）高光量反应（HⅡt）

HIR又称高辐照度反应。反应需要持续强光照（大于10 μmol·m^{-2}），其饱和光量比低光量反应强100倍以上，反应程度与光强和持续时间成比例。高光量反应不是红光-远红光可逆反应，不遵守互易法则。典型的高光量反应有：莴苣胚芽弯钩的张开，芥菜、莴苣幼苗下胚轴伸长的抑制，双子叶植物幼苗和苹果皮中花色素苷的形成，天仙子开花的诱导等。

高光量反应有不同的反应模式，有的由phyB控制，有的由phyA控制。HIR的作用光谱不仅在红光、远红光波段，在蓝光和紫外光A波段对其也有促进效应，因而推测参与HIR的光受体除光敏素外还有蓝光受体。

11.2.3 光敏素的作用机理

光敏素本身是一种受光调节的蛋白激酶，具有光受体和激酶的双重性质。光敏素接受光信号后，一方面其自身可以发生磷酸化，同时还可以将其他蛋白因子磷酸化。光敏素的这种蛋白激酶活性是其原初信号得以传递的原因，它可能是红光和远红光信号转导的一种重要方式，也可能是光敏素信号转导机制的一部分。

光敏素的Pr比较稳定，Pfr不稳定。在黑暗条件下，Pfr会逆转为Pr，Pfr浓度降低；Pfr也会被蛋白酶降解。Pfr的半衰期为20 min到4 h。Pfr一旦形成，即和某些物质（X）反应，生成Pfr·X复合物，经过一系列信号放大和转导过程，产生可观察到的生理反应。X在具体的反应中应是信号转导链上的早期组分（见图11-1）。

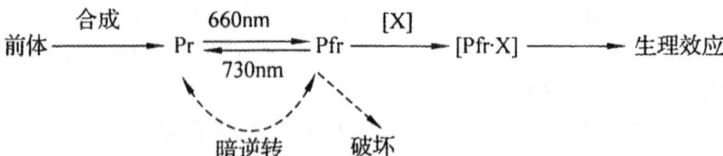

图11-1 光敏素的产生、代谢与引起生理反应的可能途径

通常认为Pfr是生理活化型光敏素，而Pr是非生理活化型光敏素。但也有报道称发现Pr参与了拟南芥种子萌发和向地性反应的调节及去黄化等多种反应。此外，Pr型光敏素在细菌中的活性也得到了证明（2003）。有关光敏素的作用机理，主要有两个假说，即膜作用假说和基因调节假说。

1. 膜作用假说

膜作用假说于1967年由Hendricks与Borthwich提出，认为光敏素能改变植物细胞中一种或多种膜的特性和功能，然后引发以后的各种反应。显然光敏素调控的快速反应与膜性质的变化有关。

Pfr能结合到质膜、内质网、叶绿体和线粒体等膜上。燕麦幼苗实验表明光活化的Pfr能与线粒体被膜结合。活化的光敏素不仅能与膜结合，而且还能调节膜的功能。巨大藻在照光后1.7 s就可观察到原生质膜内侧的电势比外侧低的极化作用被消除。一些豆科植物的小叶在光照时会运动，这是由于K^+快速进入或排出细胞，进而影响到小叶叶枕细胞的膨压引起的。光敏素在小叶运动中起光调节作用，在吸光后，光敏素改变了膜的透性，引起K^+的流动，最终引起小叶运动。

早在1964年Fredericq就观察到用远红光（FR）逆转暗间断红光（R）对牵牛花分化的抑制效应时，只有在R后2 min内处理FR才有效；如果超过2 min，则FR的逆转能力迅速消失。此后还发现随着光敏素诱导的白芥硝酸还原酶的增加，其FR逆转能力失效一半的时间是7 min。

记录到的最快的Pfr调节的反应是在R处理后的暗期中，玉米和燕麦苗组织提取液内光敏素沉降力的诱导。黄化植物粗提取液离心后，只有5%~10%的光敏色素随膜碎片沉降，但是当Pr光转化成为Pfr以后可以导致60%~80%的光敏素和一些亚细胞组分一起沉降下来，在25 ℃光敏素沉降1/2的时间仅为2 s。

光诱导的转板藻叶绿体转动在照光开始60 s即可观察到，若R后间隔5 min再照射FR，其逆转力就减少1/2。光敏素对光形态建成的作用是与Ca^{2+}以及依赖Ca^{2+}的结合蛋白CaM有关的。给转板藻照射30 s红光后，可检测到在3 min内转板藻体内Ca^{2+}积累速度增加2~10倍。这个效应可被照射红光后立即照射30 s的远红光全部逆转。叶绿体之所以能在细胞内转动，这是由于叶绿体和原生质膜之间存在肌动球蛋白纤丝，而钙调素能活化肌球蛋白轻链激酶，导致肌球蛋白的收缩运动，使叶绿体转动。

2. 基因调节假说

上述光敏素诱导的膜电势变化、离子流动、叶绿体转动等反应可以在数分钟内迅速完成，但对于多数被光敏素诱导的生理过程来说，这需要较长的时间。例如，种子萌发、花的分化与发育、酶蛋白的合成等，这些都涉及基因的转录与蛋白质的翻译。光敏素对光形态建成的作用，通过调节基因表达来实现的假说，称为光敏素的基因调节假说。基因调节假说最早由Mohr（1966）提出，越来越多的试验事实支持该假说。

自从1960年Marcus发现3-磷酸甘油醛脱氢酶（$NADP^+$）的活性受光的调节以来，已发现有60多种受光敏素调控的酶或蛋白质。这些酶（或蛋白质）涉及许多重要的代谢途径，例如，光合作用的光反应和暗反应、能量代谢、叶绿素合成以及光呼吸、氮素同化、核酸与蛋白质的合成及降解、脂肪和淀粉的降解，以及次生产物和生长调节物质的合成等而且常常是有关代谢的关键酶或限速酶。如与叶绿体形成和光合作用有关的叶绿素a、叶绿素b结合蛋白和Rubisco、PEPC，与呼吸及能量代谢有关的细胞色素C氧化酶、葡萄糖-6-磷酸脱氢酶、3-磷酸甘油醛脱氢酶、异柠檬酸脱氢酶、苹果酸脱氢酶、抗坏血酸氧化酶、过氧化氢酶和过氧化物酶，与碳水化合物代谢有关的淀粉酶、α-半乳糖苷酶，与氮及氨基酸代谢有关的硝酸还原酶、亚硝酸还原酶、谷氨酰胺合成酶、谷氨酸合成酶，与蛋白质、核酸代谢有关的氨酰tRNA合成酶、RNA核苷酸转移酶、三磷酸核苷酶及吲哚乙酸氧化酶等都受光敏素调控。

其中关于Rubisco小亚基（SSU）的基因*rbcS*和LHCⅡ的基因*cab*表达的光调节研究是光敏素调节基因表达的一个例子。这两种重要的叶绿体蛋白的基因都存在于细胞核中（见图11-2），和其他真核生物的基因一样，*rbcS*和*cab*也都由负责表达调控的启动子区和负责编码多肽链的编码区两个主要区域构成。红光照射时，Pr转变成Pfr，于是引起一系列的生化变化，激活了细胞质中的一种调节蛋白。活化的调节蛋白转移至细胞核中，并与*rbcS*和*cab*基因启动子区中的一种特殊的光调节因子（LRE）相结合，转录被刺激，促使有较多的基因产物SSU和LHCⅡ蛋白生成。新生成的SSU进入叶绿体，与在叶绿体中合成的大亚基LSU结合，组装成Rubisco全酶。而LHCⅡ进入叶绿体后，则参与了类囊体膜上的PSⅡ复合体的组成。

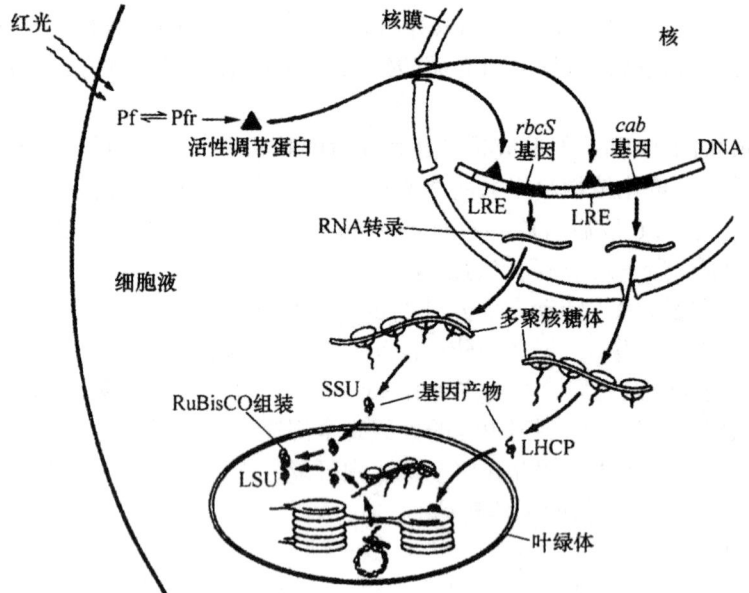

图11-2　光敏素调节*rbcS*和*cab*基因转录的模式

光敏素对基因表达的调控大都是在转录水平上进行。这样，该过程就涉及植物如何感受光信号以及感受光信号后如何进一步调控基因表达。研究表明，G蛋白、cGMP、Ca^{2+}、二酰甘油（DAG）和IP_3等第二信使都是光敏素信号转导的组分。

11.3　蓝光受体

11.3.1　蓝光对植物生长发育的影响

蓝光对植物生长发育的影响是至关重要的，涉及多种生理过程的调节作用，包括脱黄化、开花、昼夜节律、基因表达、向光性、叶绿体运动、气孔运动、向地性反应、极性的建立、生长素调节、侧枝诱导、叶茎生长调节等。

11.3.2 隐花色素

植物界存在的另一类光形态建成反应是蓝光调节的反应。人们早就观察到许多由蓝光诱导的光形态建成，隐花色素（cry）被用以表示对许多蓝光近紫外光诱导的光反应负责的、不同于光敏素的吸光色素系统。

真菌体内没有叶绿素和光敏素，它们的许多生物学过程受蓝光的调控，例如，呼吸途径由糖酵解途径变成磷酸戊糖途径、类胡萝卜素的生物合成等。水生镰刀霉等菌丝体受光所诱导的类胡萝卜素生物合成的作用光谱说明只有波长小于 500 nm 的蓝光和近紫外光（UV-A）有效。与此类似的蓝光对真菌发育的影响还有须霉的向光性反应、青霉孢梗束的形成、木霉分生孢子的分化等。糖海带雌配子体卵发生诱导的效应光谱和真菌中隐花色素的作用光谱完全一致。蕨类植物孢子体的正常发育需要蓝光：鳞毛蕨属的绵马的丝状体在红光下只能进行纵向伸长生长，只有蓝光能使它变成长宽相似的心形原叶体。铁线蕨原丝体顶端也在蓝光下转变成横向生长而膨胀起来。

隐花色素作用光谱的特征是在蓝光区有 3 个吸收峰或肩（在 450、420 和 480 nm 左右，见图 11-3），在近紫外光区有一个峰（在 370~380 nm），大于 500 nm 波长的光对其是无效的，这也是判断隐花色素介导的蓝光、紫外光反应的实验性标准。由于隐花色素作用光谱的最高峰处在蓝光区，所以常把隐花色素引起的反应简称为蓝光效应。不同的植物对蓝光效应的作用光谱稍有差异。

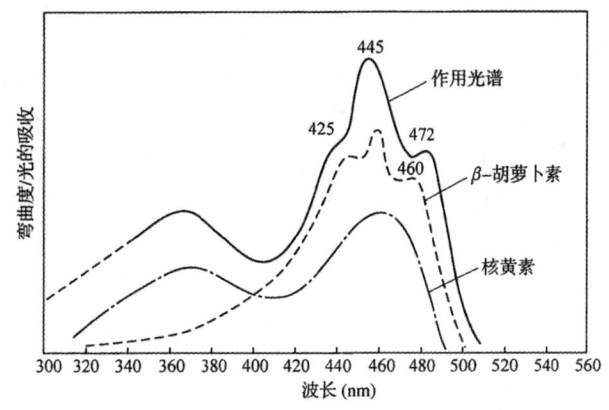

图 11-3　燕麦胚芽鞘的向光性作用光谱及核黄素和胡萝卜素的吸收光谱

隐花色素是吸收蓝光（400~500 nm）和近紫外光（320~400 nm）的黄素蛋白，相对分子质量为 70~80 kD，其生色团可能是黄素腺嘌呤二核苷酸（FAD）和蝶呤。

和光敏素不同，通过隐花色素吸收的蓝光、近紫外光诱导效应是不能被随后给予的较长波长的光照所逆转的。

隐花色素在不产生种子而以孢子繁殖的隐花植物，如藻类、藓类、蕨类等植物的光形态建成中起重要作用。隐花色素也广泛存在于高等植物中，因为许多生理过程如植物的向光性反应、花色素的合成、气孔的开放、叶绿体的分化与运动、茎和下胚轴的伸长和抑制等都可被蓝光和近紫外光调节。一般认为蓝紫光抑制伸长生长，阻止黄化并促进分化。用浅蓝色聚乙烯薄膜育秧，因透过的蓝紫光多，能使秧苗长得较健壮。在蓝光、近紫外光引起的信号传递过程中涉及 G 蛋白、蛋白磷酸化和膜透性的变化。隐花色素在植物种子萌发中的去黄化作用、光周期诱导开花和调节昼夜节律中均起作用。蓝光下，*cry*1可以调节胚轴伸长。

拟南芥有两种隐花色素基因，*cry*1和*cry*2；番茄和大麦都有至少3种隐花色素基因，*cry*1a、*cry*1b和*cry*2；蕨类和藓类分别有5种和至少2种隐花色素基因。

*cry*1和*cry*2的生理功能在某种程度上可能有重叠。例如，*cry*1和*cry*2都调节抑制下胚轴伸长和诱导花色素苷合成。而且，功能分析表明，*cry*1和*cry*2的N末端域或C末端域是可互换的。除了它们的共同功能外，拟南芥的两种cry蛋白也有显著不同的功能。例如，cry1主要调节抑制下胚轴伸长和蓝光引导昼夜节律时钟，而cry2主要调节子叶扩展和控制开花时间。cry1大多在地上组织中表达，cry2在叶原基、根尖和子叶中活性较高。

11.3.3 向光素

向光素是一类质膜相关的黄素蛋白，感受蓝光、UV-A，甚至绿光，相对分子质量为120～144 kD。此类蛋白都含有两个重要的多肽区域，N端含有两个与黄素单核苷酸（FMN）结合的发色团结构域；C端有一个典型的丝氨酸/苏氨酸（Ser/Thr。）蛋白激酶结构域。

Gallagher等（1988）首先报道了豌豆黄化苗生长区有一种能够被蓝光诱导发生磷酸化作用的120 kD的质膜蛋白。这种蛋白在离体状态下能发生强烈的蓝光依赖型的磷酸化作用，但在缺乏向光性的拟南芥突变体JK224中几乎没有这种蛋白。Christie等（1999）发现在昆虫细胞中表达的重组nph1/phot1蛋白的吸收光谱和荧光激发光谱与拟南芥向光性反应的作用光谱相似。同时，他们还发现phot1不仅是其自身磷酸化作用的激酶，也是植物向光性反应的光受体。根据这种蛋白在植物向光性反应的作用，他们将其命名为向光素。

人们已经在拟南芥、水稻、玉米等植物中克隆出了多种编码了向光素的基因，主要有*phot*1和*phot*2（以前称为*nph*1和*nph*2），而在燕麦细胞中则存在两种类型的*phot*1，分别为*phot*1ɑ和*phot*1ɓ。向光素的相关蛋白存在于植物的不同器官中，能够调节诸如光照、氧气以及电位差等环境刺激诱导的反应。

在黄化苗顶端弯钩处于分裂和伸长状态的细胞中以及在根尖伸长区的细胞中，*phot*1主要集中分布于下胚轴皮层的横向细胞壁区域。而在光下生长的植物中，*phot*1则主要分布在微管薄壁组织和叶片微管薄壁组织中。另外，在叶片表皮细胞的质膜、叶肉细胞以及保卫细胞中，*phot*1也有不均匀的分布。

向光素在植物复杂的蓝光信号反应中发挥了很重要的作用，它不仅介导植物的向光性反应，而且还介导叶片保卫细胞的气孔开放和叶肉细胞中叶绿体移动，并能启动蓝光信号转导反应中生长素载体的移动以及诱导Ca^{2+}的流动等反应。

向光反应是植物对环境适应性的表现。胚芽鞘向光弯曲可增加子叶的吸光面积，而根对蓝光照射的背光生长则可保证其伸向土壤吸收水分和营养。弱光下，叶绿体移动到叶肉细胞的表面以增加光能的吸收，而在强光下叶绿体则会移动到叶肉细胞的侧壁以减小强光的伤害。气孔在白天张开以交换气体，夜间关闭以减少水分的散失。向光素是植物向光性反应的主要光受体，*phot*1和*phot*2在向光性反应过程中起不同的作用：*phot*1既能调节低照度光下植物的向光性反应，又能调节高照度光下的向光性反应；而*phot*2仅调节高照度光下植物的向光性反应。

植物的向光性反应是由植物体内不同蓝光受体及其信号传导系统的协同作用完成的。Whippo 和 Hangarter 在研究中发现，在相对高光照度的蓝光（100 mmol·m^{-2}·s^{-1}）下，向光素和隐花色素协同作用使向光性反应减弱；而在相对低光照度的蓝光（<1.0 mmol·m^{-2}·s^{-1}）下，向光素和隐花色素协同作用增强植物的向光性反应。根据这些结果，他们认为随着蓝光照度的改变，向光素和隐花色素会相应地改变其对胚轴生长的刺激与抑制来调节向光性反应。

phot1 除了在胚轴向光性反应中起作用外，也调节根系的向光性反应。胚轴无向光性的拟南芥突变体 phot1 在高光照度和低光照度的蓝光照射下，其根系都不表现负向光性反应。拟南芥、水稻等的根有负向光性反应，蓝光显著诱导水稻根的负向光性，红光则无效。这说明水稻根的负向光性反应也是由蓝光受体控制的。

向光素可在组织水平上调节叶伸展，即扩大叶接受光能的范围，在分子水平上介导蓝光调节气孔开放、控制气体交换和蒸腾作用。

在细胞水平上转动的叶绿体其光合作用效率可达到最优。植物叶片中的叶绿体会随着光照方向和光照度的变化而改变其在细胞中的位置，在高照度光下它从叶肉细胞表面移动到细胞侧壁，叶绿体扁平面与光照方向平行，称为叶绿体的回避反应；在弱照度光下叶绿体聚集在细胞表面，其扁平面与光照方向垂直，称为叶绿体的聚集反应。研究表明向光素参与调控了叶绿体的移动反应。

11.4 其他光受体

紫外光反应是指细胞吸收 280～320 nm 波长的紫外光（UV-B）引起的光形态建成反应，其最大效应在 290～300 nm 波长。一些作物如小麦、大豆、玉米等在 UV-B 照射下，植株矮化，叶面积减小，干物质积累下降。UV-B 主要引起气孔关闭，叶绿体结构破坏，叶绿素及类胡萝卜素含量下降，影响植物的光合作用、物质代谢、离子运输等过程。一个重要的反应是在一些植物中 UV-B 能诱导类黄酮和花色素苷的生物合成，引起类黄酮、花色素苷等色素合成增加，以抗御紫外光的伤害。但目前对这类反应的光受体性质尚不清楚。

有研究发现蓝光诱导的气孔开放可被绿光阻止。叶表皮经 30 s 蓝光照射，就会诱导气孔开放，但是在蓝光照射后紧接着用绿光照射就见不到气孔开放。如果在绿光照射后紧接着再用蓝光照射，气孔便能开放。这一反应类似于光敏素的红光/远红光的可逆反应。气孔开放对蓝光/绿光的可逆反应已在拟南芥、鸭跖草、烟草、蚕豆、豌豆、洋葱和大麦等植物上得到证实。在蓝光、红光和绿光中生长的拟南芥叶片上的气孔在没有绿光时开放，在绿光照射下关闭。然而当仅用红光和绿光交替照射叶片时，绿光并不能阻止气孔开放。这表明绿光对气孔开放的抑制效应仅发生在蓝光和绿光的相互作用上。自然条件下太阳辐射中的绿光量子可能会下调气孔对蓝光的反应。

有学者指出，植物体中可能存在绿光受体（2004）。由此可以假设，在不同波长光范围内有可能存在一种或几种光受体，而其信号转导途径又有各自的特性和相关性，这可能将成为光受体的研究热点。

植物生理生化

思考题

1. 光形态建成对于植物有何重要意义？
2. 光敏素区别于其他色素的主要特征是什么？
3. 简要说明光敏素调控植物发育的作用机理。
4. 你是如何理解植物体内存在不同的光形态建成受体的？

第四篇　植物发育的生理生化

第12章　植物的生长和运动

12.1　植物的生长、分化和发育

12.1.1　细胞分裂的生理

分生组织的细胞都具有分裂能力，通过有丝分裂，细胞的数目不断增多，但由于此时的细胞体积甚小，生长缓慢，在外观上，其生长的特征亦不甚明显。

从母细胞一次分裂结束形成的细胞至下次再分裂成两个子细胞之间的时期称为细胞周期。细胞分裂之前，首先必须完成DNA的复制。DNA的复制是在两次细胞分裂之间的间期进行，常称此期为S期。用标记实验发现，一般情况下，细胞完成分裂后，并不马上进行DNA复制，要经过准备复制阶段，称为G_1期；在DNA复制完成后也不马上进行细胞分裂，要经过准备分裂阶段，称G_2期；当G_2期完成后，细胞便进入分裂期，称M期。因此细胞周期包括分裂期和分裂间期（或称细胞生长时期），分裂间期又包括复制前期、复制期和复制后期。

植物激素对细胞分裂起调节作用。小麦胚芽鞘和烟草茎髓的离体培养试验表明，赤霉素、细胞分裂素和生长素对细胞分裂的影响存在着顺序性。其中，赤霉素首先起作用，GA促进细胞分裂周期从G_1到S期的过程；由于DNA的合成也受细胞分裂素的促进，所以细胞分裂素在赤霉素以后对细胞分裂起作用；生长素的作用较晚，因为生长素促进核糖体RNA（即rRNA）的形成。此外，B族维生素（如硫胺素）也影响细胞分裂。当缺乏维生素时，细胞分裂停止，根或胚的生长受阻。

分生期在形态和生理上的特点是：细胞数目增加、细胞小、充满原生质，没有液泡，细胞核大，细胞壁薄，氮素代谢旺盛，具有高度合成核酸和蛋白质的能力，呼吸旺盛。此时期最明显的生物化学变化是DNA含量急剧增加，并维持较高水平，然后便开始有丝分裂。

细胞分裂是需能过程。细胞分裂不但细胞核进行有丝分裂，其他的细胞器如质体和线粒体等也要进行复制。质体可以进行分裂或出芽繁殖，所以质体在同一类细胞中数量是比较稳定的。

12.1.2 细胞伸长的生理

根尖或茎端的分生组织具有细胞分裂机能，可以形成新细胞，其中除一部分仍保留分生能力外，一部分则转入静止状态，在一定条件下，这些细胞可以重新进入细胞周期，其中大部分细胞过渡到细胞伸长期。

进入伸长期的细胞体积迅速增加。例如豌豆距根尖5～6 mm的部位，其细胞体积比分生组织的细胞增加20倍。其体积显著增大的原因是：此期的细胞体积增大过程的初期，细胞内先出现许多小液泡，细胞质与细胞核被挤到边缘，此时细胞壁的结构物质如果胶质、纤维素和半纤维素等含量急剧上升，不断填充到细胞壁内，同时细胞壁拉长，使细胞的水势下降，促使细胞大量吸水而细胞伸长，这时的细胞代谢活动旺盛，为细胞的增大提供物质和能量。若以单个细胞相比，伸长期细胞的呼吸作用比分生细胞增强2～6倍；伸长细胞的蛋白质合成强度比分生细胞增大6倍；同时，RNA和蛋白质的含量也平行增加；此外，酶活性加强，如蔗糖酶活性增加25倍，二肽酶活性增加6倍，磷酸酯酶活性增加4倍。

伸长期间除了需要大量吸水与合成碳水化合物以外，还需植物激素参与作用。除细胞分裂素外，其他四类激素都影响细胞伸长，其中GA和生长素的促进作用最为明显。生长素通过影响细胞壁的可塑性，使细胞壁松弛，从而促进细胞的伸长生长。乙烯和脱落酸均抑制细胞的伸长生长。

12.1.3 细胞分化的生理

当细胞完成伸长生长后便进入分化期。此期间薄壁细胞进行分化，细胞可分化成不同组织，如薄壁组织、输导组织、机械组织、保护组织以及分泌组织等，进而形成各种器官如吸收器官、同化器官等。此时细胞体积已定型，细胞壁增厚，不同组织或器官的细胞形态和结构趋于专化。它们彼此之间既有分工，又有联合。

随后细胞生长停止，代谢水平下降，呼吸作用和蛋白质含量稍微下降，有些细胞内开始形成叶绿体，能进行光合作用，糖类合成增加，每个细胞的干物质含量继续增加，分化成导管的细胞内的原生质逐渐消失，形成具有特殊功能的输导组织。

细胞分化是指由分生组织的细胞发育成具有不同结构和生理功能的各种组织。分化过程是复杂的生物化学变化，包括一系列基因表达的调控活动。例如维管组织的分化与生长素和蔗糖浓度有关。试验证明，将丁香茎髓的愈伤组织进行培养时，发现在具备必要的养分和生长素后，蔗糖浓度对韧皮部和木质部的分化影响较大，当蔗糖浓度较低（1.5%～2.5%）时，仅分化成木质部；为高浓度（4%以上）时，仅分化成韧皮部，只有在中等浓度（2.5%～3.5%）时，才能同时分化成木质部和韧皮部，而且其间还有形成层。蔗糖浓度对分化的影响，以后在其他植物中也得到类似的结果。试验还发现，增加生长素则导致木质部的形成。可见，维管束和器官的分化与培养基中的成分有关。由愈伤组织诱导分化出根和芽，取决于培养基中生长素和细胞分裂素含量的比值（见第11章）。

上述三个时期没有明显的界限，有时可相互重叠。如果水分充足，可延长伸长期，推迟分化期，相反，如果缺水，则可缩短伸长期，使分化期提前，促进老化。同时，这三个时期的生长是不可逆的，如遇缺水，细胞提前进入分化期，此时再追加浇水，植物细胞也不会逆转而伸长。

环境条件中特别是光照与水分，对细胞生长的三个时期影响较大。在弱光、高温条件下，有利于细胞伸长，不利于细胞分化，在强光、少水的条件下，则有利于细胞的分化，而不利于细胞的伸长。

12.2 生长分析与运动

12.2.1 植物生长大周期

植物的整株或器官，在其整个生长周期中，生长速率和生长量（体积、高度、粗度、质量）均表现出"慢—快—慢"的生长节律。即开始时生长缓慢，以后逐渐加快，达到最高点后，生长又减慢以至停止的现象，称为植物生长的大周期。用横坐标表示时间，纵坐标表示生长量，则生长大周期呈S形曲线，称为植物或器官的生长曲线［见图12-1(上)］。其生长速率曲线为一抛物线［图12-1(下)］。

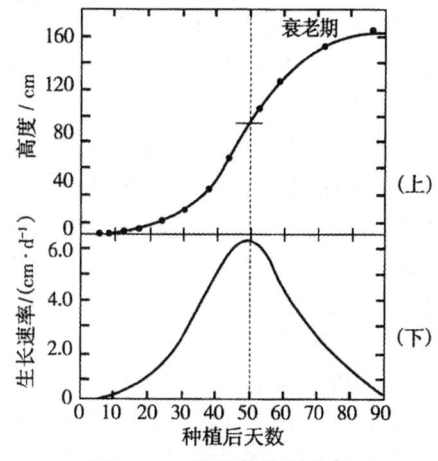

图12-1 玉米的生长曲线

植物整株或器官出现生长大周期，有微观和宏观两方面的原因。从微观方面看，植物或器官初期以细胞分裂为主，主要是细胞数目的增多，体积、质量增加很少，所以呈现"慢"的状态。分裂结束伸长开始后，细胞进入伸长增大阶段，体积和质量显著增加，生长速率和生长量呈现"快"的节奏。当细胞体积增大到一定程度不再生长，细胞进入分化成熟阶段，所以植物或器官生长又逐渐呈现"慢"的状态，最后停止生长。从宏观方面看，初期植株幼小，光合能力低，合成物质少，植株和器官表现为生长缓慢。随叶面积迅速增大，光合作用增强，合成大量有机物，促进植株和器官干重急剧增加，生长加快。当达到最快以后，随着植物的衰老，光合速率减慢，植物生长也减慢，最后停止生长。

生产上了解植物或器官的生长大周期具有重要的意义。因为植物生长是不可逆的，必须在植株或器官快速生长期到来之前，及时采取肥、水等调控措施，否则过后才采取措施则收效甚微。如北方苹果树枝叶旺盛生长期在4、5、6月份，应在4月份前多施氮肥促进其营养生长，过了6月份，应停止使用氮肥控制其生长，而改施磷钾肥促进枝条发育、果实膨大，即"前促后控"。如果在枝条快速生长期后才施氮肥，当年枝条生长晚、长势弱，无充足的时间进行发育，造成以后年份树体衰弱，结果能力降低。此外，掌握同一植物不同器官之间的生长大周期，可灵活调节各器官之间生长和发育的矛盾，如小麦的拔节水浇得太早会使营养生长过旺抑制生殖生长，生产上一般采取晚浇拔节水加以控制，但拔节水浇得太晚又会影响小麦的穗分化，所以应了解小麦进入快速穗分化的时间，在不影响穗分化的前提下，适当晚浇拔节水。

12.2.2 植物的运动

高等植物在有限的空间内产生的位置移动,叫作植物的运动。植物运动根据其对刺激源的反应不同,分为向性运动和感性运动两大类。

(1) 向性运动

向性运动是指外界因素对植物器官单方向刺激所引起的定向生长运动,是不可逆的。依外界刺激因素不同,分为向光性、向重力性、向水性与向肥性等。向性运动一般都是由于器官不均衡的生长引起。

①向光性

植物向着光源方向弯曲生长的现象称为植物的向光性,是植物对单方向光刺激的一种反应。根据植物向光弯曲的部位不同,可将向光性运动分为正向光性、负向光性和横向光性,如茎向光性为正向光性,而根背向光生长的现象为负向光性,叶片,特别是双子植物叶片基本处于与光垂直的横向位置,称为横向光性。

植物茎、叶的向光性有利于吸收更多的光能,特别是在光照不足的情况下,表现尤为突出,这是植物适应环境的表现。有些植物向光性比较明显,如向日葵。研究表明,植物向光性与茎中生长素的不均匀分布有关。1932年,温特在用燕麦胚芽鞘切段进行有关生长素运输的经典实验中发现,切段向光侧生长素为35%,而背光侧为65%,背光侧生长素含量高生长快,而向光侧生长素少生长慢,引起向光弯曲。且生长素在胚芽鞘节段内的传导具有极性,即只能从其形态学的顶端向基部移动,被后人称为极性运输。现在人们已认识到植物生长发育中的许多特点,如顶端优势、向地性、向光性等均与生长素的极性运输有关。

对向光性起主要作用的光是蓝光(高峰445 nm),其次为紫外光(高峰370 nm),而红光为无效光。一般认为与维生素 B_{12} 有关的核黄素是光的受体,核黄素称为向光色素。在受光后,生长素由茎的向光处移至背光处,使背光处浓度升高。

②向重力性

种子萌发时,胚根总是向下生长,称为正向重力性(又称为向地性);茎总是向上生长,称为负向重力性;芦苇等植物的地下茎呈水平方向生长,称为横向重力性。试验表明,向重力性运动只发生在正在生长的植物器官,如生长期的植物发生倒伏后,茎会向上生长再直立起来;水平放置的幼苗,一定时间之后,根会向下弯曲,这些都是向重力性生长的表现。研究表明,在无重力的条件下,向重力性会消失(见图12-2)。

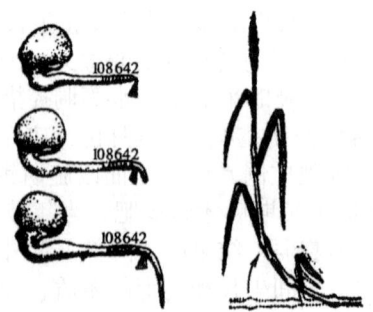

图12-2 蚕豆根的向重力性(左),小麦茎的负向重力性(右)

产生向重力性的原因有多种说法，通常认为是由于生长素分布不均匀引起，如平放的幼苗，由于重力作用，生长素在根、茎下侧，由于根对生长素比茎敏感，故抑制根下侧生长而促进茎下侧生长，所以根向下生长，茎向上生长。还有人认为，在植物细胞内存在着一种感受重力反应的受体，研究发现，这种受体是一些特殊的淀粉体，称为平衡石。据观测，在根冠、胚芽鞘尖和茎的内皮层细胞中均存在作为平衡石的淀粉体，依靠平衡石的沉淀过程感受到重力作用，触发以后的生长运动，使植物生长产生向重力性。

③向水性与向肥性

植物的向水性是指土壤水分分布不均匀时，根总是向着湿润地方生长的特性。苗期土壤适当干旱，可使根系向潮湿的土壤深层生长，促进根系的生长。

植物的向肥性又称向化性，是指当土壤中所施肥料分布不均匀时，根总是向着肥料存在方向生长的特性。生产上应适当深施、分散施肥料，诱使根向深处、四周均匀生长，使根系发达。香蕉种植时，常采用以肥引芽方法，将肥料施在空旷地方，引诱在此处萌发新芽，使植株分布均匀。

（2）感性运动

植物的感性运动是指由没有一定方向性的外界刺激所引起的运动。主要是膨压运动，是可逆的；有的是生长运动，是不可逆的，运动方向与刺激方向无关，包括感夜性、感震性、感温性等。

①感夜性运动

感夜性运动是指由于昼夜交替而引起的植物运动。如大豆、花生、合欢等植物的叶片昼展夜合，其直接原因是叶柄基部的叶褥细胞吸水与失水引起的膨压改变，叶褥是叶柄基部膨大的部分，感夜性运动是可逆性运动，是这些植物生长正常的标志。多数植物的花白天开放，阴天或夜晚关闭，有利于昆虫传粉和保护花内部生殖器官；而花生、烟草、甘薯、月见草、夜来香、仙人掌等植物的花却是晚上开放，以适应于夜间活动的昆虫传粉，并保护这些花不受白昼干热气候的损伤。

②感震性运动

植物感震性运动是由于机械刺激而引起的与生长无关的植物运动。如含羞草的部分小叶受到震动或机械刺激时，小叶立刻成对合拢，若刺激加强，感震性会传至其他部位甚至全株，使全部小叶合拢，复叶叶柄下垂。含羞草感震性是由于复叶的叶柄基部叶褥细胞的膨压变化引起的，捕虫草在陷阱处有三根敏感的尖端突起表皮毛，昆虫碰到后即会造成陷阱的关闭，同样也是由于叶内细胞膨压的改变所造成。感震性是可逆性运动。

③感温性运动

感温性运动是由于温度变化引起器官两侧不均匀生长产生的运动。如番红花、郁金香从冷处移入温暖室内，花苞经数分钟即可开放。一般认为，这类运动是由于温度变化引起IAA在器官上下两面分布不均匀而引起生长不平衡所致，因此为不可逆运动。

（3）生物钟

生物以近似昼夜周期（22～28 h）的节律自由运行的现象，称为近昼夜节奏，又称为生物钟或生理钟。地球上所有生物都有一种叫"生物钟"的生理机制，是生物体在地球自转长期从白天到夜晚24 h循环规律下，形成的一种内在节律性在外部行为上的表现。

生物钟广泛存于生物界。菜豆叶片在白天呈水平方向伸展，而晚间呈下垂状态运动，即使在连续黑暗和恒温条件下，这种运动仍然存在，这就是典型的近似昼夜节奏。紫茉莉花

植物生理生化

在傍晚5点钟左右开花,又称"煮饭花",因看到这种花开就要做晚饭了。有许多花在一天里都有较固定的开花时间,被称为"花钟"(见表12-1)。

表12-1 几种植物的开花时间

植物	开花时间	植物	开花时间
蛇床	03:00	万寿菊	15:00
牵牛	04:00	烟草	18:00
野蔷薇	05:00	丝瓜	19:00
龙葵	06:00	夜来香	20:00
芍药	07:00	昙花	21:00

12.3 种子萌发与幼苗生长

12.3.1 影响种子萌发的外界条件

具有生活力的种子,通过休眠或解除休眠以后,给予适当的萌发条件就能正常萌发。种子萌发最适的外界条件是:足够的水分、适宜的温度和充足的氧气。有些种子的萌发,除需要上述三个基本条件外,还受暗条件的影响。

1. 水分

吸水是种子萌发的第一步。风干种子含水量很低,一般只有其总重量的10%～12%,其中的细胞质呈凝胶状态,新陈代谢活动很微弱,生命活动处于相对静止状态。种子吸水后,首先种皮软化,增强对物质的透性。外界的氧气容易透入内部,种子内累积的CO_2也易于排出,保证幼胚进行旺盛的呼吸作用,利于胚根和胚芽突破种皮;同时,种子内自由水增多,细胞质由凝胶状态转变为溶胶状态,各种酶类也都由钝化状态转变为活跃状态,利于呼吸、物质转化和运输等代谢过程加速进行;此外,水分还直接参与贮藏物质的水解,并可促进可溶性物质输送到正在生长的幼胚中去,为幼根和幼芽的生长提供足够的物质和能源。

种子萌发所需水量与其贮藏的养料种类有关。含淀粉较多的种子,如禾谷类种子,萌发时所需的水分较少,一般吸水达到干种子重量的30%～50%左右时即可萌发;含蛋白质高的种子(如豆类种子)的吸水量很大,因为蛋白质分子上有许多亲水基团(如—OH、—NH_2、—COOH等),一般要达到干重的100%～200%甚至更高才能萌发;油料种子(花生、油菜等)除含较多油脂外,也往往含有较多的蛋白质,所以种子萌发吸水量较淀粉种子多。

种子吸水过程有三个明显的阶段:急剧吸水阶段、滞缓吸水阶段、再急剧吸水阶段(见图12-3)。第一阶段急剧吸水是由于干种子细胞内含物以及细胞壁等的亲水胶体物质所引起的膨胀吸水,此阶段吸水是一种非生理性的物理过程;第二阶段几乎停止吸水,此时细胞内部活跃地进行着为萌发做准备的各种代谢活动,如线粒体的修补、某些呼吸酶的活化以及为胚生长所必需的核酸和蛋白质的合成;第三阶段再急剧吸水是由于胚根长出,胚体也迅速增大,细胞的分裂、伸长生长都需要大量水分。研究证明,失去活力的种子吸水只能进行第一阶段,休眠种子则只停留在第二阶段,不能进入第三阶段,只有在具有萌发能力的种子中才能看到第三阶段的吸水(见图12-4)。

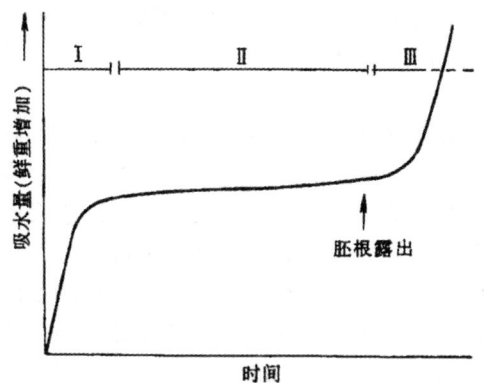

图 12-3　种子萌发吸水的三阶段模式图

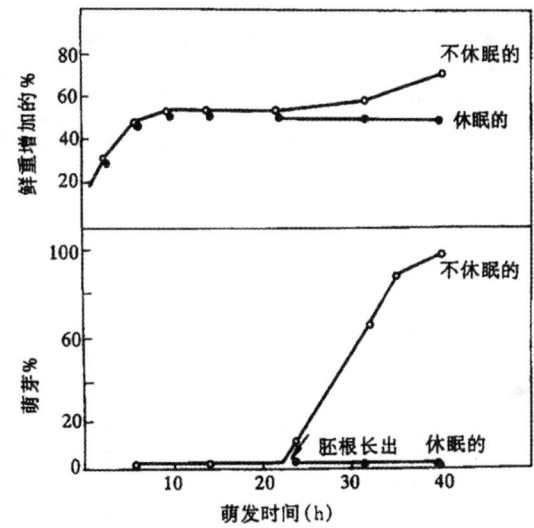

图 12-4　萌发条件下苍耳的休眠种子和不休眠种子的吸水情况

种子的吸水速率和吸水量，因种子本身的化学成分和结构不同而有很大差异。蛋白质种子吸水快而多，淀粉种子吸水慢而少。棉籽外被以短绒，种皮结构致密，且表层附有蜡质，透水性差，种子吸水慢；亚麻种子表层有胶质，亲水性强，吸水就快。

种子的吸水速率还受土壤温度的影响，土温低吸水慢，土温高则吸水快。此外，土壤水分由于被土壤胶体颗粒所吸附，同时土壤溶液又具有一定的渗透势。所以种子在土壤中吸水要比水中慢。在农业生产中，为了加速种子的萌发，播前要先行浸种催芽，但浸种的时间长短，必须根据种子本身的特点和外界条件的具体情况而定。浸种时间短，因种子吸水不足而降低发芽率；浸种时间过长，种子得不到足够的氧，影响正常呼吸，容易导致烂种。此外，在高温或大气和土壤干旱的情况下则不宜轻易进行浸种，以免播种后吸胀种子的水分向外倒渗而伤害种胚。为了吸收土壤的水分，必须使土壤与种子有良好的接触，所以当土壤墒情不足时，常常进行播后镇压，以达到保墒促萌发的目的。

土壤水分过多，会使土壤温度下降，氧气缺乏，不利于种子的正常萌发。在播种前整地、耙地可以调节土壤中的水、气关系，使种子顺利萌发。一般作物种子在土壤中萌发所需的水分条件，以土壤饱和含水量的60%～70%为宜。

2. 温度

温度影响种子吸水、气体交换和细胞内的酶活性，从而影响呼吸代谢和幼胚的生长。影响种子萌发的温度有一定范围，即所谓最低温度、最适温度和最高温度，常称为种子萌发温度三基点。最低温度和最高温度是种子萌发的极限温度。低于最低温度或高于最高温度种子都不能萌发，在短时间内使种子萌发达到最高百分率的温度，称为萌发的最适温度。

种子萌发的温度三基点，因植物种类和原产地生态条件的不同而有很大的差异。凡原产于南方低纬度喜温性植物的种子，其萌发的温度三基点都较高；而原产于北方高纬度耐寒性植物的种子，则要求较低的温度三基点（见表12-2）。大多数作物种子在15～30 ℃均发芽良好。杂草种子的最低和最高发芽温度的变幅很大，有些杂草的种子甚至在冰土中也能萌发，这也正是这些杂草分布很广的原因之一。

表12-2　不同农作物种子萌发对温度的要求

作物种类	最低温度/℃	最适温度/℃	最高温度/℃
大、小麦类	0～4	20～28	30～38
大麻	0～2	37～40	50～51
高粱、谷子	6～7	30～33	40～45
大豆	6～8	25～30	39～40
玉米	5～10	32～35	40～45
水稻	8～12	30～35	38～42
烟草	10～12	25～28	35～40
棉花	10～12	25～32	40
花生	12～15	25～37	41～46
黄瓜	15～18	31～37	38～40
番茄	15	25～30	35

种子在低温条件下吸水缓慢，细胞内部酶活性低，呼吸微弱，有机物转化和运输缓慢，萌发出土的时间相应延长，致使幼苗瘦弱，容易遭受病虫侵害。

在最高萌发温度下，细胞内各种酶活性钝化或遭破坏，物质分解与合成过程失调，种子也很难萌发。

种子萌发的最低温度和最高温度是农业生产中决定不同作物播种期的主要依据。为了达到苗全、苗壮，春播作物要求在温度高于作物种子萌发的最低温度时播种；而在夏末秋初播种的作物，则要求温度低于萌发的最高温度时才能播种。

在最低温度以上，种子萌发速度随温度的升高而加快。例如棉花种子在12～13 ℃时约1个月才出苗，15 ℃需2周，20 ℃需7d，25～30 ℃仅3～5d即可出苗。在最适温度下，虽然种子萌发最快，但幼苗不一定健壮。因为在此温度下，呼吸消耗的有机物较多，供给幼胚生长的物质相应减少，致使幼苗生长细弱，抗逆性差。所以，在生产上应注意掌握比萌发最适温度稍低的、能使种子萌发快、幼苗生长健壮的温度。

许多果树和林木的种子（如桃、苹果、核桃、红松等）处于休眠状态而不易萌发，一般将种子与湿润的沙土相间分层，置于1~5℃低温下数日至数月后再行播种，可以显著地提高发芽速度且出苗整齐，这种方法称为层积处理。

3. 氧气

种子休眠期间呼吸微弱，需氧量少。在种子萌发时，幼胚活跃生长，呼吸代谢大大加强，需要有充足的氧气供应才能保证有氧呼吸的进行。如将种子浸入水中，并将容器密闭，使不透气。在缺氧条件下，即使温度适宜，大多数植物种子也不能进行正常萌发。在生产中，如遇土壤板结或水分过多，造成土壤通气不良，萌发种子就会进行无氧呼吸，使种胚中毒受害，甚至导致烂种。

一般作物种子需要空气含氧量在10%以上时才能正常萌发，但不同类型的种子，萌发的需氧量亦有差异，这与种子的系统发育和种子本身所含的化学成分有关。比如，长期生长在水田中的水稻，种子萌发时，比长期生长在旱地的麦类种子需氧量少。含脂肪较多的棉花、花生种子比含淀粉多的稻麦种子萌发时需氧量大，这是因为脂肪分子中氧与氢之比较淀粉或糖分子中的低，所以萌发呼吸时脂肪的氧化需要较多的氧。当土壤空气含氧量下降到5%以下时，多数作物种子就不能萌发。由于不同植物种子萌发时对氧的要求程度不同，所以应根据种子的特性来决定播种的深度。例如花生、棉花等含油较多种子萌发时需氧较多，因此播种不能深，否则影响出苗甚至造成烂种。若播种后遇雨，需要及时松土排水，以改善土壤通气条件，促使种子萌发，培育壮苗。

4. 光

大多数种子的萌发对光无反应，在光下或暗中均可萌发。但有些植物的种子如美国莴苣、烟草等需要光的刺激才能萌发，称为需光种子；而另一些种子萌发受光的抑制，在黑暗下易萌发，称为需暗种子，如茄子、番茄、苋菜和瓜类种子。实验证明，需光刺激才能萌发的莴苣种子，白光与波长为660 nm的红光有同样促进萌发的作用，而红光所起的促进作用又可为远红光（730 nm）所抵消。如果用红光和远红光交替处理种子多次，种子的发芽情况决定于最后使用的光（见表12-3）。红光和远红光对种子萌发的逆转作用，能在同一种子反复多次。已知红光（660 nm）和远红光（730 nm）对种子萌发及其他形态建成的调控，是由于植物体内有一种光敏素存在。

表12-3　红光（R）和远红光（FR）的反复照射对莴苣种子萌发的影响

（26℃下，反复地以1 min红光和4 min远红光照射）

照射	发芽率（%）
R	70
R+FR	60
R+FR+R	74
R+FR+R+FR	6
R+FR+R+FR+R	76

续表

照射	发芽率（%）
R+FR+R+FR+R+FR	7
R+FR+R+FR+R+FR+R	81
R+FR+R+FR+R+FR+R+FR	7

研究表明，赤霉素和激动素能代替红光，促进莴苣和烟草种子在暗处萌发，但是，都不能为远红光所抵消。尿素对某些需光种子的萌发有促进作用，硫脲可以代替光促进莴苣种子萌发。

喜光种子萌发时的需光程度又因品种不同而有差异，且与环境条件的变化及种子内部的生理状况有关。如莴苣种子在10 ℃吸涨时，不论光暗条件均可发芽，而在20～25 ℃时，只在有光条件下才能萌发。

12.3.2　种子的休眠和种子的寿命

1. 种子的休眠

一般来说，只要满足萌发所需的适宜外界条件，种子就能正常地萌发。但是有些具有活力的种子，即使是在合适的萌发条件下仍不能萌发，这种状态称为休眠。种子休眠有两种情况：一种是种子已具备发芽的能力，但由于得不到发芽所必需的基本条件，被迫处于静止状态，此种情况称为强迫休眠或外因休眠，一旦外界条件具备，种子即可萌发；另一种虽然给予适宜的发芽条件，但由于种子本身的某种原因不能萌发，此种情况称为深沉休眠，这主要是由于内在的生理条件造成的，所以又称为生理休眠或成熟休眠。在此要讨论的正是这种休眠方式。

（1）种子休眠的意义。种子休眠是植物发育过程中的一种暂停现象，是植物长期进化而获得的一种对环境条件及季节性变化的生物学适应性，有利于种子的生存和繁衍。一般而言，种子萌发的难易和它历代所处的环境条件有密切关系。例如在温暖多湿的热带地区，种子具有较易发芽的特性；而在干湿冷暖交错的地区，种子往往需要通过一定的休眠期；但很多果树、林木、药材和某些农作物种子的休眠期则较长，难于萌发；田间杂草种子休眠期参差不齐，造成根除杂草的困难。因此，研究种子休眠问题，不仅具有理论意义，也有重要的实际意义。

（2）种子休眠的原因。引起种子休眠的原因多种多样，主要有如下几种。

①种胚外包被组织的影响。种胚外包被组织主要指种皮、果皮以及种子、果实外面其他附属物，这些组织往往成为种子萌发的障碍物，使种子在成熟后的一段时间内处于休眠状态。种胚外包被组织的障碍作用可有几种情况：果皮或种皮的不透水性，如豆科、锦葵科、藜科、茄科等多数植物的种子具有坚韧致密、其上附有脂类种皮或果皮，阻碍水分的渗入，这类种子称为硬实种子；有些植物如椴树、苍耳等的种子，种皮虽能吸水，但透气不良，不能满足种子萌发对氧的要求，而种子内部呼吸所产生的二氧化碳又无法排出，由于气体交换受阻而抑制了胚的生长；也有的种子如苋菜虽能透水、透气，但由于种皮太坚硬，胚不能突破种皮而难以萌发；又如桃、李、樱桃等果树种子，种皮外部包有木质化坚实的内果皮，对胚的萌发也有机械约束作用。在生产上，常可采用机械破伤、加热或冷热交替处理、高频电

波、红外光或激光照射等方法或用硫酸、过氧化氢、氨水等化学方法处理种子以破坏种皮来消除对萌发的障碍。

②种胚未成熟。有些植物如人参、银杏及欧洲白蜡等种子,在脱离母株时,种子生长未结束或组织分化尚未完成。在贮藏期间的一定条件下即保持湿润和一定温度,幼胚须从胚乳中吸取营养物质,进行充分的生长和分化,直至胚发育完成后才能萌发(见图12-5)。新采收的人参种子,种胚很小,平均长度为0.3~0.4 mm,几乎完全没有分化,肥厚的胚乳充满整个种子,在20℃下3~4个月后,胚生长迅速,平均胚长达3 mm,此时胚发育完善,而胚乳中的营养物质向胚内转运,促使胚的发育。

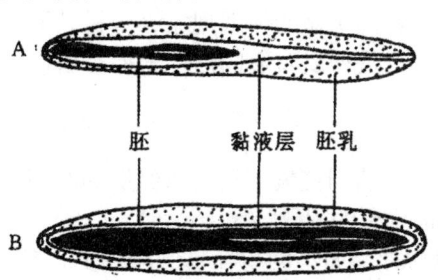

A. 刚收获的种子;B. 在湿土中贮藏6个月的种子
图12-5 欧洲白蜡树的种子

③种子未完成后熟。有些种子胚虽已发育完全,但在适宜的条件下仍不能萌发,必须经过休眠,在胚内部发生某些生理生化变化才能萌发。种子成熟后在休眠期内发生的生理生化过程称为后熟,一些蔷薇科植物(如苹果、桃、梨等)和很多林木种子的休眠就属于这类情况,这类种子都需要在低温潮湿条件下完成其后熟过程方能萌发。生产上可采用层积处理使之完成后熟。如苹果种子在3~4℃下湿沙分层堆积2~3个月,即可通过休眠。在层积过程中,种子与种皮的化学和物理学特性可能发生变化,包括种皮透性的变化,贮藏物成分的改变以及发芽促进物的出现和发芽抑制物的消失等。

有些植物种子在干燥条件下可以缩短其休眠期。禾谷类如小麦、水稻及棉花种子,可以通过晒种或适应高温处理,加快其后熟过程。

④抑制萌发物质的存在。有些植物的果实、种子中有抑制萌发的物质,如氨、氰氢酸、芳香油类、植物碱和有机酸类等。有些氨基酸如色氨酸、丙氨酸、甘氨酸等累积到一定浓度时也能抑制种子萌发。还有些种子的休眠是由于脱落酸存在而引起的。

抑制萌发物质存在的部位因植物而不同,向日葵的抑制萌发物质存在于花盘、果皮和种子的胚乳中;梨、苹果、番茄、黄瓜、西瓜的抑制萌发物质存在于果肉果汁中;水稻、荞麦的存在于种皮中;鸢尾存在于胚乳中;菜豆存在于子叶中等。当种胚与抑制物质所在部分分离时,或在贮藏过程中,经过后熟过程中生理生化变化,其抑制物的浓度下降后,即不再抑制种子的萌发。

抑制物对种子萌发的抑制作用并没有专一性,如蔷薇科植物的种子含扁桃甙,在降解时释放氰氢酸,可抑制番茄种子萌发。许多林木种子含有抑制物质,若以其水浸出液处理小麦、油菜种子,能明显地抑制它们的萌发。有些种子含挥发性抑制物质,在干燥或贮藏过程中可逐步挥发,当此类种子和其他种子共同贮藏时,便因抑制物质的存在而抑制其他种子的萌发,如小麦和堇菜籽或马铃薯和苹果一起贮藏时,能使小麦或马铃薯的萌发受到抑制。

抑制物质对萌发的抑制作用并不是绝对的,在一定条件下,可以转化为促进作用。如乙烯在高浓度时对种子萌发起抑制作用,低浓度时却起促进作用;又如色氨酸在种子萌发时可以转化为吲哚乙酸,从而对萌发起促进作用。有些种子中同时存在内源的发芽抑制物质(如脱落酸等)和促进物质(如赤霉素、细胞分裂素等),这些物质在种子内部相对含量的变化,常常左右着种子的休眠和萌发。如落叶松种子经过层积处理后,抑制物如脱落酸含量下降而促进物质如赤霉素含量增加,可见在这类种子中抑制物质与促进物质的消长变化,调节着种子的休眠和萌发。

必须指出,各种植物种子的休眠,可能是一种原因所致,也可能是由多种原因造成的,情况错综复杂。例如苹果种子表现明显的休眠现象,分析其原因,至少包括两个方面:一是种子本身尚未达到生理成熟;二是种皮对氧的透性太差,所以必须通过一个后熟阶段才能正常萌发。

2. 种子的寿命

种子寿命是指种子从完全成熟到丧失生活力所经历的时间,即种子的生存期限。在农林业生产中,种子寿命是一个很重要的问题。

种子寿命的长短,因植物种类而不同。在自然条件下,杨、柳和榆等种子的寿命很短,通常只有几天至几周。如柳树种子暴露在空气中,仅一周之内便完全丧失发芽力;杨树、甘蔗种子一般只有一周到几周的寿命,这类种子称为短命种子。有些植物种子的寿命可达百年以上,称为长命种子。在我国东北地区的泥炭土地层中挖出的古莲子,经考证有1000~2000年的历史,经播种后,有的种子能发芽并长出绿叶,这类种子具有不透性的种皮并与深埋于地层有关。大多数农作物种子的寿命,在一般的贮藏条件下是比较短的,为1~3年。例如花生种子寿命仅1年;稻、麦、玉米、大豆等2年;黄瓜、南瓜等瓜类种子寿命较长,为3~4年;而蚕豆、绿豆的寿命可以长达6~11年。

种子的寿命与遗传特性有关,也与贮藏条件有关。一般来说,种皮或果皮坚硬、透性差的种子如牵牛花、瓜类和豆类植物,或具有生理休眠的种子如山楂,寿命都比较长,而种皮脆薄、透性良好或富含脂肪的油料种子如花生,则往往寿命较短。

种子寿命的长短,与外界环境中的水分、温度和氧气等条件亦有密切关系。一般来说,干燥、低温和缺氧条件能延长种子寿命,而在高温、多湿和氧气充足条件下,种子呼吸强烈,消耗贮藏养分;呼吸放出较多的热量产生高温,加速胚细胞原生质变性过程而使生活力很快丧失。因此,种子贮藏时,需要合理调节和控制各种影响种子寿命的因素,创造理想的贮藏条件,以达到延长种子寿命的目的。

12.3.3 种子萌发的生理生化变化

1. 种子的吸水变化

种子萌发是从吸水开始的,整个过程可分为三个阶段,即急剧的吸水阶段、吸水的停止阶段和胚根长出后的重新迅速吸水阶段(见图12-6)。第一阶段是吸胀作用(物理过程),此阶段的吸水与种子代谢无关。无论种子是否通过休眠,是否有生活力,同样都能吸水。通过吸胀吸水,活种子中的原生质胶体由凝胶状态转变为溶胶状态,使那些原在干种子中结构被破坏的细胞器和不活化的高分子得到伸展与修复,表现出原有的结构和功能。第二阶段,细胞利用已吸收的水分进行代谢。酶促反应与呼吸作用增强,子叶或胚乳中的贮藏物质开始分解，转变成简单的可溶性化合物，为胚的生长提供养分。

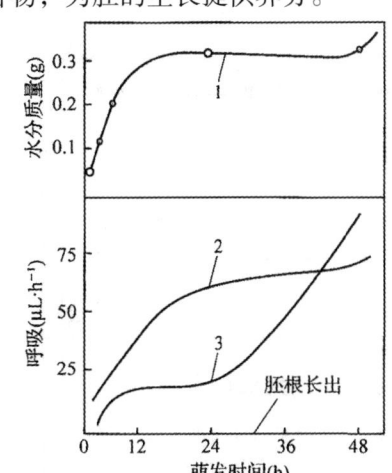

1.种子吸水过程的变化；2. CO_2 释放的变化；3. O_2 吸收的变化

图12-6　豌豆种子萌发时吸水和呼吸的变化

第三阶段，由于胚的迅速生长及细胞体积增大，重新大量吸水，这时的吸水是与代谢活动密切相关的渗透性吸水。因此，只有具萌发力的种子才进入第三阶段，死种子和休眠种子只有吸水的第一、第二阶段。

2. 呼吸作用的变化

种子萌发过程中呼吸作用和吸水过程相似，也分为3个阶段（见图12-6）。种子吸水的第一阶段，呼吸作用也迅速增加，这主要是由已经存在于干种子中并在吸水后活化的呼吸酶及线粒体系统完成的，可能与三羧酸循环及电子传递有关的线粒体酶的活化有关。在吸水的迟滞期，呼吸作用也停滞在一定水平，这一方面是因为干种子中已有呼吸酶、线粒体系统已经活化，而新的呼吸酶和线粒体还没有大量形成；另一方面，此时胚根还没有突破种皮，O_2 的供应也受到一定限制。吸水的第三阶段，呼吸作用又迅速增加，因为胚根突破种皮后，氧气供应得到改善，而且此时新的呼吸酶和线粒体系统已经大量形成。在吸水的第一阶段和第二阶段，CO_2 的产生大大超过 O_2 的消耗，呼吸熵RQ>1，而第三阶段，O_2 的消耗则大大增加。这说明种子萌发初期的呼吸作用主要是无氧呼吸，而随后进行的是有氧呼吸。

3. 酶系统的活化与形成

种子萌发时酶的形成有两个来源：一是由已经存在于干燥种子中的酶活化而来，二是种子吸水后重新合成。干燥种子中已经存在许多酶原（包括呼吸系统的酶、蛋白质合成系统中的酶以及一些水解酶等），它们一经水合后，活性可立即得到恢复，如 β-淀粉酶。种子萌发所需的大多数酶需要在吸水后重新合成，如 α 淀粉酶。

酶重新合成所需的mRNA或是由DNA转录而来，或已经存在于干燥种子中。那些在种子发育期间已经形成，负责编码种子萌发初期所需蛋白质合成的mRNA，称为长命mRNA或贮存mRNA。长命mRNA可与细胞质中的蛋白质合成信息体，保持在干燥种子中，早期几种水解酶的合成对种子萌发以及胚根的发端可能起着重要作用。

4. 有机物的转化

种子中贮藏有大量的大分子有机物，如淀粉、脂肪、蛋白质等，这些大分子有机物在酶的作用下分解为简单的、便于转运的小分子化合物，供给正在生长的幼胚。一方面作为呼吸底物进一步分解，释放能量，供生命活动需要；另一方面作为新建器官的各种原料（见图12-7）。

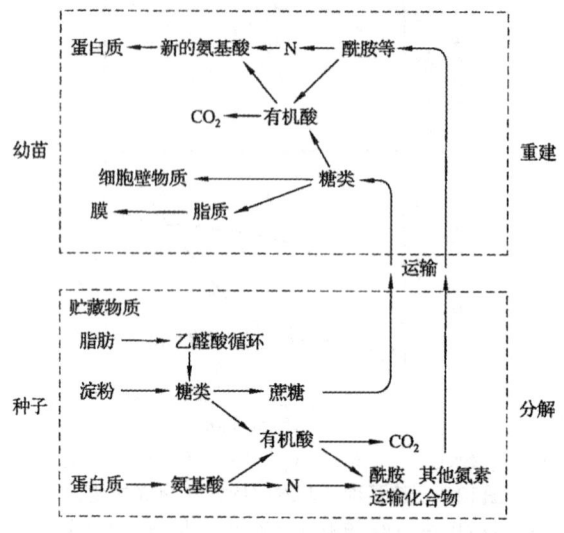

图12-7　萌发种子中贮藏物质的降解转化

①碳水化合物的转化。禾谷类种子的胚乳内贮藏有大量的淀粉。种子萌发后，在淀粉酶作用下淀粉被水解为可溶性糖。萌发初期主要靠β-淀粉酶，随着种子的萌发又逐渐形成α-淀粉酶，将淀粉水解为糊精和麦芽糖，麦芽糖在麦芽糖酶作用下再进一步水解为葡萄糖。此外，淀粉还可以通过磷酸化酶的作用水解。淀粉降解的产物以蔗糖的形式从胚乳或子叶运输到生长中的胚根和胚芽中。

②脂肪的转化。油料作物的种子萌发时，在脂肪酶的作用下，将脂肪水解为甘油和脂肪酸。脂肪酶在酸性条件下水解作用较强，因而脂肪酶的作用具有自动催化的性质，所以油料种子贮藏时间过长或在高温、高湿条件下，常易发生酸败。

脂肪酸经β-氧化途径分解为乙酰-CoA，再经乙醛酸循环转变为蔗糖。甘油则在酶的催化下变成磷酸甘油，再转变成磷酸二羟丙酮参加糖酵解反应，或进一步经糖异生途径转变为葡萄糖、蔗糖，转运至胚轴供生长用。

③蛋白质的转化。萌发的种子靠种子中贮藏的蛋白质来满足氮素的需要。水解蛋白质的酶有两大类：蛋白酶和肽酶。蛋白质在蛋白酶的作用下分解为许多小肽，而后在肽酶作用下完全水解为氨基酸。种子萌发时，贮藏蛋白质在蛋白酶和肽酶的作用下，分解为游离氨基酸，并主要以酰胺（谷氨酰胺和天冬酰胺）的形式运输到胚轴供生长用。最近发现，在豌豆种子萌发过程中，高丝氨酸可能担负着氨基的运输作用。蛋白质水解产生的氨基酸，除了可作为再合成蛋白质的原料，也可以通过脱氨基作用转变为有机酸或游离的氨（NH_3）。有机酸可以进入呼吸代谢途径彻底氧化分解或转化为糖，也可作为形成氨基酸的碳架。氨以酰胺的形式贮存起来，即可消除氨态氮大量积累而造成的毒害作用，又可供新的氨基酸合成之用。

5. 植物激素的变化

种子萌发过程中有许多激素的参与。未萌发的种子通常不含自由态的生长素，萌发初期种子内束缚态的生长素转为自由态（见图12-8），并且合成新的生长素。落叶松种子经层积处理后，种子吸水萌发时，生长抑制剂含量逐渐下降，而赤霉素含量逐渐升高。大麦种子萌发时胚细胞的赤霉素浓度增加，赤霉素从胚细胞分泌到糊粉层细胞诱导α-淀粉酶和其他酶的形成。此外，在种子萌发早期，细胞分裂素和乙烯都有所增加，而ABA和其他抑制剂则明显下降。

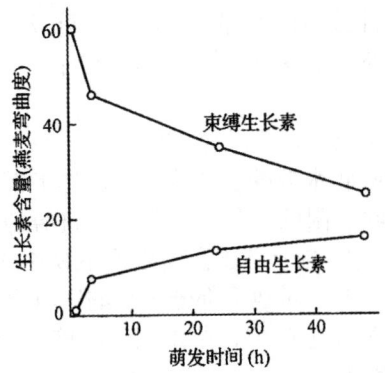

图12-8　玉米种子萌发时，自由生长素增多而束缚生长素减少

12.4　植物生长的相关性

12.4.1　地上部和地下部的相关性

1. 地上部分与地下部分的关系

植物的地上部分和地下部分功能及所处的环境不同，在营养物质与信息物质的交流和供求关系上就存在着相互依赖和相互制约的关系。根部的活动和生长有赖于地上部分所提供的光合产物、生长素、维生素等，其中叶片合成的化学信号以及细胞膨压等水分状况信号传送至根系，调节地下部分的生长和生理活动；同时，地上部分的生长和活动则需要根系提供水分、矿质、氮素以及根中合成的植物激素（CTK、GA与ABA）、氨基酸等，其中ABA被认为是一种逆境信号，在水分亏缺时，根系快速合成并通过木质部蒸腾流将ABA运输到地上部分，调节地上部分的生理活动。图12-9概括了土壤干旱时根冠间的物质与信息交流情况。一般来说，根系生长良好，其地上部分的枝叶也较茂盛；同样，地上部分生长良好，也会促进根系的生长。所谓"根深叶茂""本固枝荣"就是这个道理。

然而，当环境条件不利时（主要表现在对水分、营养的争夺上），则地下部分和地上

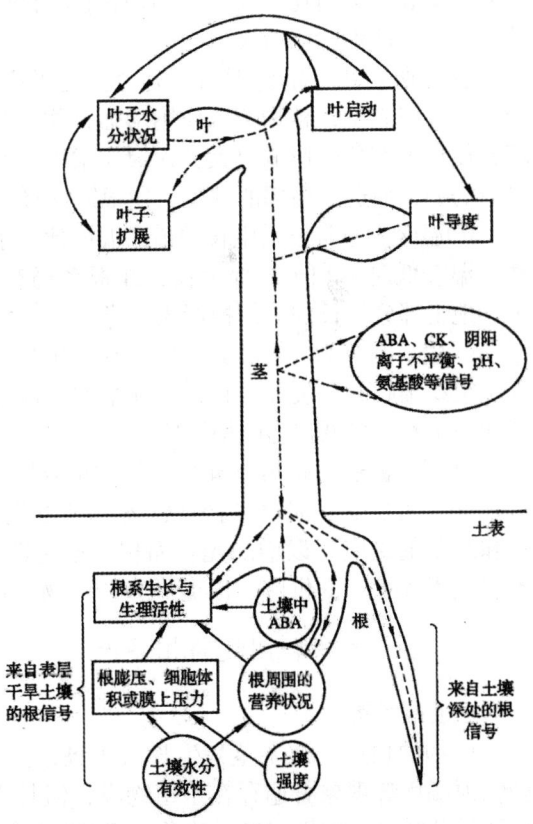

虚线箭头表示化学信号传递；圆圈表示土壤作用；矩形表示植物生理过程

图12-9　土壤干旱时根中化学信号的产生以及根冠间的相关性

部分的生长就会表现出相互制约的一面，并可从根冠比（R／T）的变化上反映出来。

2. 根冠比及影响因素

（1）根冠比的概念

所谓根冠比是指植物地下部分与地上部分重量（干重或鲜重）的比值，可以反映地下部分与地上部分相对生长情况及环境条件对它们生长的影响。

（2）影响根冠比的因素

影响根冠比的因素很多，主要有以下几个方面。

①土壤水分。根系是植物吸收水分的主要器官，而地上部分是消耗水分的主要部位，当土壤水分供应不足时，根系吸收有限的水分，首先满足自身的需要，因此对地上部位生长的影响比地下部分更大，另外，适度的干旱还会刺激根系纵深的生长，使根冠比增大。反之，若土壤水分过多，土壤通气条件差，对地下部分生长的影响更大，根冠比降低。所谓"旱长根、水长苗"就是这个道理。林业生产中，苗木在越冬前，通过控制水分，促进根系生长，提高根冠比，有利于提高抗寒能力。

②矿质营养。矿质元素中，以氮素对根冠比的影响最大。氮素充足，蛋白质合成旺盛，有利于枝叶生长，减少光合产物向根系的运输，使根冠比减小；反之，氮素充足，有利于地上部分生长，根冠比增大。磷和钾在糖类的转化和运输中起重要作用，可促进光合产物向根部的运输，使根冠比增大。

③光照。在一定范围内，光照强度提高使光合产物增多，对地上和地下部分生长都有利，但在强光下，植物蒸腾作用增强，往往产生水分亏缺和光抑制，加之强光对生长素的破坏，使地上部分受影响更大，根冠比增大。光照不足时，地上部分合成的光合产物首先满足自身需要，输送至根部的减少，使根冠比降低。

④温度。通常根系生长的最适温度比地上部分低，所以低温有利于根冠比增大。秋末早春气温较低时不利于冠部生长，而根系仍有不同程度的生长，使根冠比增大。当气温升高时，地上部分生长加快，根冠比下降。

⑤生长调节剂。矮壮素、多效唑等生长延缓剂和生长抑制剂均能抑制植物顶端或亚顶端分生组织细胞的分裂和生长，增加植物的根冠比，而赤霉素、油菜素内酯等生长促进剂促进茎叶的生长，降低植物的根冠比。

合理的根冠比是植物健壮生长的重要因素。在农业生产上，常通过肥水来调控根冠比，对甘薯、胡萝卜、甜菜（含马铃薯）等以收获地下部分为主的作物，在生长前期应注意氮肥和水分的供应，以增加光合面积，多制造光合产物，中后期则要施用磷、钾肥，并适当控制氮素和水分的供应，以促进光合产物向地下部分的运输和积累，从而提高作物产量。

12.4.2 主茎和侧枝的相关性

1. 顶端优势

植物的顶芽（或主茎）生长占优势，并抑制侧芽（或侧枝）生长的现象，称作顶端优势。顶端优势现象普遍存在于植物界，但是不同植物顶端优势的强弱有所不同。在树木中，特别是针叶树，如松、杉、柏类，顶芽生长很快，分枝生长受顶端优势的抑制，使侧枝从上到下的生长速度不同，距茎尖越近，被抑制越强，整个树形呈宝塔形。草本植物中如向日葵、麻类，以及禾谷类作物玉米、高粱等的顶端优势也明显。而灌木以及草本植物如水稻、小麦等的顶端优势则较弱。顶端优势现象也在根中存在，主根生长旺盛，侧根生长受抑，通常双子叶植物的直根系具有明显的顶端优势。

2. 顶端优势产生的原因

对顶端优势产生的原因有多种解释，一般认为与营养物质的供应和内源激素的调控有关。

戈贝尔（1900）提出了营养假说。该假说认为顶芽构成了"营养库"，垄断了大部分营养物质。顶端分生组织先于侧芽分生组织形成，具有竞争优势，优先利用营养物质，造成侧芽营养的缺乏。从解剖结构来看，侧芽与主茎之间无维管束连接，不易得到充足的营养供应，而顶芽是生长中心，且输导组织发达，因而竞争营养的能力强。这种情况在营养缺乏时表现得更为明显。如亚麻植株在缺乏营养时，侧芽生长完全被抑制，而在营养充足时侧芽可以伸长。但该假说未涉及激素对芽生长的调节作用。

蒂曼和斯科格（1934）提出了激素抑制假说。该假说认为顶端优势是由于生长素对侧芽的抑制作用而产生的。植物顶芽产生的生长素向下极性运输到侧芽，而侧芽对生长素的敏感性强于顶芽，从而使侧芽生长受到抑制。距顶芽越近的侧芽，生长素浓度越高，其受到的抑制作用也就越强。除去顶芽可使侧芽从顶端优势中解放出来；但如果在去除顶芽的切口处涂上含有生长素的羊毛脂，则侧芽的生长又会被抑制，与顶芽存在时的情况相同（见图12-10）。

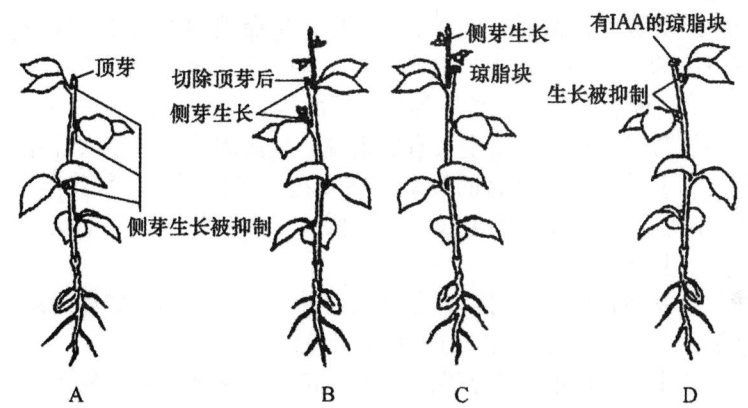

A. 具有顶芽的植株，侧芽生长被抑制；B. 去掉顶芽后侧芽开始生长；C. 在茎尖切口处涂以不含IAA的羊毛脂，侧芽能生长；D. 在茎尖切口处涂以含IAA的羊毛脂，侧芽仍不能生长

图 12-10 顶端优势

温特（1936）将营养假说和激素假说相结合，提出营养转移假说。该假说认为生长素既能调节生长，又能控制代谢物的定向运转，植物顶端是生长素的合成部位，高浓度的IAA使其保持为生长活动中心和物质交换中心，将营养物质调运至茎端，因而不利于侧芽的生长。例如，植物顶端产生的生长素可以决定矿质元素和同化物在植物体内的运输方向及其分布，生长素通过影响同化物在韧皮部的运输来控制植物茎中的营养梯度。

对顶端优势产生的原因虽然提出了多种假说，但有一点是共同的，即都认为顶端是信号源。顶端产生的生长素极性向下运输，直接或间接地调节其他激素、营养物质的合成、运输与分配，从而调节植物的顶端优势。其他植物激素也与顶端优势有关。细胞分裂素可促进侧芽的生长，抑制或解除顶端优势；生长素与细胞分裂素浓度的比值往往决定了顶端优势的强弱；赤霉素有增强植物顶端优势的作用，但在顶芽被去除的情况下，赤霉素不能代替生长素来抑制侧芽的生长，相反会引起侧芽的强烈生长。此外，营养物质以及Ca^{2+}浓度等也影响着顶端优势，因此顶端优势可能是多种因子综合影响的结果。

3. 顶端优势的应用

生产上可以根据不同的需要，利用顶端优势控制植物的生长，以达到增产目的。例如，麻类、向日葵、烟草、玉米、高粱等作物以及用材树种木松、杉等需要控制其侧枝生长，而使主茎强壮、挺直，因而要保持顶端优势。有时需要打破顶端优势，促进侧芽生长，如棉花打顶和整枝、瓜类摘蔓等可调节营养生长，合理分配养分。对一些经济林树种，如茶树、桑树、香椿等需要抑制顶端优势，以便得到较多的枝叶而增加产量；果树及园林植物栽培中进行去顶、修剪整形，抑制顶端优势，促进侧枝生长，形成合理的冠形结构，调节生长和开花结果；苗木培育时，常采取断根移栽的方法，切断主根，促进侧根及根蘖苗的萌发生长。采用抗生长素类生长抑制剂如三碘苯甲酸处理，可消除顶端优势，促进侧枝生长，提高分枝数。

12.4.3 营养器官与生殖器官的相关性

营养生长和生殖生长是植物生长周期中的两个阶段，以花芽分化作为生殖生长开始的标志。根据开花结实次数的不同，可以把种子植物分为两大类：单次开花植物和多次开花植物。

单次开花植物的营养生长在前，生殖生长在后，生命周期中只开一次花。这些植物开花后，营养器官所合成的有机物，向生殖器官转移，随后营养器官逐渐停止生长和衰老死亡。水稻、小麦、玉米、高粱、向日葵、竹子等植物属此类。

多次开花植物的营养生长与生殖生长有所重叠，生命周期中能多次开花。这些植物生殖器官的出现并不会马上引起营养器官的衰竭，在开花结实的同时，营养器官还可继续生长。不过通常在盛花期以后，营养器官的生长速率降低。多次开花植物如棉花、番茄、大豆、四季豆、瓜类以及多年生果树等。

有些单次开花植物在条件适宜时，开花结实后并不引起全部营养体的死亡。如南方的再生稻，在早稻收割后，稻茬上再生出的分蘖仍能开花结实。

营养生长与生殖生长之间的关系表现为既相互依赖，又相互对立的关系。良好的营养生长是植物生殖生长的基础，生殖生长所需要的养分，大部分由营养器官所提供。没有健壮的营养器官，生殖器官就不可能获得足够的养分。同样，生殖器官的存在，成为生命活动旺盛的代谢库，对营养器官和代谢有促进作用，有利于光合产物输出，缓解光合产物积累对光合作用的反馈抑制。此外，生殖器官产生的赤霉素等激素对营养器官有促进和调节作用。

营养器官的生长过于旺盛，消耗营养物质过多，会抑制生殖器官的生长。在自然界，常常可以看到许多枝叶长得极其茂盛的果树，往往不能正常开花结实，即使开花结实也会因营养的不足而出现落花落果现象。

生殖器官生长对营养器官生长的影响也十分明显，通常从花芽分化开始，生殖器官就消耗营养器官的营养物质。生殖生长时，根部及枝叶得到的糖分减少，如生殖器官过于旺盛，会制约营养器官的生长。植株大量开花结果，很多的养分为花、果消耗，枝、叶等营养器官的生长会趋于停滞、衰退，甚至死亡。如黄桦树和白桦树在大量形成种子的年份，其叶子细小或易脱落，枝条生长下降。如果摘去正在发育中的果实，则枝叶等营养器官就能继续健壮生长。一年生、二年生作物及多年生一次结实的植物（如竹子），进入生殖生长便意味着植株即将死亡。多年生多次结实植物，开花虽不能引起植物体衰老死亡，但如果一年结果过多，将会消耗大量的营养储备，造成植株体内养分积累不足，不但影响当年生长，还会影响第二年花芽的分化，使花果减少；反之，结果情况正好相反，即形成所谓"大小年"现象。

在协调营养生长和生殖生长的关系方面，生产上积累了很多经验。例如，合理的肥水管理，既可防止营养器官的早衰，又不至于使营养器官生长过旺。在果树生产中，适当疏花、疏果以使营养收支平衡，并有积余，以便年年丰产，消除"大小年"现象；对于以营养器官为收获物的植物，如茶树、桑树、麻类及叶菜类，则可通过供应充足的水分，增施氮肥，摘除花芽等措施来促进营养器官的生长，而抑制生殖器官的生长；如果以收获生殖器官为主，则在生育前期应促进营养器官的生长，为生殖器官的生长打下良好的基础，后期则应注意增施磷、钾肥，以促进生殖器官生长。

思考题

1. 试述生长、分化和发育之间的区别与联系。
2. 植物生长和分化的类型有哪些？
3. 简述种子萌发过程中的生理生化变化。
4. 简述植物向光性的生物学意义。
5. 分析植物顶端优势产生的原因，如何利用顶端优势指导生产实践？

第13章　植物的生殖生理

13.1　从营养生长到生殖生长的转变

高等植物的生殖生长从花芽分化开始。高等植物的胚胎没有花芽，花芽是由营养体进行营养生长的芽分化而来的。在高等植物的生命周期中，最明显的变化是营养生长到生殖生长的转变，其转折点就是花芽分化，即指成花诱导之后，植物茎尖的分生组织不再产生叶原基和腋芽原基，而分化形成花或花序的过程。营养生长到生殖生长的转变过程称为成花过程，此过程不仅仅是形态上的变化，在花芽分化之前，植物体内就发生了一系列复杂的生理变化。成花过程可分为三个阶段：首先是感受阶段，这一阶段需经成花诱导或称作成花转变，即适宜的环境刺激诱导植物从营养生长向生殖生长转变；然后是成花决定阶段，即成花启动，完成了成花诱导后，处于成花决定态的分生组织，经过一系列内部变化分化成形态上可辨认的花原基；最后是花的表达阶段，即花的发育或称作花器官的形成。

上述的花形态建成反应是由成花基因控制的，但成花基因的表达可受环境信号的诱导。花芽的形成既决定于植物的内部因素，又受控于植物的外部条件。首先，花芽原基形成花芽的分化决定于植物的内部因素。植物开花之前必须达到的生理状态，称为花熟状态。植物在花熟状态之前的生长阶段称为幼年期。处于幼年期的植株，即使满足其成花所需的外界条件也不能成花。其次，已经完成幼年期生长的植株，往往要在适宜的外界条件下才能开花。植物开花与温度和光照时间密切相关，许多植物总是在特定的季节开花，这与它们在进化过程中长期适应外界环境的周期性变化有关。

当然，也有些植物的开花不受环境条件影响而只受内部发育因子控制，充分营养生长后也会开花，这种开花过程称为自主调节途径。

高等植物幼年期的长短因植物种类不同而有很大差异。草本植物的幼年期一般较短，为几天或几周；果树为3~15年；而有些木本植物的幼年期可长达几十年；也有些植物根本没有幼年期，在种子形成过程中已经具备花原基。植物完成幼年期的营养生长阶段，进入花熟状态以后，其茎尖分生组织就具有感受适宜环境刺激的能力而被诱导成花，花芽分化就是植物由营养生长转入生殖生长的标志。

13.2　春化作用

13.2.1　春化作用的条件

低温是进行春化作用的主要条件。低温处理持续的时间和有效温度范围，随植物种类甚至品种而不同。对大多数植物来说，通常以1~7 ℃为最有效的温度范围，但某些谷类作物在0 ℃以下至-6 ℃也有春化效果。产自温带地区的植物，如油橄榄，其最适春化温度是10~13 ℃。一般认为低温下限以植物组织不结冰为度，上限则为9~17 ℃。低温处理的持续时间，一般需要1～3个月，但也有短到2周至几天的。低温对需春化的植物的开花有促进效果。

在春化过程完结之前，如将春化植物放在25～40 ℃高温下，则低温的效果减弱甚至消失，此现象称去春化作用或春化解除作用。春化效应消失的程度与高温处理的天数成正相关，与低温处理的天数呈反相关。去春化植物返回低温下，又可重新进行春化，而且低温效应是可以累加的。当春化过程完成后，春化效应则是稳定的，在高温下不能引起春化解除。解除了春化再恢复春化的现象称再春化现象。

春化作用除了需要一定天数的低温条件外，还需要有足够的水分、氧气和作为呼吸底物的糖类。尤其是春化过程的前期，缺乏氧气和呼吸底物，对正常开花的不利影响甚大。

13.2.2　春化作用的时期和感受部位

春化作用一般在营养体生长时期进行，冬小麦、冬黑麦等除了营养体生长时期外，还可以在种子吸胀萌动时期进行。据报道，冬小麦还可在受精后5 d的幼胚中进行。但胡萝卜、甘蓝、芹菜和甜菜等只有在幼苗长到一定大小时，才能进行春化，例如，甘蓝茎超过0.6 cm、叶宽5 cm的幼苗才能进行春化。感受春化作用的部位是茎生长锥。实验证明，若将芹菜或甜菜种植在温室中较高的温度下，由于得不到所需要的低温，最终不能开花结实。如果将通以冷却流水的橡皮管缠绕在茎的顶端，使茎尖端经受低温而植株的其他部分仍在高温下，这样的植株在长日条件下即能开花结实，相反，假如把芹菜整株置于低温下，而茎生长锥部分受到高温处理，即使随后在长日条件下，植株仍不能开花。用甜菜进行实验也获得了同样的结果。

另外，还发现缎花的叶柄在适当的低温处理后可再生花茎。但如在低温处理后立即切去叶柄基部0.5 cm，则不能形成花茎。这表明叶柄感受低温的部位是有丝分裂活跃的再生茎部位。一般认为，春化过程只发生在分生组织或即将进行分裂的细胞内。

13.2.3　春化作用在农业生产上的应用

1. 春化处理

农业生产上人为给予低温处理萌动种子，使之完成春化作用的措施称为春化处理，如前所述的闷罐法正是我国农民的实践经验。在育种工作中利用春化处理，一年可培育3～4代冬性作物，加速育种过程。有时，为了避开"倒春寒"的影响，春小麦可以先经春化处理，适当晚播，一方面防止寒害，同时也可使其提早成熟，有利于生产。所以可用春化处理来调整播种期。

2. 调种引种

不同地区的气温条件不同，我国北方纬度高，南方纬度低，在引种时必须了解该品种对低温的要求。例如，北方作物品种引到南方，由于当地不能满足它对低温的要求，使植物不能开花，只有营养生长不可结实，以至造成损失。

3. 控制花期

在园艺生产上可利用解除春化效应控制某些作物开花。例如洋葱在第一年所形成的幼嫩鳞茎，在冬季或冷藏中就可以通过春化而开花，从而影响次年形成大鳞茎。在生产中，常常在春季给予高温处理以解除其春化，可防止它在生长期抽薹开花，从而可以增产。在花卉栽培上，若用低温处理，可使秋播的一、二年生草木花卉改为春播，使在当年开花。例如，用0~5 ℃低温处理石竹即可诱导春化，促进花芽分化。

13.3 光周期现象

13.3.1 光周期现象的发生

人们早就注意到许多植物的开花具有明显的季节性，同一植物品种在同一地区种植时，尽管在不同时间播种，但开花期都差不多；同一品种在不同纬度地区种植时，开花期表现出规律的变化。即使是需春化的植物在完成低温诱导后，也是在适宜的季节才进行花芽分化和开花。季节的特征明显表现为温度的高低、日照的长短等，其中，日长的变化是季节变化最可靠的信号，北半球，纬度越高，夏季日照越长，冬季度日照越短。

在一天24 h的循环中，白天和黑夜总是随着季节不同而发生有规律的交替变化。一天之中白天和黑夜的相对长度称作光周期。植物对白天和黑夜相对长度的反应，称作光周期现象。

法国Tournois（1912）发现蛇麻草和大麻的开花受到日照长度的控制。美国Garner和Allard（1920）观察到烟草的一个变种在华盛顿地区夏季生长时，株高达3~5 m时仍不开花，但在冬季转入温室栽培后，其株高不足1 m就可开花。他们试验了温度、光质、营养等各种条件，发现日照长度是影响烟草开花的关键因素。在夏季用黑布遮盖，人为缩短日照长度，烟草就能开花；冬季在温室内用人工光照延长日照长度，则烟草保持营养状态而不开花。由此得出结论，短日照是这种烟草开花的关键条件。后来的大量试验也证明，植物的开花与昼夜的相对长度即光周期有关，许多植物必须经过一定时间的适宜光周期后才能开花，否则就一直处于营养生长状态。光周期的发现，使人们认识到光不但为植物光合作用提供能量，而且还作为环境信号调节着植物的发育过程，尤其是对成花反应的诱导。

13.3.2 植物对光周期反应的类型

人们通过用人工延长或缩短光照的方法，广泛地探测了各种植物开花对日照长度的反应，发现植物开花对日照长度的反应主要有以下3种类型：短日植物、长日植物和日中性植物（见图13-1）。

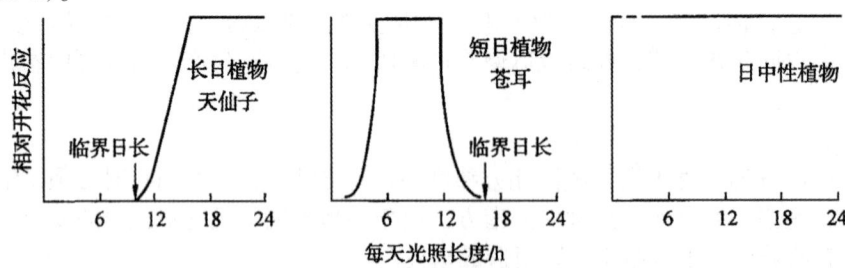

图13-1 光周期反应的3种类型

（1）长日植物（LDP）

长日植物指在24 h昼夜周期中，日照长度长于一定时数才能成花的植物。对这些植物延长光照可促进或提早开花，相反，如延长黑暗则推迟开花或不能成花。这类植物有小麦、大麦、黑麦、燕麦、油菜、菠菜、萝卜、白菜、甘蓝、芹菜、甜菜、胡萝卜、金光菊、山茶、杜鹃花、桂花、天仙子、洋葱、莴苣等。如典型的长日植物天仙子必须满足一定天数的 8.5～11.5 h日照才能开花，如果日照长度短于8.5 h就不能开花。

(2) 短日植物（SDP）

短日植物指在24 h昼夜周期中，日照长度短于一定时数才能成花的植物。对这些植物适当延长黑暗或缩短光照可促进或提早开花，相反，如延长日照则推迟开花或不能成花。属于短日植物的有水稻、玉米、大豆、高粱、苍耳、紫苏、大麻、黄麻、草莓、烟草、菊花、秋海棠、蜡梅、甘蔗、日本牵牛等。如菊花须满足少于10 h的日照才能开花。当然，短日植物需要一定的光照时数维持正常生长发育水平，过短的光照条件下也无法完成生长和开花。

(3) 日中性植物（DNP）

这类植物的成花对日照长度不敏感，只要其他条件满足，在任何日照长度条件下都能开花。如月季、黄瓜、茄子、番茄、辣椒、四季豆、君子兰、向日葵、棉花、蒲公英等。

除上述3种典型的光周期反应类型外，还有些植物花诱导和花形成的两个过程很明显地分开，且要求不同的日照长度，这类植物称作双重日长类型。如鸭茅、风铃草、白三叶草等植物，其花诱导需短日照，而花器官形成需长日条件，这类植物称为短长日植物（SLDP）。与之相反，芦荟、大叶落地生根等，其花诱导过程需长日照，但花器官的形成则需短日条件，这类植物称为长短日植物（LSDP）。有的在一定中等长度的日照条件下保持营养生长状态，而在较长和较短的日照下才能开花的植物称为两极光周期植物，如狗尾草等。与两极光周期植物相反，还有一类只能在一定的中等长度的日照条件下才能开花，而在较长和较短的日照下均保持营养生长状态的植物称为中日性植物。如甘蔗某些品种只有在日长11.5～12.5 h的日照下才开花。

13.3.3 临界日长与临界暗期

对光周期敏感的植物开花需要一定临界日长。临界日长是指昼夜周期中诱导短日植物开花能忍受的最长日照或诱导长日植物开花所必需的最短日照。对长日植物来说，日长大于临界日长，即使是24 h日长都能开花；而对短日植物来说，日长必须小于临界日长才能开花，然而日长太短也不能开花，可能是因光照不足，植物几乎成为黄化植物之故。因此可以说，长日植物是指在日照长度长于临界日长才能正常开花的植物，短日植物是指在日照长度短于临界日长才能正常开花的植物。现列举一些短日植物和长日植物的临界日长（见表13-1）。

表13-1 一些植物的临界日长

短日植物	24 h周期中的临界日长/h	长日植物	24 h周期中的临界日长/h
甘蔗	12.5	菠菜	13
菊花	15	大麦	10~14
牵牛	15	小麦	12以上
苍耳	15.5	燕麦	9
晚稻	12	拟南芥	13
一品红	12.5	木槿	12
美洲烟草	14	天仙子	11.5
		甜菜（一年生）	13~14

在自然条件下，昼夜总是在24 h的周期内交替出现的，因此，和临界日长相对应的还有临界暗期。临界暗期是指在昼夜周期中短日植物能够开花的最短暗期长度，或长日植物能够开花的最长暗期长度。植物开花究竟决定于日长还是夜长？有报道认为，以短日植物大豆为实验材料，日长为16 h及4 h，暗期为4~20 h，结果表明，暗期在10 h以下无花芽分化，暗期长于10 h形成花芽，暗期13~14 h花芽最多。又如长日植物天仙子，在12 h日长和12 h暗期环境下不开花，但以6 h日长和6 h暗期处理则开花。由此可见，临界暗期比临界日长对开花更为重要。短日植物实际是长夜植物，长日植物实际是短夜植物。

暗期间断对植物开花有重要影响。Hamner等在苍耳的光、暗期试验中，当给予16 h暗期处理时，发现在暗期中间即使是短至1 min的照光处理（暗期间断），苍耳也会保持营养生长状态，不能完成短日、长夜条件下的开花诱导，而间断白昼则对其开花毫无影响。以其他短日植物为材料，暗期间断同样抑制其花芽分化。Borthwick等以临界日长大于12 h的长日植物大麦为材料，给予12.5 h的暗期处理时，其开花受到明显抑制，暗期间断则显著促进其开花（见图13-2）。暗期间断试验表明，临界暗期对长日植物和短日植物的开花都是十分重要的。

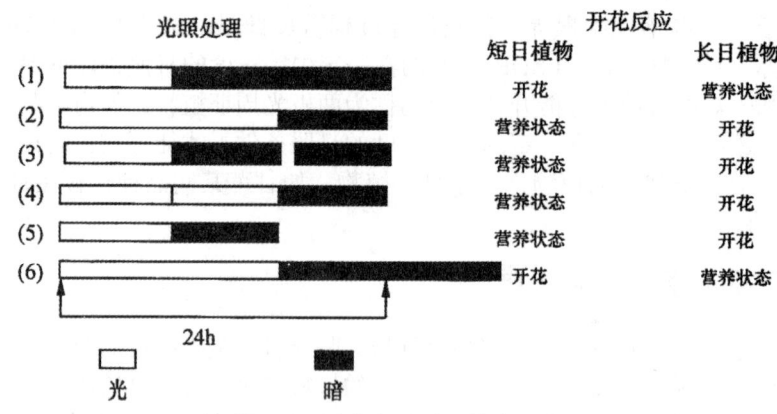

图13-2 暗期长短对开花的影响

以后的许多中断暗期和光期的试验进一步证明了临界暗期的决定作用：如果用短时间的黑暗打断光期，并不影响光周期成花诱导，但如果用闪光处理中断暗期，则使短日植物不能开花，继续营养生长；相反，却诱导了长日植物开花。若在光期中插入一短暂的暗期，对长日植物和短日植物的开花反应都没有什么影响。

归纳起来，在植物的光周期诱导中，暗期的长度是植物成花的决定因素，尤其是短日植物，要求超过一个临界值的连续黑暗。短日植物对暗期中的光非常敏感，中断暗期低强度的短时间的光即有效（日光的$1/10^5$或月光的3~10倍），说明这不同于光合作用的反应，是一种光信号的反应。中断暗期的时间也很重要，一般来说，在暗期的中间给予闪光最有效。所以，有人建议将长日植物改为短夜植物，短日植物改为长夜植物更确切。

13.3.4 光周期现象诱导作用

达到一定生理年龄的植株，只要经过一定时间适宜的光周期处理，以后即使处在不适宜的光周期条件下，仍然可以长期保持刺激的效果而诱导植物开花，这种现象称为光周期诱导。光周期诱导是一种低能量反应，所需的光强较低，为$1~2\ mol\cdot m^{-2}$。

光周期诱导数是指完成开花诱导至少需要的适宜光周期天数。花芽的分化往往出现在光周期诱导之后的若干天。不同植物通过光周期诱导所需的天数也不同：短日植物如苍耳、日本牵牛、水稻等，只需要一个适宜的光周期诱导；大部分短日植物需要 1 d 以上，如大豆（"比洛克西"品种）需 3 d，大麻需 4 d，苎麻需 7 d，菊花、红叶紫苏和高凉菜约需 12 d。长日植物如菠菜、油菜、白芥、毒麦等，也只需 1 个光周期诱导。其他长日植物也在 1 d 以上，如天仙子 2~3 d，甜菜（一年生）为 15~20 d，拟南芥为 4 d，胡萝卜为 15~20 d。

植物通过光周期诱导所需的时间，与植株年龄以及环境条件特别是温度、光强等的变化有关。一般增加光周期诱导的天数，可加速花原基的发育，增加花的数目。

植物在适宜的光周期诱导后，发生开花反应的部位是茎顶端生长点，然而感受光周期的部位却是植物的叶片。若将短日植物菊花全株置于长日照条件下，则不开花而保持营养生长；置于短日照条件下，可开花；叶片处于短日照条件下而茎顶端给予长日照，可开花；叶片处于长日照条件下而茎顶端给予短日照，却不能开花（见图13-3）。这个试验充分说明：植物感受光周期的部位是叶片。对光周期敏感的植物，只有叶片处于适宜的光周期条件下，才能诱导开花，而与顶端的芽所处的光周期条件无关。虽然也有少数植物的其他部位对光周期有一定的敏感性，如组织培养的菊芋根可对光周期起反应，但感受光周期最有效的部位是叶片。叶片对光周期的敏感性与叶片的发育程度有关。幼小的和衰老的叶片敏感性差，叶片长至最大时敏感性最高，这时甚至叶片的很小一部分处在适宜的光周期下就可诱导开花。

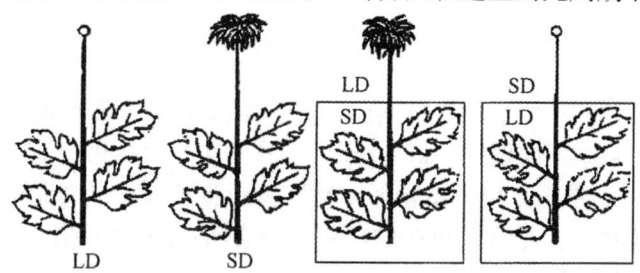

图13-3　菊花叶片和生长点以不同光周期处理的开花诱导效果

Lona（1959）以短日植物紫苏为材料，将离体紫苏叶片经光周期诱导后，嫁接到在长日条件下保持营养生长状态的植株上，结果能使这些植株开花。将5株苍耳嫁接串联在一起，只要其中一株的一片叶接受了适宜的短日光周期诱导，即使其他植株都在长日照条件下，最后所有植株也都能开花。这证明确实有刺激开花的物质通过嫁接在植株间传递并发挥作用（见图13-4）。

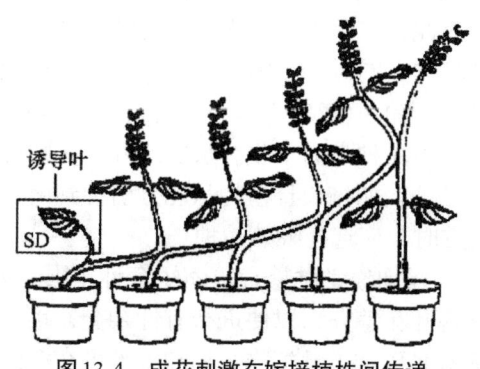

图13-4　成花刺激在嫁接植株间传递

13.3.5 光敏色素及其在开花中的作用

鉴于植物开花光周期现象的普遍存在，植物学家对其本质进行了长期而大量的工作。柴拉轩提出了开花的成花素假说，但后来的研究者一直没有发现成花素。

光敏素虽不是成花素，但影响成花过程。光敏素对成花的作用与Pr和Pfr的可逆转化有关，成花作用不是决定于Pr和Pfr的绝对量，而是受Pfr和Pr比值的影响。Pfr到Pr的暗逆转犹如一个滴漏式计时器，植物以此来感受暗期长度。

短日植物要求低的Pfr/Pr比值。在光期结束时，光敏色素主要呈Pfr型，这时Pfr/Pr的比值高。进入暗期后，Pfr逐渐逆转为Pr，或Pfr因降解而减少，使Pfr/Pr比值逐渐降低，当Pfr/Pr比值随暗期延长而降到一定的阈值水平时，就可促发成花刺激物质形成而促进开花。对于长日植物成花刺激物质的形成，则要求相对高的Pfr/Pr比值，因此长日植物需要短的暗期，甚至在连续光照下也能开花。如果暗期被红光间断，Pfr/Pr比值升高，则抑制短日植物成花，促进长日植物成花。

但近年来的研究表明，植物的成花反应并不完全受暗期结束时Pfr/Pr相对比值所控制。如对许多短日植物来说，在光期结束时立即照射远红光，其开花并未受到促进，反而受到强烈抑制，其临界夜长也只是略微缩短，而不是大大缩短。在短日植物暗诱导的前期（3~6 h内），体内保持较高的Pfr水平，有利于成花，而在暗诱导的后期，较低的Pfr水平促进成花。

因此，短日植物开花所要求的是暗期前期的"高Pfr反应"和后期的"低Pfr反应"；而长日植物开花要求的是暗期前期的"低Pfr反应"和后期的"高Pfr反应"。一般认为，长日植物对Pfr/Pr比值的要求不如短日植物严，足够长的照光时间、比较高的辐照度和远红光光照对于诱导长日植物开花是必不可少的。有试验表明在用适宜的红光和远红光混合照射时，长日植物开花最迅速。

13.3.6 光周期理论在农业生产中的应用

1. 指导引种和育种

生产上常从外地引进优良品种，以获得优质高产。在同纬度地区间引种容易成功；但是在不同纬度地区间引种时，如果没有考虑品种的光周期特性，则可能会因提早或延迟开花而造成减产，甚至颗粒无收。对此，在引种时首先要了解被引品种的光周期特性，是属于长日植物、短日植物还是日中性植物；同时要了解作物原产地与引种地生长季节的日照条件的差异；还要根据被引进作物的经济价值来确定所引品种。在中国将短日植物从北方引种到南方，植物会提前开花，如果所引品种是为了收获果实或种子，则应选择晚熟品种；而从南方引种到北方，则应选择早熟品种。如将长日植物从北方引种到南方，会延迟开花，宜选择早熟品种；而从南方引种到北方时，应选择晚熟品种。

通过人工光周期诱导，可以加速良种繁育、缩短育种年限。如在进行甘薯杂交育种时，可以人为地缩短光照，使甘薯开花整齐，以便进行有性杂交，培育新品种。根据中国气候多样的特点，可进行作物的南繁北育：短日植物水稻和玉米可在海南岛加快繁育种子；长日植物小麦夏季在黑龙江、冬季在云南种植，可以满足作物发育对光照和温度的要求，一年内可繁殖2～3代，加速了育种进程。

具有优良性状的某些作物品种间有时花期不遇，无法进行有性杂交育种。通过人工控制光周期，可使两亲本同时开花，便于进行杂交。如早稻和晚稻杂交育种时，可在晚稻秧苗4～7叶期进行遮光处理，促使其提早开花以便和早稻进行杂交授粉，培育新品种。

2. 控制花期

在花卉栽培中，已经广泛地利用人工控制光周期的办法来提前或推迟花卉植物开花。例如，菊花是短日植物，在自然条件下秋季开花，但若给予缩短光照处理，则可提前至夏季开花；也可通过延长日照时数或用光进行暗期间断，使菊花延迟到元旦或春节期间开花。而对于杜鹃花、茶花等长日的花卉植物，进行人工延长光照处理，则可提早开花。

3. 调节营养生长和生殖生长

对以收获营养体为主的作物，可通过控制光周期来抑制其开花。如短日植物烟草，原产于热带或亚热带，引种至温带时，可提前至春季播种，利用夏季的长日照及高温多雨的气候条件，促进营养生长，提高烟叶产量。对于短日植物麻类，通过延长光照或南种北引可推迟开花，使麻秆生长较长，提高纤维产量和质量，但种子不能及时成熟，可在留种地采用苗期短日处理方法，解决种子问题。此外，利用暗期光间断处理可抑制甘蔗开花，从而提高产量。有些叶菜类的蔬菜，通过增施氮肥、加强田间管理和调节播种期，也可收到增产效果。

13.4 花芽分化与性别分化

13.4.1 花芽分化

1. 生理变化

花芽分化时，生长锥分生组织细胞呼吸水平升高，代谢水平增高，有机物发生快速转化，可溶性糖含量增加，蛋白质、核酸合成速率加快。所有这些均是为花芽分化做物质和能量准备。若用RNA合成抑制剂5-氟尿嘧啶或蛋白质合成抑制剂环己酰亚胺处理植物的芽，均能抑制生长锥分化为花芽。

2. 形态变化

花器官形成的明显标志是茎端分生组织在形态上发生变化，从芽原基（营养生长锥）转变成花原基（生殖生长锥），花器官的分化即从生殖生长锥开始。

苹果、棉花等双子叶植物的花器官分化是从生长锥的伸长开始的，而胡萝卜等的花器分化，生长锥不是伸长而是呈扁平头状。但无论哪种情况，花器开始分化时，生长锥的表面积都变得宽大饱满，然后自基部周围形成若干轮突起并向上部扩展，依次形成花萼、花冠、雄蕊、雌蕊原基（见图13-5）。如果是花序，则由花原基先分化形成若干花蕾原基，再由每个花蕾原基依次形成花芽中的花萼、花冠、雄蕊、雌蕊原基。而雄蕊、雌蕊中精、卵性细胞的形成，多是在植物开花之前不久的一段时间内经减数分裂形成。

植物生理生化

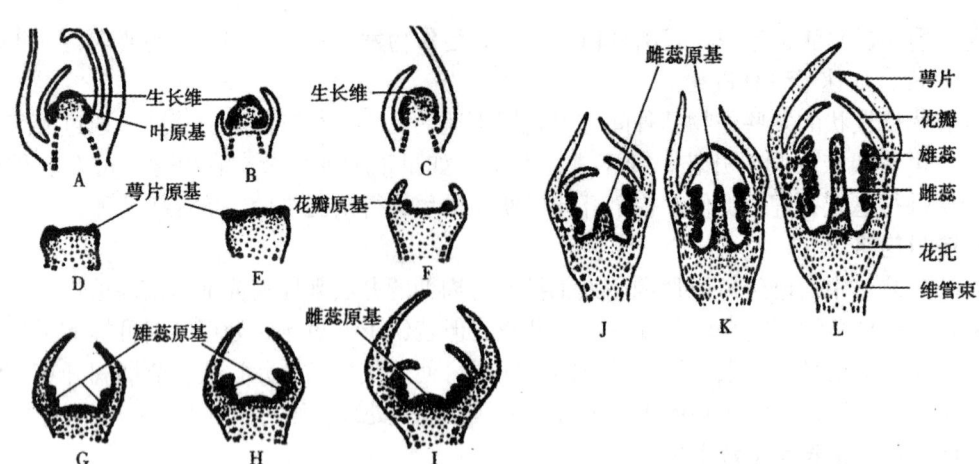

图13-5 植物单花芽形态分化过程

3. 影响花芽分化的条件

(1) 营养状况。从矿质营养的作用看,氮素能与光合产物作用转化为蛋白质,有利于营养生长,故适当控氮可抑制营养生长,促进花芽分化;施用磷、钾肥,能促进糖的合成和运输,有利于花芽分化,生产上要注意N、P、K的合理应用。碳水化合物能促进细胞的发育,从而促进花芽分化。美国的Kraus在20世纪初(1918年)曾提出开花的碳氮比(C/N)理论。他认为当糖类多于含氮化合物时,植株成花;而成相反的比例时不能成花。许多现象验证了碳氮比理论的正确性,如利用环剥、环割、弯枝等措施能使处理部位以上的枝条内充满糖类。C/N比大,促进这些部位花芽分化,提高坐果率;而当过多地施用氮肥时,C/N比减小,枝条会徒长,很难形成花芽。

(2) 内源激素。植物体内GA、IAA含量高,抑制花芽分化;若植物体内GA、IAA含量低,CTK、ABA和乙烯水平较高时,植物营养器官一般处于缓慢的生长状态,有利于花芽分化,如大多数果树花芽分化在新梢缓慢生长期进行。在夏季对植物新梢进行摘心,则GA和IAA减少,CTK含量增加,调节了内源激素之间的比例,促进花芽分化。生产上还可通过外施植物生长延缓剂,如B_9、CCC、TIBA、PP_{333}、乙烯利、多胺等,达到抑制营养生长,促进花芽分化的目的。

(3) 环境条件。影响花芽分化的外界条件主要有光照、温度、水分和矿质营养等。

充足光照对植物花芽分化很重要,因为花芽分化需要充足的光合产物。农业生产中要注意合理密植,使叶片得到充分的光照,果树生产要注意及时进行修剪,使树冠内膛光源充足,不要出现内膛郁闭、行株间交接现象,保障足够的光照面积,获得高产优质。

温度低花芽分化和开花都会受到抑制,低温抑制生殖器官的形成和发育,主要是因为低温影响植物的光合作用,抑制植物体内一系列物质与能量的合成与转化。花芽分化一般随温度升高而加快,如水稻的减数分裂期,如遇17 ℃以下的低温,花粉母细胞发育受影响,不能正常分裂,绒毡层细胞肥大,不能向花粉粒供应充足的养分,形成不育花粉。苹果的花芽分化最适温度为22～30 ℃,若平均气温低于10 ℃,花芽分化则处于停滞状态。

花芽分化期是作物需水临界期,必须满足植物对水分的需求,否则影响生殖器官的形成。稻、麦的孕穗期,在小孢子发育时对缺水最敏感,此时水分不足会影响花粉粒的形成;苹果、梨花芽分化期主要在6—7月份,此时缺水花芽分化率低,严重影响第二年的产量。

但夏季适度干旱可提高果树的C/N比，有利于花芽分化，因此要注意涝时排水。

氮肥有利于营养生长，是生殖生长的基础，但氮肥过多，植物徒长会消耗过多的光合产物而抑制花芽分化；施磷、钾肥，可促进光合产物的转化和运输，促进花芽分化。生产上应注意氮、磷、钾肥及微量元素合理搭配施用，保证花芽分化对矿质营养需求。

此外，大多逆境如旱、涝、病虫害等会削弱营养生长，促进花芽分化，引起植物一年内二次成花现象，对生产极为不利。

13.4.2 花的性别分化

植物在花芽的分化过程中，同时进行着性别分化。性别分化主要是指花芽分化过程中，雌蕊、雄蕊的分化（见表13-2）。随着近代科学的发展，人们对植物性别以及它们之间相互关系的认识不断深入，逐渐掌握了一些性别决定、分化、遗传和调控的机理。

表13-2　高等植物性别表现的主要类型

性别表现	同一植株上可形成的花型	代表植物
雌雄同株同花型	两性花	小麦、番茄、拟南芥
雌雄同株异花型	雄花和雌花	黄瓜、玉米
雌雄异株型	雄花或雌花	菠菜、杨、柳
雌花两性花同株型	雌花和两性花	金盏菊、灰绿藜
雌花两性花异株型	雌花或两性花	小蓟、蓖麻
雄花两性花同株型	雄花和两性花	平基槭、硬毛茄
雄花两性花异株型	雄花或两性花	柿树

植物的性别分化主要由遗传基因决定。性别基因的表达不仅具有多样性特点，还受环境条件的影响，人为对环境条件进行调控，可以达到控制性别的目的。

（1）光周期。光周期对花内雌、雄器官的分化影响较大。一般情况下，短日照促使短日照植物多开雌花，而长日照植物多开雄花；长日照促使长日照植物多开雌花，而使短日照植物多开雄花。如果增加光周期诱导次数，往往使雌雄同株和雌雄异株的雌花数量增加，而在光周期诱导不足时，雄花数量增加。例如长日照植物蓖麻，在花芽形成前10 d，每天光照延长至22 h，可大大增加雌花的数量；长日照植物菠菜，在光周期诱导后给予短日照，在其雌株上也能形成雄花；短日照植物玉米在光周期诱导后继续处于短日照下，可在雄花序上形成果穗。此外，光质对植物性别的分化也有影响，如红光对葫芦科植物雄花分化有利，蓝光有利于其雌性花分化。

（2）营养条件。氮肥有利于雌花形成，钾肥有利于雄花形成。如在无氮的培养液中培养大麻，全部为雄株，增加氮肥量，雌株比例便增加；钾肥促进黄瓜形成较多雄花，而雌花较少。在一些雌雄异株的植物中，C/N比低时，将提高雌花分化的百分数。土壤条件对性别分化的影响也比较明显，一般来说，氮肥多、水分充足的土壤促进雌花的分化；氮肥少、土壤干燥则促进雄花分化。此外，磷、硼、钾等元素促进糖的合成和运输，提高瓜类的雌花率。

（3）植物激素。激素对植株性别表达的影响主要表现在两个方面：一是影响花芽的分化，二是导致性逆转。某些植物激素和人工合成的生长调节物质对植物性别的分化有明显作用，一般赤霉素主要促进雄花分化，乙烯和生长素类物质促进雌花分化。生产中，烟熏黄瓜植株可以增加雌花比例，因烟雾中含有乙烯和一氧化碳，一氧化碳能抑制吲哚乙酸氧化酶的活性，降低生长素分解率，生长素和乙烯均能诱导雌花分化。此外，伤害也可以使雄株转变为雌株，如番木瓜雄株伤根或折伤地上部分，新产生的全是雌株；黄瓜茎折断后，长出的新枝条全开雌花，因损伤后可引起植株乙烯产生量增加。

（4）其他因素。夜温较低、昼夜温差大时对许多植物的雌花发育有利，如夜温较低有利于菠菜、大麻、葫芦等植物的雌花发育；但黄瓜在夜温低时雌花减少；番木瓜在低温下雌花占优势，在中温下雌雄同花的比例增加，而在高温下则以雄花为主。

了解植物性别分化的规律及其调控机理，在生产上具有重要的实践意义。以收获果实、种子为栽培目标的作物，除需少量雄株授粉外，需要大量雌花、雌株，如瓜类、猕猴桃、核桃、核用银杏等；而以木材、纤维为收获对象的，则需要雄株，如麻类、杨柳等，生产上可根据需要，对植物进行性别调控，以提高作物的产量和品质。

13.5 受精生理

13.5.1 花粉萌发和花粉管生长

被子植物的花粉是在花药中产生的，花粉粒是植物的雄配子体。花药发育成熟后开裂，花粉粒散出。花药开裂后，成熟的花粉以不同方式传到雌蕊柱头的过程称作传粉或授粉。授粉是受精的前提，花粉传到同一朵花的雌蕊柱头上称作自花授粉，传到另一朵花的雌蕊柱头上称作异花授粉，包括同株异花授粉及异株异花授粉。只有经异株异花授粉后才能发生受精作用的称为自交不亲和性（SI）或自交不育。

花粉落在柱头上，被柱头表皮细胞吸附，在适宜的条件下，花粉粒从柱头的分泌物中吸收水分，并很快发生水合作用，使其内部压力增大，花粉粒的内壁从外壁上的萌发孔向外突出形成花粉管，此过程称为花粉的萌发（见图13-6）。

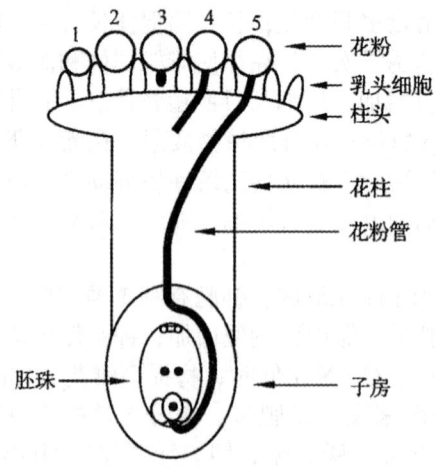

1.花粉落在柱头上；2.吸水；3.萌发；4.侵入花柱细胞；5.花粉管伸长至胚囊

图13-6 雌蕊的结构模式及花粉的萌发过程

落在柱头上的花粉萌发时间因植物种类而异。例如，玉米需 5 min，水稻、高粱几乎是在传粉后立即萌发，甜菜为 2 h，甘蓝为 2~4 h。

花粉的萌发和花粉管的生长受各种外界条件的影响，其中影响最大的是温度和湿度，一般花粉萌发的最适温度为 20~30 ℃。例如，苹果为 10~25 ℃，葡萄是 27~30 ℃；温度过高或过低均可造成不良影响。花粉萌发的温度最低点较高，如果开花期遇到低温，也会影响花粉萌发。如水稻开花期的适温为 30~35 ℃，若日平均气温低于 20 ℃，日最高气温持续低于 23 ℃，花药就不易开裂，授粉极难进行。如果温度过高，超过 40~45 ℃，则开颖后花柱易干枯，还易引起花粉失活，同样不利于受精。

一般来说，花粉成熟时，其大量的内含物经水解酶的作用分解为可溶性物质，具有较低的水势，花粉粒到达柱头后就能快速吸水。如果柱头细胞的水势低于花粉的水势，花粉就不易萌发。如果花粉外围的水势过高，花粉粒又易吸水过度而膨裂，导致原生质溢出而死亡。如花期雨水过多，花粉易破裂，但太干燥（空气相对湿度低于30%）也影响花粉萌发。花粉萌发需要适宜的水分（空气相对湿度）、温度等外部条件，同时对花粉本身和柱头的营养状态和化学成分也有严格要求。

花粉的萌发与花粉管的生长表现出群体效应，即落在柱头上的花粉密度越大，萌发的比例越高，花粉管的生长越快。这是因为花粉中存在生长素，花粉数量越多，生长素也就越多，所以能促进花粉的萌发和花粉管的生长。硼能显著促进花粉萌发和花粉管的伸长。一方面，硼促进糖的吸收与代谢；另一方面，硼参与果胶物质的合成，有利于花粉管壁的形成。

13.5.2 花粉与柱头的相互识别

植物通过花粉和雌蕊间的相互识别来阻止自交或排斥亲缘关系较远的异种、异属的花粉，而只接受同种的花粉。花粉落到柱头上后能否萌发，花粉管能否生长并通过花柱组织进入胚囊受精，取决于花粉与雌蕊间的亲和性和识别反应。

自然界中有许多植物都表现出自交不亲和性（SI），而在远缘杂交中出现不亲和的现象更是非常普遍。从进化角度来看，自交不亲和性是植物丰富变异以增强对环境适应能力的基础，而杂交不亲和性则是植物在繁衍过程中保持物种相对稳定的基础。遗传学上自交不亲和性是受一系列复等位 S 基因所控制，当雌雄双方具有相同的 S 等位基因时就表现为不亲和。

有研究指出，花粉与雌蕊柱头的亲和或不亲和，其生理学基础在于双方某种蛋白质的相互识别，这种花粉与柱头的识别蛋白为糖蛋白。花粉的识别蛋白是由绒毡层产生的，存在于花粉外壁中。花粉粒落到柱头上后，即由花粉粒外壁释放蛋白质与柱头的蛋白质相互作用，进行识别，从而决定了以后的一系列代谢过程。如果两者是亲和的，花粉内壁即释放角质酶前体，并被柱头蛋白质活化，蛋白质薄膜内侧的角质层溶解，花粉管便得以进入花柱。如果两者不亲和，便产生排斥反应，柱头的乳突细胞形成胼胝质阻碍花粉管进入。有时花粉根本不能萌发，无花粉管的形成。

远缘杂交不亲和性是植物保持种性的基本措施，而自交不亲和性是保障开花植物远系繁殖、克服自交退化的机制之一，有利于繁衍和进化。

13.5.3 授粉受精后的生理生化变化

花粉管经花柱进入子房后，多沿子房内壁生长。然后花粉管进入胚珠，在胚囊分泌的酶的作用下,引起尖端破裂,两个精细胞逸出,其中一个与卵细胞结合成合子,另一个与两个极核结合形成三倍体的初生胚乳核,从而完成双受精的过程。

　　花粉落在柱头上,经过相互识别,亲和的花粉在柱头上吸水后mRNA和rRNA数量增多,蛋白质合成增强,以用于花粉的萌发和花粉管的生长;在柱头的酸性条件下,促使花粉中的酶类活性提高(如淀粉酶、磷酸化酶、转化酶),呼吸速率加快;另外,高尔基体在花粉管开始突出前非常活跃,产生许多分泌囊泡,其内含多种酶和果胶质等造壁物质,花粉不仅可利用自身的贮藏物质,而且能利用雌蕊中的物质,参与花粉管壁的建成,以利于其伸长生长。授粉后雌蕊组织的呼吸速率一般比未授粉时增加0.5～1倍,吸水与吸盐能力明显加强,生长素含量激增。授粉后雌蕊中生长素含量急剧增加,其主要原因是:授粉后花粉中的生长素扩散到雌蕊中;花粉管伸长过程中会使色氨酸转变为生长素的酶系分泌到雌蕊中,使雌蕊合成大量的生长素。由于受精后雌蕊组织的生长素含量和呼吸速率剧增,使更多的水分、矿质和有机物向雌蕊组织中运输,子房便迅速生长发育成果实。

思考题

1. 赤霉素与春化作用有何关系?
2. 春化作用在农业生产实践中有何应用价值?
3. 什么是光周期现象? 举例说明植物的主要光周期类型。
4. 如果你发现一种尚未确定光周期特性的新植物种,怎样确定它是短日植物、长日植物或日中性植物?
5. 为什么说光敏素在植物的成花诱导中起重要作用?
6. 简述光周期反应类型与植物原产地的关系。
7. 哪些因素影响花器官的形成?
8. 植物的性别表现有什么特点? 受哪些因素的调控?

第14章 植物的成熟和衰老

14.1 种子成熟时的生理生化变化

14.1.1 储藏物质的转化

种子发育成熟期间贮藏物质的变化基本上与种子萌发时的变化相反,植株营养器官制造的养料以可溶性的小分子化合物(如葡萄糖、蔗糖、氨基酸等)的形式运往种子,并在种子中逐渐转化为不溶性的高分子化合物(如脂肪、淀粉、蛋白质等),并贮藏在子叶或胚乳中。禾本科植物的胚乳主要贮藏淀粉与蛋白质,胚中盾片主要贮藏脂类与蛋白质。子叶的贮藏物质因植物而不同,如大豆、花生的子叶以贮藏蛋白质和脂肪为主,而豌豆、蚕豆的子叶则以贮藏淀粉为主。

1. 糖类的转化

以淀粉为主要贮藏物的种子,称作淀粉种子,如水稻、小麦、玉米等禾谷类作物的种子,在其成熟过程中伴随可溶性糖含量的降低,以及淀粉的不断积累。例如,小麦种子成熟时,胚乳中的蔗糖与还原糖(果糖和葡萄糖)的含量逐渐减少,而淀粉的含量急剧增加(见图14-1),这表明淀粉是由可溶性糖类转化而来的。在形成淀粉的同时,这些可溶性糖也能形成构建细胞壁的不溶性物质,如纤维素、半纤维素等。水稻种子成熟过程中碳水化合物的变化与小麦相似。禾谷类种子成熟要经过乳熟、糊熟、蜡熟和完熟(黄熟)4个时期,淀粉的积累以乳熟和糊熟两个时期最快,因此该时期干重增加迅速。与糖类变化相关的催化淀粉合成的酶类,如Q酶、淀粉磷酸化酶等,其活性相应升高。

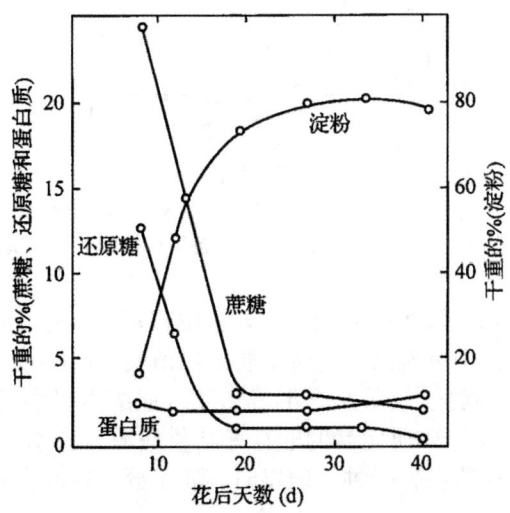

图14-1 小麦种子成熟过程中胚乳中主要碳水化合物和蛋白质含量的变化

2. 蛋白质的转化

豆科植物种子大多富含蛋白质（占种子干重的40%以上），称为蛋白质种子。成熟的禾谷类种子中也含有较多的蛋白质（占种子干重的7%~16%）。蛋白质种子首先由叶片或其他营养器官的氮素，以氨基酸或酰胺形式运至荚果，在荚皮中氨基酸或酰胺合成暂时贮藏状态的蛋白质，然后分解，以酰胺态运至种子再转变为氨基酸，最后合成种子中的贮藏蛋白。种子贮藏蛋白的生物合成在种子发育的后期开始，至种子干燥成熟阶段终止，其合成速度很快，并且不发生降解，因而积累也快。豆科植物的种子贮藏蛋白大部分为球蛋白，这些蛋白没有明显的生理活性，其主要功能是提供种子萌发时所需的氮和氨基酸。

3. 脂肪的转化

大豆、花生、油菜、蓖麻、向日葵等油料种子中的脂肪含量很高，称为脂肪种子或油料种子。油料作物种子成熟过程中脂肪代谢的特点表现为：①随着种子的成熟，籽粒干重和脂肪含量不断升高，而淀粉和可溶性糖等碳水化合物含量不断下降（见图14-2）。这说明脂肪是由碳水化合物转化而来，并且种子发育初期很少合成，但随后有一个迅速合成的时期。②种子成熟初期先形成饱和脂肪酸，然后转化为不饱和脂肪酸，因此其碘值（中和100 g油脂所能吸收碘的克数）随种子成熟度增加而提高；③种子成熟初期形成的脂肪中含有较多游离脂肪酸，随着成熟度的增加，游离脂肪酸含量逐渐减少，用于合成脂肪，使种子的酸价（中和1g油脂中游离脂肪酸所需的NaOH毫克数）逐渐降低。未成熟的种子酸价高，所以，这样的种子收获后，不但油脂含量低，而且油脂的质量也差。

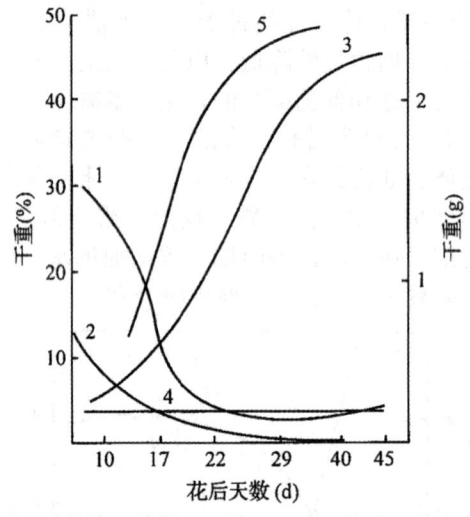

1.可溶性糖；2.淀粉；3.干粒重；4.含N物质；5.粗脂肪

图14-2　油菜种子成熟过程中各种有机物变化情况

4. 矿质的积累

运进种子的磷、钾、钙、镁等矿质元素主要集中积累在子叶（双子叶植物）或糊粉层与盾片（单子叶植物）中。其中70%以上的磷主要是以植酸（肌醇六磷酸）的形式存在。当成熟的种子脱水时，植酸会与钙、镁等结合形成非丁（肌醇六磷酸钙镁盐，或植酸钙镁盐）。它是谷类种子中磷、钙、镁等矿质元素的贮存库与供应源。如水稻种子成熟时有80%的无机磷以非丁的形式贮存于糊粉层，当种子萌发时，非丁分解释放出磷、钙和镁等供幼苗生长之用。

14.1.2 呼吸速率的变化

种子成熟过程是有机物合成与积累的过程，需要通过呼吸作用提供大量能量。因此，种子内有机物的积累与其呼吸速率存在着平行关系，即干物质积累迅速时，呼吸速率也高；干物质积累缓慢（种子接近成熟）时，呼吸速率也逐渐降低（见图14-3）。

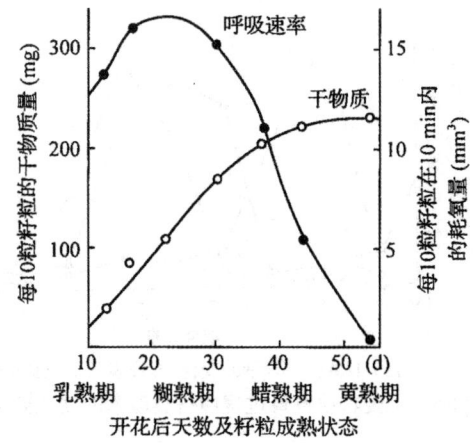

图14-3　水稻种子成熟过程中干物质及呼吸速率的变化

14.1.3 含水量的变化

种子含水量的变化与其干物质的积累相反，但与呼吸作用的变化相似，即随种子成熟，其含水量逐渐降低（见图14-4）。种子成熟时幼胚中具有浓缩的原生质而无液泡，自由水含量很少，随着含水量的下降，种子的生命活动由活跃状态转入代谢微弱的休眠状态。

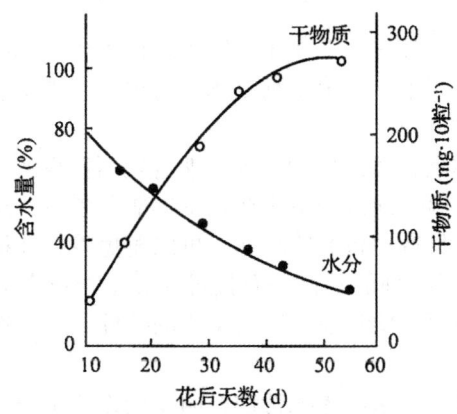

图14-4　水稻种子成熟过程中干物质及水分的变化

14.1.4 内源激素的变化

种子成熟过程受多种内源激素的调节控制，因此种子内源激素的种类和含量都在不断地发生变化。以小麦为例，胚珠受精前玉米素含量极低，受精末期达到最高，然后下降；受精后籽粒开始生长时GA浓度迅速升高，受精后第3周达到高峰，然后减少；胚珠内IAA含量极低,受精时略有增加,然后减少,籽粒膨大再度增加,当籽粒鲜重最大时,其含量最高,籽粒成熟时几乎测不出其活性;此外,籽粒成熟期间,ABA含量大大增加。种子发育过程中,内源激素的出现有一定的顺序规律(见图14-5),这种变化可能与这些激素的功能有关。首先出现的是CTK,可能调节籽粒形态建成的细胞分裂过程;其次是GA与IAA,可能调节有机物质向籽粒运输与积累的过程;最后是ABA,可能与控制籽粒的休眠过程有关。

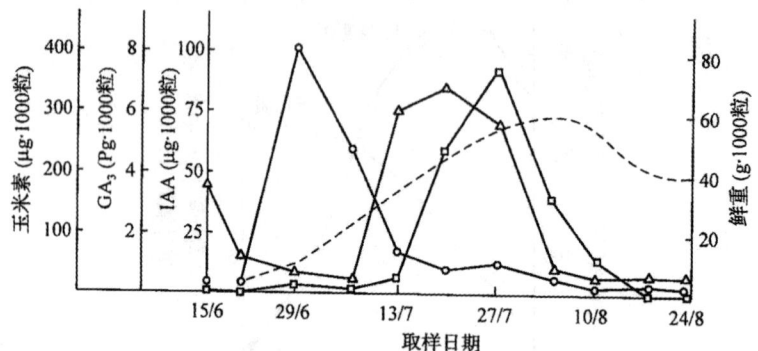

玉米素(○)、GA(△)、IAA(□)含量的变化(虚线表示干粒鲜重的变化)

图14-5 小麦籽粒发育过程中各类激素的动态变化

14.2 种子及延存器官的休眠

14.2.1 休眠的概念和意义

多数植物的生长都会经历季节性的不良气候时期,如温带地区一年四季的光照、温度和雨量等差异十分明显,如果不存在某种防御机制,植物便会受到伤害或致死。休眠是植物的整体或某一部分生长极为缓慢或暂时停止生长的现象,是植物抵御不良自然环境的一种自身保护性的生物学特性。

植物的休眠有多种形式,如一、二年生植物大多以种子为休眠器官,即种子休眠;多年生落叶树以休眠芽过冬,多年生草本植物则以休眠的根系、鳞茎、球茎、块根、块茎等度过不良环境,即芽休眠。

无论种子休眠还是芽休眠,都是植物经过长期进化而获得的一种对环境条件及季节性变化的生物学适应性。例如,温带地区的植物在秋季形成种子后,通过休眠来避免冬季严寒的伤害。禾谷类作物种子由于具备短暂的休眠期,可以避免谷粒在穗上萌发(特别是在收获期遇上阴雨天气),不但保持了物种的延存,而且对人类生产也有益处。树木的叶片在秋季脱落前形成不透水、不透气的芽,使其在不适宜生长的条件到来前做好防御准备。这些都是适应环境的保护性反应。

此外,田间杂草种子具有复杂的休眠特性,萌发期参差不齐,由于陆续出土难以防治而给庄稼带来很大危害。对杂草种子休眠特性的研究,将有助于防除杂草,提高作物产量。

14.2.2 种子休眠

1. 种子休眠的类型

根据休眠的深度和原因,通常将休眠分为强迫休眠和生理休眠两种类型。由不利于生长的环境而引起的休眠称为强迫休眠,当外界条件适于生长时,植物能够立即脱离休眠恢复生长。由于植物自身内部原因造成的休眠称为生理休眠,也称作真正休眠。

2. 种子休眠的原因

(1) 种皮限制

苜蓿、紫云英等豆科植物的种子,以及锦葵科、藜科、茄科中有些植物的种子,种皮较厚、结构致密或附有角质和蜡质,致使种皮不能透水或透水性差,这些种子称为"硬实"或"铁籽"。另有一些植物如椴树的种子,其种皮不透气,外界氧气不能进入,而种子中的二氧化碳在内部又积累,不能排出,从而抑制胚的生长。还有些植物的种子,如苋菜等,虽能透水、透气,但因种皮太硬或过厚,使胚不能正常穿出。

(2) 种子未完成后熟

有些植物的种子采收后需继续进行一系列生理生化变化达到真正的成熟才能萌发,这种现象,称为后熟作用。一些蔷薇科植物(苹果、梨、桃、李、杏等)以及松柏类植物的种子必须经过后熟作用积累种子萌发所需要的物质才能萌发。

一般认为,在后熟过程中,种子内的淀粉、蛋白质、脂类等有机物的合成作用加强,呼吸渐弱,酸度降低。经过后熟作用后,种皮透性增加,呼吸增强,有机物开始水解,脱落酸含量下降,细胞分裂素含量先上升,以后随着赤霉素含量上升而下降。

(3) 胚未完全发育

一般植物种子成熟时,胚已分化发育完全。但也有一些植物的种子,采收时从外部看已经成熟,但内部的胚还很幼小,其分化发育尚未完成,还须从胚乳中吸取养料,继续生长发育一段时间,直到完全成熟才能萌发。如欧洲白蜡树种子以及银杏、人参、冬青、当归等植物的种子都属这一类。

(4) 抑制物的存在

有些植物的种子不能萌发,是由于果实或种子内有萌发抑制物的存在。萌发抑制物的种类较多,如氨(某些含氮物质,它们在适当的酶作用下释放出氨)、氰氢酸(扁桃苷等释放的)、芳香油类、植物碱、有机酸(水杨酸、阿魏酸等)、酚类、醛类(乙醛、苄醛)、某些盐类($NaCl$、$CaCl_2$、$MgSO_4$等)等。种子中只要含有足够量的抑制物即可抑制其萌发。此外,有些氨基酸(色氨酸、丙氨酸、甘氨酸等)也能抑制种子萌发。还有些种子的休眠是由于脱落酸的存在而引起的,如红松种子。

萌发抑制物的种类及其存在部位因不同植物而异。如向日葵的诱发抑制物存在于花盘、果皮和种子的胚乳中,梨、苹果、番茄、黄瓜、西瓜、甜瓜、柑橘等抑制物存在于果肉、果汁中,水稻、荞麦存在于种皮内,鸢尾存在于胚乳中,菜豆存在于子叶中,野燕麦存在于稃壳中,而红松种子的各部位都有。当种胚与抑制物所在部位彼此分开存在时,或在贮藏过程中,经过后熟过程的生理生化变化,使抑制物浓度下降后,即不再抑制种子萌发。

抑制物的存在具有重要的生态学意义。例如,沙漠中有些植物的种子存在抑制物,只有大量降雨将这些抑制物洗脱之后种子才能萌发,因而保证了已萌发的种子不致因缺水而枯死。

14.2.3 芽休眠

芽休眠是指植物生活史中芽生长的暂时停顿现象。多年生木本植物遇到不良环境时,其节间缩短,芽停止抽出,并在芽的外层出现"芽鳞"等保护性结构,以便度过低温或干旱等环境。当逆境结束后,芽鳞脱落,新芽伸长,或抽出新枝(叶),或开出花朵(花芽)。由此可见，叶、枝、花等均是以"芽"的原始体形式通过休眠期，这是一种良好的生物学特性。芽休眠不仅发生在植株的顶芽、侧芽和花芽，也发生在根茎、块茎、球茎、鳞茎，以及水生植物的休眠冬芽。

1. 日照长度与芽休眠

日照长度是诱发和控制芽休眠最重要的因素。木本植物的芽休眠，已被证明是一种光周期现象，由短日照引起，并被长日照解除。日照诱发植物芽休眠具有临界日长现象，如板栗、苏合香等植物，需在短于其临界日长的日照长度下，能够引起休眠，长于临界日长的日照则不发生休眠；而铃兰、洋葱等则相反，长日照诱发其休眠。

前面已讲过与开花有关的光周期刺激是由叶片感受的，但在很多情况下，树芽休眠时叶片已脱落，此时芽可感受短日照而进入休眠（如山毛榉）；但对另一些尚未落叶的植物来说，秋季的短日照仍然是由成熟叶片感受的。

2. 引起芽休眠的其他因素

短日照并不是促进休眠的唯一原因。有些树木对日照长度不很敏感，如苹果、梨和李等果树。研究表明，植物激素（如脱落酸、乙烯）、氨、芥子油、氰化氢、多种有机酸等，都是芽休眠的促进物。短日照之所以能诱导芽休眠，就是因为短日照促进了脱落酸含量的增加。在休眠芽恢复生长时，其树木提取物中的细胞分裂素活性增加。

此外，缺水、营养元素缺乏（氮素缺乏更明显）等都会引起或加速芽休眠。

14.2.4 休眠的延长和打破

1. 种子休眠的破除

由于种子（及器官）的休眠给生产带来不便，因此，可根据其休眠原因的不同，采取相应的措施来解除休眠，促进萌发。

（1）机械破损

种皮厚、结构坚硬的"铁籽"，在自然情况下，可由细菌和真菌分泌的酶类来水解其种皮中的多糖及其他组成成分，使种皮变软，易于水分和气体透过，但这样需要较长的时间。生产上一般采用物理或化学方法促使种皮透水、透气，例如，机械切割或削破种皮，碾磨擦破种皮等。紫云英、苜蓿和菜豆等种子常采用此法促进其萌发。

（2）低温湿沙层积处理（沙藏法）

需要完成后熟的种子，如苹果、梨、桃、白桦、山毛榉等，都用此法破除休眠。层积处理的方法是：将种子和湿沙分层铺埋（或相混埋放），置于$1\sim10\ ℃$阴湿环境中$1\sim3$个月，即可有效解除休眠，完成后熟作用。在层积处理期间，种子内的抑制物含量下降，而赤霉素和细胞分裂素含量增加。通常，适当延长低温处理时间，能促进种子萌发。

（3）化学方法

用氨水（1∶50）处理松树种子或用98%浓硫酸低温处理皂荚种子$1\ h$（此法必须注意安全），清水洗净，再用$40\ ℃$的温水浸泡，可打破种子休眠，提高发芽率；用$0.1\%\sim0.2\%$的过氧化氢溶液浸泡棉籽$24\ h$，能显著提高发芽率（过氧化氢分解释放的氧气可供给种子）；也可用有机溶剂除去蜡质或脂类种皮成分，以打破休眠，用乙醇处理莲子，可增加其种皮的透性。此外，许多作物，如稻、麦、棉花或龙胆、人参、银杏等经济植物的种子亦可用GA_3（$5\sim50\ mg\cdot L^{-1}$）处理，打破休眠，促进其萌发。

(4) 清水冲洗

由于抑制物的存在而休眠的种子或器官，如番茄、甜瓜、西瓜等种子，从果实中取出后，需用清水反复冲洗，以除去附着在种子上的抑制物，从而解除休眠、提高发芽率。

(5) 日晒或高温处理

小麦、黄瓜和棉花等种子，经日晒或35～40 ℃温水处理，可打破休眠，促进萌发；油松和沙棘的种子在70 ℃水中浸种24 h，可增加其种皮透性，促进萌发。

(6) 光照处理

光照处理主要是对需光种子采取的方法。不同的需光种子对光照的要求不同，有些需光种子一次性感光就能萌发，如泡桐种子；而有些种子则须经7～10 d，每天5～10 h的光周期诱导才能萌发，如八宝树、榕树、团花等。

此外，X射线、超声波、高低频电流、电磁场等物理方法也有破除种子休眠的作用。

2. 芽休眠和延存器官休眠的破除

芽休眠解除主要由温度或长日照所控制。许多木本植物休眠芽需经历260～1000 h、0～5 ℃的低温才能解除休眠。芽休眠经受一定时期的低温后可以被解除。对有些未经低温处理的休眠植株给予长日照或连续光照，也可解除休眠。

高温突然降临，可提早打破休眠。将植株地上部分或枝条浸入30～35 ℃的温水中，12 h后即可解除芽休眠，应用此法可使丁香和连翘提早开花。外源施用赤霉素可代替低温或长日照而打破休眠，如马铃薯块茎（0.5～1.0 μL·L^{-1}）、葡萄枝条、桃树苗（4000 μL·L^{-1}）等。此外，用某些化学试剂如乙酸气熏、硫脲（5 g·L^{-1}）浸泡等也可打破休眠，促进发芽。

3. 休眠的延长

在生产实践中，除需要打破休眠外，也有需要延长休眠防止发芽的情况。例如，小麦等某些作物的种子休眠期很短，成熟后若遇到阴雨天气，就会在穗上萌发（穗发芽），影响产量和质量，造成损失。为此，可在小麦成熟时喷施PP$_{333}$或烯效唑等植物生长延缓剂，延缓种子萌发。

马铃薯长期贮藏后，度过休眠期就要萌发，这会失去它的商品价值，同时，还会产生龙葵素等有毒物质，不能食用，所以要设法延长其休眠。用40%的萘乙酸甲酯粉（用泥土混制）处理马铃薯块茎，可安全贮藏；将马铃薯块茎在架上摊成薄层，保持通风，也可安全贮藏6个月。此外，也可用萘乙酸甲酯来延长洋葱、大蒜等营养繁殖器官的休眠。

14.3 果实的生长和成熟

14.3.1 果实的生长

果实的生长与其他器官一样，是细胞分裂和扩大的结果，其体积和重量的增加也不是平均进行的。不同植物果实的生长周期性呈现出不同的特点。测定果实的生长曲线，基本可分为以下三种类型。

①肉质果实（如苹果、梨、香蕉、草莓、柑橘、番茄、甜瓜等）的生长一般和营养器官一样，也呈单"S"形生长曲线，即初期的生长速率较慢，以后逐渐加快，达到高峰后又逐渐减慢，最后停止生长（见图14-6）。这种慢—快—慢生长节奏的表现是与果实中细胞分裂、膨大（伸长）、分化及其成熟的节奏相一致的。

②有些核果（如桃、李、杏、樱桃）及一些非核果（如葡萄、山楂、无花果、柿等）的生长曲线则呈双"S"形，即：在果实生长的中期有一个缓慢生长期，表现出慢—快—慢—快—慢的生长节奏（见图14-6）。这个缓慢生长期正是果肉暂停生长、内果皮木质化、果核变硬、珠心及珠被也停止生长，但幼胚迅速生长的时期；而第二个迅速生长期，主要是中果皮细胞的膨大和营养物质大量积累的时期。

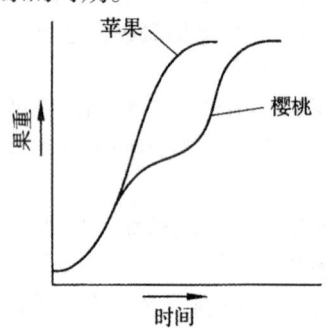

图14-6 果实的生长曲线

③已经发现猕猴桃果实的生长曲线是三"S"形的，在其果实生长过程中出现3个快速生长期，表现出慢—快—慢—快—慢—快—慢的生长节奏。

14.3.2 单性结实

通常植物通过受精作用，引起子房生长素含量增多，刺激子房膨大，形成含有种子的果实；但是也有不经受精作用而结实的现象。这种不经过受精作用，子房直接膨大形成不含种子的果实的现象，称为单性结实，所形成的果实，称为无籽果实。单性结实可分为三种类型。

1. 天然单性结实

不经授粉、受精或其他任何刺激而形成无籽果实的现象，称为天然单性结实。例如，香蕉、菠萝和有些葡萄、柑橘、无花果、柿子、黄瓜等，个别植株或枝条发生突变，形成无籽果实（将突变枝条剪下来进行无性繁殖，可形成无核产品）。天然单性结实的原因，一方面与花粉败育有关；另一方面，无核品种果实的子房中生长素含量高于有核品种，并在开花之前开始积累，促使子房不经受精作用而膨大。

2. 刺激性单性结实

在外界环境条件的刺激下而引起的单性结实，称为刺激性单性结实。例如，较低温度和较高光强可诱导番茄产生无籽果实；短光周期和较低叶温可引起瓜类作物单性结实；用外源生长调节剂（如2,4-D、NAA等）处理花蕾或花序，也可诱导单性结实等。

3. 假单性结实

有些植物授粉受精后，由于某种原因而使胚停止发育，但子房或花托继续发育，亦形成无籽果实，这种现象称为假单性结实，如无核柿子、无核白葡萄等。

14.3.3 果实呼吸跃变

随着果实的成熟，其呼吸速率发生着规律性的变化。根据果实成熟过程中有无呼吸跃变现象即呼吸峰，可将果实分为两种类型，即跃变型果实和非跃变型果实。跃变型果实有苹果、梨、香蕉、番茄、桃等（见图14-7），非跃变型果实有柑橘、柠檬、葡萄、草莓、凤梨等。

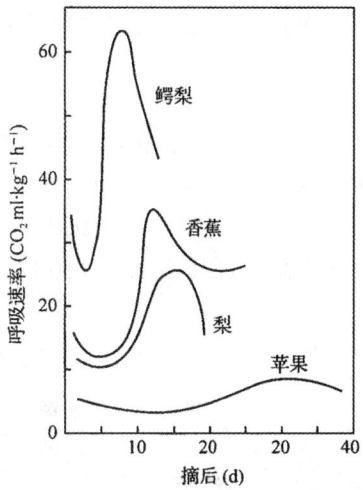

图14-7 果实成熟过程中的呼吸跃变

跃变型果实和非跃变型果实的主要区别是：前者含有复杂的贮藏物质（淀粉或脂肪），在摘果后达到完全可食状态前，贮藏物质强烈水解，呼吸加强，而后者并不如此。通常，跃变型果实成熟比较迅速，而非跃变型果实成熟比较缓慢。在跃变型果实中，香蕉的呼吸峰出现较早，淀粉水解迅速，成熟较快；而苹果的呼吸峰出现较迟，淀粉水解较慢，因此，成熟相对也慢一些。一般把呼吸跃变的出现作为果实成熟的生理指标，它标志着果实成熟达到可食用的最佳状态，同时也标志着果实已开始衰老，不耐贮藏了。

研究表明果实跃变正在进行或正要开始前，其内部乙烯的含量明显升高，呼吸跃变的出现是由于果实内乙烯的产生引起的。乙烯刺激呼吸的机制在于：一方面，乙烯可增加果皮细胞的透性，加速气体交换，加强内部氧化过程，加速果实成熟；另一方面，乙烯可诱导呼吸酶mRNA的合成，提高呼吸酶含量与活性，并能显著诱导抗氰呼吸，加速果实成熟与衰老。

生产上可控制呼吸跃变的来临，以提早或推迟果实的成熟。例如，降低温度和氧气的浓度（提高二氧化碳浓度或充氮气），延迟呼吸峰的出现，使果实成熟延迟。反之，提高温度和氧气浓度，或施以乙烯，都可以刺激呼吸跃变早临，加速果实成熟。乙烯甚至可以诱导本来没有跃变期的果实产生呼吸高峰，如橘和柠檬。

果实人工催熟很早就引起了人们的注意，如温水浸泡柿子、酒喷青蜜橘、烟熏香蕉、乙烯利处理番茄、香蕉、柿子、棉花等传统技术已广泛使用。近年来采用的气控法及基因工程技术获得耐贮番茄品种等例子，也愈加引起人们的广泛关注和应用。

14.3.4 肉质果实成熟时的生理生化变化

1. 淀粉转变为可溶性糖（果实变甜）

未成熟果实贮存的糖类以淀粉为主，随着果实成熟度的增加或呼吸峰的出现，淀粉逐渐被转化为葡萄糖、果糖、蔗糖等可溶性糖，并积累在液泡中，而淀粉含量越来越少，使果实甜度随之增加。例如，香蕉果实从绿到黄，淀粉可从占鲜重的20%以上降到1%以下，同时可溶性糖的含量上升到15%左右。果实的甜度与糖的种类有关，如以蔗糖甜度为1，则果糖为 1.03～1.5，葡萄糖为 0.49。不同果实所含可溶性糖的种类不同，如苹果、梨含果糖多，桃含蔗糖多，葡萄含葡萄糖和果糖多而不含蔗糖。通常，在日照充足、温度较高、昼夜温差大，降雨量少的条件下，果实的含糖量高，这也是新疆吐鲁番哈密瓜和葡萄等水果特别甜的原因所在。

2. 有机酸的变化（酸味减少）

在未成熟果实的果肉液泡中，存在大量的有机酸，使果实带有酸味。例如，苹果、梨中主要含有苹果酸，葡萄主要含酒石酸，柑橘和菠萝中主要含柠檬酸，黑莓主要含异柠檬酸。随着果实的成熟，有机酸一方面作为呼吸底物，被氧化成 CO_2 和水；另一方面与 K^+，Ca^{2+} 等形成盐，或转变成糖。所以，酸味下降，甜味增加。如图14-8所示是苹果成熟期淀粉转化为糖及有机酸含量降低的情况。

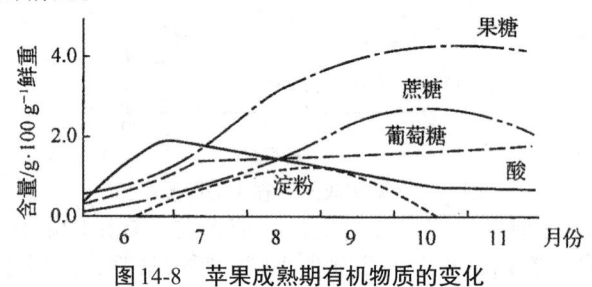

图14-8 苹果成熟期有机物质的变化

果实中糖和酸含量的比值，即糖酸比，是决定果实品质的重要因素之一。糖酸比越高，果实越甜。但一定的酸味往往能够体现一种果实的特色。

3. 单宁物质的变化（涩味减少）

未成熟的柿子、李子等果实有涩味，这是由于细胞液内含有单宁造成的。成熟果实涩味消失，是由于单宁被过氧化物酶氧化成无涩味的过氧化物，或由于活性单宁进一步浓缩成为不溶于水的胶状物。单宁属于多酚类物质，可以保护果实免于脱水及病虫侵染。

4. 芳香物质的产生（香味出现）

果实成熟时能够产生一些具有香味的物质，主要是醇类、醛类、酯类、酚类、杂环化合物、萜类、碳氢化合物和含硫化合物等。例如，苹果的香味物质是乙基-2-甲基-丁酸，香蕉的香味物质是乙酸戊酯，橘子的香味物质是柠檬醛。还有些果实的香味物质可大量挥发，这些香味物质可决定果实的食感，也可作为果实成熟的标志。

5. 果胶物质的变化（由硬变软）

果实软化是成熟的一个重要特征。果实软化的主要原因是细胞壁物质的降解。未成熟的果实生硬，是因为果肉细胞壁中层沉积着不溶于水的原果胶物质，随着果实的成熟，原果胶被原果胶酶分解，产生可溶性的果胶，果胶还可在果胶酶的作用下形成半乳糖醛酸；由于胞间层溶解，果肉细胞彼此分离；此外，纤维素酶降解纤维素，使纤维素长链变短；果实的果肉细胞中内含物由不溶状态变为可溶态（淀粉变为可溶性糖）。以上种种原因导致果实变软。

6. 色素的变化（色泽变艳）

果实成熟时的颜色变化是最熟悉和易观察的成熟标志之一。多数果实成熟时，绿的底色消失，变成黄色、橙色、红色、蓝色或其他鲜艳的颜色。果色的变化通常是由于叶绿素的降解和类胡萝卜素或花青素苷等其他色素显色或不断合成积累的结果。苹果成熟时变黄，是胡萝卜素增加的结果,此时胡萝卜素合成超过叶绿素和叶黄素;柑橘成熟过程中类胡萝卜素增加;而柚和柠檬的浅色是由于类胡萝卜素的减少;番茄的红色是在其后熟期间番红素增多(提高10倍)的结果,所以,常以番茄的颜色变化来判断其成熟度。在光照充足、昼夜温差较大的地区,果实形成花青素较多,利于果实着色。

7. 内源激素的变化

果实的成熟过程是在多种内源激素协同作用下进行的。一般在幼果生长时期,生长素、赤霉素、细胞分裂素的含量增高,至果实成熟时,这些激素的含量都下降到最低点,而与此同时,乙烯和脱落酸含量则升高。其中乙烯对果实的成熟影响最大,一方面,乙烯诱导呼吸峰的出现;另一方面,乙烯刺激水解酶类合成,促进不溶性物质水解为可溶性物质,使果实向着成熟的方向转化。

14.4 植物的衰老

14.4.1 植物衰老的类型及生物学意义

1. 衰老的类型

根据植株与器官死亡的情况,将植物衰老分为以下四种类型。

(1) 整体衰老

整体衰老指一、二年生植物(如玉米、花生、冬小麦等)开花结实后,除留下种子外,全株都衰老死亡。

(2) 地上部衰老

地上部衰老指多年生草本植物(如苜蓿、芦苇等),每年地上部器官都衰老死亡,而根系和其他地下部分则可继续生存多年。

(3) 脱落衰老

脱落衰老指多年生落叶树木的叶片每年发生季节性同步衰老脱落。

(4) 渐进衰老

渐进衰老指一些多年生常绿树木较老的器官和组织逐渐衰老退化,并被新的组织与器官所取代。

事实上,同一植株不同部位的衰老节律也很不同,叶片以脱落型衰老;枝条以渐进型衰老;繁殖器官,如花和果实,有其各自特殊的成长和成熟类型,它们或者与叶片、植株衰老行为有联系,或者不相联系。由于植物具有无限生长的特性,因此,器官的衰老过程实际上发生在植物生活周期的各个时期。

2. 衰老的生物学意义

衰老是植物长期进化过程和自然选择过程中形成的一种不可避免的生物学现象,是正常的生理过程,因此,不应该把衰老单纯看成消极的、导致死亡的过程。从生物学意义上说,没有衰老就没有新的生命开始。如叶片或子叶的衰老可促进幼苗其他生长点的更好生长;多年生植物秋天叶片衰老脱落之前,把大量营养物质运送到茎、芽、根中,以供再分配和再利用;花的衰老使刚刚授粉而产生的受精卵能正常发育;果实与种子成熟后的衰老与脱落,有利于借助其他媒介传播种子,便于种的生存,对物种的繁衍和人类的生产是有益的;一、二年生的植物成熟衰老时,其营养器官贮存的物质降解,运转到发育的种子、块茎、块根等器官中,以利于新器官的生长发育等。因此,植物衰老在生态适应以及营养物质再度利用等方面具有积极的生物学意义。但是,生产上由于措施不当或某些不良因素的影响,会引起作物适应能力降低、生长不良,造成某些器官或植株早衰,籽粒不饱满,进而影响农产品的产量和质量。因此,在生产实践中应通过提高植物的抗衰老能力来克服这些负面影响。

14.4.2 衰老时的生理生化变化

一般在植株衰老时,叶片的变化最引人注目。衰老期间光合能力逐步下降。叶绿素含量减少,而类胡萝卜素比叶绿素降解较晚,因此衰老后期叶片多失绿变黄。

呼吸作用变化较平稳(见图14-9),有些植物叶片在衰老后期出现呼吸跃变后即迅速下降,例如白苏叶片,前56 d呼速率基本稳定,但在离层形成之前呼吸强度几乎增加一倍,继而很快下降。电镜观察的情况基本与上述生理变化一致,在叶片衰老期间,叶绿体和游离核糖体是最早解体的细胞器,而线粒体的结构能保持到衰老后期。

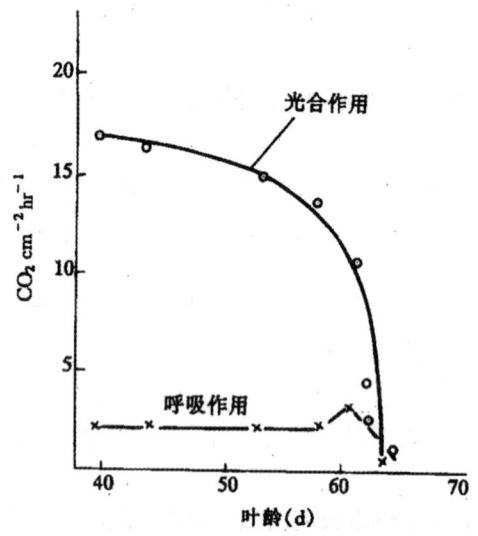

图14-9 白苏叶片从充分长成后到脱落期间光合作用与呼吸作用的变化

叶片衰老时蛋白质和核酸含量显著下降。与叶绿素相比,蛋白质的丧失发生在叶绿素降解之前(见图14-10),水稻、燕麦离体叶片亦有类似情况。将离体叶片置于暗中,24 h后即能测出蛋白质开始水解,而叶绿素的降解则发生在较晚时间。在蛋白质水解的同时,伴随有游离氨基酸的累积,另外也可看到有强烈的脱氨作用。蛋白质的分解是由蛋白酶所引起的,试验表明,叶片衰老期间施用抑制蛋白水解酶合成的物质,如环己亚胺,则蛋白质分解速度降低,衰老延迟,因此认为蛋白质分解过快是造成衰老的原因。但也有人持另外的观点,认为叶片衰老期间蛋白酶的活性并未增加,叶片本身的蛋白质合成能力下降是引起衰老的直接原因,用赤霉素、激动素处理叶片,可提高蛋白质的合成能力,延缓衰老。目前这两种不同观点都有实验予以验证,因此尚无法统一认识。

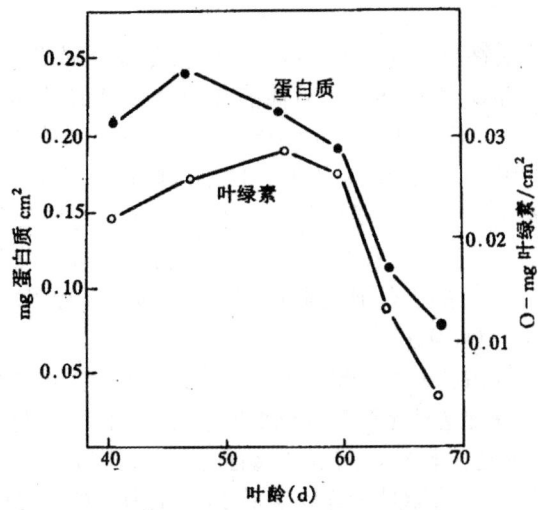

图14-10 白苏叶片衰老期间叶片蛋白质与叶绿素含量的变化

叶片衰老时RNA总量下降。在各种核酸中核糖体RNA（rRNA）减少最明显，DNA也下降，但下降速度较RNA慢。例如烟草叶片衰老在3 d内RNA下降16%，而DNA只减少3%。RNA减少的原因可能是合成能力减弱和RNA水解酶活性增强所致。

衰老细胞的另一明显特征是生物膜结构发生重大变化，其表现为选择透性功能丧失，透性加大，膜脂质过氧化加剧。电导率或膜脂过氧化产物丙二醛（MDA）含量的测定结果表明，随着衰老进程和细胞渗透性增大，膜结构逐步解体。已知衰老开始时生物膜即发生变化，甚至发生在蛋白质降解之前。另外，一些具有膜结构的细胞器如叶绿体、核糖体、内质网、线粒体、细胞核等，在衰老期间其膜结构也先后发生衰退、破坏甚至解体，从而影响各类与其有关的生理功能。

14.4.3 植物衰老的机制

有关植物衰老的原因曾有多种解释，现主要介绍以下几种。

（1）自由基与衰老

自由基（free radical）是指具有不配对（奇数）电子的原子、原子团、分子或离子，其化学性质非常活跃，氧化能力极强。生物体内自身代谢产生的自由基，称作生物自由基，主要包括氧自由基（如O_2^-、$OH·$、$ROO·$等氧化能力很强的含氧物质（也称作活性氧）和非含氧自由基（如$CH_3^·$等）。这些自由基极易与周围物质发生反应，并能持续进行连锁反应，对细胞及生物大分子有破坏作用，对生物系统造成潜在危害，因此自由基有细胞杀手之称。自由基引起的代谢失调，及其在体内的积累是植物衰老的重要原因之一。

植物体内有些酶与衰老密切相关，如超氧化物歧化酶（SOD），参与自由基的清除和膜的保护；脂氧合酶（LOX），催化膜脂中不饱和脂肪酸加氧，产生自由基，使膜损伤，并积累脂类过氧化产物丙二醛（MDA）。

衰老过程往往伴随着SOD活性的降低和LOX活性的升高，导致生物体内自由基产生与消除的平衡被破坏，以致积累过量的自由基，对细胞膜及许多生物大分子产生破坏作用，如加强酶蛋白的降解、促进脂质过氧化反应、加速乙烯产生、引起DNA损伤、改变酶的性质等，进而引发衰老。

植物体内的自由基或活性氧（包括H_2O_2等），可以在多个部位通过多条途径产生，如叶绿体可通过Mehler反应产生O_2^-和H_2O_2，线粒体能在消耗NADH的同时产生O_2^-和H_2O_2，过氧化物酶体通过乙醇酸氧化产生H_2O_2等。正常情况下，由于植物体存在着自由基清除系统，保证了细胞内自由基的产生和清除处于动态平衡，使细胞内自由基水平保持较低，不会引起伤害。植物细胞中的自由基清除系统主要由保护酶和一些抗氧化物质组成。主要的保护酶有SOD、过氧化物酶（POD）、过氧化氢酶（CAT）、谷胱甘肽过氧化物酶（GPX）等，其中SOD最为重要；主要的抗氧化物质有维生素E、抗坏血酸、还原型谷胱甘肽（GSH）、类胡萝卜素（CAR）、巯基乙醇（β-ME）等。

对水稻、烟草、菜豆等植物叶片的衰老研究表明，叶片中SOD活性随衰老而呈下降趋势，O_2^-等随衰老而增加，脂类过氧化产物MDA迅速积累；而植物处于生长旺盛时期，SOD活性则是随着生长的加速保持比较稳定的水平或有所上升，因此，SOD活性的下降与植物体的衰老呈正相关。SOD的主要功能是清除O_2^-，将其歧化为H_2O_2，H_2O_2可进一步在过氧化物酶或过氧化氢酶作用下分解。

（2）核酸与衰老

①差误理论。Orgel等人提出了与核酸有关的植物衰老的差误理论，认为植物衰老是由于基因表达在蛋白质合成过程中引起差误积累所造成的。当产生的错误超过一定阈值时，细胞机能失常，导致衰老。这种差误是由于DNA的裂痕或缺损导致错误的转录、翻译，使合成的蛋白质发生氨基酸排列顺序错误或引起多肽链折叠错误，进而形成并积累无功能的蛋白质（酶），造成代谢紊乱，启动衰老。

②核酸降解。研究表明叶片中蛋白酶基因的表达与叶片衰老过程相关，其中一些基因的表达具有衰老特异性。例如，在即将衰老的组织中，由于RNA酶活性上升而导致核酸（特别是rRNA）的降解，从而影响了功能蛋白质的生物合成，造成组织衰老。因此认为DNA降解是导致衰老的主要原因之一。

在某些理化因子，如紫外线、电离辐射、化学诱变剂等因素的作用下，DNA受到损伤，其结构和功能遭到破坏，导致蛋白质合成受阻或合成无功能蛋白，结果造成细胞衰老。例如，紫外线照射能使DNA分子中同一条链上两个胸腺嘧啶碱基之间形成二聚体，影响DNA双螺旋结构，使转录、复制和翻译等受到影响。

（3）激素与衰老

该学说认为，植物体或器官内各种激素的相对水平不平衡是引起衰老的原因。抑制衰老的激素与促进衰老的激素之间可相互作用，协同调控衰老过程。一般来说，细胞分裂素、低浓度的生长素、赤霉素、油菜素内酯、多胺等能延缓植物衰老；脱落酸、乙烯、茉莉酸、高浓度的生长素等则促进植物衰老，其中，乙烯是典型的衰老促进剂。

①乙烯。许多证据表明，乙烯是诱导衰老的主要激素。不利于生长的环境诱导逆境乙烯的产生，促进衰老，特别是促进花和果实的衰老；外源乙烯或ACC能加速叶片衰老；乙烯的水平和叶绿素降解相关；乙烯生物合成抑制剂（AVG和Co^{2+}）或拮抗剂（Ag或CO_2）都可延缓衰老；拟南芥的乙烯不敏感突变体的叶绿素降解推迟，衰老速率减慢；利用遗传工程获得ACC合成酶的反义mRNA植株，乙烯合成能力很低，叶片衰老推迟。

乙烯调节衰老的机制：一是乙烯使呼吸电子传递转向抗氰呼吸代谢途径，从而引起电子传递速率增加4~6倍，ATP生成少，物质消耗多，而促进衰老；二是乙烯能增加膜的透性，刺激氧气的吸收并产生活性氧（如H_2O_2），过量活性氧使膜脂过氧化，而使植物衰老。因此，可用乙烯释放剂（如乙烯利）来促进成熟和衰老，而用乙烯吸收剂$KMnO_4$、乙烯合成抑制剂AVG推迟果实和叶片的衰老，延长切花寿命。

②脱落酸。可抵消细胞分裂素和赤霉素的作用，促进衰老，同时也可诱导乙烯的产生而引起衰老。但有证据表明，脱落酸并不是引起衰老的关键因子。

外源施用脱落酸可直接促进离体植物衰老，但对整体植物的效果则不明显。这可能是脱落酸利用关闭气孔的效应协同其他作用来促进衰老的。

③茉莉酸类物质。茉莉酸和茉莉酸甲酯能加快叶片中叶绿素的降解，加速Rubisco分解，进乙烯合成，提高蛋白酶与核酸酶等水解酶的活性，从而加速生物大分子降解，加速衰老。

④细胞分裂素。这是最早被发现具有延缓衰老作用的内源激素。在刚刚发生衰老的叶片上施CTK，通常能显著延缓衰老，有时甚至可以逆转衰老。细胞分裂素延缓衰老，一方面是于细胞分裂素可刺激多胺的形成，而多胺可抑制ACC合成酶的形成，进而减少乙烯的生成，同时，多胺还可清除自由基；另一方面是由于细胞分裂素能吸引营养物质而延缓衰老。细胞分裂素延缓叶绿素和蛋白质降解，维持Rubisco和PEP羧化酶的活性，保护膜的完整性，维持SOD和CAT的活性。

⑤生长素。低浓度的生长素能延缓衰老，而高浓度的生长素对衰老有促进作用，这可能与生长素能促进乙烯合成有关。此外，生长素还与胞液内游离态钙离子浓度的增加以及钙在细胞之间的运输有关，生长素可能通过钙-钙调蛋白对植物衰老起调控作用。

⑥多胺。多胺类物质中的腐胺、精胺、亚精胺等可延缓植物衰老。多胺可通过维持膜系统的稳定性，抑制乙烯合成，抑制体内自由基的产生，保持SOD、CAT等活性氧清除酶较高的活性，促进DNA、RNA和蛋白质的合成，稳定细胞内生物大分子的含量等方面来延缓植物衰老。衰老时，多胺生物合成酶活性下降，氧化酶活性上升，使植物体内的多胺水平降低。可见，植物细胞维持一定水平的多胺，可起到推迟衰老的作用。

此外，赤霉素也能阻止叶绿素和蛋白质降解，并清除自由基，而延缓衰老。油菜素甾体类化合物也都有一定的延缓衰老的效应。乙烯可能与脱落酸和细胞分裂素共同调控植物细胞的PCD，进而调控衰老。可见，衰老与植物体内多种激素的综合作用有关。

14.5　器官脱落

14.5.1　器官脱落与离层的形成

1. 脱落的类型及其生物学意义

脱落是指植物细胞、组织或器官脱离母体的过程。脱落可分为三种类型：第一种是由于衰老或成熟引起的脱落，如果实和种子成熟后的脱落；第二种是由于逆境条件（高温、低温、干旱、水涝、盐渍、污染、病虫害等）引起的脱落，称作胁迫脱落；第三种是因植物自身的生理活动而引起的脱落，称作生理脱落，如营养生长和生殖生长的竞争、源与库的不协调、光合产物运输受阻或分配失控均能引起生理脱落。胁迫脱落和生理脱落都属于异常脱落。

脱落有其特定的生物学意义，即利于物种的保存，尤其是在不适宜生长的条件下。如种子、果实的脱落，可以保存植物种子繁殖其后代；部分器官的脱落有益于留存下来的器官发育成熟，例如，脱落一部分花和幼果，可以让剩下的果实得以发育。然而，异常脱落也常常给农业生产带来重大损失，如棉花花蕾的脱落率可达70%左右，大豆花荚脱落率也很高。

2. 离层的形成

器官脱落大都发生在离层，离层是指分布在叶柄、花柄和果柄等基部的一段区域，经横向分裂而形成的几层细胞（见图14-11），这个特定的组织区域，称作离区。构成离层的细胞体积小、排列紧密、细胞壁薄，有浓稠的原生质和较多的淀粉粒，细胞核大而突出。脱落就发生在离层细胞之间。叶片行将脱落之前，纤维素酶和果胶酶活性的增强，导致细胞壁的中胶层分解，细胞彼此离开，叶柄只靠维管束与枝条相连，在重力与风力等作用下，维管束折断，于是叶片脱落。正是由于离层的形成，使脱落时不会损伤原来的组织，同时形成一层新的保护层，使新暴露出来的组织免受干旱和微生物的伤害。

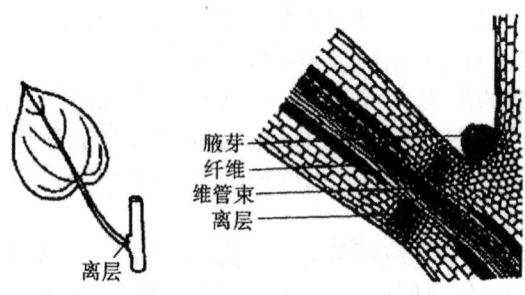

图14-11　双子叶植物叶柄基部离层结构示意

多数植物叶片在脱落之前已形成离层，只是处于潜伏状态，一旦离层活化，即引起脱落。但也有例外，如烟草、禾本科植物的叶片不产生离层，因而叶片枯萎也不脱落；花瓣不形成离层也可脱落。

14.5.2　脱落的激素调控

1. 生长素

生长素对植物器官脱落的效应与生长素使用浓度、时间和处理部位有关。低浓度的生长素促进器官脱落，而高浓度生长素则抑制器官脱落。如菜豆叶片随着叶龄的增加，生长素含量逐渐降低，到叶龄为70 d时，生长素含量降至最低，叶片脱落，说明生长素与脱落有关。外施生长素确实可以防止脱落。将一定浓度的生长素施在离区近轴端（离区靠近茎的一端），则促进脱落；施于远轴端（离区靠近叶片的一侧），则抑制脱落。这表明脱落与离区两侧的生长素含量密切相关。阿迪柯特等（1955）提出了生长素梯度学说来解释生长素与脱落的关系。该学说认为，器官脱落为离区两侧的生长素浓度所控制，当远轴端的生长素含量高于近轴端时，则抑制或延缓脱落；反之，当远轴端生长素含量低于近轴端时，则加速脱落。

2. 乙烯

乙烯是与脱落有关的重要激素。内源乙烯水平与脱落率呈正相关。奥斯本（1978）提出双子叶植物的离区存在特殊的乙烯响应靶细胞，乙烯可刺激靶细胞分裂，促进多聚糖水解酶的产生，从而使中胶层和基质结构疏松，导致脱落。乙烯的效应依赖于组织对它的敏感性，随植物种类以及器官和离区的发育程度不同而敏感性差异很大，当离层细胞处于敏感状态时，低浓度乙烯即能促进纤维素酶及其他水解酶的合成及转运，导致叶片脱落；而且离区的生长素水平是控制组织对乙烯敏感性的主导因素,只有当其生长素含量降至某临界值时,组织对乙烯的敏感性才能得以发展。试验证明,叶片内生长素的含量可控制叶片对乙烯的敏感性。乙烯处理会促进嫩叶脱落,但对完全展开的叶片无影响,因为完全展开的叶片内游离生长素含量较嫩叶高,因此对乙烯不敏感。

3. **脱落酸**

生长的叶片内脱落酸含量很少,而在衰老的叶片和即将脱落的幼果中,脱落酸含量很高,尽管如此,脱落酸并非是导致脱落的直接原因。脱落酸的主要作用是刺激乙烯的合成,并抑制叶柄内生长素的传导,提高组织、器官对乙烯的敏感性,促进纤维素酶和果胶酶等水解酶的合成,加速植物衰老,引起器官脱落。秋天短日照促进脱落酸合成,所以导致季节性落叶,这正是短日照成为叶片脱落信号的原因。但脱落酸促进脱落的作用低于乙烯,乙烯能提高脱落酸的含量。

4. **赤霉素和细胞分裂素**

赤霉素和细胞分裂素间接影响脱落,其主要作用是颉颃脱落酸和乙烯,抑制水解酶的合成,促进果胶质和纤维素合成酶的形成,延缓植物衰老,因而可以间接地减少器官脱落。例如,细胞分裂素能降低玫瑰和香石竹组织对乙烯的敏感性,并阻止乙烯的合成。

总之,各种激素的作用并不是孤立的,器官的脱落也并非受某一种激素的单独控制,而是多种激素相互协调、平衡作用的结果。Addicott(1982)将离层内的激素效应总结如图14-12所示。

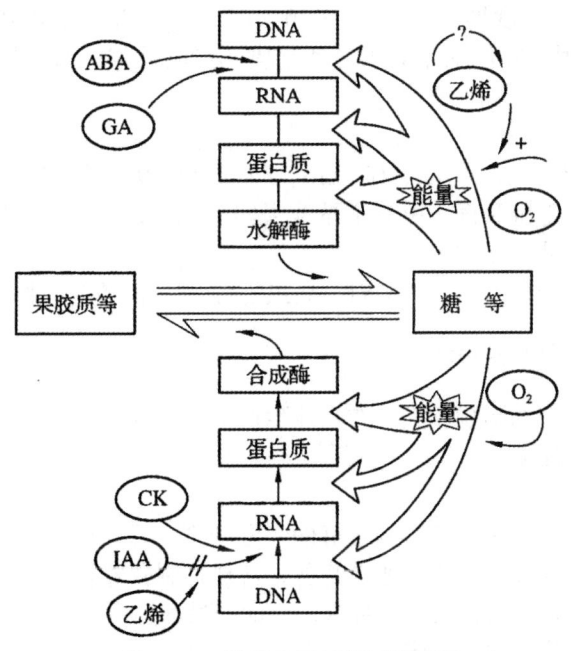

图14-12 激素作用于离层的图解

14.5.3 影响脱落的环境因素

1. **光照**

光照强度对器官脱落有较大的影响。通常,在一定的光照强度范围内,强光能抑制或延缓脱落，弱光则促进脱落。因为光照强度过弱，不仅使光合速率降低，形成的光合产物少，而且光可直接影响碳水化合物的积累与运输，使叶片和果实因营养缺乏而脱落。如作物种植密度过大时，行间过分遮阴，易使下部叶片提早脱落。不同光质对脱落也有不同影响，远红光增加组织对乙烯的敏感性，促进脱落，而红光则延缓脱落。短日照促进落叶，而长日照则延迟落叶。

2. 温度

温度过高或过低都会加速器官脱落。高温可提高呼吸速率，加速物质消耗，促进脱落，如棉花达到30 ℃，四季豆达到25 ℃时，脱落加快。在田间条件下，高温常引起土壤干旱而加速脱落。低温既降低酶的活性，又影响物质运输，也导致脱落，如霜冻引起棉花落叶。低温往往是秋天树木落叶的重要因素之一。

3. 水分

干旱促进器官脱落的主要原因是影响了内源激素水平。干旱可提高IAA氧化酶的活性，使生长素含量及细胞分裂素活性降低，促进离层形成而导致脱落。植物根系受到水涝时，也会出现叶、花和果的脱落。水涝主要通过降低土壤中氧气浓度影响植物生长发育，植物对水涝反应可产生逆境乙烯，因而其脱落也与植物激素有关。

4. 氧气

高浓度O_2促进脱落，其主要原因在于：一是高浓度O_2促进了乙烯的合成；二是高浓度O_2能够增加光呼吸，消耗过多的光合产物；三是O_2浓度高容易形成超氧自由基，加速衰老，导致脱落。通常O_2浓度增加到25%~30%时，就能够促进乙烯的合成，加速脱落。低浓度O_2抑制呼吸作用，降低根系对水分和矿质元素的吸收，造成植物发育不良，也会导致脱落。

5. 矿质营养

缺N、P、K、S、Ca、Mg、Zn、B、Mo、Fe都可导致脱落。Zn、N缺乏，影响生长素的合成；B素缺乏会使花粉败育，引起不孕或果实退化；Ca是胞间层的组成成分，Ca缺乏会引起严重的脱落和烂根。

此外，大气污染、盐害、紫外线辐射、病虫害等对脱落都会产生影响。

14.5.4 控制器官脱落的途径

器官脱落对农业生产的影响较大，在农业生产上，研究推迟和促进植物器官脱落的机制及其调控措施具有重要意义。

1. 改善营养条件

通过改善营养条件，使花、果得到足够的光合产物。可以增加水、肥供应，使形成较多的光合产物，供花、果发育所需要；适当修剪，甚至抑制营养枝的生长，使养分集中供应果枝；合理疏花、疏果，防止多数果实的脱落，保证产量和品质。

2. 应用植物生长调节剂或化学药剂

给叶片喷施生长素类化合物（如萘乙酸、2,4-D等）可延缓果实脱落。如用10~25 mg·L^{-1} 2,4-D溶液喷花或蘸花，可防止番茄落花、落果；采用乙烯合成抑制剂AVG能有效地防止果实脱落；乙烯作用抑制剂硫代硫酸银（STS）能抑制花脱落；在棉花结铃盛期施用20 mg·L^{-1}赤霉素溶液，可防止和减少棉铃脱落。

生产上有时还需要促进器官脱落。化学脱果剂和落叶剂的使用，可有助于控制果实质量和便于机械采收。如用乙烯利可使棉花植株的老叶脱落，棉田通风透光，提高棉花产量；在棉花（或其他豆科植物）采收之前，施用氯酸镁、2，3-二氯异丁酸等脱叶剂可促进叶片集中脱落，便于机械收获；为了机械收获葡萄或柑橘等果实，常喷洒一定浓度的氟代乙酸、环己亚胺等使果实容易脱离母体枝条。使用萘乙酰胺，可对苹果、梨等果树进行疏花、疏果，避免坐果过多，影响果实品质。这些药剂能促进脱落是因为它们可诱导乙烯形成，并降低生长素的含量。

3. 基因工程手段

可以通过调控与衰老有关的基因的表达来影响器官脱落。

思考题

1. 种子休眠的原因有哪些？如何解除休眠？
2. 影响果实色泽的因素有哪些？
3. 简述果实呼吸跃变的原因。
4. 植物衰老时发生了哪些生理生化变化？
5. 引起植物衰老的可能原因有哪些？
6. 植物体内自由基的清除系统由什么组成的？主要的保护酶有哪些？
7. 如何调控器官的衰老？

第15章 植物逆境生理

15.1 植物的逆境和抗逆性

15.1.1 植物逆境

植物体是一个开放体系，生存于自然环境。自然环境不是恒定不变的，天南地北，水热条件相差悬殊，即使同一地区，一年四季也有冷热旱涝之分。逆境是指对植物生存和发育不利的各种环境因素的总称，也可称为胁迫。逆境的种类多种多样（见图15-1），包括物理的、化学的、生物的因素等，可分为生物逆境和非生物逆境两大类。对植物产生重要影响的非生物逆境主要有水分（干旱和淹涝）、温度（高温、低温）、盐碱、环境污染等理化逆境，生物逆境主要包括病害、虫害、杂草等。逆境之间通常是相互联系的。例如，水分亏缺通常伴随着盐碱和高温逆境，水分胁迫、低温胁迫、病虫害和大气污染等都可引起活性氧伤害。

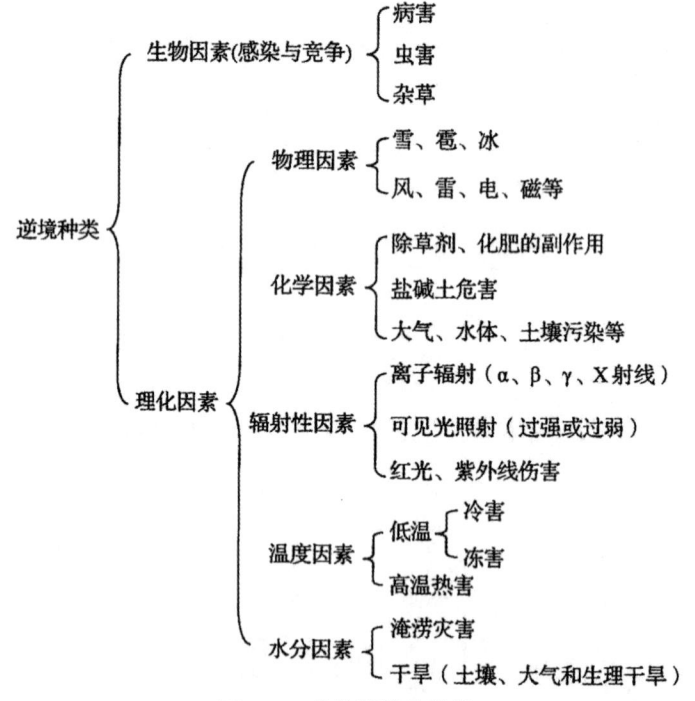

图15-1 植物逆境的种类

植物对环境胁迫的反应与环境因子的性质和胁迫的特性有关，包括胁迫的持续时间、胁迫的强度、环境因子的组合、胁迫的次数。植物对环境胁迫的反应还与植物自身的特性有关，包括植物的器官或组织、植物的发育阶段、植物的受胁迫经历和植物的种类或基因型（见图15-2）。

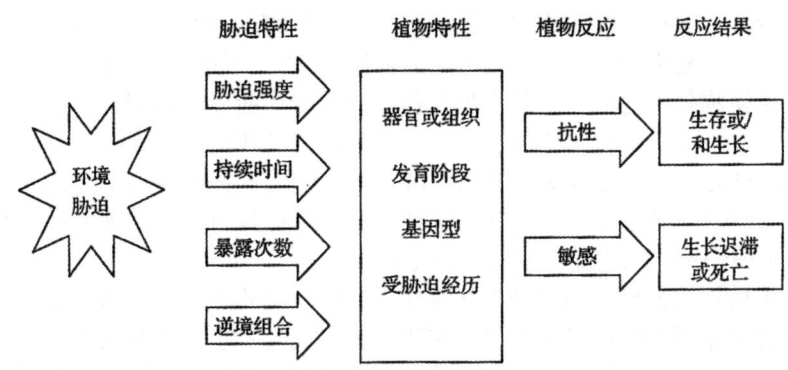

图15-2 植物对胁迫的反应

植物对逆境的响应可分为4个水平，即个体水平、细胞水平、分子水平和信号转导水平。个体水平的响应表现为根、茎、叶等器官在各个发育时期的适应性变化。细胞水平的响应表现为膜组分和结构的改变、渗透调节物质的消减、活性氧清除能力的变化、激素类物质及其平衡的变化以及保护性物质的积累等。分子水平的响应表现为DNA表达的调控、酶活性的调控、逆境蛋白的产生等。信号转导水平的响应是植物对逆境的最初响应，各种逆境信息被植物体感受后在胞内产生信号分子，再通过细胞信号系统使细胞做出各种协同响应。

15.1.2 植物抗性的方式及其比较

如果说逆境（胁迫）指某一种使植物内部产生有害变化的环境因子，如水分胁迫、温度胁迫、盐分胁迫等，那么当植物受到胁迫之后而产生的相应变化则可称为胁变。胁变既可表现为物理变化（如原生流动变慢或停止）又可表现为化学变化（代谢方向与强度）。胁变的程度有轻有重，程度轻且解除胁迫后又能复原的胁变称为弹性胁变；程度重而解除胁迫后不能复原的胁变称为塑性胁变。当胁迫急剧或时间较久则会导致植物死亡。植物在逆境下的生理反应称为植物逆境生理。逆境下植物的反应是多种多样的，从生长到发育、从器官到细胞、从酶系统到代谢等方面都能看到逆境下生理反应的变化。植物在长期的系统发育中逐渐形成了对逆境的适应和抵抗能力，这种适应和抵抗能力称为抗逆性，简称抗性。

抗性是植物在对环境的逐步适应过程中形成的。如果植物长期生活在某种逆境中，通过自然选择，有利性状被保留下来，并不断加强，不利性状不断被淘汰，植物即产生一定的适应该种逆境的能力，即能采取不同的方式去抵抗各种胁迫，适应逆境，以求生存与发展。植物对逆境的适应能力称为植物的适应性。植物的适应性表现为多种多样（见图15-3）。主要表现为避逆性、御逆性和耐逆性三个方面。

避逆性是指植物整个发育过程不与逆境相遇，而是在相对适宜的环境中完

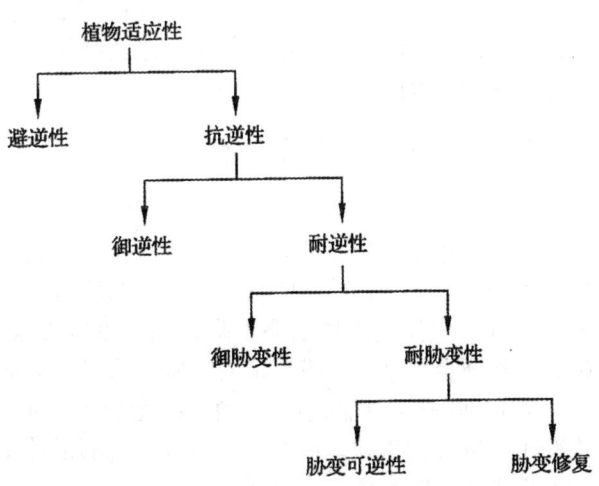

图15-3 植物的各种适应性及其相互关系

成其生活史的特性。这种形式在植物进化上是十分重要的。例如，沙漠中的某些植物干旱时处于休眠状态，在有足够的雨水时会迅速生长、开花结实，完成生活史。

御逆性是指植物处于逆境时，其生理过程不受或少受逆境的影响，即逆境条件下仍能保持正常的生理活性，主要是在内部创造一个适宜生活的内环境，免除外部不利条件对其的危害，或者通过各种方式摒拒逆境对植物组织施加的影响。这类植物的抗逆方式表现在根系发达、叶片小、蒸腾低及输导系统发达等。例如，仙人掌在其组织内贮藏大量的水分，白天将气孔关闭降低蒸腾作用，以避免干旱对其产生的影响。

耐逆性是指植物通过自身的生理生化变化来适应环境的能力。当植物生存的内外环境都不利时，植物随逆境而发生相应的变化，它通过代谢反应阻止、降低或修复由逆境造成的损伤，使其仍保持正常的生理活动。例如，某些苔藓植物，在极度干旱的季节仍能存活，一旦水分供应充足，就能旺盛地生长。一般来说，在可忍受范围内，逆境所造成的损伤是可逆的，即植物可恢复其正常生长；如超出可忍受范围，损伤是不可逆的，完全丧失自身修复能力，植物将受害甚至死亡。

御胁变性是指植物在逆境作用下能减低单位胁迫所引起的胁变，起着分散胁迫的作用。如蛋白质合成能力强、蛋白质分子间的键结合力强和保护性物质多等，使植物对逆境的敏感性减弱。

耐胁变性又可分为胁变可逆性与胁变修复两种情况。

胁变可逆性是指逆境作用于植物体后植物产生一系列生理变化，当环境胁迫解除后，各种生理功能能够迅速恢复正常。

胁变修复是指植物在逆境下通过代谢过程迅速修复被破坏的结构和功能。

15.2 植物抗逆性的生理生化基础

15.2.1 植物形态结构的变化

逆境条件下植物形态有明显的变化。如干旱会导致叶片和嫩茎萎蔫，气孔开度减小甚至关闭；淹水使叶片黄化、枯干，根系褐变甚至腐烂；高温下叶片变褐，出现死斑，树皮开裂；病原菌侵染叶片出现病斑。逆境往往使细胞膜变性、龟裂，细胞的区域化被破坏，原生质的性质改变，叶绿体、线粒体等细胞器结构遭到破坏。植物形态结构的变化与代谢和功能的变化是相一致的。

15.2.2 植物代谢的变化

1980年，莱维特指出，不同的环境胁迫（如冰冻、低温、高温、干旱、盐渍、土壤过湿和病害）作用于植物体时均能造成植物水分胁迫，且植物体内的水分状况变化相似，即植物吸水能力下降，蒸腾量降低，但由于蒸腾量大于吸水量，植物组织的含水量降低而产生萎蔫。例如，盐渍使土壤水势下降，植物难以吸水也间接地造成水分胁迫。一旦出现水分胁迫，植物便会脱水，对膜系统的结构与功能产生不同程度的影响。

在任何一种逆境胁迫下，植物的光合速率都呈明显下降趋势。例如，低温使得叶绿素合成受阻，叶片发生缺绿或黄化，各种光合酶活性受到抑制，如果此时再伴有阴雨、光照不足的条件则植物的光合速率会下降更多。

逆境下植物的呼吸速率变化不稳，表现为呼吸速率降低、呼吸速率先升高后降低和呼吸速率明显增强。冰冻、高温、盐渍和淹水胁迫时，植物的呼吸速率逐渐降低；零上低温和干旱胁迫时，植物的呼吸速率先升后降，即胁迫开始的短时间内呼吸速率上升，2～3 d 后随着胁迫时间的延长又明显地下降。植物在逆境条件下呼吸速率发生变化的同时，植物的呼吸代谢途径亦发生变化。例如，干旱、感病、机械损伤是 PPP 途径所占比例增加，当内外因素不利于 EMP 途径的酶类时，PPP 途径依然畅通甚至还能加强，从而提高了植物的适应能力。

许多资料表明，在各种逆境条件下，植物体内的物质合成小于物质分解，即水解酶类（磷酸化酶和蛋白酶）活性大大提高，大分子物质降解，淀粉水解为可溶性糖，蛋白质水解为氨基酸。

15.2.3 逆境下膜结构和变化

植物抗逆性与生物膜结构的关系早就引起了人们的注意，1912 年，马克西莫夫就提出原生质膜是结冰伤害的主要部位。莱恩斯依据生物膜理论和植物抗冷性方面的研究报告，首先提出了植物冷害的"膜伤害"假说。他指出，生物膜由于其结构特点会随温度的降低而产生物相变化。因此，生物膜和抗逆性密切相关。按照生物膜的流动镶嵌学说，膜的双分子层脂类的物理状态与温度有关。温度高时为液晶相，温度低时为凝胶相。实验表明，零上低温首先使膜的形态发生改变，从液晶相变为凝胶相，膜出现裂缝，透性增大，使电解质和可溶性有机物质外渗，从而破坏原来的离子平衡。同时，膜相的改变，也使得结合在膜上的酶系统活性降低，这些变化最终导致细胞代谢失调。现已查明，不仅原生质的存在状态与含水量有关，而且膜的结构与状态也与含水量有关。逆境下植物组织脱水，使得膜系统在不同脱水情况下产生不同形式的胁变，缓慢脱水时细胞塌陷使细胞表面延伸，严重脱水时，促使膜脂由双分子层的排列方式转变为六晶形结构的星状排列。以上两种脱水条件都会使膜蛋白从膜系统中游离出来，导致蛋白质变性聚合和离子泵破坏。

一般认为，膜脂种类以及膜脂中饱和脂肪酸与不饱和脂肪酸的比例与植物的抗寒性、抗热性、抗旱性、抗盐性等密切相关。膜脂中不饱和脂肪酸越多，固化温度越低，抗冷性就越强。

由于正常活细胞的膜结构需要膜脂有一定的流动性，因此，植物细胞膜膜脂中含有较多碳链短的、不饱和键多的脂肪酸时，对于提高植物的抗逆性有重要意义。如适当的逆境锻炼，可以使植物细胞膜组分中脂肪酸的不饱和度增加，从而使抗逆性增强。

饱和脂肪酸与植物抗旱性密切相关。抗旱性强的小麦品种在灌浆期如遇干旱，其叶表皮细胞内的饱和脂肪酸较多，而不抗旱的小麦品种则较少。

15.2.4 渗透调节与植物抗逆性

1. 渗透调节的概念

渗透胁迫是指环境的低水势对植物体产生的水分胁迫，包括土壤干旱、盐渍等，低温和冰冻也会对细胞产生渗透胁迫。在渗透胁迫下，植物细胞失水，膨压减小，生理活性降低，严重时细胞完全丧失膨压，最后导致细胞死亡。

多种逆境都会对植物产生水分胁迫。水分胁迫时植物体内积累各种有机和无机物质，以提高细胞液浓度，降低其渗透势，这样植物就可保持其体内水分，适应水分胁迫环境。这种由于提高细胞液浓度，降低渗透势而表现出的调节作用称为渗透调节。渗透调节是在细胞水平上进行的。

2. 渗透调节物质

目前已知的植物细胞的渗透调节物质的种类很多，大致可分为两大类：一类是由外界环境进入细胞的无机离子，如K^+、Cl^-等；另一类是细胞自身合成的有机物质，在维管植物中主要是脯氨酸（Pro）、甜菜碱和可溶性糖。通常，作为渗透调节物质的可溶性有机物质必须具备以下共同特点：①分子量小，容易溶解；②在生理pH值范围内不带静电荷，能为细胞膜保持住而不易渗漏；③能维持酶构象的稳定而不致溶解；④对细胞器无不良影响（无毒害作用）；⑤生物合成迅速，并在一定区域内很快积累到足以引起调节渗透势的量，从而起到调节渗透势的作用。

（1）无机离子

逆境下细胞内常常累积无机离子以调节渗透势，特别是盐生植物主要靠细胞内无机离子的累积来进行渗透调节。虽然细胞质和液泡的渗透势一样，但两者的无机离子浓度不同，细胞质中的渗透式明显低于液泡。因此，无机离子主要是作为液泡中的渗透调节物质。

（2）脯氨酸

脯氨酸是最重要和最有效的渗透调节物质之一。据研究，在逆境尤其是在干旱和盐渍条件下，植物体内游离脯氨酸含量可增加数十倍甚至上百倍，可占总游离氨基酸的2%左右。例如，抗旱的高粱品种的脯氨酸积累比不抗旱品种高1倍以上。现已查明，在逆境下游离脯氨积累的主要原因是脯氨酸的合成受激而氧化受抑，蛋白质的合成受阻而水解加强。此外，外施脯氨酸也可以减轻高等植物的渗透胁迫。脯氨酸在抗逆中的作用有两点：一是作为渗透调节物质，保持原生质与环境的渗透平衡；二是保持膜结构的完整性。脯氨酸与蛋白质相互作用能增加蛋白质的可溶性和减少可溶性蛋白的沉淀，增强蛋白质的水合作用。

目前认为，脯氨酸是一种理想的渗透调节物质。因为，①游离脯氨酸的等电点pH=6.3，是中性化合物，大量积累不致引起酸碱失调，对酶的活性无抑制作用；②游离脯氨酸的毒性最低，利用生物试验法证明，在构成蛋白质的所有氨基酸中，高浓度的游离脯氨酸对细胞生长的抑制作用最低；③游离脯氨酸的溶解度最高，25 ℃下100 g水中溶解脯氨酸达162.3 g（是谷氨酸的192倍，天冬氨酸的300倍）。此外，脯氨酸还是一种既富含氮素又富含能量的化合物，在干旱等逆境胁迫下，可结合游离NH_3，既消除毒害作用又贮存氮素（复水时作为无毒形式的氮源）；脯氨酸在脱氢酶的作用下可转变为α-酮戊二酸或作为呼吸底物，或转化为谷氨酸，可提供2分子的NAD(P)H。

（3）甜菜碱

甜菜碱是一种含氮化合物，为季铵衍生物，化学名称为N-甲基代氨基酸。植物中的甜菜碱主要有12种，常见的有甘氨酸甜菜碱、丙氨酸甜菜碱、脯氨酸甜菜碱（见图15-4）。甜菜碱在19 ℃下100 mL水中可溶解157 g；在生理pH范围内不带静电荷；无毒，即使浓度达到$0.5\sim1000$ mmol·L^{-1}时亦无毒害作用。由于其最初是从甜菜中发现的，故称作甜菜碱。许多资料表明，在干旱和盐渍条件下，多种植物体内游离甜菜碱的含量都有提高。在逆境条件下由于甜菜碱在细胞原生质中的积累量高于液泡，因此可作为细胞质渗透物质。在水分亏缺时，甜菜碱积累比脯氨酸慢，解除水分胁迫时，甜菜碱的降解也比脯氨酸慢。

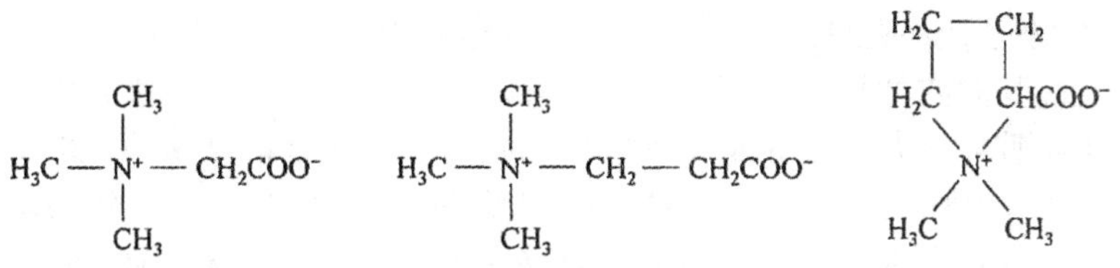

图15-4 几种常见的甜菜碱

甜菜碱具有如下生理意义：①作为细胞的解毒剂。在干旱和盐渍等逆境条件下，细胞失水，水解反应加强，蛋白质和氨基酸水解产生NH_3，伤害植物，但甜菜碱在积累过程中能够消除NH_3的毒害，并贮存氮素。②作为酶的稳定剂。甜菜碱能消除Cl^-对某些酶（如RuBP羧化酶、苹果酸脱氢酶等）的抑制作用，防止酶分解为亚基，从而稳定了高盐下酶的活性。③作为生物合成中的甲基供体，参与植物体内各种甲基化反应。如蛋氨酸、甘氨酸等多种氨基酸的合成，以及嘌呤和嘧啶的合成。④参与磷脂的生物合成。逆境解除后植物常进行自身修复，由于甜菜碱可以转化为胆碱，而胆碱又可与甘油、脂肪酸、磷酸共同结合成卵磷脂（磷脂的一种），从而为细胞膜系统的修复提供物质基础。

（4）可溶性糖

可溶性糖是另一类渗透调节物质，包括蔗糖、葡萄糖、果糖、半乳糖等。可溶性糖的积累一方面来自于淀粉等大分子碳水化合物的分解；另一方面是光合产物形成时直接转向低分子量的蔗糖等，而不是淀粉。

（5）多元醇

多元醇也是一类渗透调节物质。多元醇具有多个羟基，亲水性强，在细胞中积累，能有效维持细胞的膨压，包括甘露醇、山梨醇、肌醇等。许多研究表明，高含量的多元醇在植物抵御干旱、高盐中发挥渗透调节作用。如甘露醇就是一种在盐和干旱胁迫下积累的糖醇，可以减轻非生物胁迫对植物所造成的危害。

3. 渗透调节的生理效应

植物体内各种渗透调节物质种类较多，其共同特点是分子量小、易溶解；有机物在生理pH范围内不带静电荷；能被细胞膜保持住；引起酶结构变化的作用较小；在酶结构稍有变化时，能使酶构象稳定，而不至溶解；生成迅速，并能累积到足以引起渗透调节的量。

渗透调节的主要生理作用就是完全或部分地维持细胞膨压，从而有益于其他生化过程。渗透调节维持了膨压，因而促进细胞的扩大和生长；渗透调节还可以保持气孔的开度，增加气孔导度而利于光合作用的进行；脯氨酸和甘露醇能够清除活性氧，提高植物抗氧化能力。

15.2.5 自由基与植物抗性

1. 植物对自由基的清除和防御

在干旱、高温、低温、辐射、大气污染等逆境胁迫下，可在植物的细胞壁、细胞核、叶绿体、线粒体以及微体等部位通过生物体自身代谢产生自由基，以氧自由基（活性氧）为主。对植物而言，没有氧就没有植物生命。基态氧分子具有较低的反应活性，但是氧也会被活化，植物组织中可以通过各种途径形成对细胞有害的活性氧。

自由基具有很强的氧化能力，对许多生物功能分子有破坏作用，但在正常情况下，植物细胞内自由基的产生和清除处于动态平衡状态，自由基的浓度很低，不会对细胞造成伤害作用。但是，当植物受到逆境胁迫时，这种平衡状态被破坏，自由基的产生速率高于清除速率，因此，当自由基的浓度超过伤害"阈值"时，必将导致多糖、脂质、核酸、蛋白质等生物大分子的氧化与破坏，尤其是膜脂中的不饱和脂肪酸的双键最易受到自由基的攻击，产生脂质的过氧化作用，并引起连锁反应，使膜结构破坏，胞内组分外渗，代谢紊乱；同时，脂质过氧化产生的脂性自由基可使膜蛋白或膜酶发生聚合反应和交联反应，破坏了蛋白质的结构与功能，最终造成细胞的伤害和死亡。

当然，植物体中也有防御系统，能降低或消除活性氧对膜脂的攻击能力。植物的防御系统主要有两类，即酶系统和非酶系统。酶系统包括超氧化物歧化酶（SOD）、过氧化氢酶（CAT）、过氧化物酶（POD）等；非酶系统包括抗坏血酸、类胡萝卜素、谷胱甘肽、维生素E等。

此外，植物体还可以通过细胞色素氧化酶呼吸链将氧直接还原成水来减少氧接受电子生成活性氧的机会，从而防御自由基的产生。

2. 活性氧对植物的作用

植物生命活动中不可避免要产生活性氧。活性氧对植物既有消极伤害的一面，又有积极有益的一面。

活性氧对植物的伤害作用表现为：破坏细胞的结构和功能，抑制植物的生长，诱发膜脂的过氧化作用，损伤DNA和蛋白质等生物大分子。

活性氧对植物的有益作用主要有：以反应物或辅基的形式参与许多酶促反应等细胞的代谢过程；参与植物的抗病作用，直接作用于病原体或启动木质素等抗病物质的合成；参与乙烯的形成；参与调节过剩光能耗散；诱导植物抗性提高。

15.2.6 内源激素与植物抗性

植物对逆境的适应过程受到植物遗传性和植物激素等因素控制，这些因素相互作用改变膜系统和酶的活性，使植物提高抗逆能力。目前对逆境下脱落酸和乙烯的变化研究得较为深入，结果也较为一致。水杨酸、茉莉酸等在植物抗性中也有非常重要的作用。逆境能使植物体内激素的含量和活性发生变化，并通过这些变化来影响植物生理过程，激素间比值的变化在抗逆性中的作用更为重要。

1. 脱落酸与植物的抗性

许多资料表明，干旱、水涝、低温、盐渍、辐射、氧缺乏等逆境下，植物体内游离脱落酸会迅速积累，含量大大提高，一般超过原来的十几倍乃至几十倍。而脱落酸含量的增加会提高植物抗逆性。因此，通常认为脱落酸是一种胁迫激素，又称为应激激素。

逆境条件下，植物组织中内源游离脱落酸含量的增加有助于植物抗性的提高。其机理可能有以下几个方面：①维持细胞结构和膜结构的稳定，防止逆境对细胞器和系统的伤害。脱落酸能防止微管拆卸，维持细胞骨架的稳定；脱落酸能提高膜脂的流动性，防止膜系统遭受低温伤害；脱落酸能维持抗氧化剂谷胱甘肽（GSH）含量的稳定，防止膜脂的过氧化。②防止水分散失，促进根系吸水。脱落酸能调节气孔运动，促使气孔关闭，减少蒸腾失水；脱落酸在根中能刺激离子的吸收与运转，增加根内渗透组分，提高吸水力。③改变植物内的代谢过程，促进某些溶质的积累。在干旱、低温、盐渍等逆境下，脱落酸能促进脯氨酸、可溶性糖、可溶性蛋白的积累，从而提高植物的抗旱性、抗寒性和抗盐性。④调节植物自身的保护功能。脱落酸能抑制植物生长，促进器官（如叶片）脱落，促进芽休眠，使植物度过不良的环境条件。

外施脱落酸可以提高植物抗逆性。许多试验表明，外施适当浓度的脱落酸能够提高作物的抗寒、抗冷、抗旱和抗盐能力。其机理主要有三方面：①减少膜的伤害，增加稳定性。脱落酸可使生物膜稳定，减少自由基对其的破坏，从而减少逆境导致的伤害。②改变体内代谢。③减少水分丧失。

2. 乙烯与植物的抗性

在内源激素中，乙烯是对逆境条件最为敏感的一种激素，具有所谓"遇激而增，传息应变"的特性。在水淹、干旱、高温、低温、盐渍、病虫侵食、辐射、毒物伤害等逆境条件下，乙烯均迅速增加，故又将其称为逆境乙烯。此外，在切割、摩擦、碰撞、触摸、振动、挤压、摇曳等机械伤害诱导下产生的乙烯则称为伤害乙烯。

目前，对于乙烯在植物抗性中的作用，研究得较为清楚的是以下两方面：第一，在机械刺激和向触形态发生中，乙烯具有重要作用。例如，幼苗出土遇到土块压力时，通过乙烯诱导的"三重反应"使幼苗绕过土块，摆脱障碍，顶出土面；攀缘植物的卷须接触到物体之后，乙烯使卷须两侧生长不等，数分钟内即可缠绕住物体；当风或动物摇动植物时，乙烯会迅速增加使植株生长减慢，茎变短变粗，分枝与不定根增生，形成抗倒伏性状。第二，当植物被病原微生物侵染和昆虫咬食时，乙烯能刺激苯丙氨酸解氨酶、肉桂酸羟化酶、多酚氧化酶、几丁质酶以及与酚类物质代谢有关酶类的活性提高，使伤口形成绿原酸、咖啡酸等酚类化合物，抑制病虫的侵染，促进伤口愈合。

15.2.7 植物的交叉适应及逆境蛋白

1. 植物的交叉适应现象

早在1975年，布斯巴等就指出，植物也像动物一样，存在着"交叉适应"现象，即植物经历了某种逆境后，能提高对另一些逆境的抵抗能力，这种对不良环境之间的相互适应作用，称为交叉适应。莱维特认为低温、高温等8种刺激都可提高植物对水分胁迫的抵抗力。缺水、缺肥、盐渍等处理可提高烟草对低温和缺氧的抵抗能力；干旱或盐处理可提高水稻幼苗的抗冷性；低温处理能提高水稻幼苗的抗旱性；外源ABA、重金属及脱水可引起玉米幼苗耐热性的增加；冷驯化和干旱则可增加冬黑麦和白菜的抗冻性。这些交叉适应或交叉忍耐往往包括了多种保护酶的参与（见表15-1）。

表15-1 在一些作物中发现的交叉忍耐

种属	处理	交叉忍耐	有关的酶
白酒草属	百草枯	阿特拉津，SO_2，光抑制	SOD，GR，AP
陆地棉	干旱	百草枯	GR
黑麦草属的	百草枯，SO_2	SO_2，百草枯	SOD，GR
烟草	O_2，百草枯	百草枯，SO_2	SOD，GR
玉米	干旱	百草枯，SO_2	SOD，GR

注：AP. 抗坏血酸过氧化物酶；GR. 谷胱甘肽还原酶；SOD. 超氧化物歧化酶。

逆境蛋白的产生也是交叉适应的表现。一种刺激（逆境）可使植物产生多种逆境蛋白。如某种茄属茎愈伤组织在低温诱导的第一天产生相对分子质量分别为21 000、22 000和31 000的3种蛋白，第七天则产生相对分子质量均为83 000而等电点不同的另3种蛋白。多种刺激可使植物产生同样的逆境蛋白。缺氧、水分胁迫、盐、脱落酸、亚砷酸盐和镉等都能诱导热激蛋白的合成；多种病原菌、乙烯、乙酰水杨酸、几丁质等都能诱导病原相关蛋白的合成。此外，脱落酸在常温下可诱导低温锻炼下才形成的相对分子质量为20 000的多肽。

多种逆境条件下，植物都会积累脯氨酸等渗透调节物质，植物通过渗透调节作用可提高对逆境的抵抗能力。

生物膜在多种逆境条件下有相似的变化，而多种膜保护物质（包括酶和非酶的有机分子）在胁迫下可能发生类似的反应，使细胞内活性氧的产生和清除达到动态平衡。

2. 逆境蛋白与抗逆相关基因

在逆境条件下，植物的基因表达发生改变，植物会关闭一些正常表达的基因，启动或加强一些与逆境相适应的基因。近年来的研究发现，在逆境胁迫下，植物不仅形态结构和生理生化产生相应的变化，而且在植物体内诱导合成一类新的蛋白质，以提高植物对逆境的适应能力，这些蛋白质可称为逆境蛋白。例如，在高于植物正常生长温度下诱导合成热休克蛋白（又称作热激蛋白，HSP）；低温下形成新的蛋白，称作冷响应蛋白或称作冷激蛋白；植物被病原菌感染后形成与抗病性有关的一类蛋白，称作病原相关蛋白（PR）；植物在受到盐胁迫时会形成一些新蛋白质或使某些蛋白合成增强，称为盐逆境蛋白。此外，逆境还能诱导植物产生同工蛋白或同工酶、厌氧蛋白（ANP）、渗调蛋白（渗压素）、厌氧多肽、紫外线诱导蛋白（UVP）、干旱逆境蛋白或干旱诱导蛋白、化学试剂诱导蛋白等。

抗逆相关基因包括功能基因和调节基因，前者控制表达上述的逆境蛋白，直接参与植物对逆境的保护反应，后者编码可调节抗逆基因表达的转录因子或编码在植物感受和传递胁迫信号中的信号蛋白、蛋白激酶等。

抗逆相关基因还可以根据其表达条件而分为低温诱导基因、渗透调节基因和干旱应答基因等类型。低温诱导可以诱发100种以上的抗冻基因表达，如拟南芥中这些基因表达会产生新多肽，在低温锻炼过程中一直保持高水平。新合成的蛋白质进入膜内或附着于膜表面，对膜起保护和稳定作用，从而防止冰冻伤害，提高植物抗冻性。渗透调节基因，一是指直接或间接参与渗透调节物质运输的蛋白质基因，二是指参与渗透调节物质合成的酶类基因，三是指植物细胞水孔蛋白基因及调控其表达的基因。

3. 逆境间的相互作用

逆境间的相互作用包括逆境间的协同互作和逆境间的颉颃互作等。

协同互作是指逆境组合诱导的对植物的有害影响，比任何一种逆境单独诱导的有害影响大。这种逆境组合的伤害实际上是一种复合伤害。

颉颃互作是指植物对一种逆境的适应或驯化可为另一种同时发生的逆境提供保护，即提高了对另一种逆境的抗性。这实际上就是所谓的交叉适应或交叉忍耐现象。例如，适应营养限制的植物通常有低的生长速率，相应地减少了植物对水分胁迫的敏感性。

总之，植物在生长发育过程中，很少仅有一种环境因子发生变化。相反，一般是多种因子同时发生相应变化，如强光和热相伴随。植物对单个因子的反应可能受其他因子变化的影响，逆境间的相互作用对植物的影响更为错综复杂。

植物的不同胁迫信号转导途径之间，既相互独立，又密切联系。例如，分别用低温、干旱、高盐和ABA处理水稻后，分析其基因表达情况。结果表明每种处理条件均诱导了特异基因的表达，同时有15个基因受这4个处理条件的诱导表达，25个基因受干旱和低温处理诱导表达，22个基因受低温和高盐处理诱导表达，43个基因同时受干旱和ABA处理诱导表达，17个基因受低温和ABA的诱导表达。

又如，研究发现，植物对低温胁迫、渗透胁迫和盐胁迫可能有共同的和交叉的途径，其过程如图15-5所示。

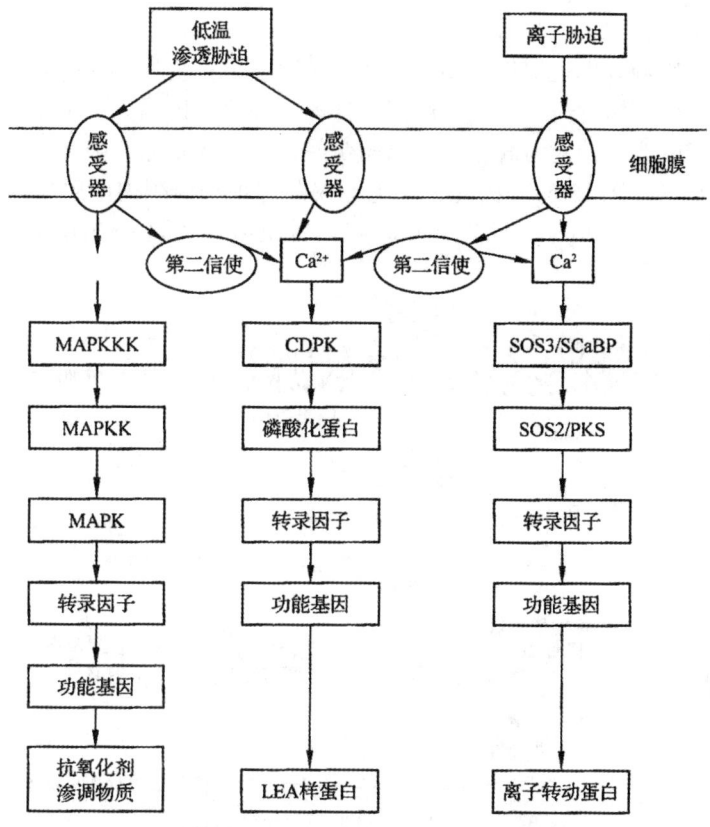

MAPK：有丝分裂原活化蛋白激酶；LEA：胚胎发育晚期丰富蛋白；CDPK：钙依赖型蛋白激酶；SOS3：一种Ca^{2+}感受蛋白；SCaBP：SOS3样钙结合蛋白 PKS：蛋白激酶S

图15-5　植物对低温、渗透胁迫和离子胁迫反应的信号转导途经

15.3　植物的非生物胁迫

15.3.1　温度胁迫

低温对植物的危害，按低温程度和植物受害情况可分为冷害和冻害。冷害又称寒害，是指0℃以上低温对植物造成的伤害；冻害是指0℃以下低温对植物所引起的伤害。霜冻也属于冻害。

1. 抗冷性

原产热带和亚热带的植物常常遭受冷害。在我国，冷害经常发生于早春和晚秋，对作物的危害主要是苗期或籽实成熟期。如水稻、棉花和春播蔬菜幼苗，常会遭受0℃以上低温危害，造成死苗、烂种或僵苗不发。对正在长叶或开花的果树，也会引起叶片凋萎或大量落花。晚稻开花期遇到冷空气侵袭，则会使花粉败育，形成空瘪粒。另外，原产热带、亚热带的果蔬，如香蕉、柑橘、番茄、甘薯等，在生长期间或采后、贮藏、运输过程中，遇到0 ℃以上低温，也会造成很大的伤害。应当指出的一点是：冷害造成的伤害程度除直接受温度影响外（包括低温下降程度和低温持续时间），还受植物组织的生理年龄、生理状况以及对冷害的相对敏感性影响。冷害过程的生理生化变化包括以下几个方面。

（1）对生物膜的影响

冷害对植物的影响首先是损伤生物膜，在正常温度下，生物膜保持一定流动性，当温度降低时，某些喜温植物如番茄、黄瓜、辣椒、甘薯、香蕉、柑橘等，由于膜脂中不饱和脂肪酸含量较少，膜脂由液相转变为固相，膜脂相变使得膜结构紧缩，破坏了膜的选择透性，导致细胞内物质外渗（见图15-6）。因此，用电导仪测定植物组织内电解质的外渗情况，可作为衡量植物抗冷性的一项指标。此外，膜脂固化后使结合在膜上的酶活性下降，或解离失活，结果造成新陈代谢失调。

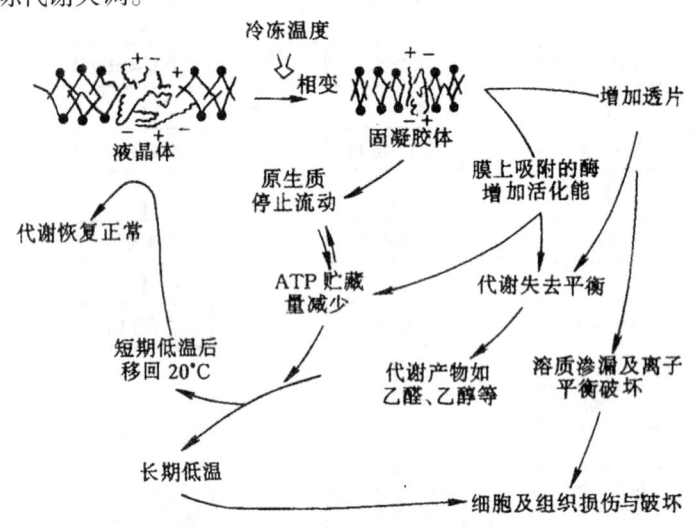

图15-6　冷害引起脂质和生理的变化

膜脂相变温度（即膜脂由液相向固相转变的起始温度）随膜脂组成成分中脂肪酸链的长度而增加，随不饱和脂肪酸含量增高而降低。试验证明，温带植物之所以比热带植物较能耐受低温，因前者构成膜脂的不饱和脂肪酸含量较高。抗寒性强的植物，在低温下合成不饱和脂肪酸较多。经低温锻炼的棉花、番茄幼苗，叶片膜脂中不饱和脂肪酸含量明显增高，因而相变温度降低，抗寒性增强。膜脂不饱和脂肪酸的含量与植物抗寒性有何关系？现认为不饱和脂肪酸的不饱和键数与其固化温度有关，相同碳链长度的脂肪酸，不饱和键数越多，固化温度越低。因此，增加膜脂不饱和脂肪酸含量，对提高植物的抗寒性是有利的。

研究进一步表明叶片膜磷脂中磷脂酰甘油（phosp hatidylglycerol）含量与植物抗寒性关系十分密切，磷脂酰甘油是叶绿体膜脂的一种次要成分。Murata（1982）对9种冷害敏感植物和12种抗冷植物进行了测定，结果表明在低温下膜脂中磷脂酰甘油比例增加，膜脂流动性大，则不耐冷；反之，则属抗冷性强的植物。

（2）吸收机能减弱

在低温下细胞原生质流动性减慢或停止，根细胞原生质黏度增大，阻碍水分和养料的吸收。此时地上部分的蒸腾作用明显大于根系对水分的吸收，水分平衡失调，叶片容易失水萎蔫，严重时甚至整个叶片失水干枯。南方水稻育秧季节常常遭受冷害，特别是在天气突然放晴转暖时，秧田容易出现青枯死苗。青枯死苗属生理病害，由于秧苗叶片蒸腾强烈，失水多，心叶幼嫩，保水力差，首先失水萎蔫，发生卷心，最后整株干枯而死。其他喜温作物如番茄、黄瓜等，在土温降至 $10\sim12$ ℃以下，根毛细胞原生质即停止流动，水分和养分吸收开始出现困难，影响正常代谢。抗寒性强的品种遭受冷害，地上部失水较少，受害较轻；抗寒性弱的品种失水较多，受害较重。

（3）光合作用减弱

低温影响叶绿素的生物合成和参与光合作用的各种酶的活性，如果低温再伴随光照不足（寒潮常导致阴雨寡照），则影响更为严重。如南方早春育秧季节，遇到日平均气温在 10 ℃以下的阴雨天气，水稻幼叶发生缺绿或白化，冷害时间越长，植物受害就越严重。

（4）呼吸作用降低

在低温下线粒体膜因相变而固化，酶活性降低，使得氧化磷酸化解偶联，有氧呼吸受到明显抑制，而与膜无直接关系的无氧呼吸不受影响，这样就更加不利于植物正常代谢，不仅加速了植物体内的营养消耗，同时还积累了代谢性的有毒物质，如乙醇、乙醛、酚等。据测定，水稻遭受冷害的秧苗末端氧化酶的活性下降 1/2，ATP 含量比对照降低 70%，受害黄化幼苗的 P/O 比值为对照的 42%。

（5）刺激乙烯、脱落酸和多胺的生成

很多植物经低温处理后，植物体内乙烯和脱落酸的含量明显增加。据研究，低温能提高 ACC 合成酶的活性，加速 SAM→ACC 反应进程，促进内源乙烯的生成。一般植物在冷、热、干旱等逆境条件下，可诱导内源 ABA 合成。ABA 的增加一方面能诱发新的蛋白质合成，增强植物的抗冷性；另一方面也可促进气孔关闭，减少水分丧失，保持植物体内水分平衡。近来还发现在逆境条件下，植物体内多胺含量增加，由于多胺能对核蛋白体的结构和膜脂的完整性起一定的稳定作用，因此，多胺的增加也可看成是植物对冷害的一种保护性反应。

2. 抗冻性

冻害有时与霜害同时发生，故冻害往往也叫霜冻。霜冻对植物的危害程度主要由降温幅度、低温持续时间及霜冻的来临与解冻是否突然等因素决定，一般降温幅度愈大，霜冻持续时间愈长，骤然降温或解冻，对植物危害更严重。在缓慢降温和升温解冻的情况下，植物在生理上有可能做出相应的反应，因此受害较轻。

植物的抗冻性因植物种类和生育时期、生理状态以及器官的不同而有很大差异，一般越冬作物，如小麦、大麦、燕麦、苜蓿在冬季可忍受 $-7\sim-12$ ℃的严寒，有些树木如东北松、白桦、颤杨在冬季可以经受 -45 ℃低温。植物的抗冻性与植物生育期有密切关系，上述耐低温植物在春季生长快速时期，如给以 0 ℃以上低温处理，则会出现不同程度的冻害。植物处于休眠时期耐受低温能力最强，植物种子在短时期可经受 -100 ℃冷冻而不丧失发芽能力，有些真菌、细菌可在 -190 ℃下保存数日仍具有生活力。

冻害对于植物的影响主要是由于 0 ℃以下低温使植物组织或细胞的水分因结冰而引起伤害，结冰伤害的类型有如下几种。

植物生理生化

(1) 细胞间结冰伤害

当气温降到零度以下时,细胞间隙里的水分开始形成冰晶,即所谓胞间结冰。随着低温持续时间延长,由于胞间水分结冰降低了细胞间隙的蒸气压,而细胞内含水量较大,蒸气压较高,胞内水分按蒸气压梯度差,从细胞内向细胞间隙扩散,逐渐加大胞间冰晶体积。胞间结冰对植物造成的伤害是:首先原生质发生严重脱水,造成蛋白质变性和原生质不可逆的凝固变性;其次是胞间冰晶过大时对细胞造成机械损伤。当温度骤然回升,冰晶迅速融化,细胞壁容易恢复原状,而原生质来不及吸水膨胀,可能被撕裂损伤。胞间结冰不一定使植物死亡,大多数抗寒性强的越冬植物,有时叶片被冻得像玻璃一样透明,但在缓慢解冻后仍能恢复正常生长。

(2) 细胞内结冰伤害

当气温骤然下降时,除了细胞间隙结冰以外,细胞内的水分也会形成冰晶,一般先在原生质内结冰,后来在液泡内结冰,称为胞内结冰。胞内结冰对细胞有直接危害,由于细胞是一个具有高度精细结构的单位,冰晶的形成将直接破坏蛋白质的空间结构,对质膜、细胞器以及整个细胞衬质产生破坏作用,并使正常酶活性受到干扰,影响代谢活动。因此胞内结冰常使植物发生致命的损伤。

关于冻害的机理,目前流行的有两种假说:一种是膜损伤假说,另一种是巯基假说。

(1) 膜损伤假说

如冷害对植物的影响一样,冻害对植物的影响也是首先损伤生物膜。电导法测定表明,细胞结冰时,质膜丧失了选择透性,胞内电解质和各种有机物,如糖类、氨基酸、有机酸和可溶性蛋白质等物质和钾、钠、镁等离子外渗,膜外离子浓度增高,提高了导电度。Palta(1978)等认为冰冻胁迫伤害了原生质膜结合的ATP酶和有机物质主动吸收酶系统,使得原生质膜丧失了主动吸收能力。Bewley(1982)提出在环境胁迫下细胞大量失水,由于液泡缩小使原生质膜出现许多不连续的撕裂现象,因而细胞内含物容易外渗。

电镜观察表明细胞结冰受伤后,原生质最先膨胀,而叶绿体和线粒体尚能保持正常,随着结冰时间延长,原生质膜和液泡膜消失,叶绿体和线粒体发生膨胀,因此认为液泡膜和原生质膜对结冰胁迫最敏感(Palta等1982)。简令成(1982)研究了小麦在受到结冰伤害时各类细胞器上Mg^{2+}-ATP酶活性的变化,发现最先是原生质膜上的Mg^{2+}-ATP酶活性下降,直至失活,而细胞内的细胞器如高尔基体、内质网和叶绿体片层膜上的Mg^{2+}-ATP酶活性尚在增强,因此进一步证实冻害首先损伤细胞的膜结构。如结冰伤害加剧,则一些与膜结合的酶游离出来而失去活性,原来在膜上进行的各种生理活动,如光合电子传递、呼吸链电子传递以及矿质吸收和物质运输等无不受到干扰或破坏,严重时导致细胞死亡。

(2) 巯基(—SH)假说

Levitt(1962)认为在原生质冰冻脱水时,蛋白质分子互相靠拢,当接近到一定程度时,蛋白质分子中相邻的—SH基氧化形成二硫键(—S—S—)。其结果是蛋白质构象发生改变,凝聚变性,造成细胞伤害甚至死亡。这种构象的变化也可能发生在解冻过程中,解冻时蛋白质再度吸水膨胀,肽链松散,氢链断裂,由于二硫键结合比较牢固,结果使得肽链空间位置发生变化,破坏了蛋白质的天然结构(见图15-7)。

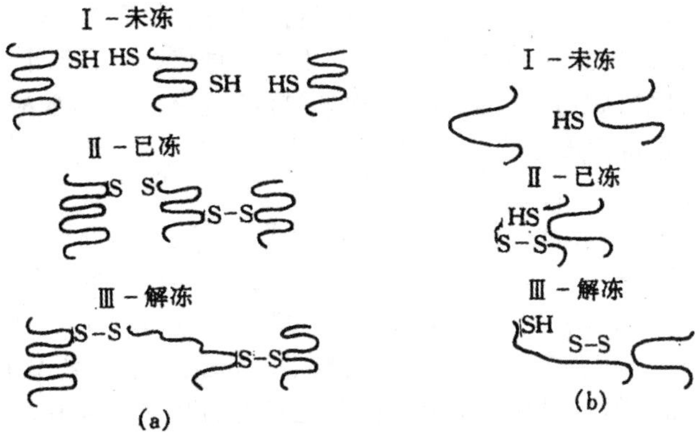

图15-7 冰冻使蛋白质分子形成双硫键示意图

硫氢基假说的中心内容认为—SH基与植物的抗冻性有直接关系。植物对结冰的忍受程度（抗冻性）与细胞内的巯基含量有关，凡植物匀浆中—SH含量高的，该植物抗冻性就强，抗冻性强的植物有较强的抗—SH基氧化的能力。目前，此假说也获得一些实验的支持，例如用低浓度硫醇溶液可减少蛋白质分子上—SH基氧化。高浓度硫醇溶液，可裂解分子间的二硫键（—S—S—），均有防冻效果。尽管此学说得到不少学者的支持，但它还有需要进一步完善之处。

3. 高温对植物的危害

我国西北广大地区春夏气候干燥，阳光强烈，有时伴有干热风，植物受害严重。长江流域早稻扬花灌浆期间，经常出现"南洋风"，高温干燥，影响正常授粉受精，造成大量空瘪粒。高温热害出现的病症为：向阳树干干燥，甚至开裂；叶片死斑明显，叶绿素破坏严重，鲜果（如番茄）出现烧伤疤痕，称为"日灼病"，花序、花脱落或花而不实。

高温不可避免地会引起植物大量失水，因此植物抗热性机理与抗旱性机理有很多相似之处。

高温对植物的直接危害：首先是使蛋白质变性。蛋白质在高温下原有的分子空间构型受到破坏，氢键和疏水键断裂，蛋白质分子展开，失去原来的生理功能。一般最初的变性是可逆的，但高温持续时间过长，就转变为不可逆的凝聚状态。

$$正常蛋白质 \underset{适温}{\overset{高温}{\rightleftharpoons}} 变性蛋白质 \overset{高温}{\longrightarrow} 蛋白质凝聚$$

细胞含水量与蛋白质变性有密切关系，因为水分子靠氢键和蛋白质分子连接，参与了蛋白质分子的空间构型。由于氢键容易因高温而断裂，所以蛋白质空间构型中水分越多，便越易因热而变性。干燥种子的抗热性高于其他器官，原因即在此。

生物膜的主要成分是蛋白质和脂类，二者在膜中靠静电或疏水键相联结。在高温下，脂类分子流动性增加，从膜结构中游离出来，形成液化的小囊泡。这时膜结构遭到破坏，透性增大，各种生理过程不能正常进行，细胞受伤甚至死亡。进一步分析表明，脂类液化程度决定于脂肪酸的饱和度，饱和脂肪酸愈多愈不易液化，耐热性愈强。一方面，因为高温降低了氧的溶解度，而氧对去饱和十分必需，在高温下去饱和减弱，因此饱和脂肪酸增多；另一方面，高温钝化了氧化脂肪的过氧物酶体的活性，因此在高温下脂肪酸不易被氧化。

如在高温下经历时间较长，则植物体内还会发生一系列其他生理变化。首先是出现饥饿现象，一般植物光合作用的最适温度低于呼吸作用的最适温度，在高温下呼吸作用急剧增加，光合功能受到破坏，必须动用体内贮存的养料，时间过久植物会因饥饿而死亡。

高温逼熟造成减产的现象在稻麦生产中时有发生。据研究，高温不单纯影响净同化物质的积累，还能阻碍同化物质运输，降低代谢库的接纳能力。例如水稻在日温35℃、夜温30℃条件下生长比在正常温度下生长的成熟期提早，灌浆期缩短，干粒重显著降低。分析得知在此温度下植株同化物的制造能力影响虽不大，但同化物的运输明显受阻。

高温下，由于代谢出现异常，使得植物生长所必需的生理活性物质如核酸、腺嘌呤和维生素的合成受到抑制或破坏，引起生长不良。高温下植物体内还会产生一些有毒物质，由于高温破坏了有氧呼吸，氧化磷酸化解偶联，无氧呼吸所产生的有毒物质如乙醇、乙醛积累。另外，NH_3的积累所产生的毒害作用，也是高温下的常见现象，高温下蛋白质合成受到抑制，分解加快，体内游离氨数量显著上升，因此受热害的叶片经常出现一些褐色死斑，叶片加速衰老，变黄脱落。

4. 抗热性的生理基础

植物对高温的适应能力首先决定于植物本身的遗传性，根据植物对温度的不同反应，可将其分为三类：①喜冷植物，如藻类、细菌和真菌，适于在0℃以上低温（0～20℃）环境中生长发育，当温度在15～20℃以上时即受高温伤害；②中生植物，如水生和阴生高等植物，适于在中等温度（10～30℃）环境中生长，超过35℃就会受到伤害；③喜温植物，可在30～100℃中生长，其中有些在45℃以上就受伤害，如陆生高等植物和某些隐花植物，而蓝绿藻在65～100℃才受伤害。由此可见，不同植物对高温的抵抗能力差异是很大的。

其次，不同生态环境下生长的植物，耐热性不同，生长在干燥和炎热环境中的植物，其耐热性高于生长在潮湿和冷凉环境中的植物。C_4植物起源于热带或亚热带，故耐热性高于C_3植物。两者光合作用最适温度也不相同，C_4植物光合最适温度为40～45℃，而C_3植物光合最适温度为20～25℃。

耐热植物生理上的基本特点主要表现在几个方面：①组成原生质的蛋白质和酶蛋白在高温下较稳定，不易变性凝聚，并能保持一定的正常代谢水平；②一般耐热性的植物或器官，其细胞含水量较低，例如，干燥种子是很耐热的，但随着种子吸水萌发，其耐热性就急剧下降，但旱生植物类型中的肉质植物（仙人掌例外），它们的含水量很大，而耐热性也很强（能耐60℃高温），这和其高束缚水含量有关，此类植物一般束缚水含量在50%以上，原生质黏性大，蛋白质分子不易变性，因而耐热性强；③饱和脂肪酸含量高，热带植物油脂中饱和脂肪酸一般含量都很高，油料种子对高温的抵抗力一般也高于淀粉种子；④有机酸可与高温下产生的氨结合形成氨基酸或酰胺，以解除NH_3的毒害作用，生长在沙漠的肉质植物具有很高的有机酸代谢，是对高温干旱环境的一种适应。

植物的抗热性也可通过锻炼加以提高。将萌发的种子或幼苗置于28～38℃高温下，经受一段时间的锻炼再种植，可以提高植株的抗热性。因为在适当高温下，蛋白质结构中一些亲水键断裂，再重新组合，构成热稳定性更大、耐热性更强的新的空间构型。高温锻炼的温度和时间要适当，若温度较高（如50℃），则锻炼时间宜短，否则达不到提高耐热性的效果。

此外，蛋白质分子内键结合的牢固程度还受各种离子的影响。一般来说，一价离子可使蛋白质分子键松弛，降低植物的耐热性；二价离子如Mg^{2+}、Ca^{2+}、Zn^{2+}等能联结相邻的两个基团，加固分子结构，因而能增强植物的耐热性。

20世纪80年代初开展了对高等植物热击蛋白的研究。1974年，Trissierres等人发现果蝇在较高温度下体内蛋白质的合成发生变化，并把受热时产生的蛋白质称为热击蛋白

(hsps)。据研究，适宜高温能诱导植物 *hsps* 基因表达，从而使其对高温逆境产生耐热性。诱导合成的 hsps 普遍存在于植物界，在酵母以及大豆、玉米、番茄、烟草、胡萝卜、棉花、大麦和油菜都有。hsps 的诱导与合成十分快速，大豆黄化幼苗经热击处理 20 min 即能检测出 hsps，hsps 的 mRNA 在热击处理 3～5 min 时已能被检测到，表明热击信号能非常迅速地传递到转录水平。目前国内外正在探讨 *hsps* 与作物耐热性的关系，以期选育出抗热高产优质品种。

15.3.2 水分胁迫

1. 抗旱性

陆生植物最常遭受的环境胁迫是缺水。当植物耗水大于吸水时，就使组织内水分亏缺。过度水分亏缺的现象，称为干旱。旱害则是指土壤水分缺乏或大气相对湿度过低对植物的危害。植物抵抗旱害的能力称为抗旱性。中国西北、华北地区干旱缺水是影响作物生产的重要因素，南方各省虽然雨量充沛，但由于各月分布不均，也时有干旱危害。

（1）干旱类型

①大气干旱是指空气过度干燥，相对湿度过低（10%～20%），常伴随强光、高温和干热风。这时植物蒸腾过强，根系吸水补偿不了失水，从而受到危害。中国西北、华北地区常有大气干旱发生。每年的 5 月中、下旬至 6 月上、中旬，正是北方小麦灌浆期，会出现的一种高温、低湿并伴有一定风力的灾害性天气，称为干热风，属于大气干旱。干热风强烈地破坏小麦的水分平衡和光合作用，影响小麦灌浆成熟，造成小麦青枯、早死，干粒重明显下降，导致严重减产。

②土壤干旱是指土壤中可利用水的缺乏，使植物根系吸水困难，体内水分亏缺严重，引起植物永久萎蔫，正常的生命活动受到干扰，生长缓慢或完全停止。

③生理干旱是指土壤水分并不缺乏，但因土温过低、土壤盐碱土或施肥过多等因素导致土壤溶液浓度过高、土壤板结及积水过多，从而使得土壤缺氧或土壤存在有毒物质，妨碍根系吸水，造成植物体内水分平衡失调，植物受到干旱危害。

大气干旱如持续时间较长，必然导致土壤干旱，所以这两种干旱常同时发生。在自然条件下，干旱常伴随着高温，所以，干旱的伤害可能包括脱水伤害（狭义的旱害）和高温伤害（热害）。

（2）旱生植物的类型

根据植物对水分的需求，把植物分为三种生态类型：需在水中完成生活史的植物叫水生植物，陆生植物中适应于不干不湿环境的植物叫中生植物，适应于干旱环境的植物叫旱生植物。然而这三者的划分不是绝对的，因为即使是一些很典型的水生植物，遇到旱季仍可保持一定的生命活动。

（3）干旱对植物的伤害机理

①改变膜的结构及透性。正常状态下的膜内脂类分子靠磷脂极性同水分子相互连接，所以膜内必须有一定的束缚水时才能保持这种膜脂分子的双层排列。而干旱使得细胞严重脱水，膜脂分子结构即发生紊乱，膜因而收缩出现空隙和龟裂，引起膜透性改变。大量的无机离子和氨基酸、可溶性糖等小分子被动向组织外渗漏。

②破坏了正常代谢过程。细胞脱水对代谢破坏的特点是抑制合成代谢而加强了分解代谢，即干旱使合成酶活性降低或失活而使水解酶活性加强。主要导致如下现象。

a. 对光合作用的影响。水分不足使植物光合作用显著下降,直至趋于停止。番茄叶片水势低于-0.7 MPa时,光合作用开始下降,当水势达到-1.4 MPa时,光合作用几乎为零。干旱使光合作用受抑制的原因是多方面的,主要由于:水分亏缺后造成气孔关闭,CO_2扩散的阻力增加;叶绿体片层膜体系结构改变,光系统Ⅱ活性减弱甚至丧失,光合磷酸化解偶联;叶绿素合成速度减慢,光合酶活性降低;水解加强、糖类积累等。

b. 对呼吸作用的影响。干旱对呼吸作用的影响较复杂,一般呼吸速率随水势的下降而缓慢降低。有时水分亏缺会使呼吸短时间上升,而后下降,这是因为开始时呼吸基质增多的缘故。若缺水时淀粉酶活性增加,使淀粉水解为糖,可暂时增加呼吸基质。但到水分亏缺严重时,呼吸又会大大降低。如马铃薯叶的水势下降至-1.4 MPa时,呼吸速率可下降30 %左右。

c. 蛋白质分解,脯氨酸积累。干旱时植物体内的蛋白质分解加速,合成减少,这与蛋白质合成酶的钝化和能源(ATP)的减少有关。如玉米水分亏缺3 h后,ATP含量减少40 %。蛋白质分解则加速了叶片衰老和死亡,复水后蛋白质合成迅速恢复。所以植物经干旱后,在灌溉与降雨时适当增施氮肥有利于蛋白质合成,补偿干旱的有害影响。与蛋白质分解相联系的是干旱时植物体内游离氨基酸特别是脯氨酸含量增高,可增加数十倍甚至上百倍之多。因此,脯氨酸含量常用作抗旱的生理指标,也可用于鉴定植物遭受干旱的程度。

d. 破坏核酸代谢。随着细胞脱水,其DNA和RNA含量减少。主要原因是干旱促使RNA酶活性增加,使RNA分解加快,而DNA和RNA的合成代谢则减弱。当玉米芽鞘组织失水时,细胞内多聚核糖体解离成单体,失去了合成蛋白质(酶)的功能。因此有人认为,干旱之所以引起植物衰老甚至死亡,是同核酸代谢受到破坏有直接关系的。

e. 激素的变化。干旱时细胞分裂素含量降低,脱落酸含量增加,这两种激素对RNA酶活性有相反的效应,前者降低RNA酶活性,后者提高RNA酶活性。

脱落酸含量增加还与干旱时气孔关闭、蒸腾强度下降直接相关。

干旱时乙烯含量也增加,从而加快植物部分器官的脱落。

f. 水分的分配异常。干旱时植物组织间按水势大小竞争水分。一般幼叶向老叶吸水,促使老叶枯萎死亡。有些蒸腾强烈的幼叶与分生组织和其他幼嫩组织夺水,影响这些组织的物质运输。例如禾谷类作物穗分化时遇旱,则小穗和小花数减少;灌浆时缺水,影响到物质运输和积累,籽粒就不饱满。对于其他植物,也常由此造成落花落果,影响产量。

③机械性损伤。上述的旱害多属破坏正常代谢,一般不至于造成细胞或器官的立即损伤或死亡。而干旱对细胞的机械性损伤可能会使植株立即死亡。细胞干旱脱水时,液泡收缩,对原生质产生一种向内的拉力,使原生质与其相连的细胞壁同时向内收缩,在细胞壁上形成很多折叠,损伤原生质的结构。如果此时细胞骤然吸水复原,可引起细胞质、壁不协调膨胀,把黏在细胞壁上的原生质撕破,导致细胞死亡。

(4) 作物抗旱性的形态、生理特征

作物抗旱性是作物的一种适应反应,是作物具有忍受干旱而受害最小、减产最少的一种特性。抗旱性强的植物往往根系发达,根冠比大,叶片细胞体积小,维管束发达,叶脉致密,单位面积气孔数目多,这不仅有利于根系吸水,还可加强蒸腾作用与水分传导。

适应干旱条件的生理特征是:细胞液的渗透势低,在缺水情况下气孔关闭较晚,光合作用不立即停止,酶的合成活动仍占优势(合成大于分解)。目前研究作物抗旱性,一般都以上述特征作为指标。不同抗旱性作物的根冠比是不同的,根冠比越大,越抗旱。

(5) 提高作物抗旱性的途径

①抗旱锻炼。锻炼就是使植物处于一定的不良环境中，经过一定时间后，使植物增加对这种不良环境的抵抗能力。抗旱锻炼就是使植物处于适当的缺水条件下，经过一定时间，使之适应干旱环境的方法。如"蹲苗""搁苗""饿苗"及"双芽法"等，都是有效的方法。玉米、棉花、烟草、大麦等广泛采用在苗期适当控制水分，抑制生长，以锻炼其适应干旱的能力，这叫"蹲苗"；蔬菜移栽前拔起让其适当萎蔫一段时间后再栽，这叫"搁苗"；红薯剪下的藤苗很少立即扦插，一般要在阴凉处放置1~3 d甚至更长的时间，这叫"饿苗"。试验证明，经过锻炼的苗，根系发达，植株保水力强，叶绿素含量高，以后遇干旱时，代谢比较稳定，尤其表现为蛋白氮含量高，干物质积累多。

"双芽法"是播前的种子锻炼。1934年，金杰里等人在这方面进行了大量研究，他们认为，种子经过干旱锻炼能够提高作物抗旱增产能力。其方法是：让种子吸收一定量的水分，在10~25 ℃保持湿润通风若干小时，最后将种子晒干至原重，除有些品种处理一次外，一般品种处理2~3次效果最好。

②化学诱导。用化学试剂处理种子或植株，可产生诱导作用，提高植物抗旱性。如用0.25 % $CaCl_2$溶液浸种20 h，或用0.05 % $ZnSO_4$喷洒叶面都有提高植物抗旱性的效果。

③合理施肥。合理施肥可使植物抗旱性提高。磷、钾肥能促进根系生长，提高保水力。麦在水分临界期缺水，未施钾肥的植株含水量为65.9 %，而播前施钾的含水量可达73.2 %。

氮素过多对作物抗旱不利，凡是枝叶徒长的作物，蒸腾失水增多，易受旱害。

一些微量元素也有助于作物抗旱。硼在提高作物的保水能力与增加糖分含量方面与钾类似，同时硼还可提高有机物的运输能力，使蔗糖迅速地流向结实器官，这对因干旱而引起运输停滞的情况有重要意义。铜能显著改善糖与蛋白质代谢，这在土壤缺水时效果更为明显。

④生长延缓剂与抗蒸腾剂的使用。脱落酸可使气孔关闭，减少蒸腾失水。矮壮素、B_9等能增加细胞的保水能力。合理使用抗蒸腾剂也可降低蒸腾失水。

2. 植物的抗涝性

(1) 涝害

水分过多对植物的伤害称涝害。植物对积水或土壤过湿的适应力和抵抗力称为植物的抗涝性。涝害可分为湿害和淹害。

土壤过湿，水分处于饱和状态，土壤含水量超过了田间最大持水量，根系完全生长在沼泽化泥浆中，植物很难生长，称为湿害。湿害能使旱田作物发育不良，原因如下。

①土壤全部空隙充满水分，根部呼吸困难，导致根系吸水、吸肥都受到抑制。

②由于土壤缺乏氧气，一方面使土壤中的好气性细菌（如氨化细菌、硝化细菌和硫细菌等）的正常活动受阻，影响矿质的供应；另一方面，嫌气性细菌（如丁酸细菌等）特别活跃，使土壤溶液的酸度增加，影响植物对矿质的吸收。

③产生一些有毒的还原产物，如硫化氢和氨等，能直接毒害根部。

淹害即典型的涝害，是指地面积水淹没了作物的全部或一部分，对植物造成的危害。我国几乎每年都有局部的涝灾现象，低洼、沼泽地带、河边，在发生洪水或暴雨之后，常有涝害发生，给农业生产带来很大损失。危害主要表现在以下几个方面。

a. 代谢紊乱。水涝缺氧限制了有氧呼吸，促进了无氧呼吸，抑制线粒体的活性，产生乙醇、乳酸等无氧呼吸产物，使植物受到毒害。无氧呼吸还使根系缺乏能量，阻碍矿质的正常吸收。

b. 营养失调。缺氧使土壤中的好气性细菌（如氨化细菌、硝化细菌等）的正常生长活动受抑，影响矿质供应；土壤厌气性细菌如丁酸细菌等活跃，会增加土壤溶液的酸度，使土壤内形成大量有害的还原性物质（如 H_2S、Fe^{2+}、Mn^{2+}等），一些元素如 Mn、Zn、Fe 也易被还原流失，引起植株营养缺乏。

c. 激素变化。在淹水条件下，植物体内 ETH 含量增加，高浓度的 ETH 引起叶片卷曲、偏上生长、脱落、茎膨大加粗、根系生长减慢、花瓣褪色等。

d. 生长受抑。水涝缺氧可降低植物的生长量，受涝的植物生长矮小，叶黄化，根尖变黑，叶柄偏上生长。淹水对种子萌发的抑制作用尤为明显。

(2) 抗涝机理

不同作物抗涝能力有别。如旱生作物中，油菜比马铃薯、番茄抗涝，荞麦比胡萝卜、紫云英抗涝；沼泽作物中，水稻比藕更抗涝；水稻中，籼稻比糯稻抗涝，糯稻又比粳稻抗涝。木本植物耐涝性随树种、生态型和原产地而异，通常木本被子植物耐涝性大于裸子植物，但少数裸子植物的耐涝性也很强，如落羽松、北美红杉、萌芽松、火炬松和晚松。洼地树种耐涝性的顺序（由强到弱）是：银白槭、风箱树、黑柳、杨属植物、洋白蜡树、美洲榆、栎属植物、一球悬铃木。

同一作物不同生育期抗涝程度不同。在水稻一生中，幼穗形成期到孕穗中期最易受水涝危害，其次是开花期，其他生育期受害较轻。

作物抗涝性的强弱决定于对缺氧的适应能力。

①发达的通气系统。很多植物可以通过胞间空隙系统把地上部吸收的 O_2 输入根或者缺氧的部位，水生植物抗淹水的机理主要是依靠发达的胞间空隙系统。据推算，水生植物的胞间空隙约占地上部总体积的 70%，而陆生植物细胞间隙体积占 20%。通常，陆生植物如水稻、小麦、番茄、蚕豆等也具有这种性能，而水稻由于长期对沼泽化土壤的适应，它的胞间隙系统比小麦等旱作物发达，由地上部向地下部送 O_2 能力较强，根际氧化势高，降低了根际还原物质的积累，有利于根的生长，所以水稻较小麦等旱作物耐涝。可以推断，凡是细胞间隙发达的作物抗涝性均较高。

②耐缺氧能力强。真正耐缺氧的植物或器官，应该是根生长在缺氧条件下比通气良好条件下更加有效。如有一种耐涝的千里光属的植物，根在缺 O_2 下呼吸略受抑制，可地上部干重反而增加，这类植物生长在通气良好条件下则是无益的。

诱发不定根是受淹植物最常见的形态学变化之一。许多单子叶和双子叶植物受淹后，在茎的基部或根基形成不定根，如大麦、小麦、玉米、水稻、甘蔗、番茄、向日葵、三叶草等。发根区域临近淹水水面，水分充足，通气良好。不定根发育缩短了氧从通气部位运至根尖的距离，避免根系缺氧和土壤中有毒物质的危害，减轻了地上部的涝害症状，延长了植株在淹水条件下存活的时间。

水分不足固然对植物的生长不利，但水分过多对植物也有害。水分过多对植物之所以有害并不在于水分本身，因为植物在溶液中还是能正常生长的。

15.3.3 盐胁迫

1. 盐害

土壤中可溶性盐过多对植物的损害称为盐害。植物对盐分过多的适应能力称为抗盐性。

一般在气候干燥、地势低洼、地下水位高的地区，水分蒸发会把地下盐分带到土壤表层（耕作层），这样易造成土壤盐分过多。海滨地区因土壤蒸发或者咸水灌溉、海水倒灌等因素，可使土壤表层的盐分升高到1%以上。盐的种类决定土壤的性质，若土壤中盐类以碳酸钠（Na_2CO_3）和碳酸氢钠（$NaHCO_3$）为主时，此土壤称为碱土；若以氯化钠（NaCl）和硫酸钠（Na_2SO_4）等为主时，则称其为盐土。因盐土和碱土常混合在一起，盐土中常有一定量的碱土，故习惯上把这种土壤称为盐碱土。盐分过多使土壤水势下降，严重地阻碍植物生长发育，这已成为盐碱地区限制作物收成的制约因素。世界上盐碱土面积很大，约有4亿公顷。我国盐碱土主要分布于北方和沿海地区，约2000万公顷，另外还有700万公顷的盐化土壤。一般盐土含盐量在0.2%～0.5%时就已对植物生长不利，而盐土表层含盐量往往可达0.6%～10%。如果能提高作物抗盐力，并改良盐碱土，那么这将对农业生产的发展产生极大的推动力。

2. 盐分过多对植物的危害

根据植物的耐盐能力，可将植物分为盐生植物和甜土植物。盐生植物是盐渍生境中的天然植物类群，这类植物在形态上常表现为肉质化，吸收的盐分主要积累在叶肉细胞的液泡中，通过在细胞质中合成有机溶质来维持与液泡的渗透平衡。绝大多数农作物属甜土植物，甜土植物在受到盐胁迫时会发生危害，主要表现以下几个方面。

（1）渗透胁迫引起生理干旱

由于高浓度的盐分降低了土壤水势，使植物吸水困难，甚至体内水分外渗，因而盐害通常表现为生理干旱。

甜土植物在土壤含盐量达0.2%～0.25%时，出现吸水困难；含盐量高于0.4%时，植物就易外渗脱水，生长矮小，叶色暗绿。在大气相对湿度较低的情况下，随蒸腾的加强，盐害更为严重。

（2）离子失调发生单盐毒害

盐碱土中Na^+、Cl^-、Mg^{2+}、SO_4^{2-}等含量过高，会引起K^+、HPO_4^{2-}或NO_3^-等离子的缺乏。Na^+浓度过高时，植物对K^+的吸收减少，同时也易发生磷和Ca^{2+}的缺乏症。植物对离子不平衡吸收，不仅使植物发生营养失调，抑制了生长，还会产生单盐毒害作用。

（3）膜透性改变

将大豆子叶圆切片放入浓度为20～200 mmol/L的NaCl溶液中，观察到渗漏率大致与盐浓度成正比。这是因为NaCl浓度的增高造成了植物细胞膜渗漏的增加。

（4）生理代谢紊乱

盐分胁迫抑制甜土植物的生长发育，并引起一系列的代谢失调，主要有以下几个方面。

①光合作用下降。盐分过多使PEF羧化酶和RuBP羧化酶活性降低，叶绿体趋于分解，叶绿素和类胡萝卜素的生物合成受干扰，气孔关闭，光合作用受到抑制。

②呼吸作用异常。低盐时植物呼吸受到促进，而高盐时则受到抑制，氧化磷酸化解偶联。

③蛋白质分解大于合成。盐分过多会降低植物蛋白质的合成，促进蛋白质分解。例如蚕豆在盐胁迫下叶内半胱氨酸和蛋氨酸合成减少，从而使蛋白质含量减少。

④产生有毒物质。盐胁迫使植物体内积累有毒的代谢产物。如小麦和玉米等在盐胁迫下蛋白质降解，产生的游离NH_3^+，对细胞产生毒害作用。

15.4 植物的生物胁迫

1. 植物抗虫的概念

世界上以作物为食的害虫达几万种之多，其中万余种可造成经济损失，严重危害的达千余种。中国记载的水稻、棉花害虫就有300余种，苹果害虫160种以上。因害虫种类多、繁殖快、食量大，所以无论产量或质量均遭受到巨大的损失，虫害严重时其危害甚至超过病害及草害。

植食性昆虫和寄主植物之间复杂的相互关系是在长期进化过程中形成的，这种关系可以分为两个方面，即昆虫的选择寄主和植物对昆虫的抗性。

在植物和昆虫的相互作用中，植物用不同机制来避免、阻碍或限制昆虫的侵害，或者通过快速再生来忍耐虫害。植物对虫害的抵抗与忍耐能力被称为植物的抗虫性。

植物的抗虫性通常可分为生态抗性和遗传抗性两大类。

生态抗性指的是由于环境条件（特别是非生物因素）变化的影响制约害虫的侵害而表现的抗性。不少害虫有严格的危害物候期，作物的早播或迟播可以回避害虫的危害。遗传抗性指的是植物通过遗传方式将拒虫性、抗虫性、耐虫性传给子代的能力。拒虫性是植物依靠形态结构的特点或生理生化作用，使害虫不降落、不能产卵和取食的特性。耐虫性是由于植物具有迅速再生能力，可以经受住害虫危害。抗虫性是由于植物体内有毒的代谢产物可以抑制害虫的生存、发育及繁衍，直至中毒死亡的特性。

2. 植物抗虫的生理基础

（1）拒虫性的结构特性

主要是通过物理方式干扰害虫的运动机制，包括干扰昆虫对寄主的选择、取食、消化、交配及产卵。如棉花叶、蕾、铃上的花外蜜腺含有促进昆虫产卵的物质，无花外蜜腺的品种至少减少昆虫40%的产卵量，是一个重要的抗虫性状。印楝、川楝或苦楝的抽提物对稻瘿蚊有明显的拒产卵作用。又如，植物体内的番茄碱、茄碱等生物碱对幼虫取食起抗拒、阻止作用，甚至使昆虫饥饿死亡。

（2）抗虫性的代谢特性

植物分泌对昆虫有毒的物质，当昆虫取食后，可由慢性中毒到逐渐死亡，这是植物抗虫性的重要表现。植物毒素包括来自腺体毛的分泌物、组织胶以及一些次生化合物。如烟草属某些种腺体毛分泌的烟碱、新烟碱、降烟碱等生物碱对蚜虫有毒。α-蒎烯、3-蒈烯、棉酚、葫芦素等至少有双重作用。其中有些具有改变昆虫行为、感觉、代谢、内分泌的效应，有些影响昆虫发育、变态、生殖及寿命。

此外，如棉花中的棉籽醇、除虫菊花中的杀虫有效成分除虫菊酯都以不同的方法对昆虫产生毒害。从罗汉松中分离出来的一种高毒物质罗汉松内酯，已证实对昆虫的发育具有抑制效应。银杏这个古老树种之所以不易受昆虫侵害，与叶中存在的羟内酯和醛类有关。害虫进食对植物组织造成的机械创伤可能诱导植物蛋白酶抑制剂的产生，从而增强植株的抗性。

如同受到病原菌侵染一样，遭受虫害的植物也可能产生特殊的信号分子，并将信号传递到整个植株，使植株获得抗性。系统素是这种信号分子之一，它能够实现长距离的植物细胞间联络，最后诱导植株的其余部位形成蛋白酶抑制剂，阻碍昆虫的进一步咬食。

思考题

1. 逆境胁迫对植物代谢有哪些影响?
2. 生物膜结构、组分及功能与植物的抗寒性有何联系?
3. 活性氧与植物生命活动的关系如何?
4. 简述脱落酸与植物抗逆性的关系。
5. 简述涝害对植物的伤害。
6. 试述低温对植物的伤害及植物抗寒的机理。

参考文献

[1] 蔡庆生. 植物生理学[M]. 北京：中国农业大学出版社，2014.
[2] 蔡昆争. 作物根系生理生态学[M]. 北京：化学工业出版社，2010.
[3] 陈莉. 小麦、玉米幼苗的抗逆性检测[M]. 陕西：西北农林科技大学出版社，2013.
[4] 陈雅君，李永刚. 园林植物病虫害防治[M]. 北京：化学工业出版社，2012.
[5] 陈欢林. 环境生物工程[M]. 北京：化学工业出版社，2011.
[6] 崔爱萍，李永文，林海主，等. 植物与植物生理[M]. 武汉：华中科技大学出版社，2012.
[7] 贺立静，周述波. 植物生理与农业生产应用[M]. 长沙：湖南师范大学出版社，2012.
[8] 蒋高明. 植物生理生态学[M]. 北京：高等教育出版社，2020.
[9] 刘晓柱. 植物免疫系统详解[M]. 北京：知识产权出版社，2018.
[10] 刘子凡. 种子学[M]. 北京：化学工业出版社，2016.
[11] 刘庆昌，吴国良. 植物细胞组织培养[M]. 北京：中国农业大学出版社，2010.
[12] 李忠光，龚明. 植物生理学综合性和设计性实验教程[M]. 武汉：华中科技大学出版社，2014.
[13] 毛自朝. 植物生理学[M]. 武汉：华中科技大学出版社，2017.
[14] 马倩，金尚卉. 植物激素概论[M]. 北京：中国农业科学技术出版社，2020.
[15] 秦静远. 植物及植物生理[M]. 北京：化学工业出版社，2016.
[16] 王三根，苍晶. 植物生理生化[M]. 北京：中国农业出版社，2020.
[17] 王小敏. 植物生命活动规律及其机理研究[M]. 成都：电子科技大学出版社，2019.
[18] 王小菁. 植物生理学[M]. 8版. 北京：高等教育出版社，2019.
[19] 王淑贞. 水果贮运保鲜技术[M]. 北京：金盾出版社，2013.
[20] 翁伯琦，黄毅斌，徐国忠，等. 圆叶决明营养与逆境生理生态[M]. 北京：科学出版社，2011.
[21] 许智宏，薛红卫. 植物激素作用的分子机理[M]. 上海：上海科学技术出版社，2012.
[22] 杨晴，郭守华. 植物生理生化实验[M]. 北京：中国农业科学技术出版社，2010.
[23] 杨玉珍，朱雅安. 植物生理学[M]. 北京：化学工业出版社，2010.
[24] 周明兵. 林木植物生理生化和分子生物学实验指南[M]. 西安：陕西人民教育出版社，2015.
[25] 邹秀华. 植物生理生化[M]. 重庆：重庆大学出版社，2014.
[26] 朱诚. 植物生物学[M]. 北京：北京师范大学出版社，2012.
[27] 郑炳松，朱诚，金松恒，等. 高级植物生理学[M]. 杭州：浙江大学出版社，2011.
[28] 张秀玲. 果蔬采后生理与贮运学[M]. 北京：化学工业出版社，2011.